全国高职高专机电专业系列规划教材

# 电工电子技术与应用

王屹　刘海霞　主编

中国科学技术出版社
CHINA SCIENCE AND TECHNOLOGY PRESS
·北京·
BEIJING

**图书在版编目(CIP)数据**

电工电子技术与应用/王屹,刘海霞主编. —北京:中国科学

技术出版社,2010.8

(全国高职高专机电专业系列规划教材)

ISBN 978 – 7 – 5046 – 5675 – 9

Ⅰ.①电… Ⅱ.①王… ②刘… Ⅲ.①电工技术 – 高等学校:

技术学校 – 教材②电子技术 – 高等学校:技术学校 – 教材

Ⅳ.①TM②TN

中国版本图书馆 CIP 数据核字(2010)第 137651 号

本社图书贴有防伪标志,未贴为盗版。

## 内 容 摘 要

本书是高等职业教育机电类专业系列规划教材之一。全书共分11章,主要内容有直流电路、正弦交流电路、电磁学与变压器、电动机、低压电器与控制电路、二极管与三极管、直流稳压电源、放大电路、数字电路基础、常见组合逻辑电路、时序逻辑电路。

为体现职业教育的特点,本书以应用为目的,用工程观点删繁就简,提高实用性;同时根据职业教育的目标和特点,在相关章节后面配有实训项目,将理论知识与实践技能有机融为一体;为拓展读者的视野,每一章后面配有阅读与应用。

中国科学技术出版社出版

北京市海淀区中关村南大街 16 号  邮政编码:100081

| 策划编辑 林 培 孙卫华 | 责任校对 林 华 |
|---|---|
| 责任编辑 孙卫华 | 责任印制 安利平 |

发行部:010 – 62173865  编辑室:010 – 84123361 – 6029

http://www.kjpbooks.com.cn

科学普及出版社发行部发行

北京蓝空印刷厂印刷

\*

开本:787 毫米×1092 毫米  1/16  印张:20.625  字数:502 千字

2010 年 8 月第 1 版  2010 年 8 月第 1 次印刷  定价:38.00 元

ISBN 978 – 7 – 5046 – 5675 – 9/TM · 30

# 前　言

本书是高等职业教育机电类专业系列规划教材，是一本既有较深的理论知识，又有较强的实践技能的综合性教材。主要适用于高等职业教育机电一体化、机械制造、数控技术、模具制造等专业，也可作为职业培训教材或供相关技术人员参考。

随着我国经济的发展，国家对技术应用型人才的需求越来越大，因此推动了高等职业教育的迅速发展。由于各个院校的办学特色不同，因此对教材的需求也就不同。本书是根据《教育部关于以就业为导向深化高等职业教育改革的若干意见》中提出的高等职业院校必须把培养学生动手能力、实践能力和可持续发展能力放在突出的地位，提高学生技能的培养为宗旨，在多年教学改革与实践的基础上编写而成的。

为体现职业教育的特点和高职高专人才培养目标的要求，本书在内容安排上以应用为目的，用工程观点删繁就简，提高实用性；同时根据职业教育的目标和特点，在相关章节后面配有实训项目，将理论知识与实践技能有机的融为一体；为拓展读者的视野，每一章后面配有阅读与应用。

具体特点如下：

（1）本课程是一门综合性的专业基础课，包括了电工基础、电机、电气控制、模拟电子、数字电子等内容，在内容的选取上，以人才培养目标为宗旨，以能力培养为目的，强调知识的"适量"和"够用"。

（2）突出职业教育，接近工程实际，将理论与实践有机结合，注重能力培养。

（3）考虑到学生的接受能力，教材处理上，注重定性分析，减少定量分析。相关章的后面加一个综合应用实例，将这一章的知识综合梳理，既让理论知识得到升华，也使实践技能得到提高。

（4）为拓展读者的视野，每一章的后面加了阅读与应用，供有余力的读者阅读。

本书由王屹、刘海霞担任主编，高芳、贾芳云、蒋威、张建才担任副主编，杨华、王瑞峰、高锐、晁阳、谢春生参编。全书共分为十一章，具体分工如下：刘海霞编写第一章，高芳编写第十一章，贾芳云编写第二章，王瑞峰编写第三、第五章，张建才编写第四章，杨华编写第六章，蒋威编写第八章，高锐编写第九章，王屹编写第七、第十章，并负责全书统稿。

在编写过程中，参考了一些有关电工、电子方面的科技图书，在参考文献中一并列出，借本书出版之机，对本书参考文献的作者表示衷心的谢意。

由于编者水平有限，书中定会有疏漏和不妥之处，敬请读者批评指正。

编　者

2010 年 2 月

# 《电工电子技术与应用》编委会

# 目　录

# 第一章　直流电路及其分析方法

直流电路及其分析方法在电路及电路分析中有着非常重要作用，它所涉及的相关定理、定律是交流电路、电子电路等其他电路分析的基础和依据。本章主要介绍电路的组成、作用及其工作状态；电路的主要物理量、有源元件和无源元件，电路中各种等效变换；电路的基本定理、定律及其在电路中的应用。

## 第一节　电路及电路模型

### 一、电路的组成及作用

电路是电流的通路。一个完整的电路是由电源、负载、中间环节（包括开关和导线等）三部分按一定方式组成的。其中，电源是将其他形式的能量转变成电能的装置，即电路中提供电能的设备。如发电机、蓄电池、光电池等都是电源。负载是取用电能并将其转换为其他形式能量的装置，如电灯、电动机、扬声器等。中间环节是传输、控制电能或信号的部分，它连接电源和负载，如连接导线、控制电器、保护电器、放大器等。

现代工程技术领域中存在着许多种类繁多、形式和结构各不相同的电路，但就其功能而言，不外两个方面电路：一是进行能量的转换和电能传输及分配，即电力电路；二是进行信号的处理、传递，即信号电路。如图 1－1 所示的简单照明电路示意图就是一个最简单的电力电路，当合上开关，电路中就有电流通过，灯泡就亮起来，这时电能转化为热能和光能，它完成了能量的传输、转换；如图 1－2 所示扩音机就是一个最简单的信号电路，当话筒（信号源，相当于另一类电源）将语言或音乐（通常称为信息）转换成电信号，放大器（中间环节）放大电信号，扬声器（负载）将放大后的电信号还原成声音，完成了信号的处理、传递。

图 1－1　简单照明电路　　　　图 1－2　扩音机电路

### 二、电路模型

实际的电路器件在工作时的电磁性质是比较复杂的，绝大多数器件具备多种电磁效应，给分析问题带来困难。为了使问题得以简化，以便于探讨电路的普遍规律，在分析和研究具体电路时，常用一些理想电路元件及其组合来表征电气设备、电工器件的主要电性能。所谓理想电路元件，就是把实际电器件忽略次要性质，只表征它的主要电性能的"理想化了"的"元件"。这样的元件主要有电阻元件、电感元件、电容元件、理想电压源和理想电流源等，具体符号见表 1 – 1。

表 1 – 1　部分理想电路元件名称及模型符号

| 元件名称 | 模型符号 | 元件名称 | 模型符号 |
|---|---|---|---|
| 开关 | | 理想电压源 | |
| 电阻 | | 理想电流源 | |
| 电感 | | *电池 | |
| 电容 | | 电流表 | Ⓐ |
| 灯 | ⊗ | 电压表 | Ⓥ |

　　用理想元件及其组合代替实际电路中的电气设备、电器件，便形成该实际电路所对应电路模型。所谓电路模型，就是把实际电路的本质特征抽象出来所形成的理想化了的电路。如图 1 – 3 的照明电路和它的电路模型

　　今后本书中未加特殊说明时，我们所说的电路均指这种抽象的电路模型，所说的元件均指理想元件。

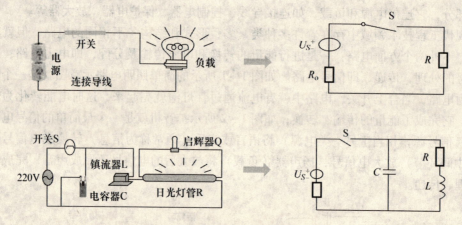

图 1 – 3　照明实际电路和电路模型

## 三、电路的基本物理量

### （一）电流

　　在电场的作用下，带电粒子有规则的定向运动就形成了电流，习惯上规定正电荷运动的方向为电流的方向。表征电流强弱的物理量叫电流强度，在数值上等于单位时间内通过导体横截面的电荷量，设在 $dt$ 时间内通过导体横截面的电荷为 $dq$，则通过该截面的电流为：

$$i = \frac{\mathrm{d}q}{\mathrm{d}t} \tag{1 – 1}$$

　　在一般情况下电流是随时间而变的，如果电流不随时间而变，即 $\mathrm{d}q/\mathrm{d}t = $ 常量，则这种

电流就称为直流电流，用大写字母 $I$ 表示，它所通过的路径就是直流电路。在直流电路中，式（1-1）可写成：

$$I = \frac{Q}{t} \tag{1-2}$$

式中，$Q$ 是在时间 $t$ 内通过导体截面的电荷量。

　　我国法定计量单位是以国际单位制（SI）为基础的。它规定电流的单位是 A（安培）。$1A = 1c/1s$。除安培外，常用的电流单位还有 kA（千安）、mA（毫安）和 μA（微安）。$1kA = 10^3 A$，$1A = 10^3 mA$，$1A = 10^6 \mu A$。

　　电流在导线中或一个电路元件中流动的实际方向只有两种可能，见图 1-4。当有正电荷的净流量从 A 端流入并从 B 端流出时，习惯上就认为电流是从 A 端流向 B 端，反之，则认为电流是从 B 端流向 A 端。电路分析中，有时对某一段电路中电流实际流动方向很难立即判断出来，有时电流的实际方向还在不断地改变，因此很难在电路中标明电流的实际方向。由于这些原因，引入了电流"参考方向"的概念。

　　在图 1-4 中先选定其中某一个方向作为电流的方向，这个方向叫做电流的参考方向。当然所选的电流方向并不一定就是电流实际的方向。把电流看成代数量，若电流的参考方向与它的实际方向一致，则电流为正直（$I > 0$）；反之，若电流的参考方向与它的实际方向相反，则电流为负值（$I < 0$），如图 1-5 所示。于是，在指定的电流参考方向下，电流值的正和负，就可以反映出电流的实际方向。因此，在参考方向选定之后，电流值才有正负之分，在未选定参考方向之前，电流的正负值是毫无意义的。

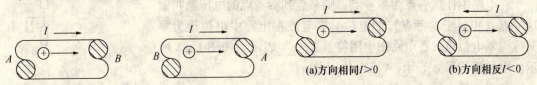

图 1-4　电流方向　　　　　　图 1-5　电流参考方向与它的实际方向间的关系

　　电流的参考方向是任意指定的，在电路中一般用箭头表示。也有用双下标表示的，如 $I_{ab}$，其参考方向是由 $a$ 指向 $b$。

　　（二）电压

　　在如图 1-6 所示电源的两个极板 $a$ 和 $b$ 上分别带有正、负电荷，这两个极板间就存在一个电场，其方向是由 $a$ 指向 $b$。当用导线和负载将电源的正负极连接成为一个闭合电路时，正电荷在电场力的作用下由正极 $a$ 经导线和负载流向负极 $b$（实际上是自由电子由负极经负载流向正极），从而形成电流。电压是衡量电场力做功能力的物理量。我们定义：$a$ 点至 $b$ 点间的电压 $U_{ab}$ 在数值上等于电场力把单位正电荷由 $a$ 点经外电路移到 $b$ 点所做的功。

　　当电荷的单位为 C（库仑），功的单位为 J（焦耳）时，电压的单位为伏特，简称 V（伏），即 $1V = 1J/1C$。在工程中还可用 kV（千伏）、mV（毫伏）和 μV（微伏）为计量单位。他们之间的换算关系是

$$1kV = 10^3 V \qquad 1V = 10^3 mV = 10^6 \mu V$$

电压的实际方向定义为正电荷在电场中受电场力作用（电场力作正功时）移动的方

向。与电流一样，电压也有自己的参考方向，如下图用实线箭头或双下标表示。电压的参考方向也是任意指定的。在电路中，电压的参考方向可以用一个箭头来表示，也可以用正（ + ）、负（ – ）极性来表示，正极指向负极的方向就是电压的参考方向；还可以用双下标表示，如 $U_{AB}$ 表示 $A$ 和 $B$ 之间的电压的参考方向由 $A$ 指向 $B$（图1–7）。同样，在指定的电压参考方向下计算出的电压值的正和负，就可以反映出电压的实际方向。"参考方向"在电路分析中起着十分重要的作用。

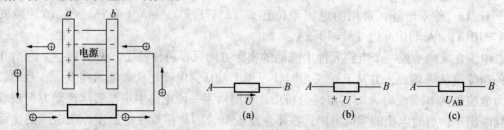

图1–6 电场力对电荷做功    图1–7 电压的参考方向表示法

对一段电路或一个元件上电压的参考方向和电流的参考方向可以独立地加以任意指定。如果指定电流从电压" + "极性的一端流入，并从标以" – "极性的另一端流出，即电流的参考方向与电压的参考方向一致，则把电流和电压的这种参考方向称为关联参考方向。

## （三）电位

在电路中任选一点为参考点，则某点到参考点的电压就叫做这一点（相对于参考点）的电位。参考点在电路中电位设为零又称为零电位点，在电路图中用符号"⊥"表示，如图1–8所示。电位用符号 $\varphi$ 表示，$A$ 点电位记做 $\varphi_A$。

如当选择 O 点为参考点时，则

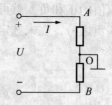

图1–8 电位示意图

$$\varphi_A = U_{AO} \tag{1–3}$$

如果 $A$ 点、$B$ 点的电位分别为 $\varphi_A$ 与 $\varphi_B$，则

$$U_{AB} = U_{AO} + U_{OB} = U_{AO} - U_{BO} = \varphi_A - \varphi_B \tag{1–4}$$

所以，两点间的电压就是该两点电位之差，电压的实际方向是由高电位点指向低电位点，有时也将电压称为电压降。

注意：电路中各点的电位值与参考点的选择有关，当所选的参考点变动时，各点的电位值将随之变动，因此，参考点一经选定，在电路分析和计算过程中，不能随意更改。习惯上认为参考点自身的电位为零，即 $\varphi_0 = 0$ 所以参考点也叫零电位点。

## （四）电能、电功率

正电荷从电路元件的电压" + "极，经元件移到电压的" – "极，是电场力对电荷作功的结果，这时元件吸取能量。相反地，正电荷从电路元件的电压的" – "极经元件移到电压" + "极，元件向外释放能量。对于直流电能量

$$W = UIt \tag{1–5}$$

在实际应用中，电能的另一个常用单位是千瓦时（1kWh），1kWh 就是常说的 1 度电。

$$1 \text{度} = 1kWh = 3.6 \times 10^6 \text{（J）} \tag{1–6}$$

式中，$W$ ——电路所消耗的电能，单位为焦耳（J）；

$U$ ——电路两端的电压，单位为伏特（V）；

$I$ ——通过电路的电流，单位为安培（A）；

$t$ ——所用的时间，单位为秒（s）。

电功率表征电路元件或一段电路中能量变换的速度，其值等于单位时间（秒）内元件所发出或接受的电能。功率

$$P = \frac{W}{t} = \frac{UIt}{t} = UI \tag{1-7}$$

式中，$P$ ——电路吸收的功率，单位为瓦特（W）。P，U，I，t 的单位分别为瓦特（W）、伏特（V）、安培（A）、秒（s），常用的电功率单位还有千瓦（kW）、毫瓦（mW），它们之间的换算关系为

$$1kW = 10^3 W = 10^6 mW$$

在电压和电流为关联参考方向下，电功率（用 $P$ 表示）可用（1-7）式求得；在电压和电流为非关联参考方向下电功率 $P$ 可由（1-8）式求得，

$$P = -UI \tag{1-8}$$

若计算得出 $P > 0$ 表示该部分电路吸收或消耗功率，若计算得出 $P < 0$ 表示该部分电路发出或提供功率。

以上有关功率的讨论同样适用于任何一段电路，而不局限于一个元件。

**例 1-1** 一空调器正常工作时的功率为 1214W，设其每天工作 4 小时，若每月按 30 天计算，试问一个月该空调器耗电多少度？若每度电费 0.80 元，那么使用该空调器一个月应缴电费多少元？

解：空调器正常工作时的功率为

$$1214W = 1.214kW$$

一个月该空调器耗电

$$W = Pt = 1.214kW \times 4h \times 30 = 145.68kWh$$

使用该空调器一个月应缴电费

$$145.68 \times 0.80 \approx 116.54（元）$$

**例 1-2** 试求图 1-9 所示元件的功率，并说明是吸收功率还是发出功率。

解：图 1-9（a）图中，电压与电流为关联参考方向，$P = UI = 3 \times 6 = 18（W）$，$P > 0$，该元件吸收功率；

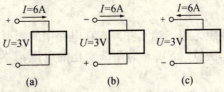

图 1-9

图 1-9（b）图中，电压与电流为非关联参考方向，$P = -UI = -3 \times 6 = -18（W）$，$P < 0$，该元件发出功率；

图 1-9（c）图中，电压与电流为非关联参考方向，$P = -UI = -3 \times 6 = -18（W）$，$P$

< 0，该元件发出功率。

# 第二节 电路的基本元件

前已述及，在电路理论中，经过科学的抽象后，把实际电路元件用足以反映其主要电磁性质的一些理想元件替代，简称为电路元件。下面，我们讨论的常用的无源的理想电路元件有：电阻元件、电容元件和电感元件；有源的理想元件有：电压源和电流源。

## 一、无源元件

### （一）电阻元件

电阻元件是反映消耗电能这一物理现象的一个二端电路元件，分为线性电阻元件和非线性电阻元件。在任何时刻，对于线性电阻元件，它两端的电压与其电流的关系服从欧姆定律，图形符号见图 1-10。

当电压与电流为关联参考方向

$$U = IR \qquad\qquad (1-9)$$

当电压与电流为非关联参考方向时图

$$U = -IR \qquad\qquad (1-10)$$

令 $G = \dfrac{1}{R}$，定义为电阻元件的电导，则式（1-9）变成 $I = GU$。

电阻的单位为欧姆（$\Omega$），简称欧；电导的单位为西门子（$S$）。

如果电阻元件电压的参考方向与电流的参考方向相反［见图 1-10（$b$）］，则欧姆定律应写为 $U = -IR$。或 $I = -GU$ 所以，公式必须与参考方向配套使用。

在电压和电流的关联方向下，任何时刻线性电阻元件吸取的电功率。

$$P = UI = RI^2 = \frac{U^2}{R} \qquad\qquad (1-11)$$

电阻 $R$ 是一个与电压 $U$、电流 $I$ 无关的正实常数，故功率 $P$ 恒为非负值。这说明线性电阻元件（$R > 0$）不仅是无源元件，并且还是耗能元件。

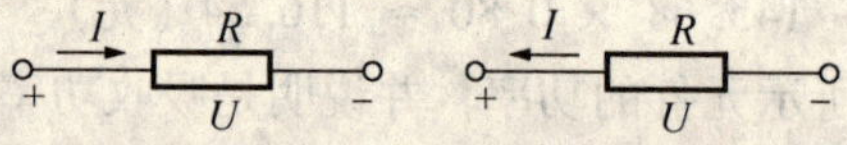

（a）关联参考方向 （b）非关联参考方向

图 1-10 电压电流参考方向的关系

### （二）电容元件

线性电容元件是一个理想无源二端元件，它在电路中的图形符号如图 1-11 所示，$C$ 称为电容元件的电容，单位是法拉（$F$）；$u$ 为两端变化的电压，$i$ 为两端变化的电流，即交流电压电流的瞬时值。

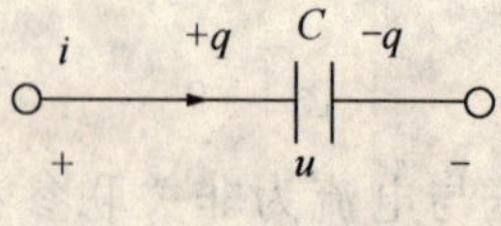

图 1-11 线性电容元件的图形符号

电容极板上的电荷量 $q$ 与其两端的电压 $u$ 有以下关系：

$$q = Cu \tag{1-12}$$

当 $q = 1$ C、$u = 1$ V 时，$C = 1$ 法拉。法拉简称法，用 $F$ 表示。实际电容器的电容往往比 1 法拉小得多，因此通常采用微法（$\mu$F）和皮法（pF）作为电容的单位，它们之间的关系是：

$$1F = 10^{6}（\mu F）= 10^{12}（pF）$$

当电容极板间电压 $u$ 变化时，极板上电荷 $q$ 也随着改变，于是电容器电路中出现电流 $i$。如指定电流参考方向为流进正极板，也即与电压 $u$ 的参考方向一致，如图 1-11 所示，则电流

$$i = \frac{\mathrm{d}q}{\mathrm{d}t} = C\frac{\mathrm{d}u}{\mathrm{d}t} \tag{1-13}$$

式（1-13）指出：任何时刻，线性电容元件中的电流与该时刻电压的变化率成正比。在直流电路中，当电压不随时间变化时，则电流为零，这时电容元件相当于开路。故电容元件有隔断直流（简称隔直）的作用。

电容元件是一种无源的储能元件，所储存的电场能量为：

$$W_{C} = \frac{1}{2}Cu^{2} \tag{1-14}$$

## （三）电感元件

由导线绕制而成的线圈或把导线绕在铁芯或磁芯上就构成一个常用的电感器。见图 1-12（该图中同时画出了线性电感元件在电路中的图形符号）。

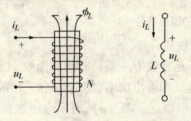

（a）电感器　　　（b）图形符号

图 1-12　线性电感元件的图形符号

在电感元件中电流 $i$ 随时间变化时，根据楞次定律，感应电压

$$u_{L} = \frac{\mathrm{d}\varphi_{L}}{\mathrm{d}t} = L\frac{\mathrm{d}i_{L}}{\mathrm{d}t} \tag{1-15}$$

式中，$L$ 称为该元件的自感或电感。

在 SI 单位制中，磁通和磁通链的单位是韦伯（Wb），自感的单位是亨利（H），简称亨。有时还采用毫亨（mH）和微亨（$\mu$H）作为自感的单位。

换算关系为：
$$1H = 10^{3}mH = 10^{6}\mu H$$

由式（1-15）可知：任何时刻，线性电感元件上的电压与该时刻电流的变化率成正比。对于直流电，电流不随时间变化，则感应电压为零，这时电感元件相当于导线。

电感元件是一种无源的储能元件，电感元件在任何时刻 $t$ 所储存的磁场能量 $W_{L}(t)$ 将等于它所吸收的能量而可写为：

$$W_{L}(t) = \frac{1}{2}Li_{L}^{2}(t) \tag{1-16}$$

## 二、有源元件

把其他形式的能转换成电能的装置称为有源元件，有源元件经常可以采用两种模型表示，即电压源模型和电流源模型。

### （一）电压源

#### 1. 理想电压源

输出电压不受外电路影响，只依照自己固有的随时间变化的规律变化的电源，称为理想电压源。图 1-13（a）是理想电压源的一般表示符号，符号"+""-"号是其参考极性。如电压源的电压为常数，就称为直流电压源，其电压一般用 $U_S$ 来表示，图（b）表示理想直流电压源。有时涉及的直流电压源是电池，在这种情况下还可以用图（c）符号，其中长线段表示电压源的高电位端，短线段表示电压源的低电位端。理想直流电压源伏安特性曲线如图 1-14 所示，它是一条平行与横轴的直线，表明其端电压与电流的大小及方向无关。

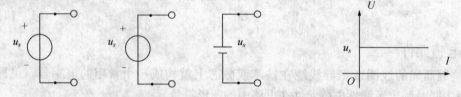

（a）一般表示　　（b）理想直流电源　　（c）电池
图 1-13　理想电压源的图形符号

图 1-14　理想电压源的伏安特性

理想电压源具有如下几个性质：

（1）理想电压源的端电压是常数 $U_S$，或是时间的函数 $u(t)$，与输出电流无关。

（2）理想电压源的输出电流和输出功率取决于与它连接的外电路。

图 1-15 示出电压源的两个特点，图（a）表示电压源没有接外电路，电流 $i=0$，这种情况称为"开路"，而图（b）的两个外电路 1、2 是不同的，因此这两种情况下的电流 $i_1$ 和 $i_2$ 也将是不同的。

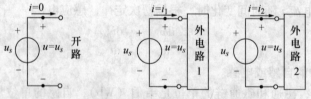

（a）不接外电路（开路）　　（b）接外电路
图 1-15　同一个电压源接于不同外电路

根据所连接的外电路，电压源中电流的实际方向既可以从电压的高电位处流向低电位处，也可以从低电位处流至高电位处。如果电流从电压源的低电位处流向高电位处，那么电压源释放能量，这是因为正电荷逆着电场方向由低电位处移至高电位处，外力必须对它做功的缘故。这时，电压源起电源的作用，发出功率。反之，电流从电压源的高电位处流向低电位处，电压源吸收功率，这时电压源将作为负载出现。

## 2. 实际电压源

理想电压源是从实际电源中抽象出来的理想化元件，在实际中是不存在的。像发电机、干电池等实际电源，由于电源内部存在损耗，其端电压都随着电流变化而变化，例如当电池接上负载后，其电压就会降低，这是由于电池内部有电阻的缘故。所以，可以采用如图 1−16 所示的方法来表示这种实际的电压源，即可以用一个理想电压源和一个电阻串联来模拟，此模型称为实际电压源模型，如图 1−16（a）所示。图（b）是实际直流电压源模型。

电阻 $r_0$ 和 $R_0$ 叫做电源的内阻，有时又称为输出电阻。实际电压源的端电压为：

$$u = u_s - ir_0$$
$$U = U_S - IR_0 \tag{1−17}$$

图 1−17 是实际直流电压源伏安特性曲线。

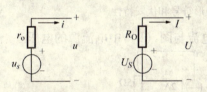

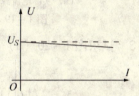

（a）实际交流电压源　（b）实际直流电压源
图 1−16　实际的电源模型

图 1−17　实际直流电压源的伏安特性曲线

## （二）电流源

### 1. 理想电流源

理想电流源也是一个二端理想元件。与电压源相反，通过理想电流源的电流与电压无关，不受外电路影响，只依照自己固有的随时间变化的规律而变化，这样的电源称为理想电流源。图 1−18（a）是理想电流源的一般表示符号，其中 $i_s$ 表示电流源的电流，箭头表示理想电流源的参考方向。图（b）表示理想直流电流源，其伏安特性曲线如图（c）所示，它是一条平行与纵轴的直线，表明其输出电流与端电压的大小无关。

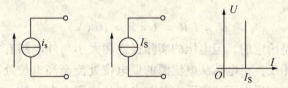

（a）理想电流源　（b）理想直流电流源　（c）伏安特性
图 1−18　理想电流源的图形符号和伏安特性

理想电流源具有如下几个性质：

（1）理想电流源的输出电流是常数 $I_s$，或是时间的函数 $i(t)$，不会因为所连接的外电路的不同而改变，与理想电流源的端电压无关。

（2）理想电流源的端电压和输出功率取决于它所连接的外电路。

### 2. 实际电流源模型

理想电流源是从实际电源中抽象出来的理想化元件，在实际中也是不存在的。像光电池这类实际电源，由于其内部存在损耗，接通负载后输出电流降低。这样的实际电源，可以用一个理想电流源和一个电阻并联来模拟，此模型称为实际电流源模型，如图 1-19（a）所示。图（b）是实际直流电流源模型。电阻 $r_i$（或 $R_i$）叫做电源的内阻，有时也称为输出电阻。实际直流电流源输出电流为：

$$I = I_S - \frac{U}{R_i} \qquad\qquad (1-18)$$

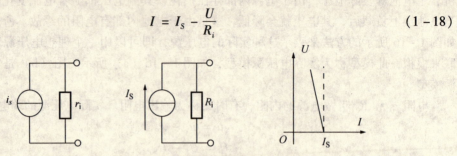

（a）实际电流源　　　（b）实际直流电流源　　　（c）伏安特性

图 1-19　实际电流源的图形符号和伏安特性

**例 1-3**　试求图 1-20（a）所示电压源的电流与图（b）中电流源的电压。

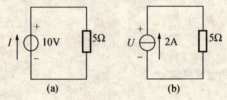

图 1-20

解：图 1-20（a）中流过电压源的电流也是流过 5Ω 电阻的电流，所以流过电压源的电流为

$$I = \frac{U_S}{R} = \frac{10}{5} = 2 \ (A)$$

图 1-20（b）中电流源两端的电压也是加在 5Ω 电阻两端的电压，所以电流源的电压为

$$U = I_S R = 2 \times 5 = 10 \ (V)$$

电流源中，电流是给定的，但电压的实际极性和大小与外电路有关。如果电压的实际方向与电流实际方向相反，正电荷从电流源的低电位处流至高电位处，这时，电流源发出功率，起电源的作用。如果电压的实际方向与电流的实际方向一致，电流源吸收功率，这时电流源便将作为负载。

# 第三节　基尔霍夫定律

对于电路中的某一个元件来说，元件上的端电压和电流关系服从欧姆定律，而对于整个电路来说，电路中的各个电流和电压要服从基尔霍夫定律。基尔霍夫定律包括电流定律（KCL）和电压定律（KVL）是电路理论中最基本的定律之一，不仅适用于求解复杂电路，也适用于求解简单电路。

现在，在学习基尔霍夫定律之前，为了便于理解，就图 1-21 所示的电路，介绍几个名词：

（1）支路：电路中流过同一电流的一个分支称为一条支路。在图1-21所示电路中，$fab$、$be$和$bcd$都是支路，其中支路$fab$、$bcd$各有两个电路元件。支路$fab$、$bcd$中有电源，称为含源支路；支路$be$中没有电源，则称为无源支路。

（2）节点：电路中三条和三条以上支路的连接点称为节点。这样，图1-21的电路只有两个节点，即节点$b$和节点$e$。

（3）回路：由若干支路组成的任一闭合路径。如图1-21中$abef$、$bcde$和$abcdef$都是回路，这个电路共有三个回路。

（4）网孔：网孔是回路的一种。将电路画在平面上，在回路内部不另含有支路的回路称为网孔。如图1-21中$abef$、$bcde$是网孔，$abcdef$回路内部含有支路$eb$不是网孔，所以这个电路共有两个网孔。

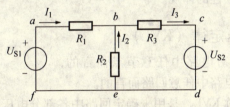

图1-21　电路名词说明图

## 一、基尔霍夫电流定律（KCL）

基尔霍夫电流定律简称KCL，是用来确定电路中连接在同一个节点上的各条支路电流间的关系的。基本内容是：任何时刻，对于电路中的任一节点，流进流出节点所有支路电流的代数和恒等于零。

其数学表达式如下：

$$\sum I = 0 \qquad\qquad (1-19)$$

在式（1-19）中，流出节点的电流前面取"＋"号，流入节点的电流前面取"－"号。

例如，对图1-21中节点$b$，应用KCL，在这些支路电流的参考方向下，有

$$-I_1 - I_2 + I_3 = 0$$

即

$$\sum I = 0$$

上式可以改写成

$$I_1 + I_2 = I_3$$

即

$$\sum I_入 = \sum I_出 \qquad\qquad (1-20)$$

上式表明：任何时刻，流入任一节点的支路电流之和必定等于流出该节点的支路电流之和。

这里，首先应当指出，KCL中电流的流向本来是指它们的实际方向，但由于采用了参考方向，所以式（1-20）中是按电流的参考方向来判断电流是流出节点还是流入节点的。其次，式中的正、负号仅由电流是流出节点还是流入节点来决定的，与电流本身的正、负无关。

KCL通常用于节点，但对包围几个节点的闭合面也是适用的，如图1-22所示的电路

中，闭合面 $S$ 内有三个节点 $A$、$B$、$C$。在这些节点处，分别有（电流的方向都是参考方向）：

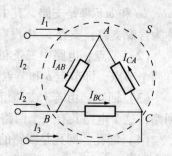

$$I_1 = I_{AB} - I_{CA}$$
$$I_2 = I_{BC} - I_{AB}$$
$$I_3 = I_{CA} - I_{BC}$$

将上面三个式子相加，便得

$$I_1 + I_2 + I_3 = 0 \quad 或 \quad \sum I = 0$$

可见，在任一瞬间，通过任一闭合面的电流的代数和也总是等于零，或者说，流出闭合面的电流等于流入该闭合面的电流，这叫做电流连续性。所以，基尔霍夫电流定律是电流连续性的体现。

图 1-22　基尔霍夫电流定律的推广

## 二、基尔霍夫电压定律（KVL）

基尔霍夫电流定律是对电路中任意节点而言的，而基尔霍夫电压定律是对电路中任意回路而言的。

基尔霍夫电压定律简称 KVL，是用来确定回路中各部分电压之间的关系的。基本内容是：任何时刻，沿任一回路内所有支路或元件电压的代数和恒等于零。即

$$\sum U = 0 \tag{1-21}$$

在写上式时，首先需要指定一个绕行回路的方向。凡电压的参考方向与回路绕行方向一致者，在式中该电压前面取"+"号；电压参考方向与回路绕行方向相反者，则前面取"-"号。

同理，KVL 中电压的方向本应指它的实际方向，但由于采用了参考方向，所以式（1-21）中的代数和是按电压的参考方向来判断的。

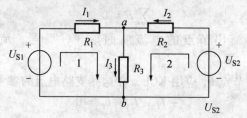

图 1-23　基尔霍夫电压定律示意图

以图 1-23 的电路为例，沿回路 1 和回路 2 绕行一周，有

回路 1：　　　　$I_1 R_1 + I_3 R_3 - U_{S1} = 0$ 或 $I_1 R_1 + I_3 R_3 = U_{S1}$

回路 2：　　　　$I_2 R_2 + I_3 R_3 - U_{S2} = 0$ 或 $I_2 R_2 + I_3 R_3 = U_{S2}$

即 KVL 也可以写为　　　　$\sum R_K I_K = \sum U_{SK}$ 　　　　(1-22)

式（1-22）指出：沿任一回路绕行一圈，电阻上电压的代数和等于电压源电压的代数和。其中，在关联参考方向下，电流参考方向与回路绕行方向一致者，$R_K I_K$ 前取"+"号，相反者，$R_K I_K$ 前取"-"号；电压源电压 $U_{SK}$ 的参考极性与回路绕行方向一致者，$U_{SK}$ 前取"-"号，相反者，$U_{SK}$ 前取"+"号。

KVL 通常用于闭合回路，但也可推广应用到任一不闭合的电路上。图 1－24 虽然不是闭合回路，但当假设开口处的电压为 $U_{ab}$ 时，可以将电路想象成一个虚拟的回路，用 KVL 列写方程为

$$U_{ab} + U_{S3} + I_3R_3 - I_2R_2 - U_{S2} - I_1R_1 - U_{S1} = 0$$

KCL 规定了电路中任一节点处电流必须服从的约束关系，而 KVL 则规定了电路中任一回路内电压必须服从的约束关系。这两个定律仅与元件的连接有关，而与元件本身无关。不论元件是线性的还是非线性的，时变的还是非时变的，KCL 和 KVL 总是成立的。

**例 1－4**　图 1－25 所示电路，已知 $U_1 = 5V$，$U_3 = 3V$，$I = 2A$，求 $U_2$，$I_2$，$R_1$，$R_2$ 和 $U_S$。

解：（1）已知 2Ω 电阻两端电压 $U_3 = 3V$

故
$$I_2 = \frac{U_3}{2} = \frac{3}{2} = 1.5A$$

（2）在由 $R_1 R_2$ 和 2Ω 电阻组成的闭合回路中根据 KVL 得

$U_3 + U_2 - U_1 = 0$　即　$U_2 = U_1 - U_3 = 5 - 3 = 2V$

（3）由欧姆定律得　$R_2 = \frac{U_2}{I_2} = \frac{2}{1.5} = 1.33\Omega$

由 KCL 得
$$I_1 = I - I_2 = 2 - 1.5 = 0.5A$$

$$R_1 = \frac{U_1}{I_1} = \frac{5}{0.5} = 10\Omega$$

（4）在由 $U_S$，$R_1$ 和 3Ω 电阻组成的闭合回路中根据 KVL 得

$$U_S = U + U_1 = 2 \times 3 + 5 = 11V$$

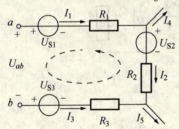

图 1－24　基尔霍夫电压定律的推广

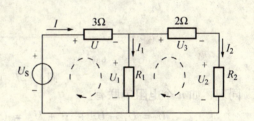

图 1－25

**例 1－5**　图 1－26 所示电路，已知 $U_{S1} = 12V$，$U_{S2} = 3V$，$R_1 = 3\Omega$，$R_2 = 9\Omega$，$R_3 = 10\Omega$，求 $U_{ab}$。

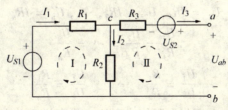

图 1－26

解：（1）由 KCL 得　　$I_3 = 0$，　　$I_1 = I_2 + I_3 = I_2 + 0 = I_2$
　　由 KVL 在回路 I 中有　$I_1R_1 + I_2R_2 = U_{S1}$　解得

$$I_1 = I_2 = \frac{U_{S1}}{R_1 + R_2} = \frac{12}{3 + 9} = 1\text{A}$$

（2）在回路Ⅱ中根据 KVL 得

$$U_{ab} - I_2 R_2 + I_3 R_3 - U_{S2} = 0$$

$$U_{ab} = I_2 R_2 - I_3 R_3 + U_{S2} = 1 \times 9 - 0 \times 10 + 3 = 12\text{V}$$

# 第四节　简单电路分析及等效变换

## 一、电阻的串联、并联与混联

### （一）电阻的串联

在电路中，把几个电阻元件依次一个一个首尾连接起来，中间没有分支，在电源的作用下流过各电阻的是同一电流，这种连接方式叫做电阻的串联。

图 1－27（a）表示 3 个电阻的串联，以 $U$ 代表总电压，$I$ 代表电流；$R_1$，$R_2$，$R_3$ 代表各电阻；$U_1$，$U_2$，$U_3$ 代表各电阻上的电压；按 KVL，有

$$U = U_1 + U_2 + U_3 = (R_1 + R_2 + R_3)I = R_{eq}I \tag{1-23}$$

$$R_{eq} = R_1 + R_2 + R_3 \tag{1-24}$$

$R_{eq}$ 为串联电阻的等效电阻如 1－27b。

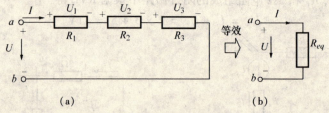

（a）　　　　　　　　　　　　　　（b）

图 1－27　电阻的串联

同理，如 $n$ 个电阻串联有

$$U = U_1 + U_2 + \cdots + U_n = (R_1 + R_2 + \cdots + R_n)I = R_{eq}I \tag{1-25}$$

其中

$$R_{eq} = R_1 + R_2 + \cdots + R_n \tag{1-26}$$

$R_{e8}$ 称为这些串联电阻的总电阻或等效电阻。显然，等效电阻必大于任一个串联的电阻，即 $R_{eq} > R_K, K = 1,2,3\cdots,n$。

而

$$U_1 = IR_1, U_2 = IR_2, \cdots, U_n = IR_n$$

由此可得

$$\frac{U_1}{R_1} = \frac{U_2}{R_2} = \cdots = \frac{U_n}{R_n}$$

即

$$\frac{U_1}{U_2} = \frac{R_1}{R_2} \quad \cdots \quad \frac{U_1}{U_n} = \frac{R_1}{R_n} \tag{1-27}$$

可见，各个串联电阻的电压与电阻值成正比。或者说，总电压按各个串联电阻的电阻值进行分配。式（1－27）称为串联电阻电压分配公式。

将式（1－25）两边各乘以电流 I，得

$$P = UI = R_1 I^2 + R_2 I^2 + \cdots + R_n I^2 = P_1 + P_2 + \cdots + P_n = R_{eq}I^2 \tag{1-28}$$

此式表明：$n$ 个串联电阻吸收的总功率等于每个串联电阻吸收的功率之和也等于它们的

等效电阻所吸收的功率。

用等效电阻替代这些串联电阻，端钮 $a$、$b$ 间的电压 $U$ 和端钮处的电流 $I$ 均不变，吸收的功率也相同。所以，等效电阻与这些串联电阻所起的作用相同。这种替代称为等效替代或等效变换。

**例 1—6**　如图 1—28 所示，用一个满刻度偏转电流为 50 μA，电阻 $R_g$ 为 2 kΩ 的表头制成 100V 量程的直流电压表，应串联多大的附加电阻 $R_f$ ？

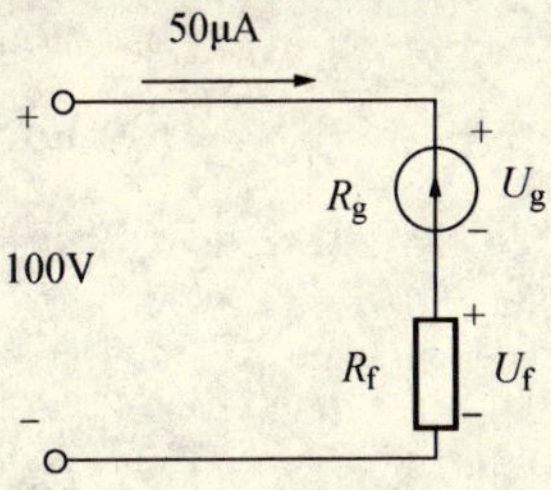

**解：** 由于表头能通过的电流是一定的，满刻度时表头电压由欧姆定律有

$$U_g = R_g I = 2 \times 10^3 \times 50 \times 10^{-6} = 0.1V$$

要制成 100 V 量程的直流电压表，必须附加电阻电压为

$$U_f = 100 - 0.1 = 99.9V$$

$$R_f = \frac{U_f}{I} = \frac{99.9}{50 \times 10^{-6}} = 1998\Omega$$

或者根据分压公式有

$$\frac{R_f}{2 + R_f} = \frac{99.9}{100} \qquad 解得 \qquad R_f = 1998\Omega$$

图 1—28

## （二）电阻的并联

在电路中，把几个电阻元件两端分别连接在两个公共节点之间，各电阻的电压相等的这种连接方式叫做电阻的并联。

图 1—29（a）表示 3 个电阻的并联，以 $U$ 代表两端电压，$I$ 代表总电流；$R_1$，$R_2$，$R_3$ 代表各电阻；$I_1$，$I_2$，$I_3$ 代表各电阻上的电流，按 KCL，有

$$I = I_1 + I_2 + I_3 = \frac{U}{R_1} + \frac{U}{R_2} + \frac{U}{R_3} = U\left(\frac{1}{R_1} + \frac{1}{R_2} + \frac{1}{R_3}\right) = U\left(\frac{1}{R_{eq}}\right) \qquad (1-29)$$

$$\frac{1}{R_{eq}} = \frac{1}{R_1} + \frac{1}{R_2} + \frac{1}{R_3} \qquad (1-30)$$

$R_{eq}$ 为并联电阻的等效电阻如图 1—29（b）。

同理，如 $n$ 个电阻并联有

$$I = I_1 + I_2 + \cdots + I_n = \frac{U}{R_1} + \frac{U}{R_2} + \cdots + \frac{U}{R_n} = U\left(\frac{1}{R_1} + \frac{1}{R_2} + \cdots + \frac{1}{R_n}\right) = U\left(\frac{1}{R_{eq}}\right)$$

$$(1-31)$$

$$\frac{1}{R_{eq}} = \frac{1}{R_1} + \frac{1}{R_2} + \cdots + \frac{1}{R_n} \qquad (1-32)$$

其中 $R_{eq}$ 称为这些并联电阻的总电阻或等效电阻。式 1—32 表明，并联电阻的等效总电阻的倒数等于各个并联电阻的倒数之和。显然，等效电阻必小于任一个并联的电阻，即 $R_{eq} <$

$R_K，K = 1,2,3\cdots,n$。而 $\qquad I_1 = \frac{U}{R_1}, I_2 = \frac{U}{R_2}, \cdots, I_n = \frac{U}{R_n}$

由此可得 $\qquad I_1 R_1 = I_2 R_2 = \cdots = I_n R_n$

即 $\qquad \frac{I_1}{I_2} = \frac{R_2}{R_1} \quad \cdots \quad \frac{I_1}{I_n} = \frac{R_n}{R_1} \qquad (1-33)$

可见，各个并联电阻中通过的电流与其电阻值成反比。式（1-33）称为并联电阻电流的分配公式。再将式（1-31）两边各乘以电压 $U$，得

$$P = UI = \frac{U^2}{R_1} + \frac{U^2}{R_2} + \cdots + \frac{U^2}{R_n} = U^2\left(\frac{1}{R_1} + \frac{1}{R_2} + \cdots + \frac{1}{R_n}\right) = P_1 + P_2 + \cdots + P_n = U^2\left(\frac{1}{R_{eq}}\right)$$

$$(1-34)$$

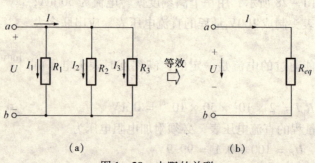

图 1-29  电阻的并联

此式表明：$n$ 个并联电阻吸收的总功率等于每个并联电阻吸收的功率之和也等于它们的等效电阻所吸收的功率。

**例 1-7**   有三盏电灯并联接在 110V 电源上，$U_e$ 分别为 110V，100W、110V，60W、110V，40W，求 $P_总$ 和 $I_总$，以及通过各灯泡的电流、等效电阻，各灯泡电阻。

**解：** （1）电路中消耗的总功率等于每个电阻消耗的功率之和

$$P_总 = P_1 + P_2 + P_3 = 100 + 60 + 40 = 200W$$

则

$$I_总 = \frac{P_总}{U} = \frac{200}{110} = 1.82A$$

（2）三盏电灯都工作在额定电压下，根据欧姆定律

$$I_1 = \frac{100}{110} = 0.91A, \quad I_2 = \frac{60}{110} = 0.545A, \quad I_3 = \frac{40}{110} = 0.364A$$

等效电阻

$$R_{eq} = \frac{U^2}{P_总} = \frac{110^2}{200} = 60.5\Omega \quad 或 R_{eq} = \frac{U}{I} = \frac{110}{1.82} = 60.4\Omega$$

（3）根据功率公式，各灯泡电阻

$$R_1 = \frac{U^2}{P_1} = \frac{110^2}{100} = 121\Omega, \quad R_2 = \frac{U^2}{P_2} = \frac{110^2}{60} = 201\Omega, \quad R_3 = \frac{U^2}{P_3} = \frac{110^2}{40} = 302\Omega$$

**（三）电阻的混联**

电阻的串联和并联相结合的连接方式叫电阻的混联。图 1-30 电路中，电阻 $R_3$ 和 $R_4$ 串联后与 $R_2$ 并联，再与 $R_1$ 串联。这些电阻的等效电阻 $R_{eq} = R_1 + \dfrac{R_2(R_3 + R_4)}{R_2 + R_3 + R_4}$。

在电阻混联电路中，若已知总电压 $U$ 或总电流 $I$，欲求各电阻上的电压和电流，其求解步骤一般是：

（1）首先利用串、并联的特点化简为一个等效电阻，且求出等效电阻 $R_{eq}$；

（2）应用欧姆定律求出总电流或总电压；

（3）应用电流分配公式和电压分配公式求出各电阻上的电流和电压。

例 1-8  图 1-31 所示电路，进行电工实验时，常用滑线变阻器接成分压器电路来调节负载电阻上电压的高低。图 1-31 中 $R_1$ 和 $R_2$ 是滑线变阻器，$R_L$ 是负载电阻。已知滑线变阻器额定值是 $100\Omega$、3 A，端钮 $a,b$ 上输入电压 $U_1 = 220V$，$R_L = 50\Omega$。试问：

(1) 当 $R_2 = 50\Omega$ 时，输出电压 $U_2$ 是多少？

(2) 当 $R_2 = 75\Omega$，输出电压 $U_2$ 是多少？滑线变阻器能否安全工作？

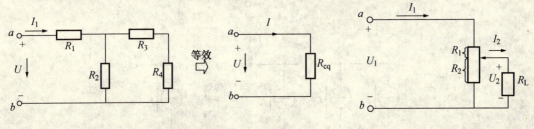

图 1-30  电阻的混联             图 1-31

解：(1) 当 $R_2 = 50\Omega$ 时，$R_1 = 100 - 50 = 50\Omega$，$R_{ab}$ 为 $R_2$ 和 $R_L$ 并联后与 $R_1$ 串联而成，故端钮 $a,b$ 的等效电阻

$$R_{ab} = R_1 + \frac{R_2 R_L}{R_2 + R_L} = 50 + \frac{50 \times 50}{50 + 50} = 75\Omega$$

滑线变阻器 $R_1$ 段流过的电流

$$I_1 = \frac{U_1}{R_{ab}} = \frac{220}{75} = 2.93A$$

负载电阻流过的电流可由下式求的

$$I_2 = \frac{U_2}{R_L} = \frac{U_1 - I_1 R_1}{R_L} = \frac{220 - 2.93 \times 50}{50} = 1.47A$$

或由电流分配公式求得

$$I_2 = \frac{R_2}{R_2 + R_L} \times I_1 = \frac{50}{50 + 50} \times 2.93 = 1.47A$$

$$U_2 = R_L I_2 = 50 \times 1.47 = 73.5V$$

(2) 当 $R_2 = 75\Omega$ 时，计算方法同上，可得

$$R_{ab} = 25 + \frac{75 \times 50}{75 + 50} = 55\Omega$$

$$I_1 = \frac{220}{55} = 4A$$

$$I_2 = \frac{75}{75 + 50} \times 4 = 2.4A$$

$$U_2 = 50 \times 2.4 = 120V$$

因 $I_1 = 4A$，大于滑线变阻器额定电流 3A，$R_1$ 段电阻有被烧坏的危险。

## 二、电压源和电流源的等效互换

### (一) 电压源、电流源的串联和并联

当 $n$ 个电压源串联时，可以用一个电压源等效替代。这个等效的电压源的电压 [见图 1-32 (a)]。

$$U_S = U_{S1} + U_{S2} + \cdots + U_{Sn} = \sum_{k=1}^{n} U_{Sk} \qquad (1-35)$$

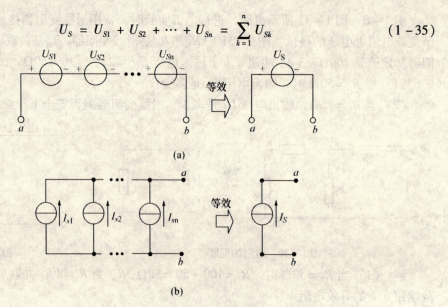

(a)

(b)

图 1-32　电压源的串联和电流源并联

当 $n$ 个电流源并联时，则可以用一个电流源等效替代。这个等效的电流源的电流 [图 1-32（b）]。

$$I_S = I_{S1} + I_{S2} + \cdots + I_{Sn} = \sum_{k=1}^{n} I_{Sk} \qquad (1-36)$$

只有电压相等的电压源才允许并联，只有电流相等的电流源才允许串联。

从外部性能等效的角度来看，任何一条支路与电压源 $U_S$ 并联后，总可以用一个等效电压源替代，等效电压源的电压为 $U_S$，等效电压源中的电流不等于替代前的电压源的电流而等于外部电流 $I$ 见图 1-33（a）。同理，任何一条支路与电流源 $I_S$ 串联后，总可以用一个等效电流源替代，等效电流源的电流为 $I_S$，等效电流源的电压不等于替代前的电流源的电压而等于外部电压 $U$ 见图 1-33（b）。

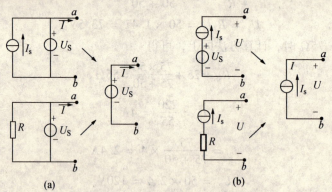

(a)　　　　　　　　　　　　　(b)

图 1-33　电源与支路的串联和并联

因此，这种替代对外电路是等效的，但对于被替代的看成是内部的支路来说由于结构的改变是不等效的。

（二）电压源与电流源的等效变换

电路计算中，有时要求用电流源、电阻的并联组合来等效替代电压源、电阻的串联组合或者用电压源、电阻的串联组合来等效替代电流源、电阻的并联组合。

图 1-34 示出这两种组合。如果它们等效，就要求当与外部相连的端钮 1、2 之间具有相同的电压 $U$ 时，端钮上的电流必须相等，即 $I = I'$。

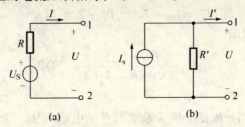

图 1-34　电压源与电流源的等效变换

在电压源、电阻串联组合中，$I = \dfrac{U_S - U}{R} = \dfrac{U_S}{R} - \dfrac{U}{R}$

而在电流源、电阻并联组合中，$I' = I_S - \dfrac{U}{R'}$

根据等效变换的要求，$I = I'$ 上面两个式子中对应项该相等，于是得

$$I_S = \frac{U_S}{R} \qquad R = R' \qquad\qquad (1-37)$$

这就是这两种电源等效变换时所必须满足的条件。

利用本节中的等效变换知识，我们就可以求解由电压源、电流源和电阻所组成的串并联电路。在进行电源等效变换时应注意以下几个问题：

（1）应用上式时 $U_S$ 和 $I_S$ 的参考方向应当如图 1-34 所示那样，即 $I_S$ 的参考方向由 $U_S$ 的负极指向正极。

（2）这两种等效的组合，其内部功率情况并不相同，只是对外部来说，它们吸收或放出的功率总是一样的，所以，等效变换只适用于外电路，对内电路不等效。

（3）恒压源和恒流源不能等效互换。

**例 1-9**　求图 1-35（a）所示的电路中 $R$ 支路的电流。已知 $U_{S1} = 10\text{V}$，$U_{S2} = 6\text{V}$，$R_1 = 1\Omega$，$R_2 = 3\Omega$，$R = 6\Omega$。

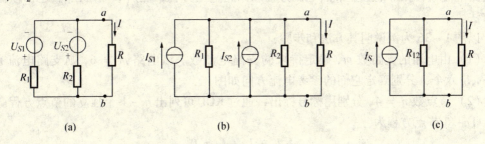

图 1-35

解：先把每个电压源电阻串联支路变换为电流源电阻并联支路。电路变换从（a）到（b）所示，其中

$$I_{S1} = \frac{U_{S1}}{R_1} = \frac{10}{1} = 10\text{V}$$

$$I_{S2} = \frac{U_{S2}}{R_2} = \frac{6}{3} = 2V$$

图 1-35 （b） 中两个并联电流源可以用一个电流源代替，其中

$$I_S = I_{S1} + I_{S2} = 10 + 2 = 12A$$

并联 $R_1$、$R_2$ 的等效电阻

$$R_{12} = \frac{R_1 R_2}{R_1 + R_2} = \frac{1 \times 3}{1 + 3} = \frac{3}{4}\Omega$$

电路简化如图 1-35 （c） 所示。

对图 1-35 （c） 电路，根据分流关系求得 $R$ 的电流 $I$ 为

$$I = \frac{R_{12}}{R_{12} + R} \times I_S = \frac{\frac{3}{4}}{\frac{3}{4} + 6} \times 12 = \frac{4}{3} = 1.333A$$

注意：用电源变换法分析电路时，待求支路保持不变。

# 第五节　复杂电路的分析

## 一、支路电流法

前几节中的分析方法，是利用等效变换，逐步化简电路，最后找出待求的电流和电压。用这类方法分析不太复杂的电路，是行之有效的。但是，这类方法局限于一定结构形式的电路，并且也不便对电路作一般性的探讨。因此，如要对较复杂的电路进行全面的一般性的探讨，还需寻求一些系统化的普遍方法——即不改变电路结构，先选择电路变量（电流或电压），再根据 KCL、KVL 建立起电路变量的方程，从而求解变量的方法。支路电流法就是一种系统化的解题方法。这里"系统化"是指方法的计算步骤有规律，便于编制电子计算机的应用程序，"普遍"指方法对任何线性电路都适用。

支路电流法是以支路电流作为电路的变量，直接应用基尔霍夫电压、电流定律，列出与支路电流数目相等的独立节点电流方程和回路电压方程，然后联立解出各支路电流的一种方法。

以图 1-36 为例说明其方法和步骤：

（1） 由电路的支路数 $m$，确定待求的支路电流数。该电路 $m = 6$，则支路电流有 $I_1$、$I_2$、…、$I_6$ 六个，分别确定它们的参考电流方向如图。

（2） 节点数 $n = 4$，分别用标号标出，通过 KCL 可列出 $n-1$ 个独立的节点方程。
①-③节点方程为

$$-I_1 + I_2 + I_6 = 0$$
$$-I_2 + I_3 + I_4 = 0$$
$$-I_3 - I_5 - I_6 = 0$$

而④节点的方程 $I_1 - I_4 + I_5 = 0$ 可从①～③节点方程中推出是不独立的，即在本图中①～④的 4 个节点中可列出 3 个独立的节点电流方程。

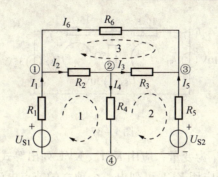

图 1-36 支路电流法

（3）根据 KVL 列出回路方程。选取 $l = m - (n-1)$ 个独立的回路，选定回路绕性方向如图，由 KVL 列出 $l$ 个独立的回路方程。

回路 1-3
$$I_1R_1 + I_2R_2 + I_4R_4 = U_{S1}$$
$$I_3R_3 - I_4R_4 - I_5R_5 = -U_{S2}$$
$$-I_2R_2 - I_3R_3 + I_6R_6 = 0$$

本图中其他回路的方程都可从回路 1-3 的方程中推出是不独立的，即本图中只有独立回路 $l = m - (n-1) = 6 - (4-1) = 3$ 个，可列出 3 个独立回路方程。

（4）将六个独立方程联立求解，得各支路电流。

如果计算结果支路电流的值为正，则表示该支路实际电流方向与参考方向相同；如果某一支路的电流值为负，则表示该支路实际电流的方向与参考方向相反。

（5）根据电路的要求，求出其他待求量，如支路或元件上的电压、功率等。

综上所述，对于具有 $n$ 个节点、$m$ 条支路的电路，根据 KCL 能列出（$n-1$）个独立方程，根据 KVL 能列出 $m - (n-1)$ 个独立方程，两种独立方程的数目之和正好与所选待求变量的支路数目相同，联立求解即可得到 $m$ 条支路的电流。与这些独立方程相对应的节点和回路分别叫独立节点和独立回路

可以证明，具有 $n$ 个节点 $m$ 条支路的电路具有 $n-1$ 个独立节点，$m - (n-1)$ 个独立的回路。

注意：对于独立节点应如何选择，原则上是任意的，一般在 $n$ 个节点中任选 $n-1$ 来列方程即可，但要选方程比较简单的节点为便于计算。

对于独立回路应如何选择，原则上也是任意的。一般，在每选一个回路时，只要使这回路中至少具有一条新支路在其他已选定的回路中未曾出现过，那么这个回路就一定是独立的。通常，平面电路中的一个网孔就是一个独立回路，网孔数就是独立回路数，所以可选取所有的网孔列出一组独立的 KVL 方程。

通过上面分析，我们可总结出支路电流法分析计算电路的一般步骤如下：

（1）在电路图中选定各支路（$m$ 个）电流的参考方向，设出各支路电流。

（2）对独立节点列出 $n-1$ 个 KCL 方程。

（3）取网孔列写 KVL 方程，设定各网孔绕行方向，列出 $m - (n-1)$ 个 KVL 方程。

（4）联立求解上述 $m$ 个独立方程，便得出待求的各支路电流。

**例 1-10** 求图 1-37 所示电路中各支路电流和各元件的功率。

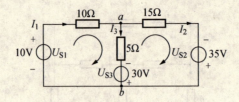

图 1 – 37

**解**：以支路电流 $I_1$、$I_2$、$I_3$ 为变量，应用 KCL、KVL 列出等式

（1）对于两节点 $a$、$b$，应用 KCL 可列出一个独立的节点电流方程

节点 $a$：$$- I_1 + I_2 + I_3 = 0$$

（2）列写网孔独立回路电压方程：如图电流绕行方向

$$10I_1 + 5I_3 = 30 + 10$$

$$15I_2 - 5I_3 = 35 - 30$$

（3）联立求解各支路电流得：

$$I_1 = 3A \qquad I_2 = 1A \qquad I_3 = 2A$$

$I_1$、$I_2$、$I_3$ 均为正值，表明它的实际方向与所选参考方向相同，三个电压源全部是从正极输出电流，所以全部输出功率。

$U_{S1}$ 输出的功率为：$U_{S1}I_1 = 10 \times 3 = 30W$

$U_{S2}$ 输出的功率为：$U_{S2}I_2 = 35 \times 1 = 35W$

$U_{S3}$ 输出的功率为：$U_{S3}I_3 = 30 \times 2 = 60W$

各电阻吸收的功率为 $I^2R$

$$P = 10 \times 3^2 + 5 \times 2^2 + 15 \times 1^2 = 125W$$

功率平衡，表明计算正确。

## 二、叠加定理

叠加定理是线性电路的一个基本定理。具体可表述如下：在线性电路中，当有两个或两个以上的独立电源作用时，则任意支路的电流或电压，都可以认为是电路中各个电源单独作用而其他电源不作用时在该支路中产生的各电流分量或电压分量的代数和。我们从图 1 – 38 所示的线性电阻电路入手加以说明。

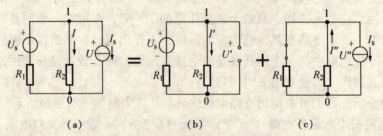

（a）　　　　　　（b）　　　　　　（c）

图 1 – 38　叠加定理

如果 $U_s$ 和 $I_s$ 单独作用如图 1 – 38（b）和（c）所示

$$I' = \frac{U_s}{R_1 + R_2}$$

$$I'' = \frac{R_1}{R_1 + R_2}I_S$$

$$I' - I'' = \frac{U_S}{R_1 + R_2} - \frac{R_1}{R_1 + R_2}I_S = I$$

即：这两个电源共同作用，在 $R_2$ 支路产生的电流 I 等于两个电源单独作用时在该支路所产生的电流 $I'$ 和 $I''$ 的代数和。$I''$ 所取的负号是因为它的参考方向和 I 的方向相反。

同样，1－38 图中，如果 $U_S$ 和 $I_S$ 单独作用时

$$U' = I'R_2 = \frac{U_S}{R_1 + R_2}R_2 = \frac{R_2}{R_1 + R_2}U_S$$

$$U'' = -I''R_2 = -\frac{R_1}{R_1 + R_2}I_S R_2 = -\frac{R_1 R_2}{R_1 + R_2}I_S$$

$$U' + U'' = \frac{R_2}{R_1 + R_2}U_S - \frac{R_1 R_2}{R_1 + R_2}I_S = U$$

即：这两个电源共同作用，在 $I_S$ 支路产生的电压等于两个电源单独作用时在该支路所产生的电压的代数和。可以证明这个结论对于线性电路都是成立的。

综上所述，可得出如下结论：如果线性电路中有多个独立电源共同作用，则任一支路电流（或电压）等于电路中各个独立源分别单独作用时在该支路所产生电流（或电压）的代数和。线性电路的这一性质称为叠加定理。

注意，这里所谓的一个电压源单独作用而其他电压源不作用，就是那些不作用的电压源的电压等于零，也就是在相应的电压源处用短路替代。电流源不作用，就是那些不作用的电流源等于零，就是在该电流源处用开路代替。

叠加定理在线性电路分析中起着重要的作用，它是分析线性电路的基础。线性电路的许多定理可以从叠加定理导出。

应用叠加定理时，可以分别计算各个电压源和电流源单独作用下的电流和电压，然后把它们叠加起来。当然，也可以把电路中的所有电压源和电流源分成几组，按组计算电流和电压后，再求它们的和。

使用叠加定理时，应注意下列几点：

（1）只能用来计算线性电路的电流和电压。对非线性电路，叠加定理不适用；

（2）叠加时要注意电流和电压的参考方向，求和时要注意各个电流和电压的正负；

（3）叠加时，电路的连接以及电路中所有的电阻都不允许更动。所谓电压源不作用，就是在该电压源处用短路替代；电流源不作用，就是在该电流源处用开路替代；

（4）由于功率不是电压或电流的一次函数，所以不能用叠加定理来计算功率。

**例 1－11** 图 1－39（a）所示桥式电路 $R_1 = 2\Omega$，$R_2 = 1\Omega$，$R_3 = 3\Omega$，$R_4 = 0.5\Omega$，$U_S = 4.5\mathrm{V}$，$I_S = 1\mathrm{A}$。试用叠加定理求电压源的电流 I 和电流源的端电压 U。

解：（1）当电压源单独作用时，电流源开路，如图 1－39（b）所示，各支路电流分别为

$$I'_1 = I'_3 = \frac{U_S}{R_1 + R_3} = \frac{4.5}{2 + 3} = 0.9\mathrm{A}$$

$$I'_2 = I'_4 = \frac{U_S}{R_2 + R_4} = \frac{4.5}{1 + 0.5} = 3\mathrm{A}$$

$$I' = I'_1 + I'_2 = (0.9 + 3) = 3.9\text{A}$$

电流源支路的端电压 $U'$ 为：$U' = R_4I'_4 - R_3I'_3 = (0.5 \times 3 - 3 \times 0.9) = -1.2\text{V}$

（2）当电流源单独作用时，电压源短路，如图 1-39（c）所示，则各支路电流为

$$I''_1 = \frac{R_3}{R_1 + R_3}I_S = \frac{3}{2+3} \times 1 = 0.6\text{A}$$

$$I''_2 = \frac{R_4}{R_2 + R_4}I_S = \frac{0.5}{1 + 0.5} \times 1 = 0.333\text{A}$$

$$I'' = I''_1 - I''_2 = (0.6 - 0.333) = 0.267\text{A}$$

电流源的端电压为

$$U'' = R_1I''_1 + R_2I''_2 = 2 \times 0.6 + 1 \times 0.333 = 1.5333\text{V}$$

（3）两个独立源共同作用时，电压源的电流为

$$I = I' + I'' = 3.9 + 0.267 = 4.167\text{A}$$

电流源的端电压为

$$U = U' + U'' = -1.2 + 1.5333 = 0.333\text{V}$$

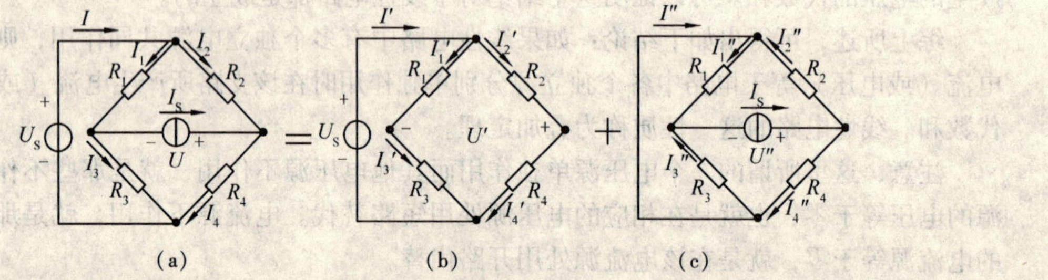

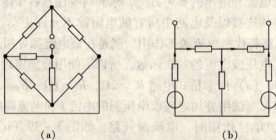

图 1-39

## 三、戴维南定理

电路或网络的一个端口是向外引出的一对端钮，这对端钮可作测量用，也可以作为与外部的电源或其他网络连接用。如果网络具有两个引出端钮与外电路相连，而不管其内部结构如何复杂，这样的网络就叫做一端口网络或二端网络。二端网络按其内部是否含有电源，可分为无源二端网络和含源二端网络两种，图 1-40（a）为无源二端网络，（b）为含源二端网络。

图 1-40　无源二端网络和含源二端网络

戴维南定理：任何一个线性含源二端电阻网络，对外电路来说，可以用一条含源支路（电压源 $U_{OC}$ 和电阻 $R_i$ 串联组合）来等效替代，该含源支路的电压源电压 $U_{OC}$ 等于含源二端网络的开路电压，其电阻等于含源二端网络化成无源网络后的入端等效电阻 $R_i$，也就是等于网络内部所有独立电源取零而所有电阻不变的情况下所得无源二端网络的等效电阻。

应用戴维南定理的关键在于正确理解和求出含源二端网络的开路电压和入端电阻。

所谓含源二端网络的开路电压就是把外电路从 $a$, $b$ 断开后在含源二端网络引出端 $a$, $b$ 间的电压。所谓入端电阻，就是在这种情况下从 $a$, $b$ 看进去的总电阻，也就是相应含源二端网络内部所有独立源作用为零（即电流源处代以开路，电压源处代以短路），化成为无源二端网络的等效电阻。

等效电阻的计算方法有以下三种：

（1）设网络内所有电源为零，用电阻串并联加以化简，计算端口 $ab$ 的等效电阻。

（2）设网络内所有电源为零，在端口 $a$, $b$ 处施加一电压 $U$，计算或测量输入端口的电流 $I$，则等效电阻 $R_i = U/I$。

（3）用实验方法测量，或用计算方法求得该有源二端网络开路电压 $U_{OC}$ 和短路电流 $I_{SC}$，则等效电阻 $R_i = U_{OC}/I_{SC}$。

利用戴维南定理解题的步骤：

将电路分为两部分，一部分是待求支路看成外电路，另一部分则是有源二端网络看成内电路；将待求支路从电路中拿开而形成一个开口即有源二端网络，在开口处求端口电压即有源二端网络开路电压 $U_{OC}$；对有源二端网络除源，（理想电压源短路处理，理想电流源开路处理，所有电阻不变），求除源后无源电阻网络的入端等效电阻 $R_i$；用 $U_{OC}$、$R_i$ 代替原有有源二端网络电路，再把待求支路从开口处连上，求未知量。

**例 1 – 12**　如图 1 – 41 所示电路，已知 $R_1 = 1\Omega$，$R_2 = 0.6\Omega$，$R_3 = 24\Omega$，$U_{S1} = 130V$，$U_{S2} = 117V$。求 $I_3$、$U_3$、$P_3$。

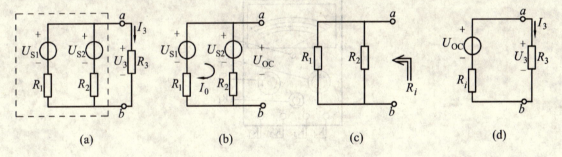

（a）　　　　　　（b）　　　　　　（c）　　　　　　（d）

图 1 – 41

解：电路分成有源二端网络［如（a）图虚框所示］和待求支路两部分。把待求支路看成外电路从电路中拿开剩下（b）图所示的有源二端网络，求开口处的端口电压 $U_{OC} = U_{ab}$ 则有：

$$I_0 \times (R_1 + R_2) - U_{S1} + U_{S2} = 0 \Rightarrow I_0 \times 1.6 - 130 + 117 = 0$$

$$I_0 = \frac{13}{1.6} = 8.125A$$

$$U_{OC} = U_{S2} + I_0 \times R_2 = 117 + 0.6 \times 8.125 = 121.9V$$

对（b）图所示的有源二端网络除源得（c）图，求入端等效电阻 $R_i$ 即 $R_{ab}$

$$R_i = \frac{R_1 \times R_2}{R_1 + R_2} = \frac{1 \times 0.6}{1 + 0.6} = \frac{3}{8} = 0.375\Omega$$

用 $U_{OC}$、$R_i$ 代替原有的有源二端网络电路，再把待求支路从开口处连上如图 (d)，求未知量 $I_3$、$U_3$

$$I_3 = \frac{U_{OC}}{R_i + R_3} = \frac{121.9}{0.375 + 24} = 5\text{A}$$

$$U_3 = I_3 R_3 = 5 \times 24 = 120\text{V}$$

$$P_3 = I_3^2 R_3 = 5^2 \times 24 = 600\text{W}$$

# 实训　万用表的使用

## 一、实训目的

1. 了解指针式和数字式万用表的组成及使用。
2. 学会用指针式和数字式万用表测量电压、电流、电阻的方法。

## 二、实训器材

1. 指针式和数字式万用表　　　　　　　　　各一块
2. 二极管　　　　　　　　　　　　　　　　若干
3. 电阻　　　　　　　　　　　　　　　　　若干
4. 电工实验工作台　　　　　　　　　　　　一台
5. 导线若干

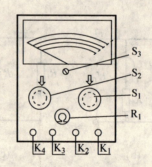

图 1-42　500 型指针万用表

## 三、实训原理与实训步骤

### 1. 500 型指针万用表的组成和使用

（1）组成：　500 型万用表是电工、电子技术中最常用的仪表，它是一种多功能、多量程的测量仪表。该仪表共具有二十四个测量量限。万用表的种类很多，但所有的指针式万用表都是由表头，测量电路和转换开关三部分组成。其面板如图 1-42 所示

①表头：它是一只高灵敏度的磁电式直流电流表，万用表的主要性能指标基本上取决于表头的性能。表头上有四条刻度线，它们的功能如下：第一条（从上到下）标有 R 或 Ω，指示的是电阻值，转换开关在欧姆挡时，即读此条刻度线。第二条标有 ⌒ 和 VA，指示的是交、直流电压和直流电流值，当转换开关在交、直流电压或直流电流挡，量程在除交

流 10V 以外的其他位置时，即读此条刻度线。第三条标有 10V，指示的是 10V 的交流电压值，当转换开关在交、直流电压挡，量程在交流 10V 时，即读此条刻度线。第四条标有 dB，指示的是音频电平。

"$S_3$" 为指针机械调零旋钮，通过调节 "$S_3$" 使指针准确地指示在标度尺的零位上。

②测量线路：测量线路是用来把各种被测量转换到适合表头测量的微小直流电流的电路，它由电阻、半导体元件及电池组成，它能将各种不同的被测量（如电流、电压、电阻等）、不同的量程，经过一系列的处理（如整流、分流、分压等）统一变成一定量限的微小直流电流送入表头进行测量。

③转换开关：其作用是用来选择各种不同的测量线路，以满足不同种类和不同量程的测量要求。转换开关一般有两个，分别标有不同的档位和量程。

（2）符号含义

①〜表示交直流。

②V – 2.5kV 4000Ω/V 表示对于交流电压及 2.5kV 的直流电压挡，其灵敏度为4000Ω/V。

③A – V – Ω4 表示可测量电流、电压及电阻。

④45 – 65 – 1000Hz 表示使用频率范围为 1000 Hz 以下，标准工频范围为 45 ~ 65Hz。

⑤2000Ω/V DC 表示直流挡的灵敏度为 2000Ω/V。

（3）500 型指针万用表的使用

①熟悉表盘上各符号的意义及各个旋钮和选择开关的主要作用。

②进行机械调零。

③根据被测量的种类及大小，选择转换开关的挡位及量程，找出对应的刻度线。

④选择表笔插孔的位置。

⑤测量电压：测量电压（或电流）时要选择好量程，如果用小量程去测量大电压，则会有烧表的危险；如果用大量程去测量小电压，那么指针偏转太小，无法读数。量程的选择应尽量使指针偏转到满刻度的 2/3 左右。如果事先不清楚被测电压的大小时，应先选择最高量程挡，然后逐渐减小到合适的量程。

交流电压的测量：将万用表的一个转换开关置于交、直流电压挡，另一个转换开关置于交流电压的合适量程上，万用表两表笔和被测电路或负载并联即可。

直流电压的测量：将万用表的一个转换开关置于交、直流电压挡，另一个转换开关置于直流电压的合适量程上，且 " + " 表笔（红表笔）接到高电位处，" – " 表笔（黑表笔）接到低电位处，即让电流从 " + " 表笔流入，从 " – " 表笔流出。若表笔接反，表头指针会反方向偏转，容易撞弯指针。

⑥测电流：测量直流电流时，将万用表的一个转换开关置于直流电流挡，另一个转换开关置于 50μA 到 500mA 的合适量程上，电流的量程选择和读数方法与电压一样。测量时必须先断开电路，然后按照电流从 " + " 到 " – " 的方向，将万用表串联到被测电路中，即电流从红表笔流入，从黑表笔流出。如果误将万用表与负载并联，则因表头的内阻很小，会造成短路烧毁仪表。其读数方法如下：实际值 = 指示值×量程/满偏。

⑦测电阻：用万用表测量电阻时，应按下列方法操作：

选择合适的倍率挡。万用表欧姆挡的刻度线是不均匀的，所以倍率挡的选择应使指针停留在刻度线较稀的部分为宜，且指针越接近刻度尺的中间，读数越准确。一般情况下，应使指针指在刻度尺的 1/3 ~ 2/3 间。

欧姆调零。测量电阻之前，应将 2 个表笔短接，同时调节"欧姆（电气）调零旋钮"，使指针刚好指在欧姆刻度线右边的零位。如果指针不能调到零位，说明电池电压不足或仪表内部有问题。并且每换一次倍率挡，都要再次进行欧姆调零，以保证测量准确。

读数：表头的读数乘以倍率，就是所测电阻的电阻值。

⑧注意事项：

在测电流、电压时，不能带电换量程；选择量程时，要先选大的，后选小的，尽量使被测值接近于量程；测电阻时，不能带电测量。因为测量电阻时，万用表由内部电池供电，如果带电测量则相当于接入一个额外的电源，可能损坏表头。

用毕，应使转换开关在交流电压最大挡位或空挡上。

### 2. VC9802 数字万用表的使用

现在，数字式测量仪表已成为主流，有取代模拟式仪表的趋势。与模拟式仪表相比，数字式仪表灵敏度高，准确度高，显示清晰，过载能力强，便于携带，使用更简单。下面以 VC9802 型数字万用表为例，简单介绍其使用方法和注意事项。

（1）使用方法

①使用前，应认真阅读有关的使用说明书，熟悉电源开关、量程开关、插孔、特殊插口的作用。

②将电源开关置于 ON 位置。

③交直流电压的测量：根据需要将量程开关拨至 DCV（直流）或 ACV（交流）的合适量程，红表笔插入 V/Ω 孔，黑表笔插入 COM 孔，并将表笔与被测线路并联，读数即显示。

④交直流电流的测量：将量程开关拨至 DCA（直流）或 ACA（交流）的合适量程，红表笔插入 mA 孔（<200mA 时）或 10A 孔（>200mA 时），黑表笔插入 COM 孔，并将万用表串联在被测电路中即可。测量直流量时，数字万用表能自动显示极性。

⑤电阻的测量：将量程开关拨至 Ω 的合适量程，红表笔插入 V/Ω 孔，黑表笔插入 COM 孔。如果被测电阻值超出所选择量程的最大值，万用表将显示"1"，这时应选择更高的量程。测量电阻时，红表笔为正极，黑表笔为负极，这与指针式万用表正好相反。因此，测量晶体管、电解电容器等有极性的元器件时，必须注意表笔的极性。

（2）使用注意事项：

①如果无法预先估计被测电压或电流的大小，则应先拨至最高量程挡测量一次，再视情况逐渐把量程减小到合适位置。测量完毕，应将量程开关拨到最高电压挡，并关闭电源。

②满量程时，仪表仅在最高位显示数字"1"，其他位均消失，这时应选择更高的量程。

③测量电压时，应将数字万用表与被测电路并联。测电流时应与被测电路串联，测直流量时不必考虑正、负极性。

④当误用交流电压挡去测量直流电压，或者误用直流电压挡去测量交流电压时，显示屏将显示"000"，或低位上的数字出现跳动。

⑤禁止在测量高电压（220V 以上）或大电流（0.5A 以上）时换量程，以防止产生电

弧，烧毁开关触点。

⑥当显示"　"、"BATT" 或 "LOW BAT" 时，表示电池电压低于工作电压。

## 四、实训报告

（1）列出所测元件型号及参数。

（2）分析实训内容中所测元件的大小及性能，分析测量时产生误差的原因及解决办法。

（3）总结万用表的使用方法。

## 五、思考

1. 为什么用万用表不同电阻挡测二极管的正向（或反向）电阻值时，测得的阻值不同？

2. 为何不能用 R×1 或 R×10K 挡测试小功率管？

3. 能否用双手将表棒测试端与管脚捏住进行测量？这样会发生什么问题？

# 本章小结

1. 电路是由电源、负载、中间环节三部分按一定方式组成的。其中，电源是将其他形式的能量转变成电能的装置；负载是取用电能并将其转换为其他形式能量的装置；中间环节是传输、控制电能或信号的部分。

2. 电压、电流是电路的两个基本物理量。电压、电流的参考方向是任意假定的。在电路分析中引入参考方向后，电压、电流是代数量，由此计算结果，当电压、电流的值大于零，表示电压、电流的实际方向与参考方向一致；电压、电流小于零表示电压电流的实际方向与参考方向相反。

3. 电阻、电感、电容和电压源、电流源都是理想电路元件。在关联参考方向的情况下，各种电路元件的电压、电流关系分别为：

电阻元件：$i = \dfrac{u}{R}$　；$I = \dfrac{U}{R}$

电感元件：$u_L = \dfrac{\mathrm{d}\varphi_L}{\mathrm{d}t} = L\dfrac{\mathrm{d}i_L}{\mathrm{d}t}$

电容元件：$i = \dfrac{\mathrm{d}q}{\mathrm{d}t} = C\dfrac{\mathrm{d}u}{\mathrm{d}t}$

直流电压源：两端的电压不变，流过的电流由外电路决定。

直流电流元：发出的电流不变，两端的电压由外电路决定。

4. 基尔霍夫定律是分析电路问题最基本的定律。基尔霍夫电流定律描述了电路中任意节点处各支路电流之间的相互关系，在任意瞬时，流进流出一个节点电流的代数和恒等于零，即 $\sum I = 0$。基尔霍夫电压定律描述了电路中任意回路上各段电压之间的相互关系，在任一瞬间，沿任意回路绕行方向绕行一周，回路中各段电压的代数和恒等于零，即 $\sum U = 0$。

5. 具有相同伏安关系的不同电路称为等效电路，将某一电路用与其等效的电路替换的过程称为等效变换。将电路进行适当的等效变换，可以使电路的分析计算得到简化。

多个电阻串联时，可等效为一个电阻，等效电阻 $R_{eq}$ 可由公式 $R_{eq} = R_1 + R_2 + \cdots + R_n$ 求得。在两个电阻串联时，电压的分配公式为：

$$U_1 = \frac{R_1}{R_1 + R_2}U, \quad U_1 = \frac{R_1}{R_2}U_2 \, 。$$

多个电阻并联时，也可等效为一个电阻，等效电阻 $R_{eq}$ 可由公式 $\frac{1}{R_{eq}} = \frac{1}{R_1} + \frac{1}{R_2} + \cdots + \frac{1}{R_n}$

求得。在两个电阻并联时，电流的分配公式为：$I_1 = \frac{R_2}{R_1}I_2$，$I_1 = \frac{R_2}{R_1 + R_2}I \, 。$

6. 电源的两种电路模型：一个实际电源可以用电压源 $U_S$ 和内阻 $R$ 相串联的模型来表示，也可以用电流 $I_S$ 和内阻 $R'$ 并联的模型来表示。这两种电路的模型可以等效变换，等效变换条件为：

$$I_S = \frac{U_S}{R}, \quad R = R' \, 。$$

7. 支路电流法是直接运用基尔霍夫定律和元件伏安关系列方程求解电路的方法，是分析电路的最基本的方法。用支路电流法求解电路时，先应判定电路的支路数 $m$ 和节点数 $n$，并在电路图中标出各未知支路电流的参考方向和各回路绕行方向，然后根据 KCL 列出 $n-1$ 个独立的节电电流方程，根据 KVL 列出 $m-(n-1)$ 个独立的回路电压方程，最后联立这些方程，即可求出各支路电流，必要时再求出各元件电压和功率。

8. 叠加定理是反映线性电路基本性质的一个重要定理，在多个电源共同作用于线性电路时，任何一条支路的电流或电压，等于电路中各个电源分别单独作用时在该支路所产生的电流或电压的代数和。运用叠加原理，可将一个复杂的电路分解为若干个较简单的电路求解，从而简化了电路分析计算。

9. 戴维南定理是用等效方法分析电路的最常用的定理。根据戴维南定理，对外电路来说，任何一个线性有源二端网络，都可以用一条含源支路代替。运用戴维南定理求解电路时，关键在于求开路电压和等效内阻。注意在求等效内阻时，二端网络内部含有的所有的独立电压源短路，独立电流源开路，电阻不动。

# 习　题

1-1　在题 1-1 图中，已知各支路的电流、电阻和电压源电压，试写出各支路电压 $U$ 的表达式。

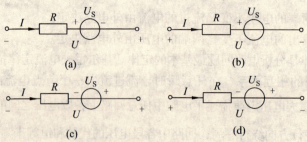

题 1-1 图

1-2 分别求题1-2图中各电路元件的功率，并指出它们是吸收功率还是发出功率。

1-3 题1-3图所示电路，若以 $B$ 点为参考点。求 $A$、$C$、$D$ 三点的电位及 $U_{AC}$、$U_{AD}$、$U_{CD}$。若改 $C$ 点为参考点，再求 $A$、$C$、$D$ 点的电位及 $U_{AC}$、$U_{AD}$、$U_{CD}$。

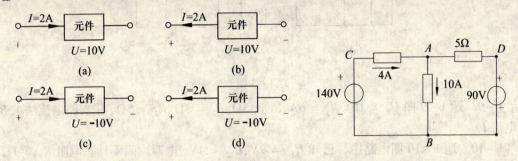

题1-2图                    题1-3图

1-4 今有220V、40W 和220V、100W 的灯泡一只，将它们并联在220V 的电源上哪个亮？为什么？若串联后在接到220V 电源上，哪个亮？为什么？

1-5 在题1-5图中，求 $R_{ab}$。

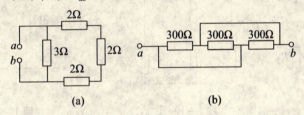

题1-5图

1-6 题1-6图所示，已知 $U_1 = 14V$，求 $U_S$。

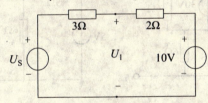

题1-6图

1-7 题1-7图所示，求（a）（b）图中的电压 $U$。

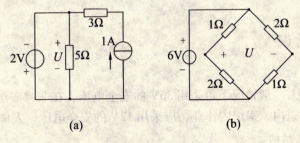

题1-7图

1-8 题1-8图用电源等效变换的方法求各图中标出的电压 $U$ 和电流 $I$。

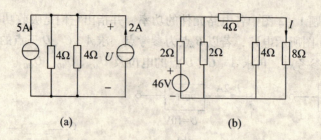

(a)　　　　　　　　　　(b)

题 1-8 图

1-9　题 1-9 图 $U_S = 10V, I_S = 6A, R_1 = 5\Omega, R_2 = 3\Omega, R_3 = 5\Omega$，用支路电流法求 $R_3$ 中电流 $I$

1-10　题 1-10 图电路中，已知 $U_{S1} = 9V, U_{S2} = 4V$，电源内阻不计。电阻 $R_1 = 1\Omega$，$R_2 = 2\Omega, R_3 = 3\Omega$。用支路电流法求各支路电流。

1-11　用叠加定理求题 1-11 图所示电路中电压 $U_{ab}$。（参数如图所示）

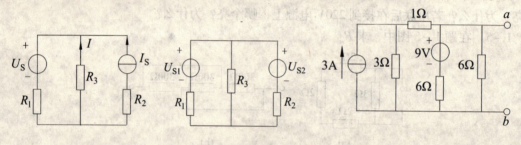

题 1-9 图　　　　　题 1-10 图　　　　　题 1-11 图

1-12　题 1-12 图电路中，求其戴维南等效电路。

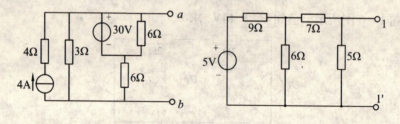

题 1-12 图

# 阅读与应用

## 安全用电小常识

### 1. 安全电压

36V 和 12V 两种。一般情况下可采用 36V 的安全电压，在非常潮湿的场所或容易大面积触电的场所，如坑道内、锅炉内作业，应采用 12V 的安全电压。人体允许电流 30mA。

### 2. 直接触电及其防护

直接触电又可分为单相触电（相电压）和两相触电（线电压）。两相触电非常危险，单相触电在电源中性点接地的情况下也是很危险的。其防护方法主要是对带电导体加绝缘、变电所的带电设备加隔离栅栏或防护罩等设施。

### 3. 间接触电及其防护

间接触电主要有跨步电压触电和接触电压触电。虽然危险程度不如直接触电的情况，但也应尽量避免。防护的方法是将设备正常时不带电的外露可导电部分接地，并装设接地保护等。

### 4. 接地与接零

电气设备的保护接地和保护接零是为了防止人体接触绝缘损坏的电气设备所引起的触电事故而采取的有效措施。

### 5. 保护接地

电气设备的金属外壳或构架与土壤之间作良好的电气连接称为接地。可分为工作接地和保护接地两种。

工作接地是为了保证电器设备在正常及事故情况下可靠工作而进行的接地，如三相四线制电源中性点的接地。

保护接地是为了防止电器设备正常运行时，不带电的金属外壳或框架因漏电使人体接触时发生触电事故而进行的接地。适用于中性点不接地的低压电网。

### 6. 保护接零

在中性点接地的电网中，由于单相对地电流较大，保护接地就不能完全避免人体触电的危险，而要采用保护接零。将电气设备的金属外壳或构架与电网的零线相连接的保护方式叫保护接零。

# 第二章　正弦交流电路

本章研究正弦稳态响应，即在相同频率正弦交流电源激励下线性电路的稳态响应，特点是电路中各处的电流、电压都是同频率的正弦量，其频率与正弦电源的频率相同，这样的电路称为正弦交流电路，简称为交流电路。

本章所叙及的基本理论和基本分析方法将为本课程的后续章节及专业后续相关课程的学习奠定重要的基础。

## 第一节　交流电的基本概念

### 一、交流电的特征

大小和方向随时间作周期性变化的电动势、电压和电流分别称为交变电动势、交变电压和交变电流，统称为交流电。在交流电作用下的电路称为交流电路。

在电力系统、信息处理领域以及日常生活中所用的交流电是按正弦规律变化的，称为正统交流电（AC），其特点是易于产生，便于控制、变换和传输。

#### （一）正弦交流电的三要素

正弦交流电在任一瞬时的数值称为交流电的瞬时值，用小写字母来表示，如 $u$、$i$ 分别表示电压和电流的瞬时值，现以电流为例说明正弦交流电的基本特征。

图 2-1 是正弦交流电流的波形图，反映了电流随时间的变化规律。其表达式为

$$i = I_m \sin(\omega t + \theta_i) \tag{2-1}$$

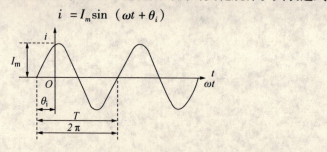

图 2-1　正弦交流电波形图

#### 1. 周期、频率和角频率

（1）周期　交流电完成一次周期性变化所需要的时间称为周期，用符号 $T$ 表示，单位是秒（s）。

（2）频率　交流电在单位时间内完成周期性变化的次数称为频率，用符号 $f$ 表示，单位是赫兹，简称赫（Hz）。常用的还有千赫（kHz），兆赫（MHz），吉赫（GHz）等，它们的关系为

$$1GH_z = 10^3 MH_z = 10^6 KH_z = 10^9 H_z$$

频率与周期互为倒数，即：

$$f = \frac{1}{T} \qquad (2-2)$$

（3）角频率　交流电在单位时间内变化的电角度称为角频率，用符号 $\omega$ 表示，单位是弧度/秒（rad/s）。角频率与周期、频率的关系为

$$\omega = \frac{2\pi}{T} = 2\pi f \qquad (2-3)$$

对于工频交流电来说，

$$\omega = 2\pi \times 50 = 314（rad/s）$$

$\omega$、$T$、$f$ 都是反映交流电变化快慢的物理量。$\omega$ 越大（即 $f$ 越大、或 $T$ 越小），表示交流电周期性变化越快；反之则表示交流电周期性变化越慢。

### 2. 瞬时值、最大值和有效值

（1）瞬时值　正弦交流电的数值是随时间周期性变化的，在某一瞬间的数值称为交流电的瞬时值。规定用小写字母表示，如 $e$、$u$、$i$ 分别表示电动势、电压和电流的瞬时值。

（2）最大值　交流电在变化过程中出现的最大瞬时值称为交流电的最大值（又称幅值）。规定用大写字母加下标 m 表示，如 $E_m$、$U_m$、$I_m$ 分别表示电动势、电压和电流的最大值。

（3）有效值　交流电的有效值是根据它的热效应确定的，即在热效应方面与它相当的直流值。以电流为例，当某一交流电流 $i$ 通过电阻 $R$，在一个周期 T 内所产生的热量与某直流电流 $I$ 通过同一电阻在相同时间内产生的热量相等时，则称这一直流电流的数值为该交流电流的有效值。规定有效值用大写字母表示，如 $E$、$U$、$I$ 分别表示交流电动势、电压和电流的有效值。

可以证明，正弦交流电的有效值等于最大值的 $1/\sqrt{2}$ 倍或 0.707 倍，即

$$\begin{cases} I = \dfrac{I_m}{\sqrt{2}} = 0.707 I_m \\[2mm] U = \dfrac{U_m}{\sqrt{2}} = 0.707 U_m \\[2mm] E = \dfrac{E_m}{\sqrt{2}} = 0.707 E_m \end{cases} \qquad (2-4)$$

在电工技术中，通常所说的交流电的电压、电流的数值，都是指它们的有效值，各种使用交流电的电气设备上所标的额定电压和额定电流的数值、交流测量仪表测得的数值，凡不做特别说明的，均指有效值。

### 3. 相位、初相和相位差

（1）相位　在式（2-1）中，角度 $(\omega t + \theta_i)$ 是正弦量在任一瞬时 $t$ 所对应的电角度，称为交流电的相位。它不仅决定交流电在变化过程中瞬时值的大小和方向，还反映了正弦交流电的变化趋势。

（2）初相　交流电在 $t = 0$ 时（计时起点时）的相位 $\theta_i$ 称为交流电的初相位，简称初相，它反映了交流电在计时起点的状态（图 2-1），显然，初相 $\theta_i$ 与时间起点的选取有

关。工程上为了方便，初相单位常取度（°），必要时再化为弧度。

正弦电流在一个周期内瞬时值两次为零，规定由负值向正值变化之间的零值叫做正弦电流的零值。如果正弦电流的零值发生在时间起点之左，则 $\theta_i$ 为正值；如果正弦电流的零值发生在时间起点之右，则 $\theta_i$ 为负值。注意，这里所说的零值是指最靠近时间起点者来说的，也就是说，初相 $\theta_i$ 总是小于或等于 $\pi$，一般规定，$-\pi \leqslant \theta_i \leqslant \pi$。

**例 2 - 1** 某正弦电压的最大值为 311V，初相为 30°，某正弦电流的最大值为 14.1A，初相为 -60°，它们的频率均为 50Hz。试分别求出电压和电流的有效值、瞬时值表达式。

解：电压 $u$ 的有效值

$$U = \frac{U_m}{\sqrt{2}} = \frac{311}{\sqrt{2}}\text{V} = 220\text{V}$$

电流 $i$ 的有效值

$$I_1 = \frac{I_{1m}}{\sqrt{2}} = \frac{14.4}{\sqrt{2}}\text{A} = 10\text{A}$$

电压的瞬时值表达式为

$$\begin{aligned} u &= U_m \sin(\omega t + \theta_u) \\ &= 311\sin(2\pi ft + 30°) \\ &= 311\sin(314t + 30°) \ \text{V} \end{aligned}$$

电流的瞬时值表达式为

$$\begin{aligned} i &= I_m \sin(\omega t + \theta_i) \\ &= 14.1\sin(2\pi ft - 60°) \\ &= 14.1\sin(314t - 60°) \ \text{A} \end{aligned}$$

（3）相位差 在正弦交流电路中，有时要比较两个同频率正弦量的相位。两个同频率正弦量相位之差称为相位差，以 $\varphi$ 表示。上例中，电压与电流的相位差 $\varphi$ 为

$$\begin{aligned} \varphi &= (\omega t + \theta_u) - (\omega t + \theta_i) \\ &= \theta_u - \theta_i \end{aligned} \tag{2-5}$$

其值为 $\qquad \varphi = 30° - (-60°) = 90°$

即两个同频率正弦量的相位差等于它们的初相差。

**讨论：**

1. 若 $\varphi > 0$，表明 $\theta_u > \theta_i$，如图 2 - 2（a）所示，则 $u$ 比 $i$ 先达到最大值也先到零点，称 $u$ 超前于 $i$（或 $i$ 滞后于 $u$）一个相位角 $\varphi$。

2. 若 $\varphi = 0$，表明 $\theta_u = \theta_i$，则 $u$ 与 $i$ 同时达到最大值也同时到零点，称它们是同相位，简称同相，如图 2 - 2（b）所示。

3. 若 $\varphi = 90°$，表明 $\theta_i - \theta_u = 90°$，则 $i$ 超前于 $u$（或 $u$ 滞后于 $i$）90°，如图 2 - 2（c）所示。

4. 若 $\varphi = \pm 180°$，则称它们的相位相反，简称反相，如图 2 - 2（d）所示。

在交流电路中，常常需研究多个同频率正弦量之间的关系，为了方便起见，可以选取其中某一正弦量作为参考，称为参考正弦量。令参考正弦量的初相为零，其他各正弦量的初相，即为该正弦量与参考正弦量的相位差（初相差）。一般规定，$-\pi \leqslant \varphi \leqslant \pi$。若经计算，$|\varphi| > \pi$，则可用 $2\pi - |\varphi|$ 来表示相位差，但滞后要改为超前，超前要改为滞后。

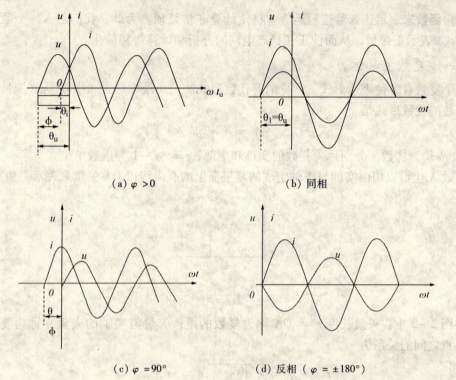

(a) $\varphi > 0$　　　　　　　　　　(b) 同相

(c) $\varphi = 90°$　　　　　　　(d) 反相（$\varphi = \pm 180°$）

图 2-2　相位差

**例 2-2**　已知正弦电压 $u$ 和电流 $i_1$、$i_2$ 的瞬时值表达式为：

$u = 311\sin(\omega t - 145°)$ V，$i_1 = 14.4\sin(\omega t - 30°)$ A，$i_2 = 7.07\sin(\omega t + 60°)$ A。

试以电压 $u$ 为参考量重新写出电压 $u$ 和电流 $i_1$、$i_2$ 的瞬时值表达式并分析比较 $i_2$ 与 $u$ 的相位关系。

解：若以电压 $u$ 为参考量，则电压 $u$ 的表达式为

$$u = 311\sin\omega t \ \text{V}$$

由于 $i_1$ 与 $u$ 的相位差为

$$\varphi_1 = \theta_{i1} - \theta_u = -30° - (-145°) = 115°$$

故电流 $i_1$ 的瞬时值表达式为

$$i_1 = 5\sin(\omega t + 115°) \ \text{A}$$

由于 $i_2$ 与 $u$ 的相位差为

$$\varphi_2 = \theta_{i2} - \theta_u = 60° - (-145°) = 205°$$

$i_2$ 超前 $u$，超前角度为 $205° > 180°$，所以相位差为 $360° - 205° = 155°$，即 $i_2$ 滞后 $u$，滞后的角度为 $155°$ 电流 $i_2$ 的瞬时值表达式为

$$i_2 = 7.07\sin(\omega t - 155°) \ \text{A}$$

综上所述，交流电的最大值（或有效值）、频率（或角频率）和初相是表征交流电变化规律的三个重要物理量，称为正弦交流电的三要素。三要素确定后，交流电的变化情况也就完全确定下来了。

## 二、正弦量的相量表示法

在分析正弦稳态响应时，必然涉及正弦量的代数运算，甚至还有微分、积分运算，如

果用三角函数来表示正弦量进行运算，将使计算非常繁琐。为此，我们引入一个数学工具"复数"来表示正弦量，从而使正弦稳态电路的分析和计算得到简化。

## （一）复数及其运算

一个复数有多种表达形式，常见的有代数形式、三角函数形式和指数形式三种。

复数的代数形式是

$$A = a + jb \tag{2-6}$$

式中 $a$、$b$ 均为实数，分别称为复数的实部和虚部；$j = \sqrt{-1}$ 为虚数单位。

复数 A 也可以用由实轴与虚轴组成的复平面上的有向线段 OA 矢量来表示，如图2-3。

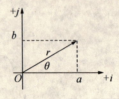

图 2-3

在图 2-3 中，矢量长度 $r = OA$ 称为复数的模；矢量与实轴的夹角 θ 称为复数的辐角，各量之间的关系为

$$r = |A| = \sqrt{a^2 + b^2}, \theta = \arctan\frac{b}{a} \tag{2-7}$$

$$a = r\cos\theta, b = r\sin\theta \tag{2-8}$$

于是可得复数的三角函数形式为

$$A = r\,(\cos\theta + j\sin\theta) \tag{2-9}$$

将欧拉公式 $e^{j\theta} = \cos\theta + j\sin\theta$ 代入上式，则得复数的指数形式

$$A = r\,e^{j\theta} \tag{2-10}$$

实用上为了便于书写，常把指数形式写成极坐标形式，即

$$A = r\,\underline{/\theta} \tag{2-11}$$

复数的加减用代数形式、复数的乘除用指数（或极坐标）形式较为方便。利用复数进行正弦稳态电路分析和计算时，常需进行代数型和指数型之间的相互转换。

设有两个复数　　$A_1 = a_1 + jb_2 = r_1\,\underline{/\theta_1}, A_2 = a_2 + ja_2 = r_2\,\underline{/\theta_2}$

两复数之和为　　　$A = A_1 + A_2 = (a_1 + a_2) + j(b_1 + b_2)$

两复数之积为　　　$A = A_1 \times A_2 = r_1 r_2\,\underline{/\theta_1 + \theta_2}$

作为两个复数相乘的特例，是一个复数乘以 $+j$ 或 $-j$。因 $j$ 可看成是一个模为1、辐角为90°的复数，所以

$$jA = 1\,\underline{/90°} \cdot A = |A|\,\underline{/90° + \theta}\ ;\ -jA = 1\,\underline{/-90°} \cdot A = |A|\,\underline{/\theta - 90°} \tag{2-12}$$

上式表明，任一复数乘以 $+j$ 时，其模不变，辐角增大 90°；乘以 $-j$ 时，其模不变，辐角减小 90°。

## （二）旋转矢量

对照图 2-4，如果有向线段 OA 的模 $r$ 等于某正弦量的幅值，OA 与横轴的夹角为正弦量的初相，OA 逆时针方向以正弦量角速度旋转，则这一旋转矢量任一瞬时在虚轴上的投

影为 $r\sin(\omega t + \theta)$，它正是该正弦量在该时刻的瞬时值表达式。

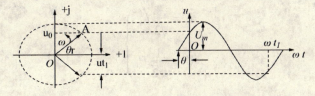

图 2-4　用旋转矢量表示正弦量

若 $r = U_m$，则在任意时刻 $t$，OA 在虚轴上的投影为 $u(t) = U_m\sin(\omega t + \theta)$。这就是说，正弦量可以用一个旋转矢量来表示，该矢量的模等于正弦量的幅值，矢量与横轴的夹角等于正弦量的初相，矢量的旋转角速度等于正弦量的角频率。

一般情况下，求解一个正弦量必须求得它的三要素，但在分析正弦稳态电路时，由于电路中所有的电压、电流都是同频率的正弦量，且它们的频率与正弦电源的频率相同，而电源频率往往是已知的，因此通常只要分析最大值（或有效值）和初相两个要素就够了，旋转矢量的角速度 $\omega$ 可以省略，所以我们只需用一个有一定长度、与横轴有一定夹角的矢量就可以表示正弦量。

### （三）相量

由上述可知，正弦量可以用矢量来表示，而矢量可以用复数来表示，因而，我们可以借用复数来表示正弦量，利用复数的运算规则来处理正弦量的有关运算问题，从而简化运算过程。

如正弦交流电流 $i = I_m\sin(\omega t + \theta_i)$ 可用复平面上的矢量表示，矢量的模等于正弦量的幅值 $I_m$，矢量与横轴的夹角等于正弦量的初相 $\theta_i$，如图 2-5 所示。

复平面上的这个矢量又可用复数表示为，

$$\dot{I}_m = I_m\underline{/\theta_i} \tag{2-13}$$

可以看出上式既可表达正弦量的量值（大小），又可表达正弦量的初相。我们把这个表示正弦量的复数称作相量，将如 2-5 图所示的图形称为相量图，用一个复数来表示正弦量的方法称为正弦量的相量表示法。

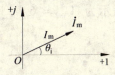

图 2-5　正弦量的相量表示法

为了与一般的复数相区别，相量符号是在大写字母上加黑点"·"。若相量的模取正弦量的最大值则称为最大值相量，电流、电压和电动势的符号分别为 $\dot{I}_m$、$\dot{U}_m$、$\dot{E}_m$。在实际应用中，通常使相量的模等于正弦量的有效值，叫有效值相量，其电流、电压和电动势的符号为 $\dot{I}$、$\dot{U}$、$\dot{E}$。

如正弦电压 $u = U_m\sin(\omega t + \theta_u)$ 的相量表示为

$$\dot{U} = U\underline{/\theta_u}\ ;\ \dot{U}_m = U_m\underline{/\theta_u} \tag{2-14}$$

显然有

$$\left.\begin{array}{l} \dot{I} = \dfrac{1}{\sqrt{2}}\dot{I}_m \\[3mm] \dot{U} = \dfrac{1}{\sqrt{2}}\dot{U}_m \end{array}\right\} \qquad (2-15)$$

**注意：**

1. 相量只是代表正弦量，并不等于正弦量。

2. 只有当电路中的电动势、电压和电流都是同频率的正弦量时，才能用相量来进行运算。

3. 同频率正弦量可以画在同一相量图上。规定，若相量的幅角为正，相量从正实轴绕坐标原点逆时针方向绕行一个幅角；若相量的幅角为负，相量从正实轴绕坐标顺时针绕行一个幅角。相量的加减法符合矢量运算的平等四边形法则，如图2－6。

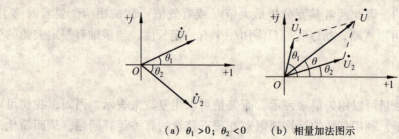

（a）$\theta_1 > 0$；$\theta_2 < 0$　　（b）相量加法图示

图2－6　相量图

通常在分析电路时，用相量图易于理解，用复数计算会得出较准确的结果。此外，为了使相量图简洁明了，有时不画出复平面的坐标轴，只标出原点和正实轴方向即可。

**例2－3**　分别写出代表 $i_1 = 5\sin\omega t$ A，$i_2 = 6\sin(\omega t - 120°)$ A，$u = 10\cos(\omega t + 40°)$ V 的最大值相量和有效值相量。

**解：** 最大值相量分别表示为

$i_1 = 5\sin\omega t$ A　　　　　　表示为 $\dot{I}_{m1} = 5\underline{/0°}$ A；

$i_2 = 6\sin(\omega t - 120°)$ A　　表示为 $\dot{I}_{m2} = 6\underline{/-120°}$ A；

$u = 10\cos(\omega t + 40°)$

　$= 10(\sin\omega t + 40° + 90°)$

　$= 10(\sin\omega t + 130°)$ V　表示为 $\dot{U}_m = 10\underline{/130°}$ V。

由于 $I = I_m/\sqrt{2}$，$U = U_m/\sqrt{2}$，则 $I_1 = 5/\sqrt{2} = 3.5$A，$I_2 = 6/\sqrt{2} = 4.2$A，$U = 10/\sqrt{2} = 7$ V，有效值相量分别表示为

$\dot{I}_1 = 3.5\underline{\quad/0°\quad}$ A；　　　$\dot{I}_2 = 4.2\underline{\quad/-120°\quad}$ A；　　　$\dot{U} = 7\underline{\quad/130°\quad}$ V

**（四）同频率正弦量的运算规则**

用相量表示正弦量实质上是一种数学变换，目的是为了简化运算。相量运算的规则如下：

1. 若 $i(t)$ 为一正弦量，代表它的相量为 $\dot{I}_m$，则 $ki(t)$ 也为一正弦量（$k$ 为实常数），

代表它的相量为 $k\dot{I}_m$。

2. 若 $i_1(t)$ 为一正弦量，代表它的相量为 $\dot{I}_{1m}$，$i_2(t)$ 为另一正弦量，代表它的相量为 $\dot{I}_{2m}$，则 $i_1(t) + i_2(t)$ 也为同频率的正弦量，其相量为 $\dot{I}_{1m} + \dot{I}_{2m}$。

3. 若 $i(t)$ 为一正弦量（设角频率为 $\omega$），代表它的相量为 $\dot{I}_m$，则 $\dfrac{\mathrm{d}i(t)}{\mathrm{d}t}$ 也为一正弦量，其相量为 $j\omega\dot{I}_m$。

4. 若 $i_1(t)$ 为一正弦量，代表它的相量为 $\dot{I}_{1m}$，$i_2(t)$ 为另一正弦量，代表它的相量为 $\dot{I}_{2m}$，当 $i_1(t) = i_2(t)$ 时，其相量表示为 $\dot{I}_{1m} = \dot{I}_{2m}$。

**例 2 - 4** 已知 $i_1(t) = 4\sin(\omega t + 60°)A$，$i_2(t) = 2\sin(\omega t - 30°)A$，求 $i(t) = i_1(t) + i_2(t)$。

解：据规则 2、规则 4 有：$\dot{I}_m = \dot{I}_{1m} + \dot{I}_{2m}$

因 $i_1(t) = 4\sin(\omega t + 60°)A, i_2(t) = 2\sin(\omega t - 30°)A$，则

$$\dot{I}_{1m} = 4\underline{/60°}A \quad \dot{I}_{2m} = 2\underline{/-30°}A$$

$$\begin{aligned}
\dot{I}_m &= \dot{I}_{1m} + \dot{I}_{2m} = 4\underline{/60°} + 2\underline{/-30°}\\
&= (2 + j3.464) + (1.732 - j1)A,\\
&= (3.732 + j2.464)A\\
&= 4.472\underline{/33.4°}A
\end{aligned}$$

故 $i(t) = 4.472\sin(\omega t + 33.4)A$。

# 第二节 单一参数的正弦交流电路

最简单的交流电路由电阻、电感、电容单个电路元件组成的，称为单一参数的交流电路。工程实际中的某些电路可以作为单一参数的交流电路来处理，另外，复杂的交流电路也分解为单一参数电路元件的组合，因此掌握单一参数的交流电路的分析非常重要。下面分别讨论纯电阻、纯电感、纯电容电路中电压、电流关系及电路中的功率问题。

## 一、纯电阻电路

负载只有电阻元件构成的电路，称为纯电阻电路。如白炽灯、电烙铁、电炉等实际元件组成的交流电路，都可近似看成是纯电阻电路，如图 2 - 7（a）所示。

设电阻 $R$ 两端的电压和电流采用关联参考方向，下面我们利用相量法来研究 $u$、$i$ 之间的关系。

### （一）电流与电压的关系

以电压为参考正弦量，其瞬时表达式为

$$u = U_m\sin\omega t，\text{相量式为} \dot{U} = U\underline{/0°} = \frac{U_m}{\sqrt{2}}\underline{/0°}，$$

则通过电阻的电流为

$$i = \frac{u}{R} = \frac{U_m \sin\omega t}{R} = I_m \sin\omega t \qquad (2-16)$$

从上式可看出，在正弦电压的作用下，电阻中通过的电流也是一个同频率的交流电流，且与加在电阻两端的电压同相位。

由式（2-16）可知，通过电阻的电流最大值为

$$\frac{U_m}{R} = I_m \text{ 或 } \frac{U_m}{I_m} = R \qquad (2-17)$$

上式两边同除以 $\sqrt{2}$，则得

$$\frac{U}{R} = I \text{ 或 } \frac{U}{I} = R \qquad (2-18)$$

这说明，电流与电压的瞬时值、最大值和有效值都符合欧姆定律。

相量表示为

$$\dot{U}_m = \dot{I}_m R \text{ 或 } \quad \dot{U} = \dot{I}R \qquad (2-19)$$

根据复数相等的定义有

$$\left.\begin{array}{c} U_m = RI_m ; U = RI \\ \theta_u = \theta_i \end{array}\right\} \qquad (2-20)$$

式（2-19）和式（2-20）均能表达电阻上电压与电流之间的幅值关系（$U_m = RI_m$；$U = RI$）和电压与电流的相位关系（同相位）。由此可确定其相量图及波形图如图2-7（b）、（c）。

## （二）功率

### 1. 瞬时功率

在任一瞬间，电阻中的电流瞬时值与同一瞬间加在电阻两端的电压瞬时值的乘积，称为电阻的瞬时吸收功率，用 $p(t)$ 表示，因为电阻 R 两端的电压和电流是同相的，即 $\theta_u = \theta_i = \theta$，设 $\theta = 0$，故有

$$p(t) = U_{Ri} = U_{Rm} I_m \sin^2 \omega t = U_R I(1 - \cos 2\omega t)$$

由此可知，$p(t)$ 始终是大于零的，这说明电阻在任意时刻总是消耗能量的。其瞬时功率波形图如图2-7（d）所示。

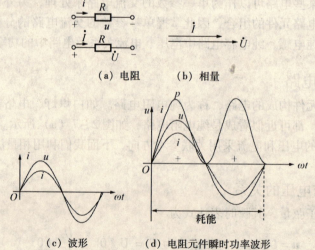

（a）电阻　　（b）相量

（c）波形　　　（d）电阻元件瞬时功率波形

图2-7　纯电阻交流电路

### 2. 平均功率

瞬时功率的实用并不大，为了反映元件吸收功率的平均效果，定义平均功率，即瞬时功率在一个周期内的平均值，也称为有功功率，用 $P$ 表示，其单位为瓦特（W）。即

$$P = \frac{1}{T}\int_0^T op(t)\,\mathrm{d}t$$

可以证明，电阻消耗的平均功率可表示为

$$P = U_R I = I^2 R = \frac{U_R^2}{R} \tag{2-21}$$

## 二、纯电感电路

由电阻很小的电感线圈组成的交流电路，可近似地看成是纯电感电路，如图 2-8 所示。

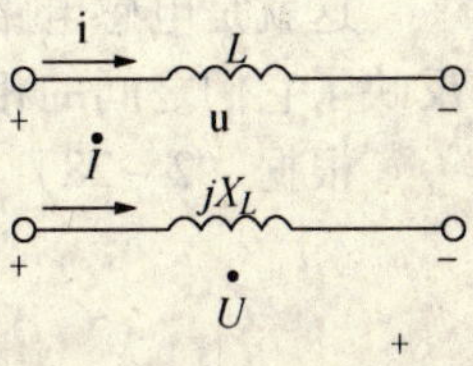

设电感 L 两端的电压和电流采用关联参考方向，$u$、$i$ 均为正弦量，下面我们利用相量法来研究 $u$、$i$ 之间的关系及电路功率。

图 2-8　电感电路

### （一）电流与电压的关系

选择电流为参考正弦量，即电流的初相为零，则其瞬时表达式为 $i = I_m \sin\omega t$。在关联参考方向下，电感元件的电压、电流关系为

$$u = L\frac{\mathrm{d}i}{\mathrm{d}t} \tag{2-22}$$

则电感元件上的电压为

$$\begin{aligned}
u &= L\frac{\mathrm{d}i}{\mathrm{d}t} = L\frac{d(I_m\sin\omega t)}{\mathrm{d}t} \\
&= \omega L I_m\cos\omega t \\
&= \omega L I_m\sin(\omega t + 90°) \\
&= U_m\sin(\omega t + 90°)
\end{aligned} \tag{2-23}$$

由此可见，电感元件上的电压与电流是频率的正弦量，在相位关系上，电压超前电流 90°。电压与电流数值关系为

$$U_m = \omega L I_m \quad 或 \quad I_m = \frac{U_m}{\omega L} \tag{2-24}$$

有效值的关系为

$$U = \omega L I \ 或 \ I = \frac{U}{\omega L} \tag{2-25}$$

其中，$\omega L$ 是一个具有电阻量岗的物理量，单位为欧姆（$\Omega$），起阻碍电流通过的作用，称为感抗，用 $X_L$ 表示，即

$$X_L = \omega L = 2\pi f L \tag{2-26}$$

显然，感抗的大小与电感 $L$ 和电流的频率 $f$ 成正比。对某一个线圈而言，频率越高感抗越大，电感线圈对电流的阻碍作用就越大，因而电感对高频电流具有扼流作用。在极端情况下，若 $f \to \infty$，则 $X_L \to \infty$，此时电感可视为开路；$f = 0$（直流）时，则 $X_L = 0$，此时电感可视为短路，即电感具有通直阻交的作用。

于是式（2-25）可写成

$$U = X_L I \quad 或 \quad I = \frac{U}{X_L} \qquad (2-27)$$

上式说明电感电路中的电压与电流有效值（或最大值）之间的关系具有欧姆定律的形式。

由以上讨论易知，纯电感电路中，电流与电压关系的相量表示为

$$\dot{U} = jX_L \dot{I} \quad 或 \quad \dot{I} = \frac{\dot{U}}{jX_L} \qquad (2-28)$$

这就是电感电路中欧姆定律的相量形式。它既表达了电压与电流之间的大小关系，又反映了它们之间的相位关系（电压相位超前电流90°）。

根据（2-28）式，可画出纯电感电路的相量图与波形图如图2-9所示。

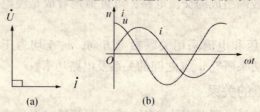

图2-9　纯电感电路相量图及波形图

**例2-5**　已知一个电感线圈的电感 $L = 0.5H$，接到 $u = 220\sqrt{2}\sin\omega t$ V 的正弦电源上，试求：（1）该电感的感抗 $X_L$；

（2）电路中的电流 $I$ 及电流的瞬时值表达式；

（3）其他条件不变，若外加电源的频率变为5000Hz，重求以上各项。

解：（1）感抗 $X_L = 2\pi f L = 2\pi \times 50 \times 0.5\Omega = 157\Omega$

（2）将 $u = 220\sqrt{2}\sin\omega t$ 表示为相量形式，$\dot{U} = 220\ \underline{/0^\circ}$ 由 $\dot{U} = jX_L \dot{I}$ 可得

$$\dot{I} = \frac{\dot{U}}{jX_L} = \frac{220\ \underline{/0^\circ}}{j157}A = -j1.4A$$

电流的有效值为1.4A，相位滞后90°，则瞬时值表示为

$$i = 1.4\sqrt{2}\sin(\omega t - 90^\circ)\ A \quad 1.98\sin(\omega t - 90^\circ)\ A$$

当频率为5000 Hz时，$X'_L = 2\pi f L = 2\pi \times 5000 \times 0.5 = 15700\Omega$

即感抗增大100倍，因而电流减小为原值的1/100，即 $I = 1.4/100 = 0.014A$，最大值 $I_m = 0.014 \times \sqrt{2} = 0.0198A$。电流瞬时值表示为 $i' = 0.0198\sin(\omega t - 90^\circ)\ A$。

## （二）功率

### 1. 纯电感电路的瞬时功率

由瞬时功率　　$p(t) = u_L i = U_{Lm}\sin(\omega t + \frac{\pi}{2})I_m\sin\omega t = U_L I\sin2\omega t$

可确定的功率曲线如图（2-10）。由图可看出：$p(t)$ 是一个角频率为 $2\omega$ 的正弦量。在第一和第三个1/4周期，$p>0$，线圈吸收功率，此时线圈从外电路吸收能量并储存在磁场中；在第二和第四个1/4周期，$p<0$，线圈输出功率，此时线圈将储存在磁场中能量输出给外电路。

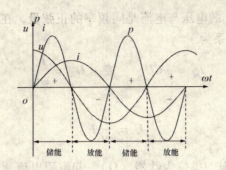

图 2 – 10 电感元件瞬时功率波形

由以上讨论易知，在一个周期从平均效果来说，纯电感电路是不消耗能量的，它只是与外电路进行能量交换，是一储能元件，在电路中起着能量的"吞吐"作用，其有功功率（平均功率）为零。

**2. 无功功率**

在纯电感电路中有功功率为零，但电路中时刻进行着能量的交换，其瞬时功率并不为零，为此，我们把电路瞬时功率的最大值叫做无功功率，用 $Q_L$ 表示，单位为乏（var），反映电感电路与外电路进行能量交换的幅度，即

$$Q_L = U_L I_L = \frac{U_L^2}{X_L} = I_L^2 X_L \qquad (2-29)$$

注意："无功"的含义是"交换"而不是"消耗"，它是相对"有功"而言的，不能理解为"无用"，生产实际中的具有电感性质的变压器、电动机等设备都是靠电磁转换工作的。

### 三、纯电容电路

由介质损耗少、绝缘电阻大的电容组成的交流电路，可近似地看成是纯电容电路，如图 2 – 11 所示。

设电容 $C$ 两端的电压和电流采用关联参考方向，$u$、$i$ 均为正弦量，下面我们利用相量法来研究 $u$、$i$ 之间的关系及电路功率。

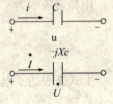

图 2 – 11 电容电路

### （一）电流与电压的关系

设电容 C 两端的电压和电流采用关联参考方向，如图 2 – 11 所示，$u$、$i$ 均为正弦量，选择电压为参考正弦量，即电压的初相为零，则其瞬时表达式为 $u = u_m \sin\omega t$。在关联参考方向下，电容元件的电压、电流关系为

$$i = C \frac{\mathrm{d}u}{\mathrm{d}t} \qquad (2-30)$$

则流过电容元件的电流为

$$
\begin{aligned}
i &= C \frac{\mathrm{d}u}{\mathrm{d}t} = C \frac{d(U_m \sin\omega t)}{dt} \\
&= \omega C U_m \cos\omega t \\
&= \omega C U_m \sin(\omega t + 90°) \\
&= I_m \sin(\omega t + 90°)
\end{aligned}
\qquad (2-31)
$$

由此可见，电容元件上的电压与电流是同频率的正弦量，在相位关系上，电流超前电压 $90°$；电压与电流数值关系为

$$I_m = \omega C U_m \quad 或 \quad U_m = \frac{I_m}{\omega C} \quad (2-32)$$

有效值的关系为

$$U = \frac{1}{\omega C}I \quad (2-33)$$

其中，$\frac{1}{\omega C}$ 具有电阻量岗，单位为欧姆（$\Omega$），起阻碍电流通过的作用，称为容抗，用 $X_c$ 表示，即

$$X_C = \frac{1}{\omega C} = \frac{1}{2\pi f C} \quad (2-34)$$

容抗 $X_c = \frac{1}{\omega C} = \frac{1}{2\pi f C}$ 与电容 $C$ 和电流的频率 f 成反比。在 $C$ 一定时，频率越高，对电流的阻碍作用就越小。在极端情况下，若 $f \to \infty$，则 $X_C \to 0$，此时电容可视为短路；$f = 0$（直流）时，则 $X_C \to \infty$，此时电容可视为开路，也就是说，电容不允许直流通过，即电容器具有通交断直的作用。

于是式（2-33）可写成

$$I = \frac{U}{X_c} \quad (2-35)$$

上述说明电容电路中的电压与电流有效值（或最大值）之间的关系同样具有欧姆定律形式。

用相量表示为

$$\dot{U} = -jX_c \dot{I} \quad 或 \quad \dot{I} = \frac{\dot{U}}{-jX_c} = j\frac{\dot{U}}{X_c} \quad (2-36)$$

上式既表达了电压与电流有效值之间的关系 $I = \frac{U}{X_c}$，又表达了电流相位超前电压 $90°$。根据（2-36）式，可画出电容电路的相量图与波形图如图 2-12 所示。

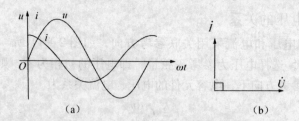

图 2-12 电容电路的波形图与相量图

**例 2-6** 已知一个电容器，其电容 $C = 38.5\mu F$，接到 $u = 220\sqrt{2}\sin\omega t V$ 的正弦电压上，试求：（1）该电容的容抗 $X_c$；

（2）电路中的电流 $I$ 及电流的瞬时值表达式；

（3）其他条件不变，若外加电源的频率变为 5000Hz，重求以上各项。

解：（1）

$$容抗\ X_C = \frac{1}{2\pi fC} = \frac{1}{2\pi \times 50 \times 38.5 \times 10^{-6}} \approx 80\Omega$$

（2）将 $u = 220\sqrt{2}\sin\omega t$ 表示为相量形式 $\dot{U} = 220\ \underline{/0°}$，则

$$\dot{I} = \frac{\dot{U}}{-jX_C} = \frac{220\ \underline{/0°}}{-j80} = j2.75A$$

电流的有效值为 2.75A，相位超前 90°，则瞬时值表示为

$$i = 2.75\sqrt{2}\sin(\omega t + 90°)\ A = 3.89\sin(\omega t + 90°)\ A$$

（3）当频率为 5000 Hz 时，$X'_C = \frac{1}{2\pi f'C} = \frac{1}{2\pi \times 5000 \times 38.5 \times 10^{-6}} \approx 0.8\Omega$

即容抗减小了 100 倍，因而电流增大 100 倍，即 $I' = 2.75 \times 100 = 275A$，电流瞬时值表示为

$$i = 275\sqrt{2}\sin(\omega t + 90°)\ A = 389\sin(\omega t + 90°)\ A$$

## （二）功率

### 1. 纯电容电路的瞬时功率

由瞬时功率

$$p(t) = u_Ci = U_{Cm}\sin\omega t I_m\sin\left(\omega t + \frac{\pi}{2}\right) = U_CI\sin2\omega t$$

由上式确定的瞬时功率曲线如图 2-13。由图可看出：$p(t)$ 是一个角频率为 $2\omega$ 的正弦量。在第一和第三个 1/4 周期，$p > 0$，电容吸收功率，此时电容从外电路吸收能量并以电场能的形式储存起来；在第二和第四个 1/4 周期，$p < 0$，电容输出功率，此时电容将储存的能量释放给外电路。

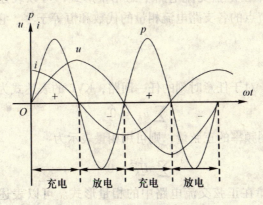

图 2-13　电容元件瞬时功率波形

由此可见，在一个周期从平均效果来说，纯电容电路是不消耗能量的，它只是与外电路进行能量交换，是一储能元件，在电路中起着能量的"吞吐"作用，其有功功率（平均功率）为零。

### 2. 无功功率

在纯电容电路中时刻进行着能量的交换，和纯电感电路一样，其瞬时功率的最大值被定义为无功功率，反映电容与外电路进行能量交换的幅度，用 $Q_C$ 表示，单位为乏（var），即

$$Q_C = U_C I_C = \frac{U_C^2}{X_C} = I_C^2 X_C \tag{2-37}$$

# 第三节　正弦交流电路的串联和并联

第二节分析了 $R$、$L$、$C$ 单一参数的交流电路，实际电路一般都是由这几种电路元件组成的，本节就来研究由 $R$、$L$、$C$ 等电路元件组成的正弦交流电路。

## 一、RLC 串联电路的分析

在 $R$、$L$、$C$ 等电路元件组成的正弦交流电路中，$RLC$ 串联电路是一种典型电路，从中引出的一些概念和结论可用于各种复杂的交流电路，在工程应用中占有较重要的地位。

### （一）基尔霍夫定律的相量形式

#### 1. KCL 的相量形式

在正弦交流电路中，对于任意时刻的任意节点，KCL 的表达式为

$$\sum i_K = 0$$

如果这些电流都是同频率的正弦量，则可用相量表示为

$$\sum \dot{I}_K = 0 \tag{2-38}$$

这就是基尔霍夫定律在正弦交流电路中的相量形式，可以表述为：在正弦交流电路中，任一时刻通过任意节点的各支路电流相量的代数和恒等于零。它与直流电路中的 KCL 在形式上相似。

#### 2. KVL 的相量形式

在正弦交流电路中，对于任意时刻的任一回路，KVL 的表达式为

$$\sum u_K = 0$$

如果这些电压都是同频率的正弦量，则可用相量表示为

$$\sum \dot{U}_K = 0 \tag{2-39}$$

这就是基尔霍夫定律在正弦交流电路中的相量形式。可以表述为：在正弦交流电路中，沿任意闭合路径的各段电压相量的代数和恒等于零。它与直流电路中的 KVL 在形式上相似。由此还可以推导出基尔霍夫电压定律在正弦交流电路中的另一相量形式

$$\sum Z_K \dot{I}_K = \sum \dot{U}_{SK} \tag{2-40}$$

它与直流电路中 KVL 的另一表达式 $\sum R_K I_K = \sum U_{SK}$ 在形式上也相似。

由此可以得出结论：在正弦交流电路中，以相量形式表示的欧姆定律和基尔霍夫定律

都与直流电路有相似的表达形式。

## （二）RLC 串联电路

设在图 2 – 14 所示的 RLC 串联电路中有正弦电流 $i = I_m\sin\omega t$ 通过，根据上节讨论，该电流在电阻、电感和电容上产生的压降分别为

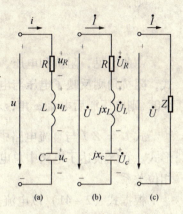

$$u_R = U_{Rm}\sin\omega t = RI_m\sin\omega t$$

$$u_L = U_{Lm}\sin(\omega t + 90°) = X_L I_m\sin(\omega t + 90°)$$

$$u_C = U_{Cm}\sin(\omega t - 90°) = X_C I_m\sin(\omega t - 90°)$$

它们与电流有相同的频率，但有不同的相位。根据 KVL 显然有

$$u = u_R + u_L + u_C$$

图 2 – 14　图 RLC 串联电路

对应的相量式为

$$\dot{U} = \dot{U}_R + \dot{U}_L + \dot{U}_C \tag{2-41}$$

将

$$\dot{U}_R = \dot{I}R,\ \dot{U}_L = jX_L\dot{I},\ \dot{U}_C = -jX_C\dot{I}$$

代入上式得

$$\dot{U} = R\dot{I} + jX_L\dot{I} - jX_C\dot{I}$$

$$= [R + j(X_L - X_C)]\dot{I} = [R + jX]\dot{I} = Z\dot{I} \tag{2-42}$$

式中

$$X = X_L - X_C = \omega L - \frac{1}{\omega C} \tag{2-43}$$

为感抗与容抗之差，称为电抗，单位为欧（$\Omega$）。

$$Z = \frac{\dot{U}}{\dot{I}} = R + jX = R + j(X_L - X_C) = |Z|\ \underline{/\varphi} \tag{2-44}$$

$Z$ 为端口电压相量和端口电流相量的比值，称为复阻抗。它是一个复数，单位欧（$\Omega$）也具有阻碍电流的作用。

注意：$Z$ 不是代表正弦量的复数，它的符号上面不加 "·"，以区别于代表正弦量的复数（相量）。

复阻抗的模（简称阻抗）

$$|Z| = \sqrt{R^2 + X^2} = \sqrt{R^2 + (X_L - X_C)^2} \tag{2-45}$$

复阻抗的辐角（称为阻抗角）

$$\varphi = \arctan\frac{X}{R} = \arctan\frac{X_L - X_C}{R} \tag{2-46}$$

显然

$$R = |Z|\cos\varphi;\quad X = |Z|\sin\varphi \tag{2-47}$$

$|Z|$ 与 $R$、$X$ 之间符合直角三角形的关系，如图 2 – 15 所示，称为阻抗三角形。

由阻抗的定义有

$$Z = \frac{\dot{U}}{\dot{I}} = \frac{U\ \underline{/\theta_u}}{I\ \underline{/\theta_i}} = \frac{U}{I}\ \underline{/\theta_u - \theta_i}$$

则：

$$|Z| = \frac{U}{I} = \frac{U_m}{I_m}; \qquad \varphi = \theta_u - \theta_i \qquad\qquad (2-48)$$

由此可见，阻抗和电压、电流幅值之间的关系与直流电路中的欧姆定律具有相似的形式，阻抗角则反映了电压与电流之间的相位关系。若 $\varphi > 0$，则电压超前于电流 $\varphi$ 角；若 $\varphi < 0$，则电压滞后电流 $\varphi$ 角；若 $\varphi = 0$，则电压与电流同相位。

式 $\dot{U} = Z\dot{I}$ 与直流电路中的欧姆定律具有相似的形式，称为正弦交流电路的欧姆相量形式。它既表达了电路中总电压与电流有效值之间的关系，又表达了总电压与电流之间的相位关系。

根据式（2-41）以电流为参考相量可画出如图 2-16 所示的相量图。由图可知，电感上的电压相量 $\dot{U}_L$ 与电容上的电压 $\dot{U}_C$ 相量相位相差 $180^\circ$，则 $\dot{U}$、$\dot{U}_R$、$\dot{U}_X [(\dot{U}_L + \dot{U}_C)]$ 三者组成一个直角三角形，称为电压相量三角形，三角形中的 $\varphi$ 为阻抗角。阻抗三角形与电压三角形是相似三角形。

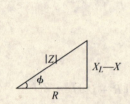
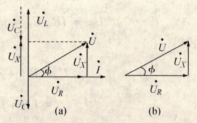

图 2-15　阻抗三角形　　　　图 2-16　RLC 串联电路的相量图与电压三角形

由电压相量三角形，可得到端电压的有效值为

$$U = \sqrt{U_R^2 + (U_L - U_C)^2}$$

辐角为

$$\varphi = \arctan\frac{U_L - U_C}{U_R} = \frac{U_L - U_C}{U_R} \qquad\qquad (2-49)$$

分析（2-43）与（2-46）式，容易看出：当电流频率一定时，电路的性质（电压与电流的相位差）由电路参数（$R$、$L$、$C$）决定。

1. 当 $X > 0$，即 $X_L > X_C$ 时，则 $U_L > U_C$，此时 $\varphi > 0$，表明电流 $\dot{I}$ 比电压 $\dot{U}$ 滞后 $\varphi$ 角，如图 2-17（a）所示。电路中的电感电压 $\dot{U}_L$ 补偿电容电压 $\dot{U}_C$ 尚有余量，即电感的作用大于电容作用，故称这种电路为电感性电路。

2. 当 $X < 0$，即 $X_L < X_C$ 时，则 $U_L < U_C$，此时 $\varphi < 0$，表明电流 $\dot{I}$ 比电压 $\dot{U}$ 超前 $\varphi$ 角，如图 2-17（b）所示。电路中的电容电压 $\dot{U}_C$ 补偿电感电压 $\dot{U}_L$ 尚有余量，即电容的作用大于电感作用，故称这种电路为电容性电路。

3. 当 $X = 0$，即 $X_L = X_C$ 时，则 $U_L = U_C$，此时 $\varphi = 0$，表明电流 $\dot{I}$ 比电压 $\dot{U}$ 同相位，如图 2-17（c）所示。电路中的电容电压 $\dot{U}_C$ 与电感电压 $\dot{U}_L$ 正好平衡，即电感的作用与电容的作

用互相抵消，故称这种电路为电阻性电路，表明电路发生了谐振。这时外加电压 $\dot{U}$ 与电阻上的电压 $\dot{U}_R$ 相等，即 $\dot{U} = \dot{U}_R$。电路谐振时会发生许多特殊现象，后面将作详细讨论。

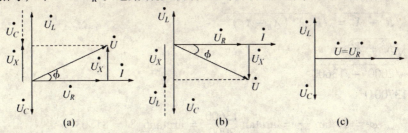

图 2-17　RLC 串联电路的相量图

由以上讨论可得出结论：在正弦交流电路中，以相量形式表示的欧姆定律与基尔霍夫定律都与直流电路有相似的表达形式。因而在直流电路中由欧姆定律和基尔霍夫定律推导出来的支路电流法、叠加定理、戴维宁定理等等都可以同样扩展到正弦交流电路中。在扩展中，直流电路中的电动势、电压和电流分别要用相量来代替，电阻 $R$ 要用复阻抗 $Z$ 来代替。

**例 2-7**　已知 $RLC$ 串联电路的电路参数为 $R = 100\Omega$，$L = 300\text{mH}$，电容 $C = 100\mu\text{F}$，接于 100V、50Hz 的交流电源上，试求电流 $I$ 及 $U_R$、$U_L$、$U_C$，并以电压为参考相量写出电源电压和电流的瞬时值表达式。

解：感抗 $X_L = \omega L = 2\pi f L = 2\pi \times 50 \times 300 \times 10^{-3} = 94.2\Omega$

容抗 $X_C = \dfrac{1}{\omega C} = \dfrac{1}{2\pi f C} = \dfrac{1}{314 \times 100 \times 10^{-6}} = 31.8\,\Omega$

阻抗 $|Z| = \sqrt{R^2 + (X_L - X_C)^2} = \sqrt{100^2 + (94.2 - 31.8)^2} = 117.8\Omega$

阻抗角 $\varphi = \arctan \dfrac{X_L - X_C}{R} = \arctan \dfrac{94.2 - 31.8}{100} = 32°$，电压超前电流，电路呈感性。

故电流 $I = \dfrac{U}{|Z|} = \dfrac{100}{117.8} = 0.85\text{A}$

各元件上的电压 $\begin{cases} U_R = IR = 0.85 \times 100 = 85\text{V} \\ U_L = IX_L = 0.85 \times 94.2 = 80\text{V} \\ U_C = IX_C = 0.85 \times 31.8 = 37\text{V} \end{cases}$

以电源电压为参考相量，则电源电压的瞬时值表达式为

$$u = 100\sqrt{2}\sin\omega t \text{ V}$$

电流的瞬时值表达式为　$i = 0.85\sqrt{2}\sin(314t - 32°)\text{A}$

**例 2-8**　如图 2-18 所示已知某继电器的电阻为 $R = 2\text{k}\Omega$，电感 $L = 43.3\text{H}$，接于 380V 的工频交流电源上。试求通过线圈的电流 $I$ 及电流与外加电压的相位差。

解：继电器电路相当于 RL 串联电路，可看成是 $X_C = 0$ 的 $RLC$ 串联电路，其电路图如图 2-18（a）。

方法一：先求阻抗后求解。

电路中的电抗为

$$X = X_L = \omega L = 2\pi f L$$

$$= 2\pi \times 50 \times 43.3$$
$$= 13600 \ \Omega$$

阻抗为

$$|Z| = \sqrt{R^2 + X^2} = \sqrt{R^2 + (X_L - X_C)^2}$$
$$= \sqrt{R^2 + X_L^2}$$
$$= \sqrt{2000^2 + 13600^2}$$
$$= 13700\Omega$$

阻抗角 $\quad \varphi = \arctan \dfrac{X}{R} = \arctan \dfrac{13600}{2000} = \arctan 6.8 = 81.63°$

故线圈中的电流 $\quad I = \dfrac{U}{|Z|} = \dfrac{380}{13700} = 27.7\mathrm{mA}$

电压与电流的相位差即为阻抗角 $\varphi = 81.63°$，电流滞后电压。

方法二：用相量运算来求解。

如图 2 – 18（b），若以外加电压为参考相量，令 $\dot{U} = 380 \ \underline{/0°}\,\mathrm{V}$，

$$Z = R + j(X_L - X_C) = 2000 + j13600 = 13700 \ \underline{/81.63°}$$

则通过线圈的电流数值和相位为

$$\dot{I} = \dfrac{\dot{U}}{Z} = \dfrac{380 \ \underline{/0°}}{13700 \ \underline{/81.63°}} = 27.7 \ \underline{/81.63} \ \mathrm{mA}$$

故线圈中的电流为 27.7 mA，电压与电流的相位差即为阻抗角 $\varphi = 81.63°$，电流滞后电压。

方法三：相量图求解。

以电流为参考相量，相量图如图 2 – 18（c）所示。电压 $\dot{U}$ 超前电流 $\dot{I}$ θ 角，且 $\dot{U}$、$\dot{U}_R$ 与 $\dot{U}_X$ 组成电压三角形。电流滞后电压

$$\varphi = \arctan \dfrac{U_X}{U_R} = \arctan \dfrac{X}{R} = \arctan \dfrac{13600}{2000} = \arctan 6.8 = 81.63°$$

而 $\begin{cases} U_R = U\cos\theta = 380\cos 81.63 = 55.3\mathrm{V} \\ I = \dfrac{U_R}{R} = \dfrac{55.3}{2000} = 27.7\mathrm{mA} \end{cases}$

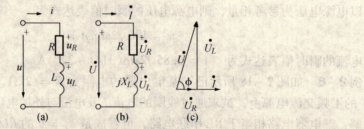

图 2 – 18

继电器电路是实际生活中的一种很常见的电路，具有普通意义。由该例可看出：处理交流电路问题可采用不同的方法，在实际问题中，我们可根据实际问题选择合适的方法

求解。

**例2-9** 如图2-19所示,在RC串联交流电路中,已知$R = 2k\Omega$,电容$C = 0.1\mu F$,接于10V、500Hz的交流电源上。①求输出电压$U_2$,并讨论输入和输出电压之间的大小和相位关系;②当将电容$C$改为$20\mu F$时,求①中各项;③当将频率改为4000Hz时,再求①中各项。

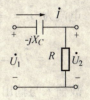

图2-19 RC串联电路

**解:** RC串联电路,可看成是$X_L = 0$的$RLC$串联电路,其电路如图2-19。

容抗为 $X_C = \dfrac{1}{\omega C} = \dfrac{1}{2 \times 3.14 \times 500 \times 0.1 \times 10^{-6}} k\Omega = 3.2 k\Omega$

阻抗为:$Z = R - jX_C = 2 - j3.2 = 3.77 \underline{/-58°}\ k\Omega$

阻抗角为 $\varphi = \arctan\dfrac{-X_C}{R} = \arctan\dfrac{-3.2}{2} = -58°$

以外加电压$\dot{U}_1$为参考相量,令$\dot{U}_1 = 10\underline{/0°}$ V

电流为 $\dot{I} = \dfrac{\dot{U}_1}{Z} = \dfrac{10\underline{/0°}\ V}{3.77\underline{/-58°}\ k\Omega} = 2.65\underline{/58°}mA$

则$\dot{U}_2 = \dot{I}R = 2.65\underline{/58°} \times 2 = 5.3\underline{/58°}$ V

故输入与输出电压大小关系为 $\dfrac{U_2}{U_1} = \dfrac{5.3}{10} = 53\%$,且$\dot{U}_2$比$\dot{U}_1$超前58°。

(2) 容抗为 $X_C = \dfrac{1}{\omega C} = \dfrac{1}{2 \times 3.14 \times 500 \times 20 \times 10^{-6}} k\Omega = 160\Omega$

阻抗角为 $\varphi = \arctan\dfrac{-X_C}{R} = \arctan\dfrac{-160}{2000} = -4.57°$

阻抗为 $Z = R - jX_C = 2000 - j160 \approx 2.006\underline{/-4.57°}\ k\Omega$

以外加电压$\dot{U}_1$为参考相量,令$\dot{U}_1 = 10\underline{/0°}$ V

电流为 $\dot{I} = \dfrac{\dot{U}_1}{Z} = \dfrac{10\underline{/0°}\ V}{2.006\underline{/-4.57°}\ ;k\Omega} = 4.99\underline{/57°}mA$

则$\dot{U}_2 = \dot{I}R = 4.99\underline{/57°} \times 2 = 9.98\underline{/4.57°}$ V

故输入与输出电压大小关系 $\dfrac{U_2}{U_1} = \dfrac{9.98}{10} = 99.8\%$,且$\dot{U}_2$比$\dot{U}_1$超前4.57°。

(3) 容抗为 $X_C = \dfrac{1}{\omega C} = \dfrac{1}{2 \times 3.14 \times 4000 \times 0.1 \times 10^{-6}}\Omega = 4000\Omega = 4k\Omega$

阻抗角为 $\varphi = \arctan\dfrac{-X_C}{R} = \arctan\dfrac{-400}{2000} = -11.3°$

阻抗为 $Z = R - jX_C = 2 - j0.4 = 2.04\underline{/1.3°}\ k\Omega$

以外加电压$\dot{U}_1$为参考相量,令$\dot{U}_1 = 10\underline{/0°}$ V

电流为 $\dot{I} = \dfrac{\dot{U}_1}{Z} = \dfrac{10\ \underline{/0°}\ \text{V}}{2.04\ \underline{/11.3°}\ \text{k}\Omega} = 4.9\ \underline{/1.3°}$ ; mA

则 $\dot{U}_2 = \dot{I}R = 4.9\ \underline{/1.39°} \times 2 = 9.8\ \underline{/1.3°}$V

故输入与输出电压大小关系为 $\dfrac{U_2}{U_1} = \dfrac{9.8}{10} = 98\%$ ，且 $\dot{U}_2$ 比 $\dot{U}_1$ 超前 11.3°。

由上例可看出：$RC$ 串联电路是一种移相电路，改变 $C$、$R$ 或 $f$ 都可达到移相的目的，这在实际工程中有很重要的应用。

### （三）RLC 串联电路的功率

#### 1. 有功功率

在 RLC 串联电路中，只有电阻消耗功率，电感和电容都不消耗功率，因此，电路中的有功功率就是电阻上消耗的功率，即

$$P = U_R I$$

由电压三角形可知，电阻两端的电压和总电压的关系为

$$U_R = U\cos\varphi_Z$$

所以 $\qquad\qquad\qquad\qquad P = U_R I = UI\cos\varphi_Z \qquad\qquad\qquad\qquad (2-50)$

式中，$\cos\varphi_Z$ 称为电路的功率因数，它是交流电路运行状态的重要指标之一，其高低由负载的性质决定，第四节我们将详细讨论。

#### 2. 无功功率

电感和电容的无功功率分别为

$$Q_L = U_L I$$
$$Q_C = U_C I$$

由图 2-7（d）、图 2-10、图 2-13 所示的纯电阻、纯电感、纯电容电路的瞬时功率图易看出，电感、电容两端的电压在任何时刻都是反相的，当磁场能量增加时，电场能量却在减少；反之，磁场能量减少时，电场能量却在增加，所以，$Q_L$ 和 $Q_C$ 的符号相反，电路中的无功功率为电感和电容器上的无功功率之差，即

$$Q = Q_L - Q_C = (U_L - U_C)\ I$$

由电压三角形可，$U_L - U_C = U\sin\varphi_Z$，所以，电路中的无功功率为

$$Q = UI\sin\varphi_Z \qquad\qquad\qquad\qquad (2-51)$$

#### 3. 视在功率　•

电路中，端电压与电流的乘积表示电源提供总功率的能力，反映用电设备的容量，叫做视在功率，用 $S$ 表示，即

$$S = UI \qquad\qquad\qquad\qquad (2-52)$$

单位为伏安（VA），或千伏安（kVA）。对于任何一个用电设备而言，视在功率都有一个额定值，称为额定视在功率，反映了用电设备端口上所能承受的最大电压与最大电流的乘积。

由式（2-50）、（2-51）、（2-52）可知，平均功率 $P$、无功功率 $Q$ 和视在功率 $S$ 之间的关系为

$$\left.\begin{array}{l} S^2 = P^2 + Q^2 \\ P = S\cos\varphi_Z \\ Q = S\sin\varphi_Z \end{array}\right\} \quad\quad (2-53)$$

平均功率 $P$、无功功率 $Q$ 和视在功率 $S$ 也可以用一个直角三角形表示，称为功率三角形。它与阻抗三角形、电压三角形是相似三角形，如图 2-20。

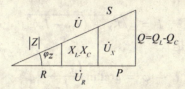

图 2-20 阻抗、电压、功率三角形

**例 2-10** 求例 2-7 中电路的有功功率、无功功率、视在功率。

解：电路中的有功功率、无功功率和视在功率分别为

$$P = RI^2 = 100 \times 0.85^2 = 72.25 \, \text{W}$$

$$Q = (X_L - X_C)I^2 = (94.2 - 31.8) \times 0.85^2 = 45.08 \, \text{var}$$

$$S = UI = 100 \times 0.85 = 85 \, \text{V} \cdot \text{A}$$

## 二、RL 与 C 并联电路的分析

在实际生产和生活中，大多数负载都属于电感性的，即既含有 $R$ 又含有 $L$。这类负载与电容器并联在实用上有很重要的意义。图 2-21（a）所示就是电感线圈和电容器并联的电路模型。设电容器的电阻损耗很小，可以忽略不计，看成一个纯电容；而线圈电阻损耗是不可忽略的，可以看成是 $R$ 和 $L$ 的串联电路。

（一）电路中电流与电压的关系

由图 2-21（a）可知，电阻与电感串联支路的电流有效值为

$$I_1 = \frac{U}{|Z|} = \frac{U}{\sqrt{R^2 + X_L^2}}$$

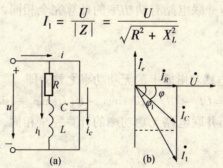

图 2-21 RL 与 C 并联电路及电流、电压相量图

该支路电流 $i_1$ 滞后于端电压 $u$ 的

相位差为 $\varphi_1 = \arctan\dfrac{X_L}{R}$，

电容支路的电流有效值为 $I_C = \dfrac{U}{X_C} = \omega C U$，$i_C$ 较端电压 $u$ 超前 90°。

两并联支路的端电压相等，电路的总电流 $i$ 等于流过两个支路的电流 $i_1$ 和 $i_C$ 的相量

和。以端电压 $\dot{U}$ 为参考相量，画出相量图如图 2 – 21 （b）所示。

由相量关系易知：

$$I_{1R} = I_1\cos\varphi_1$$

$$I_{1L} = I_1\sin\varphi_1$$

所以，电路上的总电流是

$$I = \sqrt{I_{1R}^2 + (I_{1L} - I_C)^2} \tag{2-54}$$

总电流和端电压的相位差是

$$\varphi = \arctan\frac{I_{1L} - I_C}{I_{1R}} \tag{2-55}$$

由相量图和式（2 – 55）可得出以下结论：

1. 当 $I_{1L} > I_C$ 时，总电流 $i$ 滞后于端电压 $u$，$\varphi > 0$，整个并联电路相当于一个感性负载。

2. 当 $I_{1L} < I_C$ 时，总电流 $i$ 超前于端电压 $u$，$\varphi < 0$，整个并联电路相当于一个容性负载。

3. 当 $I_{1L} = I_C$ 时，总电流 $i$ 与端电压 $u$ 同相位，$\varphi = 0$，整个电路相当于纯电阻性负载。此时，总电流的有效值最小，这种现象叫做并联谐振。

由此可见，在感性负载的两端并联适当的电容后，可以起下述两方面的作用：

1. 使总电流减小，它比负载上的电流 $I_1$ 还要小，这是因为 $I_{1L}$ 与 $I_C$ 相位相反，相互抵消的缘故。

2. 使总电流与电压间的相位差 $\varphi$ 小于感性负载上的电流与电压间的相位差 $\varphi_1$，从而改善电路的功率因数（后面将作详细讨论）。

### （二）功率

#### 1. 有功功率

电路中的有功功率为电阻消耗的功率，由图 2 – 21 （b）易知，有功功率为

$$P = UI_{1R} = UI\cos\varphi$$

$\varphi$ 指电路的阻抗角。串并联电路有功功率的计算完全相同，等于总电压、电流的有效值与阻抗角余弦的乘积。

#### 2. 无功功率

电路中的无功功率为电感和电容上的无功功率之差，即

$$Q = Q_L - Q_C = UI_L - UI_C = UI_1\sin\varphi_1 - U(I_1\sin\varphi_1 - I\sin\varphi) = UI\sin\varphi$$

$\varphi$ 指电路的阻抗角。串并联电路无功功率的计算完全相同，等于总电压、电流的有效值与阻抗角正弦的乘积。

#### 3. 视在功率

电路中的视在功率

$$S = UI$$

## 三、阻抗的串、并联

我们已知，正弦交流电路中的复阻抗 $Z$ 与直流电路中的电阻 $R$ 相对应，因而直流电路中的电阻串并联公式也同样可以扩展到正弦交流电路中，用于复阻抗的串并联计算。

## （一）阻抗的串联

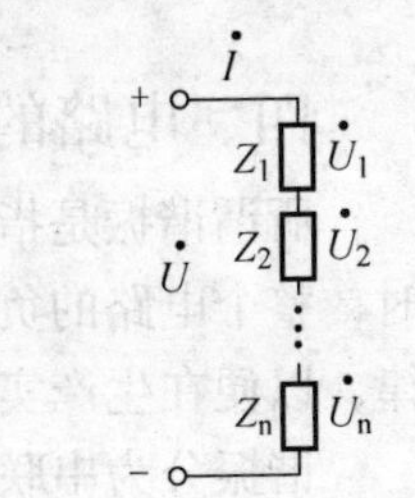

设有 $n$ 个阻抗 $Z_1$、$Z_2$、$\cdots$、$Z_n$ 串联，如图 2-22 所示。

据据 KVL 和欧姆定律有

$$\dot{U} = \dot{U}_1 + \dot{U}_2 + \cdots + \dot{U}_n = Z_1\dot{I} + Z_2\dot{I} + \cdots + Z_n\dot{I} = (Z_1 + Z_2 + \cdots Z_n)\dot{I}$$

则根据阻抗定义，总的端口阻抗 $Z$ 为

$$Z = Z_1 + Z_2 + \cdots + Z_n \qquad\qquad (2-56)$$

即在多个复阻抗串联电路中，其总复阻抗等于各个分复阻抗之和。

图 2-22　阻抗的串联

## （二）阻抗的并联

设有 $n$ 个阻抗 $Z_1$、$Z_2$、$\cdots$、$Z_n$ 并联，如图 2-23 所示，同样，对于多个阻抗相并联时，也可得出其总阻抗 $Z$ 为

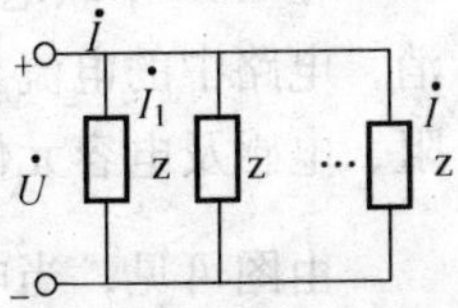

$$\dot{I} = \dot{I}_1 + \dot{I}_2 + \cdots + \dot{I}_n \quad 即有 \quad \frac{\dot{U}}{Z} = \frac{\dot{U}}{Z_1} + \frac{\dot{U}}{Z_2} + \cdots + \frac{\dot{U}}{Z_n}$$

图 2-23　阻抗的并联

$$故：\frac{1}{Z} = \frac{1}{Z_1} + \frac{1}{Z_2} + \cdots + \frac{1}{Z_n} \qquad\qquad (2-57)$$

即在多个复阻抗并联电路中，其总复阻抗的倒数等于各个分复阻抗倒数之和。

当两个复阻抗并联时，

$$Z = \frac{Z_1 Z_2}{Z_1 + Z_2} \qquad\qquad (2-58)$$

若两个相并联的复阻抗相等，则

$$Z = \frac{Z_1}{2} = \frac{Z_2}{2} \qquad\qquad (2-59)$$

应该说明的是，在引入了相量和阻抗的概念以后，正弦交流电路的分析方法与电阻电路完全相同，很多公式的形式也完全一致。

如两个串联阻抗的分压公式为

$$\left.\begin{aligned}\dot{U}_1 &= \frac{Z_1}{Z_1 + Z_2}\dot{U} \\[2mm] \dot{U}_2 &= \frac{Z_2}{Z_1 + Z_2}\dot{U}\end{aligned}\right\} \qquad\qquad (2-60)$$

两个并联阻抗的分流公式为

$$\left.\begin{aligned}\dot{I}_1 &= \frac{Z_2}{Z_1 + Z_2}\dot{I} \\[2mm] \dot{I}_2 &= \frac{Z_1}{Z_1 + Z_2}\dot{I}\end{aligned}\right\} \qquad\qquad (2-61)$$

必须注意：上面各式均为复数运算，而不是实数运算。因此，在一般情况下，当阻抗串联时，$|Z| \neq |Z_1| + |Z_2| + \cdots + |Z_n|$；阻抗并联时，$\dfrac{1}{|Z|} \neq \dfrac{1}{|Z_1|} + \dfrac{1}{|Z_2|} + \cdots + \dfrac{1}{|Z_n|}$ 及

$|Z| \neq \dfrac{|Z_1||Z_2|}{|Z_1| + |Z_2|}$。

## 四、电路的谐振

所谓谐振是指在含有电容和电感的交流电路中，当电路中总电压和总电流相位相同时，整个电路的负载呈电阻性，称电路发生了谐振。研究谐振的目的在于掌握这一客观规律，以便在生产实践中充分地利用它，同时也要防止它可能造成的危害。

谐振分为串联谐振和并联谐振两种，下面分别予以讨论。

### （一）串联谐振

在 RLC 串联电路中已指出，当电感上的电压与电容上的电压相等时，它们正好互相抵消，电路中的电流与端电压同相位，这时就称 RLC 串联电路发生了谐振。由于电路中电阻、电感及电容元件是串联的，故称为串联谐振。如图 2 - 24（a）所示。

由图可见，当电路发生谐振时，$\dot{U}_C = -\dot{U}_L$，电流 $\dot{I}$ 与电压 $\dot{U}$ 同相位。故有 $X_L = X_C$，即

$$\omega_0 L = \frac{1}{\omega_0 C}$$

由此可得谐振时的角频率为

$$\omega_0 = \frac{1}{\sqrt{LC}} \tag{2-62}$$

谐振频率为

$$f_0 = \frac{1}{2\pi \sqrt{LC}} \tag{2-63}$$

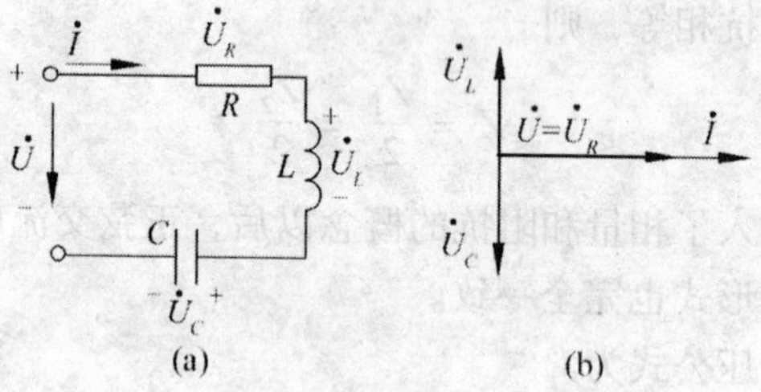

图 2 - 24　RLC 串联谐振电路及相量图

由此可见，调节 $L$、$C$ 两个参数的任意一个，即可改变谐振频率 $f_0$。当电路参数 $L$、$C$ 一定时，$f_0$ 即为一定值，称 $f_0$ 为电路的固有频率，此时，可调节电源电压频率，使 $f = f_0$，电路产生谐振；如果电源频率给定，$L$、$C$ 可调，那么调节 $L$ 或 $C$，亦可使电路产生谐振。

串联谐振电路具有如下特性。

**1. 电流与电压同相位，电路呈电阻性**

串联谐振时电压与电流的相量图如图 2 - 24（b）所示。

**2. 谐振时，阻抗最小，回路电流最大**

谐振时，回路电抗 $X = 0$，故阻抗最小，其值为

$$Z = R + jX = R$$

这时电路中的电流最大，称为谐振电流，其值为

$$I_0 = \frac{U}{|Z|} = \frac{U}{R} \tag{2-64}$$

**3. 电感及电容两端电压大小相等，相位相反；电阻端电压等于外加电压**

谐振时电感端电压与电容端电压相互补偿，这时外加电压与电阻上的电压相平衡，即

$$\dot{U}_C = -\dot{U}_L$$

$$\dot{U} = \dot{U}_R \tag{2-65}$$

**4. 电感端电压与电容端电压有可能大大超过外加电压**

谐振时，电感或电容的端电压与外加电压的比值为

$$Q = \frac{U_L}{U} = \frac{X_L I}{RI} = \frac{X_L}{R} = \frac{\omega_0 L}{R}$$

或

$$Q = \frac{U_C}{U} = \frac{X_C I}{RI} = \frac{X_C}{R} = \frac{1}{\omega_0 CR} \tag{2-66}$$

当 $X_L \gg R$ 或 $X_C \gg R$ 时，电感和电容的端电压就大大超过外加电压，二者的比值 $Q$ 称为谐振电路的品质因数，它表示在谐振时电感或电容上的电压是外加电压的 $Q$ 倍。$Q$ 值一般可达几十至几百，因此串联谐振又称为电压谐振。

串联谐振在有些地方是有害的，例如在电力工程中，若电压为 380V，$Q=10$，当电路发生谐振时，电感或电容上的电压就是 3800V，这是很危险的，如果 $Q$ 值再大，则更危险。所以在电力工程中，一般应避免发生串联谐振。但在无线电工程中，串联谐振却得到广泛应用，例如在收音机里常被用来选择信号。

**例 2-11** 某收音机的输入回路如图 2-25 所示。各地广播电台发射的无线电波在天线圈中分别产生感应电动势 $e_1$、$e_2$、$e_3$ 等。已知线圈电阻 $R=20\Omega$，电感 $L=250\mu H$，电容可调。试问接收 540kHz 的信号时，（1）电容 C 值；品质因数 Q；若调谐回路感应电动势为 $2\mu V$，求谐振电流 $I_0$ 和电容电压 $U_C$；（2）对非谐振频率 600kHz 的信号，若感应电动势为 $2\mu V$，求电路电流 $I$ 和电容电压 $U'_C$。

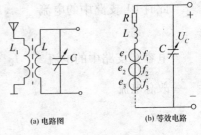

(a) 电路图　　(b) 等效电路

图 2-25　串联谐振的选频电路

解：（1）根据串联谐振频率 $f_0 = \dfrac{1}{2\pi\sqrt{LC}}$，求得

$$C = \frac{1}{(2\pi f_0)^2 L} = \frac{1}{(2 \times 3.14 \times 540 \times 10^3)^2 \times 250 \times 10^{-6}} = 346 \times 10^{-12} \text{F}$$

品质因数

$$Q = \frac{\omega_0 L}{R} = \frac{2\pi f_0 L}{R}$$

$$= \frac{2 \times 3.14 \times 540 \times 10^3 \times 250 \times 10^{-6}}{20}$$

$$= 42.5$$

谐振电流

$$I_0 = \frac{U}{R} = \frac{2}{20} = 0.1 \ \mu A$$

电容电压 $\qquad U_C = QU = 42.5 \times 2 = 85\,\mu V$

（2）频率为 600kHz 时，可求出电抗

$$X = X_L - X_C = 2\pi fL - \frac{1}{2\pi fC}$$

$$= 2\pi \times 600 \times 10^3 \times 250 \times 10^{-6} - \frac{1}{2\pi \times 600 \times 10^3 \times 346 \times 10^{-12}}$$

$$= 176\,\Omega$$

阻抗 $|Z| = \sqrt{R^2 + X^2} = \sqrt{20^2 + 176^2} = 177\,\Omega$

电流 $I = \dfrac{U}{|Z|} = \dfrac{2}{177} = 0.0113\,\mu A$

电容上电压 $\qquad U'_C = IX_C = 0.0113 \times 767 = 8.67\,\mu V$

讨论：由该例可看出，同样的调谐回路，当电路发生谐振时，电容上电压远远大于电路未发生谐振时电容上的电压，收音机就是利用此原理来选择信号的。

### （二）电感线圈和电容器的并联谐振电路

工程上广泛应用电感线圈与电容器组成并联谐振电路，由于实际电感线圈的电阻不可忽略，与电容器并联时，其电路模型及相量图如图 2－26 所示。当电路参数选取适当时，可使总电流 $\dot{I}$ 与外加端电压 $\dot{U}$ 同相位，称电路发生了并联谐振。

此时 RL 支路中的电流 $\qquad \dot{I}_L = \dfrac{\dot{U}}{R + jX_L} = \dfrac{\dot{U}}{R + j\omega_0 L}$

电容 C 支路中的电流 $\qquad \dot{I}_C = \dfrac{\dot{U}}{-jX_C} = \dfrac{\dot{U}\omega_0 C}{-j} = j\omega_0 C\,\dot{U}$ $\qquad\qquad$ (2－67)

故总电流

$$\dot{I} = \dot{I}_L + \dot{I}_C = \frac{\dot{U}}{R + j\omega_0 L} + j\omega_0 C\,\dot{U}$$

$$= \left[ \frac{R}{R^2 + (\omega_0 L)^2} + j\left( \omega_0 C - \frac{\omega_0 L}{R^2 + (\omega_0 L)^2} \right) \right]\dot{U}$$

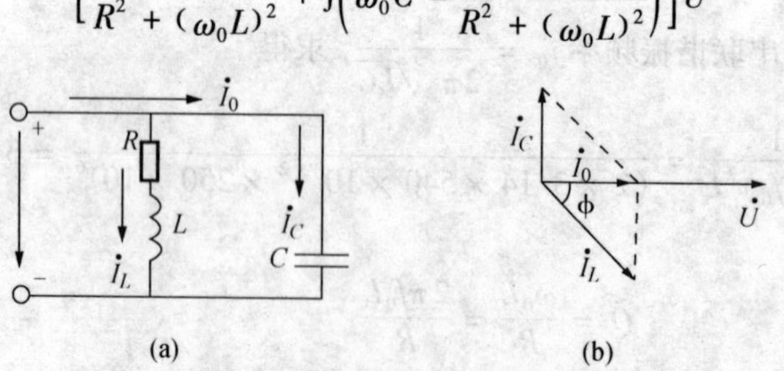

图 2－26 $RL$ 与 $C$ 并联谐振电路及相量图

若要使电路中的电流与外加端电压 $\dot{U}$ 同相位，则需 $\dot{I}$ 的虚部为零，即

$$\omega_0 C = \frac{\omega_0 L}{R^2 + (\omega_0 L)^2}$$

在一般情况下，线圈的电阻 $R$ 很小，线圈的感抗 $\omega_0 L \gg R$，故 $\omega_0 L \approx \dfrac{1}{\omega_0 C}$

由此可得谐振角频率 $\qquad\qquad \omega_0 \approx \dfrac{1}{\sqrt{LC}} \qquad\qquad\qquad$ (2-68)

谐振频率

$$f_0 \approx \frac{1}{2\pi \sqrt{LC}} \qquad\qquad\qquad (2-69)$$

这就是说，当电感线圈的感抗 $\omega L \gg R$ 时，并联谐振的条件与串联谐振的条件基本相同。即相同的电感和电容当它们接成并联或串联电路时，谐振频率几乎相等。

并联谐振电路具有如下特性：

**1. 电流与电压同相位，电路呈电阻性**

并联谐振时电压与电流的相量图如图 2-26（b）所示。

**2. 谐振时，阻抗最大，回路电流最小**

电流与电压同相位，式（2-67）中电流 $\dot{I}$ 的虚部为零，故谐振时的电流

$$\dot{I}_0 = \frac{R}{R^2 + (\omega_0 L)^2} \dot{U} = \frac{\dot{U}}{Z_0}$$

式中

$$Z_0 = \frac{R^2 + (\omega_0 L)^2}{R} \approx \frac{(\omega_0 L)^2}{R} = \frac{L}{RC} \qquad\qquad (2-70)$$

因电阻很小，故并联谐振呈高阻抗特性。若 $R \to \infty$，则 $Z \to \infty$，即电路不允许频率为 $f_0$ 的电流通过。

**3. 电感电流及电容电流几乎大小相等，相位相反**

由于 $\dot{U}$ 与 $\dot{I}$ 同相，且 $\dot{I}$ 的数值极小，故 $\dot{I}_L$ 与 $\dot{I}_C$ 必然近乎大小相等，相位相反。

**4. 电感或电容支路的电流有可能大大超过总电流**

谐振时，电感支路（或电容支路）的电流与总电流之比为电路的品质因数，其值为

$$Q = \frac{I_1}{I_0} = \frac{\dfrac{U}{\omega_0 L}}{\dfrac{U}{|Z_0|}} = \frac{|Z_0|}{\omega_0 L} = \frac{\omega_0 L}{R}$$

即通过电感或电容的电流是总电流的 $Q$ 倍。$Q$ 值一般可达几至几百，故并联谐振又称为电流谐振。并联谐振也可用来选频，选频特性的好坏同样由 $Q$ 值决定。

# 第四节　功率因数的提高

## 一、提高功率因数的意义

电路的有功功率与视在功率的比值叫做功率因数，即

$$\lambda = \cos\varphi_Z = \frac{P}{S} \tag{2-71}$$

功率因数的大小是表示电源功率被利用的程度，是电力系统很重要的经济指标，其大小取决于所接负载的性质。实际用电器的功率因数都在 0 和 1 之间，例如白炽灯的功率因数接近 1，日光灯在 0.5 左右，工农业生产中大量使用的异步电动机满载时可达 0.9 左右，而空载时会降到 0.2 左右，交流电焊机只有 0.3 ~ 0.4，交流电磁铁甚至低到 0.1。一般情况下，电力系统的负载多属感性负载，线路功率因数一般不高，这将使电源设备的容量不能得到充分利用，故提高功率因数对国民经济发展有着极其重要的现实意义。

### （一）充分发挥电源设备的潜在能力

一般交流电源设备都是根据额定电压和额定电流来进行设计、制造和使用的。它能够供给负载的有功功率为 $P_1 = U_N I_N \cos\varphi_Z$。当 $U_N I_N$ 为定值时，若 $\cos\varphi_Z$ 低，则负载吸收的功率低，因而电源供给的有功功率 $P_1$ 也低，这样电源的潜力就没有得到充分发挥。例如额定为 $S_N = 100\text{kVA}$ 的变压器，若负载的功率因数 $\lambda = \cos\varphi_Z = 1$，则变压器达额定时，可输出有功功率 $P_1 = S_N\cos\varphi_Z = 100\text{kW}$；若负载的功率因数 $\lambda = \cos\varphi_Z = 0.2$，则变压器达额定时，可输出有功功率 $P_1 = S_N\cos\theta_Z = 20\text{ kW}$。若增加输出，则电流过载。显然，这时变压器没有得到充分利用。因此，提高负载的功率因数，可以提高电源设备的利用率。

**例 2 – 12**　一台发电机的额定电压为 220V，输出的总功率为 4400kVA。求：

（1）该发电机向额定电压为 220V、有功功率为 4.4kW、功率因数为 0.5 的用电器供电，能使多少个这样的用电器正常工作？

（2）若把用电器的功率提高到 0.8，又能使多少个这样的用电器正常工作？

**解：**（1）发电机的额定电流为

$$I_N = \frac{S}{U} = \frac{4400 \times 10^3}{220} = 20000 \text{ A}$$

当 $\lambda = \cos\theta_Z = 0.5$，每个用电器的电流为

$$I_N = \frac{P}{U\cos\theta_Z} = \frac{4400}{220 \times 0.5} = 40 \text{ A}$$

则发电机能供给的用电器个数为

$$n = \frac{I_N}{I} = \frac{20000}{40} = 500 \text{ 个}$$

（2）当 $\lambda = \cos\varphi_Z = 0.8$，每个用电器的电流为

$$I_N = \frac{P}{U\cos\theta_Z} = \frac{4400}{220 \times 0.8} = 25\text{A}$$

则发电机能供给的用电器个数为

$$n = \frac{I_N}{I} = \frac{20000}{25} = 800 \text{ 个}$$

## （二）减少电路损耗

输电线上的损耗为 $P_l = I^2 R_l$（$R_l$ 为线路电阻），线路压降为 $U_1 = R_1 I$，而线路电流为 $I = \frac{P_1}{U\cos\varphi_Z}$。由此可见，当电流电压 $U$ 及输出有功功率 $P_1$ 一定时，提高 $\cos\varphi_Z$，可以使线路电流减小，从而降低了传输线上的损耗，提高了传输效率；同时，线路上的压降减小，使负载的端电压变化减小，提高了供电质量。因 $\cos\varphi_Z$ 提高，电流减小，在 $P_l$ 一定时，线路电阻可以增大，故传输导线可以细些，节约了用铜量，从而减少经济损耗。

## 二、提高功率因数的方法

提高功率因数的方法之一是在感性负载两端并联一只适当容量的电容器，利用电容的无功功率 $Q_c$ 对电感的无功功率 $Q_L$ 进行补偿。如图 2-27 所示，负载的端电压为 $\dot{U}$，在未并联电容器时，感性负载中的电流

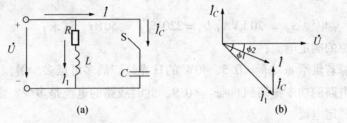

图 2-27 并联电容器，提高电路的功率因数

$$\dot{I}_1 = \frac{\dot{U}}{Z_1} = \frac{\dot{U}}{R + jX_L} = \frac{\dot{U}}{|Z_1| \underline{/\theta_1}} = \frac{\dot{U}}{|\dot{Z}_1|} \underline{/-\theta_1}$$

当并上电容后，$\dot{I}_1$ 不变，而电容支路有电流

$$\dot{I}_c = -\frac{\dot{U}}{jX_c} = j\frac{\dot{U}}{X_c}$$

故线路电流

$$\dot{I} = \dot{I}_1 + \dot{I}_c$$

相量图 2-27（b）表明，在感性负载两端并联适当的电容，可使电压与电流的相位差 $\varphi_Z$ 减小，即原来是 $\varphi_1$，现减小为 $\varphi_2$，$\varphi_1 > \varphi_2$，$\cos\varphi_1 < \cos\varphi_2$，同时线路电流由 $I_1$ 减小为 $I$。这时能量互换部分发生在感性与电容器之间，因而使电源设备的容量得到充分利用，线路上的能耗和压降也减小了。

由于未并入电容时，电路的无功功率为

$$Q = UI_1\sin\varphi_1 = UI_1 \frac{\sin\varphi_1 \cos\varphi_1}{\cos\varphi_1} = P\tan\varphi_1$$

而并入电容后，电路的无功功率为

$$Q' = UI\sin\varphi_2 = UI\frac{\sin\varphi_2\cos\varphi_2}{\cos\varphi_2} = P\tan\varphi_2$$

因而电容需要补偿的无功功率为

$$Q_C = Q - Q' = P(\tan\varphi_1 - \tan\varphi_2)$$

又因

$$Q_C = \frac{U^2}{X_C} = \omega CU^2$$

所以，并入的电容器的电容为

$$C = \frac{P}{2\pi fU^2}(\tan\varphi_1 - \tan\varphi_2) \qquad (2-72)$$

式中 $P$ 是负载所吸收的功率，$U$ 是负载的端电压，$\varphi_1$ 和 $\varphi_2$ 分别是补偿前和补偿后的功率因数角。

工程上常采用查表的方法，根据 $\cos\varphi_1$、$\cos\varphi_2$ 和 $P$ 从手册中直接查得所需并联电容的补偿容量。

在实际的电力系统中，并不要求将功率因数提高到 1。因为这样做经济效果不显著，还要增加大量的设备投资。通常是根据具体的电路，经过技术比较，将功率因数提高到适当的数值即可。

**例 2 – 13** 某电源 $S_N = 20\ \text{kVA}$，$U_N = 220\text{V}$，$f = 50\text{Hz}$。试求：

（1）该电源的额定电流；

（2）该电源若供给 $\cos\varphi_1 = 0.5$、40W 的日光灯，最多可点多少盏？

（3）若将电路的功率提高到 $\cos\varphi_2 = 0.9$，此时线路的电流是多少？需并联多大电容？

解：（1）额定电流

$$I_N = \frac{S_N}{U_N} = \frac{20 \times 10^3}{220} = 91\text{A}$$

（2）设日光灯的盏数为 n，即

$$n = \frac{S_N\cos\theta_1}{P} = \frac{20 \times 10^3 \times 0.5}{40} = 250\ \text{盏}$$

此时线路电流为额定电流，即 $I_1 = 91$ A。

（3）因电路总的有功功率 $P = n \times 40 = 250 \times 40 = 10$ kW，故此时线路中的电流为

$$I = \frac{P}{U\cos\theta_2} = \frac{10 \times 10^3}{220 \times 0.9} = 50.5\ \text{A}$$

将功率因数由 0.5 提高到 0.9 时，线路电流由 91A 下降到 50.5A，因而电源仍有潜力供电给其他负载。因 $\cos\varphi_1 = 0.5$，$\varphi_1 = 60°$，$\cos\varphi_2 = 0.9$，$\varphi_2 = 25.8°$，于是所需并联的电容器容量为

$$C = \frac{P}{2\pi fU^2}(\tan\varphi_1 - \tan\varphi_2) = \frac{10 \times 10^3}{2\pi \times 50 \times 220^2}(\tan60° - \tan25.8°) = 820\mu\text{F}$$

此外，合理使用用电设备，也可以提高电路的有功功率，减少电路对无功功率的占用，从而提高功率因数。如对感性负载电动机和变压器之类的用电设备，正确选择它们的容量，尽可能使其接近满负荷运行；如果设备容量选择过大，经常处于轻载或空载状态，功率因数必然很低。

## 第五节 三相交流电路

在现代电力网中，电能的产生、输送和分配一般都采用三相制供电系统。所谓三相制供电系统是指由三个频率相同、幅值相等、相位互差120°的正弦交流电动势供电的三相电源系统，这样的三个电动势称为三相对称电动势。三相电源所带负载称为三相负载。三相电源、三相负载及连接、控制等环节构成了三相交流电路。前面讲过的单相交流电路一般都是三相交流电路中的一相。

三相制供电系统与单相交流电路相比具有以下优点：

（1）在电能的生产方面，与同容量的单相发电机相比，三相发电机体积小、重量轻、成本低。

（2）在电能输送方面，输送功率相同、电压相同、线路损失相等的情况下，采用三相制输电可大大节省输电线的用量，即输电成本较低。

（3）在电能应用方面，目前广泛使用的三相异步电动机是由三相电源供电的，它和单相电动机相比，具有结构简单、价格低廉、性能良好等优点。

### 一、三相交流电源

#### （一）三相电动势的产生

三相交流电动势是由三相交流发电机产生的。如图 2 - 28（a）所示是一台简单的三相交流发电机的原理示意图。它由定子和转子组成，如图 2 - 28（b）、（c），在发电机定子中嵌有三组相同的线圈 U1 - U2、V1 - V2、W1 - W2，分别称为 U 相、V 相、W 相绕组，它们在空间相隔120°。转子是一对磁极，上面绕有励磁绕组，通入直流电便会产生一个很强的磁场。

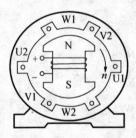 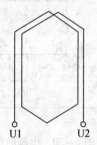 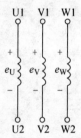

（a）原理示意图 　　（b）一相绕组 　　（c）三相绕组

图 2 - 28　三相交流发电机示意图

当转子由原动机拖动顺时针作匀速转动时，U、V、W 三相定子绕组依次切割转子磁场而感应出三相交流电动势，其电动势的三角函数表达式为

$$\left.\begin{aligned}
e_U &= E_m\sin\omega t \\
e_V &= E_m\sin(\omega t - 120°) \\
e_W &= E_m\sin(\omega t + 120°)
\end{aligned}\right\} \tag{2-73}$$

用相量可表示为

$$\dot{E}_U = E \underline{/0°}, \quad \dot{E}_V = E \underline{/-120°}, \quad \dot{E}_W = E \underline{/+120°} \tag{2-74}$$

三相电动势的波形图、相量图分别如图 2-29 所示。

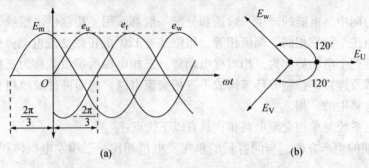

图 2-29　三相对称电动势的波形图和相量图

三个电动势到达最大值（或零值）的先后顺序叫做相序。

上述三个电动势的相序为 $U \rightarrow V \rightarrow W$，这样的相序称为顺相序。

由于发电机产生的是三相对称电动势，且发电机绕组的阻抗完全相同，故发电机三个绕组的电压 $u_U$、$u_V$、$u_W$ 是三相对称电压，即

$$\dot{U}_U = U \underline{/0°}, \quad \dot{U}_V = U \underline{/-120°}, \quad \dot{U}_W = U \underline{/120°} \tag{2-75}$$

## （二）三相电源的联结

三相发电机的每一个绕组都是独立的电源，均可单独给负载供电，但这样供电需用六根导线，体现不出三相制在电能输送方面的优越性。实际上，三相电源是按照一定的方式联结之后，再向负载供电的，通常采用的联结方式有星形联结和三角形连接两种方式。

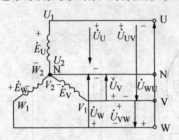

图 2-30　电源的星形连接

### 1. 三相电源的星形联结

如图 2-30 所示，将发电机三相绕组的末端 U2、V2、W2 连成一点 N，而把始端 U1、V1、W1 作为与外电路相联结的端点，就构成了三相电源的星形联结。N 点称为中性点，从中性点引出的导线称为中性线。从始端 U1、V1、W1 引出的三根导线称为相线或端线，俗称火线，常用 L1、L2、L3 表示。

这种由三根相线和一根中性线构成的供电方式称为三相四线制（通常在低压供电电网中采用），日常生活中见到的单相供电线路是由一根相线和一根中性线组成；只由三根相线所组成的供电方式称为三相三线制（在高压输电工程中采用）。

三相四线制供电系统可输送两种电压：一种是相线与中性线之间的电压 $u_U$、$u_V$、$u_W$（开路时，分别等于 $e_U$、$e_V$、$e_W$），称为相电压；另一种是相线与相线之间的电压 $u_{UV}$、$u_{VW}$、$u_{WU}$，称为线电压。

由基尔霍夫定律可以得出线电压与相电压之间的关系式

$$\left.\begin{array}{l} u_{UV} = u_U - u_V \\ u_{VW} = u_V - u_W \\ u_{WU} = u_W - u_U \end{array}\right\}$$

相量式为

$$\left.\begin{array}{l} \dot{U}_{UV} = \dot{U}_U - \dot{U}_V \\ \dot{U}_{VW} = \dot{U}_V - \dot{U}_W \\ \dot{U}_{WU} = \dot{U}_W - \dot{U}_U \end{array}\right\}$$

它们的相量图如图 2 - 31 所示。由相量图可知，线电压也是对称的，在相位上比相应的相电压超前30°；若线电压的有效值用 $U_L$ 表示，相电压的有效值用 $U_p$ 表示，则它们的大小关系为

$$U_L = \sqrt{3} U_p \tag{2-76}$$

我国低压供电的线电压是380V，它的相电压是220V，负载可根据额定电压决定其接法。

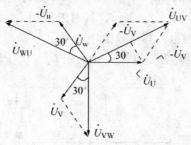

图 2 - 31 三相电源各电压相量之间的关系

### 2. 三相电源的三角形联结

三相电源的三角形联结就是把每相绕组的末端与它相邻的另一相绕组的首端依次相连，即 U1 连 W2、V1 连 U2、W1 连 V2，使三相绕组构成一闭合回路，U1、V1、W1 上分别引出三相端线连接负载，电路及相量图如图 2 - 32 所示。

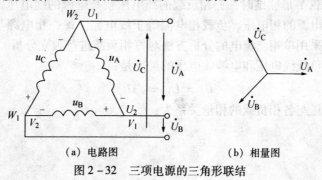

（a）电路图　　　　　　　　（b）相量图

图 2 - 32 三项电源的三角形联结

从图中可看出，三相电源作三角形联结时，电源线电压就等于电源相电压，即

$$U_l = U_p$$

应当指出，电源在三相绕组的闭合回路中同时作用着三个电压源，并且相电压源的瞬时值的代数和或其相量和均等于零，回路中不会发生短路而引起很大的电流。但若三相电源不对称或线路接错（绕组首末端调反），那么在三相绕组中便会产生很大的一环流，致使发电机烧坏，因此使用时应加以注意。

在生产实践中，发电机绕组基本上采用星形联结；三相电力变压器二次侧也相当于一个三相电源，星形联结、三角形联结都有采用的。

## 二、三相负载的联结

使用交流电的电气设备非常多，这些电气设备统称为负载。按它们对电源的要求分为单相负载和三相负载。单相负载是指只需单相电源供电的设备，如日光灯、电炉、电视机等。三相负载是指需要三相电源供电的负载，如三相异步电动机。因为使用任何电气设备都要求负载所承受的电压等于它的额定电压，所以，负载要采用一定的联结方式，来满足负载对电压的要求。在三相电路中，负载的联结方式有两种：星形联结和三角形联结。

### （一）三相负载的星形（Y形）联结

图 2-33 所示为三相电源和三相负载都为 Y 形联结方式组成的三相四线制电路。每相负载的阻抗为 $Z_U$、$Z_V$、$Z_W$，如果 $Z_U = Z_V = Z_W = Z$，则称为对称三相负载。其中流过端线的电流称为线电流，分别用 $i_U$、$i_V$、$i_W$ 表示，其有效值用 $I_L$ 表示；流过每相负载的电流称为相电流，分别用 $i_u$、$i_v$、$i_w$ 表示，其有效值用 $I_P$ 表示；流过中性线的电流称为中线电流，用 $I_N$ 表示；加在负载上的电压称为相电压，分别用 $U_u$、$U_v$、$U_w$ 表示。

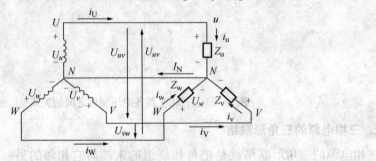

图 2-33 负载的星形联结

由图可知，负载 Y 形联结时，三相负载的线电压就是电源的线电压，而加在各相负载两端的相电压等于电源的相电压，负载相电流等于线电流。每一相电源与负载、中线构成独立的回路，故可采用单相交流电的分析方法对每相负载进行独立分析。

负载相电压、负载线电压和电源线电压的关系是：

$$U_l = U_L = \sqrt{3}U_p$$

相电流、相电压与各相负载的相量关系为：

$$\left.\begin{aligned}\dot{I}_U &= \dot{I}_u = \frac{\dot{U}_U}{Z_U}\\[6pt]\dot{I}_V &= \dot{I}_v = \frac{\dot{U}_V}{Z_V}\\[6pt]\dot{I}_W &= \dot{I}_w = \frac{\dot{U}_W}{Z_W}\end{aligned}\right\} \tag{2-77}$$

即
$$\left.\begin{aligned}I_P &= I_L = \frac{U_P}{|Z_P|}\\[6pt]\varphi_P &= \arccos\frac{R}{|Z_P|}\end{aligned}\right\} \tag{2-78}$$

根据 KCL，中线上的电流为

$$\dot{I}_N = \dot{I}_U + \dot{I}_V + \dot{I}_W$$

在通常情况下，中线电流总是小于线电流，而且各相负载愈接近对称，中线电流就愈小。因此，中线的导线截面可以比相线的小一些。

如果负载对称，即 $Z_U = Z_V = Z_W = Z_P$，此时

$$I_u = I_v = I_w = I_P = I_L = \frac{U_P}{|Z_P|} \tag{2-79}$$

$$\varphi_U = \varphi_V = \varphi_W = \varphi_P = \arccos\frac{R_P}{|Z_P|} \tag{2-80}$$

即每相电流的大小、相电流与相电压的相位差均相同，各负载中的相电流是对称的。

若以 $\dot{I}_U$ 为参考相量，相电流相量关系如图 2-34 所示。

根据相量图可知，有 $\dot{I}_N = \dot{I}_U + \dot{I}_V + \dot{I}_W = 0$。

因此，对称负载 Y 形联结时，中线可省去，电路可简化为三相三线制，如图 2-35 所示。中线省去后，并不影响三相负载的工作，三个相电流便借助各相线及各相负载互成回路，各相负载的相电压仍为对称的电源相电压。

注意：在三相负载不对称的 Y 形联结中，中线的作用在于能使三相负载成为三个互不影响的独立回路，从而保证各相负载的正常工作。所以，在三相四线制中，规定中线不能去掉，不准安装熔丝和开关，有时中线还采用刚性导线来加强机械强度，以免断开。另一方面，在连接三相负载时，应尽量使其平衡，以减小中线电流。

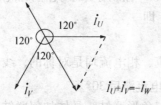

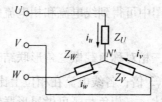

图 2-34 Y 形对称负载电流相量图　　图 2-35 三相对称负载的 Y 形联结

## （二）三相负载的三角形（△形）联结

如果单相负载的额定电压等于三相电源的线电压，则必须把负载接于三相电源的两根

相线之间，这类负载分为三组，分别接于电源 U – V、V – W、W – U 之间，就构成了负载的三角形联结（△形），如图 2 – 36 所示。这时，无论负载是否对称，各相负载所承受的电压均为对称的电源线电压，即

$$U_{\Delta P} = U_L \tag{2-81}$$

以下仅讨论对称负载的情况。

分析 2 – 36 图可知，三相负载作三角形联结时相电流与线电流是不相同的。对于这种电路的每一相，可按照单相交流电路的方法来计算相电流。在三相负载对称的情况下，各相电流也是对称的，其大小为

$$I_{uv} = I_{vw} = I_{wu} = I_{\Delta P} = \frac{U_{\Delta P}}{|Z_P|} = \frac{U_L}{|Z_P|} \tag{2-82}$$

同时，各相电流与各相电压的相位差也相同，即

$$\varphi_U = \varphi_V = \varphi_W = \varphi_P = \arccos \frac{R_P}{|Z_P|} \tag{2-83}$$

故三个相电流的相位差互为 120°，各相电流的正方向由加在该相的电压的正方向来确定。

根据 KCL 可求出，各线电流与相电流之间的关系为

$$\left. \begin{array}{l} \dot{I}_U = \dot{I}_{UV} - \dot{I}_{WU} \\ \dot{I}_V = \dot{I}_{VW} - \dot{I}_{UV} \\ \dot{I}_W = \dot{I}_{WU} - \dot{I}_{VW} \end{array} \right\}$$

由此可做出线电流和相电流的相量图，如图 2 – 37 所示。

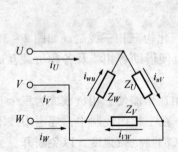

图 2 – 36　三相对称负载的 △ 形联结　　　　图 2 – 37　三相对称负载线电流和相电流的相量图

从相量图中可得到线电流和相电流的大小关系，即

$$I_{\Delta L} = \sqrt{3} I_{\Delta P} \tag{2-84}$$

可见，三相对称负载做三角形联结时，各线电流、相电流均是对称的，线电流的大小为相电流的 $\sqrt{3}$ 倍；各线电流在相位上比其对应的相电流滞后 30°。

综上所述，三相负载既可做星形联结，也可做三角形联结，具体如何联结，应根据负载的额定电压和电源线电压的关系而定。当各相负载的额定电压等于电源相电压（线电压的 $\frac{1}{\sqrt{3}}$）时，三相负载应作星形联结；如果各相负载的额定电压等于电源的线电压，三相

负载就必须做三角形联结。

### 三、三相交流电路的功率

三相交流电路中，无论联结方式是 Y 形还是 △ 形，负载对称还是不对称，三相电路总的有功功率等于各相负载的有功功率之和，即

$$P = P_U + P_V + P_W \tag{2-85}$$

三相电路总的无功功率等于各个负载的无功功率之和，即

$$Q = Q_U + Q_V + Q_W \tag{2-86}$$

三相电路总的视在功率根据功率三角形为

$$S = \sqrt{P^2 + Q^2} \tag{2-87}$$

如果三相负载是对称的，则三相电路总的有功功率等于每相负载上所消耗的有功功率的 3 倍，即

$$P = 3P_P = 3U_P I_P \cos\varphi_p \tag{2-88}$$

式中 $\varphi_P$ 为相电压与相电流之间的相位差（阻抗角）。

在实际应用中，因为三相电路中的线电压和线电流比较容易测量，故时常用它们来表示三相功率。将上述几个公式代入，则可得到

$$P = \sqrt{3} U_L I_L \cos\varphi_p \tag{2-89}$$

注：式中的 $\varphi_P$ 仍为相电压与相电流之间的相位差。

同理可得到用线电压和线电流表示的无功功率和视在功率，

$$\left. \begin{array}{l} Q = \sqrt{3} U_L I_L \sin\varphi_p \\ S = \sqrt{3} U_L I_L \end{array} \right\} \tag{2-90}$$

注意：对称三相负载联结方式不同，其有功功率也不同，接成 △ 形时的有功功率是接成 Y 形时有功功率的 3 倍，即

$$P_\triangle = 3P_Y \tag{2-91}$$

**例 2-14**　某三相对称电路，每相 $R = 80\Omega$，$Z_P = 100\Omega$，电源线电压 380V。试求

（1）负载接成 Y 形时，每相负载相电流和电路线电流的大小；

（2）三相负载的平均功率、无功功率和视在功率；

（3）若负载接成 △ 形，再求（1）、（2）两项。

解：（1）负载接成 Y 形时

$$U_P = \frac{1}{\sqrt{3}} U_L = \frac{1}{\sqrt{3}} \times 380 = 220 \text{ V}$$

$$I_L = I_P = \frac{U_P}{|Z_P|} = \frac{220}{100} = 2.2 \text{ A}$$

（2）

$$\cos\varphi_P = \frac{R}{|Z_P|} = \frac{80}{100} = 0.8$$

$$P = \sqrt{3} U_L I_L \cos\varphi_p = \sqrt{3} \times 380 \times 2.2 \times 0.8 \approx 1158.4 W$$

$$Q = \sqrt{3} U_L I_L \sin\varphi_P = \sqrt{3} \times 380 \times 2.2 \times 0.6 \approx 868.8 \text{var}$$

$$S = \sqrt{P^2 + Q_2} = \sqrt{1158.4^2 + 868.8^2} = 1448 \text{ V} \cdot \text{A}$$

（3）若负载接成△形

$$U_P = U_L = 380\text{V}$$

$$I_L = \sqrt{3}I_P = \sqrt{3} \times \frac{U_P}{|Z_P|} = \sqrt{3} \times \frac{380}{100} = 6.6\text{A}$$

$$P = \sqrt{3}U_L I_L \cos\varphi_p = \sqrt{3} \times 380 \times 6.6 \times 0.8 \approx 3475.2\text{W}$$

$$Q = \sqrt{3}U_L I_L \sin\varphi_P = \sqrt{3} \times 380 \times 6.6 \times 0.6 \approx 2606.3\text{var}$$

$$S = \sqrt{P^2 + Q^2} = \sqrt{3475.2^2 + 2606.3^2} \approx 4344\text{V} \cdot \text{A}$$

由上例可看出：对称三相负载接成△形的线电流是接成 Y 形的 3 倍；接成△形的有功功率也是接成 Y 形的 3 倍，即 $I_\Delta = I_Y, P_\Delta = 3P_Y$。

# 实训　日光灯电路的安装及功率因数提高

## 一、实验目的

1. 学会装接日光灯，并理解启辉器、镇流器的作用及日光灯的工作原理。
2. 学会安装和使用电度表，并了解影响其正常工作的一些因素。
3. 理解提高功率因数的意义和方法。
4. 学会通过实验求电路参数。

## 二、实验器材

1. 单相调压器　　　　　　　　　1 台
2. 功率表　　　　　　　　　　　1 只
3. 日光灯灯具　　　　　　　　　1 套
4. 交流电压表　　　　　　　　　1 只
5. 交流电流表　　　　　　　　　1 只
6. 电容箱　　　　　　　　　　　1 个
7. 单刀双掷、单刀单掷开关　　　各 1 个
8. 功率因数表　　　　　　　　　1 只
9. 导线　　　　　　　　　　　　若干

## 三、实训原理

### 1. 日光灯电路中各元件的作用

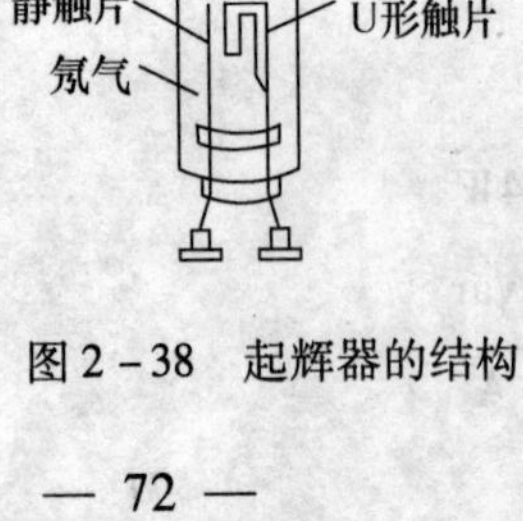

图 2-38　起辉器的结构

日光灯电路由灯管、镇流器、起辉器、电容器四部分组成。

灯管：用玻璃管制成，内壁上涂有一层荧光粉，管内充有少量水银蒸气和惰性气体，两端装有受热易于发射电子的灯丝。

起辉器：在充有惰性气体的小玻璃泡里，封有一对触点，其动触点"双金属"制片，上层热膨胀系数小，下层热膨胀系数大，还有一小电容与触点并联，使高频电流短路，以减少起辉器工作时对

附近用电设备的干扰。

镇流器：是一铁心线圈，相当于感性负载。

**2. 日光灯工作原理**

当电流接通的瞬间，电源电压的一大部分加到了起辉器动、静片之间，令起辉器内产生辉光放电，双金属片制成的 U 形的触片受热而变形，因为下层金属热膨胀系数大，上层热膨胀系数小，所以弯曲的"U"形动触片企图"伸直"使动静触片接触，从而辉光放电停止，同时导致：①电流经镇流器→灯丝→起辉器→灯丝流过（预热电流），使灯丝加热，产生热电子发射；②起辉器内动触片迅速冷却，到一定程度会突然"跳开"，于是强行断开电流。这时镇流器将产生很大的感生电动势 $e_L = -L(\dfrac{\mathrm{d}i}{\mathrm{d}t})$ 其方向与电源电压相同，它与电源电压叠加，一起作用到灯管两端，令聚集在灯丝表面的大量热电子发射（在强电场作用下）撞击氩气分子，产生辉光放电，管内温度上升，使汞（水银）汽化，于是汞分子受到电子、离子的撞击，产生大量的紫外线。这样，灯管壁的荧光粉被紫外线"激励"，从而发出可见光。灯管导电放光后，灯管两端的电压将在此时刻降低很多，此时串联在电路中的镇流器则起到降电压限（电）流作用，使灯管点燃放光后，端电压降到要求的数值（如 20W 日光灯应在 60V 左右，40W 的应在 108V 左右）。在正常灯管电压的作用下，因电压值较小，所以起辉器停止工作。

3. 常用的提高感性负载的功率因数的方法是将感性负载与电容器并联，电路如图 2 - 27 所示。功率因数由 $\cos\varphi_1$ 提高到 $\cos\varphi_2$ 所需的电容值为

$$C = \frac{P}{\omega U^2}(\tan\varphi_1 - \tan\varphi_2)$$

负载的功率因数可以用三表法测量 $U$、$I$、$P$，再按公式计算得到，也可以直接用功率因数表或相位表测出。

4. 日光灯点亮后，若近似看作线性器件，测得灯管电压为 $U_R$，灯管电流为 $I_1$，镇流器电压为 $U_L$，日光灯消耗的有功功率为 $P$，则有

灯管电路模型参数

$$r = \frac{P}{I^2} - R \qquad R = \frac{U_R}{I_1}$$

镇流器电路模型参数

$$X_L = \sqrt{(\frac{U_L}{I_1})^2 - r^2}$$

## 四、实训内容

1. 按图 2 - 39 接线，电流表 Al、A、A2 处可用电流表插孔板代替，调节调压器的输出电压为 220V，断开开关 S，使日光灯正常工作。

2. 断开开关 S，测量电源电压有效值 $U$、灯管电压 $U_R$、灯管电流 $I_R$、镇流器电压 $U_L$ 及日光灯消耗的有功功率 P，将结果填入表 2 - 1 中。

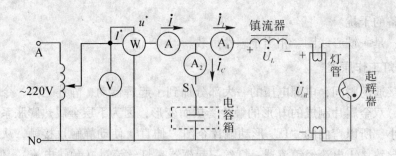

图 2 – 39　日光灯电路及功率因数的提高测试电路

**表 2 – 1　日光灯电路的测试参数**

| 测量 | | | | | 计算 | | | |
|---|---|---|---|---|---|---|---|---|
| P/W | U/V | $U_R$/V | $U_L$/V | $I_1$/A | $\cos \phi$ | R | r | L |
| | | | | | | | | |

3. 电容箱接入前先置于"放电"（断开）位置，合上开关 S，并联不同值的电容，依次测量表 2 – 2 中数据，并将结果记入表中。

**表 2 – 2　功率因数提高测量数据**

| 电容 | 测量 | | | | | 计算 |
|---|---|---|---|---|---|---|
| C/μF | U/V | I/A | $I_1$/A | $I_C$/A | P/W | $\cos \phi'$ |
| 0 | | | | | | |
| | | | | | | |
| | | | | | | |
| | | | | | | |
| | | | | | | |
| | | | | | | |
| | | | | | | |
| | | | | | | |

4. 计算日光灯电路的模型参数 R、r、L 及功率因数，找出总电流下降到最小值时所对应的电容值。

5. 自拟实验线路，用功率因数表直接测量日光灯电路的功率因数。

## 五、思考题

1. 并联电容可提高功率因数，是否电容并得愈多，功率因数愈高，为什么？
2. 日光灯可否接在直流 220V 电压下工作？
3. 将负载与电容器串联能否提高功率因数？

## 六、实验报告要求

1. 根据实验所测的数据，确定日光灯电路模型参数。

2. 根据表 2 – 2 中的数据，计算 $\cos \varphi'$，总结电容从小到大变化时，表中数据的变化规律。

3. 用相量图验证 $\dot{I} = \dot{I}_i + \dot{I}_c$。

# 本章小结

本章的主要内容有：交流电的基本概念、单一参数的正弦交流电路、正弦交流电路的串联和并联、正弦交流电路中各种功率及功率因数的提高、谐振电路及三相电路连接及分析计算等问题。

1. 随时间按正弦规律周期性变化的电压和电流统称为正弦电量，或称为正弦交流电。其中，幅值（或有效值）、角频率（或周期、频率）和初相称为正弦量的三要素。

正弦量可用三角函数式、波形图和相量来表示，前两种是基本的表示方法，能将正弦量的三要素全面表示出来，但不便于计算；相量表示法是分析和计算交流电路的一种重要工具，它用相量图或复数表示正弦量的量值和相位关系，通过简单的几何或代数方法对同频率的正弦量进行分析计算，十分方便。正弦量用相量表示后，直流电路的分析方法便可全部应用到正弦交流电路中。

一般电力系统中所指的电压、电流及电气设备的额定电压、额定电流和数值均是指有效值，交流电压表、电流表所指示的也是有效值，在交流电路的计算中一般也是使用有效值。

通常小写字母（$i$、$u$、$e$）表示瞬时值，大写字母（$I$、$U$、$E$）表示有效值，带下标的大写字母（$I_m$、$U_m$、$E_m$、$I_N$、$U_N$、$E_N$）表示特殊的数值（最大值、额定值），上带圆点的大写字母（$\dot{U}$、$\dot{I}$、$\dot{E}$）表示相量。

2. 单一参数电路元件的电路是理想化的电路，各元件的电压、电流关系是分析交流电路的基础，其关系见表2-3。

3. RLC 串联电路是具有一定代表性的电路，其欧姆定律的相量形式为

$$\dot{U} = Z \dot{I}$$

其中复阻抗       $Z = R + jX = R + j(X_L - X_C)$

电压关系为      $\dot{U} = \dot{U}_R + \dot{U}_L + \dot{U}_C$

功率关系为      $S^2 = P^2 + Q^2$

其中有功功率     $P = UI\cos\varphi_Z$

无功功率       $Q = UI\sin\varphi_Z$

视在功率       $S = UI$

阻抗角即相位差或者功率因数角

$$\varphi = \arctan\frac{X}{R} = \arctan\frac{U_X}{U_R} = \arctan\frac{Q}{P} = \arccos\frac{R}{|Z|}$$

以上关系可用三个相似三角形帮助记忆和分析。

当 $X_L > X_C$ 时，电压超前电流 $\varphi$ 角，电路呈感性；当 $X_L < X_C$ 时，电压滞后电流 $\varphi$ 角，电路呈容性；当 $X_L = X_C$ 时，电压电流同相，电路呈阻性。

表 2 – 3

| 电路参数 | 电路图 | 基本关系 | 阻抗 | 电压、电流关系 | | | | 功率 | |
|---|---|---|---|---|---|---|---|---|---|
| | | | | 瞬时表达式 | 有效值表达式 | 相量图 | 相量式 | 有功功率 | 无功功率 |
| $R$ | $u = iR$ | $R$ | 设 $i = \sqrt{2}I\sin\omega t$ 则 $u = \sqrt{2}U\sin\omega t$ | $U = IR$ | $u$、$i$ 相同 | $\dot{U} = IR$ | $UI$、 $I^2R$、 $U^2/R$ | 0 |
| $L$ | $u = L\dfrac{di}{dt}$ | $jX_L$ | 设 $i = \sqrt{2}I\sin t$ 则 $u = \sqrt{2}I\omega L$ $\sin(\omega t + 90°)$ | $U = IX_L$ $X_L = \omega L$ | $U$ 超前 $i$ 90 | $\dot{U} = jIX_L$ | 0 | $UI$、 $I^2X_L$、 $U^2/X_L$ |
| $C$ | $i = C\dfrac{du}{dt}$ | $-jX_C$ | 设 $i = \sqrt{2}I\sin\omega t$ 则 $u = \sqrt{2}\dfrac{I}{\omega C}$ $\sin(\omega t - 90°)$ | $U = IX_C$ $X_C = 1/\omega c$ | $U$ 滞后 $i$ 90° | $\dot{U} = -jIX_C$ | 0 | $UI$、 $I^2X_C$、 $U^2/X_C$ |

4. 正弦交流电路中基尔霍夫定律的相量形式

$$\sum \dot{I}_K = 0 , \quad \sum \dot{U}_K = 0$$

将直流电路的规律扩展到正弦交流电路中进行分析计算的一般方法，是将直流电路中的 E、U、I 和 R 分别用交流电路中的 $\dot{E}$、$\dot{U}$、$\dot{I}$ 和 Z 来代替，将直流电路中的代数运算用交流电路中的复数运算代替。

5. 谐振是交流电路中的特殊现象，其实质是电路中 L 和 C 的无功功率实现完全的相互补偿，使电路呈电阻的性质。

RLC 串联谐振与电感线圈与电容器并联谐振具有不同的特点，见表 2 – 4。

6. 提高功率因数的意义在于提高电源设备的利用率和减小线路损耗，方法是给感性负载并联合适容量的电容器，其基本原理是用电容的无功功率对电感的无功功率进行补偿。

表 2 – 4

| 条件 | RLC 串联谐振电路 | 电感线圈与电容器并联谐振电路 |
|---|---|---|
| 谐振条件 | $X_L = X_C$ | $X_L \approx X_C$ |
| 谐振频率 | $f_0 = \dfrac{1}{2\pi\sqrt{LC}}$ | $f_0 \approx \dfrac{1}{2\pi\sqrt{LC}}$ |
| 谐振阻抗 | $Z_0 = R$（最小） | $Z_0 = \dfrac{L}{RC}$（最大） |
| 谐振电流 | $I_0 = \dfrac{U}{R}$（最大） | $I_0 = \dfrac{U}{Z_0}$（最小） |
| 品质因数 | $Q = \dfrac{\omega_0 L}{R} = \dfrac{1}{\omega_0 RC}$ | $Q = \dfrac{\omega_0 L}{R} = \dfrac{1}{\omega_0 RC}$ |
| 元件上电压或电流 | $U_L = U_C = QU$（电压谐振） | $I_{RL} \approx I_C \approx QI_0$（电流谐振） |
| 失谐时阻抗性质 | $f > f_0$，感性 $f < f_0$，容性 | $f > f_0$，容性 $f < f_0$，感性 |
| 对电源要求 | 适用于低内阻信号源 | 适用于高内阻信号源 |

7. 三相交流电源的三相电压是对称的，即大小相等，频率相同，相位互差120°，在三相四线制供电系统中，线电压比相应的相电压超前30°，大小关系为

$$U_L = \sqrt{3}U_p$$

在我国中低压供电系统中，通常相电压为220V，线电压为380 V。

8. 三相负载的连接方式有两种：星形联结和三角形联结，采用哪种接法要视负载的额定电压与电源电压来决定。

无论是星形联结还是三角形联结，三相电路的计算都可归结为三个单相电路的计算，每一相都有

$$I_P = \frac{U_P}{|Z_P|}, \varphi_P = \arctan\frac{X}{R} = \arccos\frac{R}{|Z_P|}$$

若三相负载是对称的，负载的三相电流、电压均对称，则三相电路可简化为单相电路。而线电压与相电压、线电流与相电流之间的关系可见表 2 – 5。

表 2 – 5

| 连接方法 项目 | 星形联结 | 三角形联结 |
|---|---|---|
| 线电压与相电压之间的关系 | $U_L = \sqrt{3}U_p$, $U_L$ 在相位上比各对应 $U_p$ 的超前30 | $U_L = U_p$ |
| 线电流与相电流之间的关系 | $I_L = I_p$ | $I_L = \sqrt{3}I_p$, $I_L$ 在相位上比各对应 $I_P$ 的滞后30° |

三相对称负载的有功功率为

$$P = \sqrt{3}U_L I_L \cos\varphi_p$$

无功功率为

$$Q = \sqrt{3}U_L I_L \sin\varphi_p$$

视在功率为

$$S = \sqrt{3}U_L I_L$$

式中 $\varphi_P = \arctan\frac{X}{R} = \arccos\frac{R}{|Z_P|}$ 为每相负载的功率因数角。

在相同的线电压下，对称负载作三角形联结的线电流是星形联结的线电流的 3 倍，故三角形联结的有功功率也是星形联结的有功功率的 3 倍。

# 习　题

2 – 1　什么是正弦量的三要素？有效值的含义是什么？

2 – 2　电容器的额定电压为直流电压 1000V，问可否接在有效值为 1000V 的交流电路中？为什么？

2 – 3　简述提高功率因数的意义，以及提高功率因数常采用的方法。

2 – 4　简述在三相四线制供电系统中，中性线的作用及对中性线的要求。

2 – 5　简述三相对称电路 Y 形联结与△联结的特点。

2 – 6　某正弦电流的频率为 20 Hz，有效值为 $5\sqrt{2}$ A，在 $t = 0$ 时，电流的瞬时值为

5A，且此时刻电流在增加，求该电流的瞬时值表达式，并用对应的相量来表示。

2-7 已知交流电压，$u_1 = 220\sqrt{2}\sin(100\pi t + \frac{\pi}{6})$V，$u_2 = 380\sqrt{2}\sin(100\pi t - \frac{\pi}{3})$V。求各交流电压的最大值、有效值、角频率、频率、初相和它们之间的相位差，指出它们之间的"超前"或"滞后"关系，并画出它们的相量图。

2-8 已知电容器的电容 $C = 0.02\mu$F，现将它接到 $u = 100\sqrt{2}\sin\omega t$V 的电源上，试求电源频率分别为 50Hz 和 50kHz 时电容上的电流和无功功率。

2-9 某 RC 串联电路，已知 $R = 8\Omega$，$X_C = 6\Omega$，总电压 $U = 10$V 试求电流 $I$ 和电压 $U$ 及它们的相位差。

2-10 某 RL 串联电路，已知 $R = 50\Omega$，$L = 25\mu$H，若通过它的电流 $i = \sqrt{2}\sin(10^6 t + 30°)$A。试求总电压 $\dot{U}$。

2-11 已知 RLC 串联电路中的 $R = 10\Omega$，$L = 0.125$mH、$C = 323$pF，接在有效值为 2V 的正弦交流电源上。试求（1）电路的谐振频率 $f_0$；（2）电路的品质因数 $Q$；（3）谐振时的电流 $I_0$；（4）谐振时各元件上电压的有效值。

2-12 把电阻 $R = 3\Omega$，感抗器 $ZL = 4\Omega$ 的线圈接在 f = 50Hz，$U = 220$V 的交流电路中，求：（1）电路中的电流 I 及元件上的电压 $U_R$、$U_L$；（2）有功功率 $P$、无功功率 $Q$、视在功率 $S$、功率因数 $\cos\varphi$。

2-13 已知 RLC 串联电路中的 $R = 40\Omega$，$L = 191$mH、$C = 106.2\mu$F，输入电压 $u = 220\sqrt{2}\sin(314t - 20°)$V。求：（1）感抗 $X_L$、容抗 $X_C$ 及复阻抗 $Z$；（2）电流的有效值 I 及电流的瞬时值表达式；（3）各元件上电压的有效值及它们的瞬时表达式；（4）电路的功率因数 $\cos\varphi$、有功功率 $P$ 和无功功率 $Q$。

2-14 已知 RLC 串联电路中的 $R = 40\Omega$、$L = 40$mH、$C = 100\mu$F，输入电压 $u = 220\sqrt{2}\sin(1000t + 37°)$V。求：

（1）求 $i, u_R, u_L$；

（2）求功率因数 $\cos\varphi$、有功功率 $P$、无功功率 $Q$。

（3）若在电路两端并联一电容 $C$，使功率因数提高到 0.9，求电容 $C$ 值。

2-15 某变电所输出的电压为 220V，额定视在功率为 220kVA。如果给电压为 220V、功率因数为 0.75、额定功率为 33kW 的单位供电，问能供给几个这样的单位？若把功率因数提高到 0.9，又能供给几个这样的单位？

2-16 有一电动机，其输入功率为 1.1kW，把它接在 f = 50Hz、U = 220V 的交流电源上，电动机取用的电流为 10A，求电动机的功率因数。若在电动机两端并联一只 $C = 79.5\mu$F 的电容器，再求整个电路的功率因数。

2-17 三相对称负载作星形连接，接入三相四线制对称电源，电源线电压为 380V、每相负载的电阻为 60Ω、感抗为 80Ω，求负载的相电压、相电流、线电流和总功率。

2-18 有台电动机，每相绕组的电阻为 30Ω、感抗为 40Ω，连成三角形，接在线电压为 380V 三相对称电源上，求电动机的相电压、相电流、线电流和总功率。

2-19 某三相电动机的绕组接成三角形，接入线电压为 380V 三相电源上，负载的功率因数为 0.8，消耗的功率是 10kW，求相电流和线电流。

2-20　三相异步电动机的绕组接成星形，接入线电压为 380V 三相电源上，负载的功率因数为 0.8，消耗的功率是 10kW，求相电流和每相的阻抗。

# 阅读与应用

## 一、低压验电笔的结构和工作原理及使用

验电笔是用来检验对地电压在 250V 及以下的低压电气设备的，也是家庭中常用的电工安全工具。它主要由工作触头、降压电阻、氖泡、弹簧等部件组成。验电笔的工作原理是：当测试带电体时，测试者用手触及验电笔后端的金属挂钩或金属片，此时验电笔端、氖泡、电阻、人体和大地形成回路。当被测物体带电时，电流便通过回路，使氖泡起辉；如果氖泡不亮，则表明该物体不带电。

在使用时，一定要手握笔帽端的金属挂钩或尾部螺丝，笔尖金属探头接触带电设备，湿手不要去验电，不要用手接触笔尖金属探头。低压验电笔除主要用来检查低压电气设备和线路外，还可用于：

### （一）区别相线与零线

在交流电路中，当验电笔触及时，氖管发光的即为火线，正常情况下，触及零线是不会发光的（中性点发生位移时也可能发光）。

### （二）区别直流电与交流电

交流电通过验电笔时，氖管里的两个极同时发光，直流电通过验电笔时，氖管里的两个极只有一个发光。

### （三）区别直流电的正、负极

验电笔连接在直流电的正、负极之间，氖管中发光的一极即为直流电的负极。

### （四）判断电压高低

氖泡暗红轻微亮时，电压低；氖泡发黄红色，亮度强时电压高。

在这些情况下，用验电笔测试有电，不能作为存在触电危险的依据。因此，还必须采用其他方法（例如用万用表测量）确认其是否真正带电。

使用低压验电笔（试电笔）应注意以下事项：

（1）测试前应在带电体上进行校核，确认验电笔良好，以防做出错误判断。

（2）使用验电笔时，最好穿上绝缘鞋。

（3）避免在光线明亮的方向观察氖泡是否起辉，以免因看不清而误判。

## 二、发电、输电简介

电力是以电能作为动力的能源，发明于 19 世纪 70 年代。电力的发明和应用掀起了第二次工业化高潮。成为人类历史 18 世纪以来，世界发生的三次科技革命之一，从此科技改变了人们的生活。由发电、变电、输配电、用电组成的系统称为电力系统。

### （一）发电和输电

把其他形式的能量转换成电能的场所，叫做发电站或发电厂。根据发电所用能源种

类，发电厂可分为水力、火力、风力、核能、沼气等几种。现在世界各国建造得最多的，主要是水力发电厂和火力发电厂。近几十年来，核电站也发展也很快。

各种发电厂中的发电机几乎都是三相交流发电机。我国生产的交流发电机的电压等级有 3.15kV、6.3kV、10.5kV、15.75kV 等多种。

大中型发电厂大多数建在产煤地区或水力资源丰富的地区附近，距离用电地区往往是几十千米以至几百千米以上，所以，发电厂生产的电能要用高压输电线输送到用电地区，然后再降压分配给各用户。

常常将同一地区的各种发电厂联合起来而组成一个强大的电力系统，这样可以提高各发电厂的设备利用率，合理调配各发电厂的负载，以提高供电的可靠性和经济性。

为了提高输电效率并减少输电线路上的损失，通常都采用升压变压器将电压升高后再进行远距离输电。送电距离越远，要求输电线的电压也就越高。目前我国远距离输电线的额定电压有 35kV、110kV、220kV、330kV、500kV 等。

### （二）工业企业配电

由输电线末端的变电所将电能分配给各工业企业和城市。电能输送到企业后，各企业都要进行变压或配电。进行接电、变压和配电的场所叫做变电所。若只进行接电和配电，而不变压的场所就叫配电所。高压配电线路的额定电压有 3kV、6kV 和 10kV；低压配电线路的额定电压是 380/220V。低压配电线路的连接方式有放射式和树干式两种。

当负载点比较分散而各个负载点又具有相当大的集中负载时，则采用放射式配电线路。这种配电方式的最大优点是供电可靠，维修方便，某一配电线路发生故障时不会影响其他线路。

树干式配电是将每个独立负载或一组集中负载按其所在位置，依次接到某一配电干线上。一般企业内部多采用树干式配电。这种线路比较经济，但当干线发生故障时，接在它上面的所有设备都要受影响。

### 三、交流电路中的实际元件

在前面讨论中，对电路中的电阻、电感和电容三个基本元件，仅考虑了在频率较低时的特性，如果频率较高，情况就不同了。不面分别加以讨论。

### （一）导线的电阻

导线是有电阻的。一根导线通过直流电时，电流在导线截面中的分布是均匀的。但通过交流电时，情况就不同，越接近导线表面的地方，电流越大；越靠近导线中心，电流越小，这种现象叫做趋肤效应。

由于趋肤效应，使电流比较集中地分布在导线表面，就相当于减小了导线的有截面积，所以电阻增加了，这种现象随着频率的增大而更加显著。因此，导线对于直流的电阻（叫做欧姆电阻）与对于交流的电阻（叫做有效电阻）是不同的。

在频率较低时，趋肤效应引起的电阻增加可忽略不计，而认为有效电阻与欧姆电阻相等。但在高频时，导线的有效电阻有时会比欧姆电阻大几倍。为了能有效地利用金属材料，通过高频电流的导线常制成管形或者表面镀银。

### （二）电感线圈

一个电感线圈，通常把它看成是一个电阻和一个纯电感相串联的元件，如图 2-40 所示。当频率增高时，线圈的电阻和感抗都会发生变化。电阻除由于趋肤效应而有所增加外，还由于邻近线匝中同方向的电流所产生磁场的影响，产生了邻近效应，使导线中电流分布的不均匀性增加，因而有效电阻的增加比直导线的更大。此外线匝之间还有分布电容，因为线匝间有绝缘物隔开，相当于电容器。在高频下，这些分布电容不可忽略。线圈在直流、低频交流和高频交流下的电路模型，分别如图 2－40（a）、（b）和（c）所示。

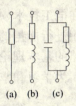

(a)　(b)　(c)

图 2－40

## （三）电容器

实际的电容器也和理想电容器有所不同。由于电容器极板之间的绝缘物不可能做到完全绝缘，因此，在电压的作用下，总有些漏电流，产生功率损耗。另外，极板间介质受到交变极化也有一些热损耗，并且随频率的增加而增大。考虑到这两种损耗，一个实际电容器可用一个电阻 R 与电容 C 的并联电路作为电路模型，如图 2－41 所示。漏电流可认为是从电阻 R 上流过。

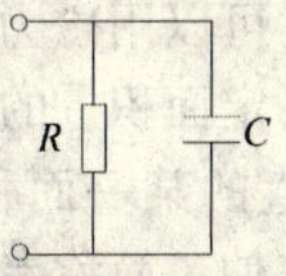

图 2－41

# 第三章　磁路与变压器

本章主要研究磁路的基本概念及在电工技术领域中广泛应用的变压器。变压器是应用电磁感应现象，依靠电和磁的相互作用进行能量的传递和转换的。因此，要分析研究它们的基本工作原理，不仅要掌握有关电路的基本理论，而且还要掌握磁路的基本知识。本章首先介绍磁路的基本概念和工作特点，为学习和掌握变压器及电动机原理奠定基础，然后分析变压器的基本工作原理和应用。

## 第一节　磁场的基本物理量

磁场和电场是紧密联系的。一方面，载流导体的周围要产生磁场。另一方面，处于变化磁场中的线圈回路要产生感应电动势和感应电流。磁场的特性可以用磁场的基本物理量来描述。

### 一、磁通

为了表示磁场在空间的分布情况，可以用磁力线的多少和疏密程度来形象描述，但它只能定性分析。为了定量分析磁场在一定面积上的分布情况，引入磁通这一物理量。

所谓磁通是指通过与磁场方向垂直的某一面积上的磁力线总数，通常用字母 $\Phi$ 来表示。在国际单位制中，磁通的单位为韦伯，简称韦，用符号 Wb 表示。

当面积一定时，通过该面积的磁通越大，磁场就越强。这一点在工程实际应用中有很重要的意义。如变压器、电磁铁等设备铁心材料的选用，希望其通电线圈产生的磁力线尽可能多地通过铁心的截面，以提高效率。

### 二、磁感应强度

为了研究磁场各点的强弱和方向，引入磁感应强度这一物理量。垂直通过单位面积磁力线的数目，叫做该点的磁感应强度，通常用字母 $B$ 来表示。

均匀磁场中，磁感应强度 $B$ 的大小表达式为

$$B = \frac{\Phi}{s} \tag{3-1}$$

在国际单位制中，磁感应强度的单位为特斯拉，简称特，用符号 $T$ 表示。由式（3-1）表明磁感应强度 $B$ 等于单位面积的磁通量，所以，磁感应强度也叫磁通密度。$S$ 的单位是 $m^2$。

磁感应强度 $B$ 是表示磁场中某点磁场强弱和方向的物理量，因而是个矢量。磁场中任一点磁感应强度的方向就是该点的磁场方向，即该点所在磁力线的切线方向。

### 三、磁导率

一个通电线圈，如果先在其内部插根铁棒去吸附铁屑，然后再改换成一根铜棒去吸附

铁屑，就会发现两种情况下吸力大小不同，前者比后者大的多。这表明不同的磁场介质会不同程度地影响磁场的强弱。

磁导率就是用来反映磁场介质导磁能力的物理量，通常用字母 $\mu$ 来表示。在国际单位制中，磁导率的单位是亨利每米，简称亨每米，用符号 H/m 表示。

自然界中不同介质有不同的磁导率。真空的磁导率 $\mu_0$ 是一个常数，它的数值为

$$\mu_0 = 4\pi \times 10^{-7} \text{ H/m} \tag{3-2}$$

任意一种介质的磁导率 $\mu$ 与真空的磁导率 $\mu_0$ 的比值，称为"相对磁导率"，用 $\mu_r$ 表示。

即

$$\mu_r = \frac{\mu}{\mu_0} \tag{3-3}$$

相对磁导率只是一个比值，它表明在其他条件相同的情况下，磁场介质中磁感应强度是真空中磁感应强度的多少倍。

介质根据磁导率大小的不同，大体上可分为铁磁材料和非铁磁材料两大类。

（1）非铁磁材料，如空气、铝、铬、铂和氢、铜等，它们的磁导率近似等于真空的磁导率，即相对磁导率接近于1。

（2）铁磁材料，如铁、钴、镍、硅钢、坡莫合金等，它们的磁导率很大，其相对磁导率远大于1，可达几百、几千或几万，并且不是常数。由于铁磁材料的磁导率很高，因此很多电工设备（如变压器、电动机、电磁铁等）都采用铁磁材料制成铁心，以增强磁场。

### 四、磁场强度

磁场中各点磁感应强度的大小与介质有关，而介质的影响常常使磁场的分析变得比较复杂。为了方便磁场的计算，常用磁场强度这个物理量来表示磁场的特性。

磁场中某点的磁感应强度 $B$ 与介质磁导率 $\mu$ 的比值，叫做该点的磁场强度，用 $H$ 表示。即

$$H = \frac{B}{\mu} \tag{3-4}$$

磁场强度也是一个矢量，在均匀介质中，它的方向和磁感应强度的方向一致。在国际单位制中，磁场强度的单位为安/米，用字母 A/m 表示。

## 第二节 铁磁物质的磁化

### 一、磁化

我们知道用一根软铁棒靠近铁屑，铁屑并不能被吸引。但若把铁棒插入一通电空心线圈中时，铁屑就会被吸引，这是因为软铁棒被磁化的缘故。像这种原来没有磁性的物质，在外磁场作用下产生磁性的现象就叫磁化。凡是铁磁材料都能被磁化。

铁磁材料的磁化是由其内部特殊结构决定的。铁磁材料内部天然地存在许多小区域，每个小区域内的原子间存在有一种特殊的相互作用力，使分子电流已完全排列整齐，产生

一定方向的磁场，即形成一个磁化的小区域，称之为磁畴。当无外磁场作用时，各磁畴的排列杂乱无章，磁场相互抵消，对外不显示磁性，如图3-1（a）所示。当有外磁场作用时，各磁畴将逐渐趋向外磁场方向排列，从而在内部形成很强的附加磁场，这个附加磁场与外磁场叠加起来，就使原磁场显著增强，如图3-1（b）所示。这种现象称为铁磁物质的磁化。由此可见，磁畴是铁磁材料磁化的内在根据，而外磁场是磁化的外部条件。

由于铁磁材料具有很强的磁化特性，因此变压器、电动机等电工设备的线圈都绕在铁心上，这样就可以在通入较小电流的情况下获得较强的磁场。

非铁磁性材料不具有磁畴结构，因而不能被磁化，导磁能力很差。

(a) 无外磁场　　　　(b) 加外磁场

图3-1　铁磁物质的磁化

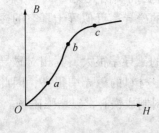

图3-2　B-H起始磁化曲线

## 二、磁饱和

铁磁材料磁化产生的内部磁场不会随着外磁场的增强而无限增强。由于磁场强度 $H$ 与线圈中通入的电流 $I$ 成正比，因此 $H$ 的大小反映外磁场的强弱。铁磁材料内部的磁场强弱用磁感应强度 $B$（磁通计测定）表示。$B$ 随着 $H$ 而变化的曲线称为磁化曲线，如图3-2所示。

由 $B—H$ 曲线可见，$B$ 与 $H$ 存在着非线性关系。其变化大体可分为三部分：

（1）$0 \sim a$ 段：由于磁畴的惯性，随着 $H$ 的增加，$B$ 不能立即改变方向，曲线上升较为缓慢，称为起始磁化段。

（2）$a \sim b$ 段：磁畴在外磁场作用下，克服惯性后迅速依外磁场方向排列，因而 $B$ 值增加很快，曲线较陡，称为线性段。

（3）$b \sim c$ 段：由于大部分磁畴已转向 $H$ 方向，随着 $H$ 的增加，$B$ 的增加又趋于缓慢，这一段通常称为磁化曲线的膝部。

（4）$c$ 段以后：因磁畴已几乎全部转向外磁场方向，故 $H$ 增加时 $B$ 基本不增加了，这时 $B$ 值已达到饱和 $B_m$，称为饱和段。

由 $B—H$ 之间非线性可见，磁化过程中，$\mu$ 值不是常数，线性段 $\mu$ 值最大。在实际使用铁磁材料时，可根据不同要求选择合适的 $\mu$ 值范围。

## 三、反复磁化和磁滞回线

铁磁材料还有一些磁的性能须在反复磁化过程中才显示出来。反复磁化就是指铁磁材料在大小和方向作周期性变化的外磁场作用下进行的磁化过程，我们可以利用如图3-3磁化装置实验获得。当电流变化一个周期，$B$ 与 $H$ 的变化关系如图3-4所示。

可见，在反复磁化过程中，先是 $H$ 由零增大到 $+H_m$ 时，$B$ 由零增大到饱和值 $B_m$，形

成 $Oa$ 段，即起始磁化曲线。而当 $H$ 由 $+H_m$ 减少时，$B$ 并不沿着起始磁化曲线减少，而是沿着 ab 曲线减少，当 $H$ 减少到零时，$B$ 却并不等于零。此时铁磁材料内部尚保持一部分磁性，其感应强度为 $B_r$，$B_r$ 称为剩磁。要消除剩磁，使 $B$ 减少到零，必须外加一定大小的反向磁场强度（$-H_c$），$H_c$ 称为矫顽磁力。由此可见，铁磁材料在磁化过程中，内部磁场的磁感应强度 $B$ 的变化总是滞后于外磁场强度 $H$ 的变化，这一现象被称为磁滞。

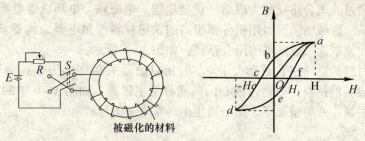

图 3-3　磁化装置实验　　　　　图 3-4　磁带回线

改变电流方向，继续反向增大 $H$，当 $H$ 为 $-H_m$ 时，$B$ 也增大到反向饱和值 $-B_m$。故而当 $H$ 值在 $+H_m$ 和 $-H_m$ 之间交变时，$B$ 值就沿着 abcdefa 闭合曲线反复变化，这个闭合曲线称为磁滞回线。

不同的铁磁材料磁滞回线的形状不同，其特性以及在工程上的用途也不同。通常可将铁磁材料分为三大类。

### （一）软磁性材料

其特点是剩磁和矫顽磁力都很小，易磁化也易去磁，磁滞回线狭长，如图 3-5（a）所示。常用的软磁性材料有硅钢片、铸钢、坡莫合金及铁氧体等，一般用来制造变压器、电动机等电工设备的铁心。

### （二）硬磁性材料

其特点是剩磁和矫顽磁力都较大，不易磁化也不易去磁，磁滞回线较宽，如图 3-5（b）所示。常用的硬磁性材料有碳钢、钨钢、铝镍钴合金、钡铁氧体等。这类材料一旦磁化后能保持很强的剩磁，适宜于制作永久磁铁，广泛应用于各种磁电式测量仪表、扬声器、永磁发电机以及通信装置中。

### （三）矩磁性材料

这种磁性材料的磁滞回线形状如矩形，如图 3-5（c）所示。在很小的外磁场作用下就能磁化，一经磁化便达到饱和值，去掉外磁场，磁性仍能保持在饱和值。根据这一特点，矩磁性材料主要用来做记忆元件，如计算机存储器等。

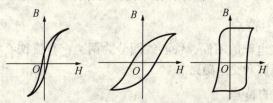

（a）软磁性材料　　（b）硬磁性材料　　（c）矩磁性材料

图 3-5　不同磁性材料的磁滞回线

# 第三节　磁路概述

## 一、磁路

磁通集中通过的闭合路径称为磁路。在变压器、电磁铁、电动机等电器设备中，为了使磁通限制在某一区域内，可以用磁导率很高的铁磁材料按照电器结构要求，做成各种形状的铁心，从而使磁通形成所需的闭合路径，如图3－6所示。

由于磁性材料的磁导率 μ 远远大于空气，所以磁通主要沿铁心闭合，只有很少一部分磁通通过空气或其他材料。把通过铁心的磁通称为主磁通，如图3－6中的 $\Phi$。把铁心外的磁通称为漏磁通。一般情况下，漏磁通很少，常略去不计。

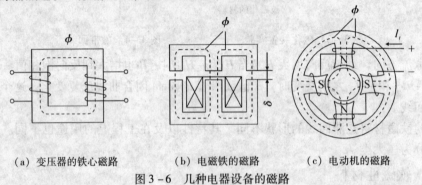

(a) 变压器的铁心磁路　　(b) 电磁铁的磁路　　(c) 电动机的磁路

图3－6　几种电器设备的磁路

## 二、磁路欧姆定律

在磁路中也有类似电路欧姆定律的基本关系式，称为磁路欧姆定律

$$\Phi = \frac{IN}{R_m} \qquad (3-5)$$

式中，$\Phi$ 是磁通，$IN$ 是线圈中电流 $I$ 与线圈匝数 $N$ 的乘积，称为磁动势；$R_m$ 是磁阻。磁阻在计算时也有类似电阻的关系式

$$R_m = \frac{\ell}{\mu A} \qquad (3-6)$$

其中，$\ell$ 是磁路的长度，$A$ 是磁路的截面积，$\mu$ 是材料的磁导率。因铁磁材料的磁导率要比空气的磁导率大的多，所以磁路中只要有一小段空气隙就会使磁阻大大增加。

铁磁材料的磁通和电流并不是永远成正比的，因为一旦磁化到接近饱和，磁导率就要降低，磁阻就会增大，因此式（3－5）和式（3－6）只能在铁心未饱和时应用。

## 三、磁路的工作特点

根据铁心线圈所接电源的不同，铁心线圈分为两类：直流铁心线圈和交流铁心线圈，它们的磁路即为直流磁路和交流磁路。

### （一）直流磁路的特点

直流铁心线圈如图3－7（a）所示，其线圈的励磁电流 $I$ 是直流电流，$I$ 在铁心及空气中产生主磁通 $\Phi$ 和漏磁通 $\Phi_\sigma$。工程中直流电机、直流电磁铁及其他各种直流电磁器件的线圈都是直流铁心线圈。其工作特点是：励磁电流是由励磁线圈的外加电压 $U$ 和线圈电阻 $R$ 决定的，与磁路特性无关，即 $I = U/R$。励磁电流是恒定的直流，稳态时磁路中的磁通也是恒定的，不会在线圈和铁心中产生感应电动势。功率损耗 $\Delta P = I^2 R$，由线圈中的电流和电阻决定。

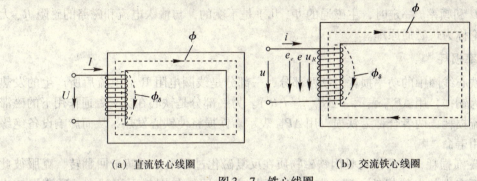

（a）直流铁心线圈　　　　　　（b）交流铁心线圈

图 3-7　铁心线圈

## （二）交流磁路的特点

将交流铁心线圈接交流电源，线圈中通过交流电流，产生交变磁通，并在铁心和线圈中产生感应电动势，如图 3-7（b）所示。变压器、交流电机及其他各种交流电磁器件的线圈都是交流铁心线圈。其工作特点是：

### 1. 磁通与电压的关系

给交流铁心线圈外加交流电压 $u$，在线圈中产生交流励磁电流 $i$。磁动势 $Ni$ 会产生两部分交变磁通：主磁通 $\Phi$ 和漏磁通 $\Phi_\sigma$。这两个磁通又分别在线圈中产生两个感应电动势 $e$ 和 $e_\sigma$，其参考方向根据主磁通 $\Phi$ 的方向由右手螺旋法则决定，如图所示。根据基尔霍夫电压定律，铁心线圈的电压平衡方程是

$$u = ri - e_\sigma - e \tag{3-7}$$

由于线圈电阻上的压降和漏磁通都很小，与主磁动势 $e$ 比较，均可忽略不计，故上式可写成

$$u \approx -e \tag{3-8}$$

由电磁感应定律，在规定的参考方向下

$$e = -N\frac{\mathrm{d}\Phi}{\mathrm{d}t} \tag{3-9}$$

故

$$u \approx N\frac{\mathrm{d}\Phi}{\mathrm{d}t} \tag{3-10}$$

设

$$\Phi = \Phi_m \sin\omega t$$

则

$$u \approx N\frac{\mathrm{d}\Phi}{\mathrm{d}t} = N\frac{d(\Phi_m \sin\omega t)}{\mathrm{d}t} = N\omega\Phi_m \cos\omega t$$

$$= 2\pi f N\Phi_m \sin\left(\omega t + \frac{\pi}{2}\right)$$

$$= U_m \sin\left(\omega t + \frac{\pi}{2}\right)$$

其有效值为

$$U = \frac{U_m}{\sqrt{2}} \approx \frac{2\pi fN\Phi_m}{\sqrt{2}} = 4.44fN\Phi_m \qquad (3-11)$$

式（3-11）表明，当线圈匝数 $N$ 及电源频率 $f$ 一定时，主磁通的幅值 $\Phi_m$ 基本决定于励磁线圈外加电压的有效值，而与电流无关，与铁心的材料及尺寸也无关。也就是说：当外加电压 $U$ 和频率 $f$ 一定时，主磁通的 $\Phi_m$ 几乎是不变的，与输入电流和磁路的磁阻 $R_m$ 无关，该结论称为恒磁通原理。

**2. 功率损耗**

交流铁心线圈中的功率损耗包括两部分，一部分是线圈电阻 R 通电流后所产生的发热损耗，称为铜损，用 $\Delta P_{Cu}$ 表示（$\Delta P_{Cu} = I^2 R$）。另一部分是铁心在交变磁通作用下的磁滞损耗和涡流损耗，两者合称为铁损，用 $\Delta P_{Fe}$ 表示。铁损将使铁心发热，从而影响设备绝缘材料的使用寿命。

（1）磁滞损耗　磁滞损耗是因铁磁物质在反复磁化过程中，磁畴来回翻转，克服彼此间的阻力而产生的发热损耗。理论与实践证明，磁滞回线包围的面积越大，磁滞损耗也越大。

磁滞损耗是变压器、电动机等电工设备铁心发热的原因之一，为了减少磁滞损耗，交流铁心都选用软磁性材料，如硅钢等。

（2）涡流损耗　如图 3-8（a）所示当铁心线圈中通有交流电流时，它所产生的交变磁通穿过铁心，铁心内就会产生感应电动势和感应电流，这种感应电流在垂直于磁力线方向的截面内形成环流，故称为涡流。涡流在变压器和电动机等设备的铁心中要消耗电能而转变为热能，从而形成涡流损耗。

涡流损耗和磁滞损耗合称为铁损耗。

涡流损耗会造成铁心发热，严重时会影响电工设备的正常工作。为了减少涡流损耗，电工设备的铁心常采用彼此绝缘的硅钢片叠成，如图 3-8（b）所示。由于硅钢片具有较高的电阻率，且涡流被限制在较小的截面内流通，电流值很小，因此大大减少了损耗。

涡流对许多电工设备是有害的，但在某些场合却是有用的。比如工业用高频感应电炉就是利用涡流的热效应来加热和冶炼炉内金属的。

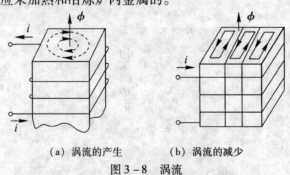

（a）涡流的产生　　　（b）涡流的减少

图 3-8　涡流

# 第四节　变压器的构造及分类

变压器是一种常用的电气设备，其主要功能是把某一数值的交流电压转换成同频率的另一数值的交流电压。

## 一、变压器的基本结构

变压器主要是由铁心和绕组两部分组成。如图3-9所示为单相变压器的基本结构。

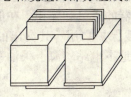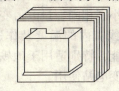

　　（a）心式变压器　　　　　（b）壳式变压器

图3-9　单相变压器的基本结构

　　铁心是变压器的磁路部分，一般采用0.35mm或0.5mm的硅钢片叠成，并且每层硅钢片的两面都涂有绝缘漆。按铁心的形式，变压器可分为心式和壳式两种。心式变压器的绕组环绕铁心，多用于容量较大的变压器，如图3-9（a）所示。壳式变压器则是铁心包围着绕组，多用于小容量变压器，如图3-9（b）所示。

　　绕组也叫线圈，是变压器的电路部分。通常变压器具有两种绕组，电压高的绕组叫高压绕组，电压低的绕组叫低压绕组。绕组是用纱包线或高强度漆包的扁铜或圆铜线绕成。

　　除了铁心和绕组以外，较大容量的变压器还有冷却系统、保护装置以及绝缘装置等。如图3-10所示为三相油浸式电力变压器的结构。

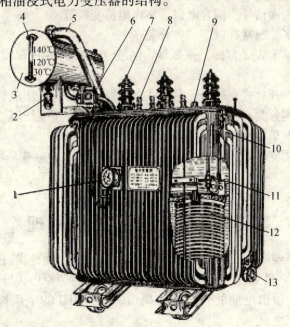

1-讯号温度计；2-吸湿计；3-储油柜；4-油表；5-安全气道；6-气体继电器；
7-高压套管；8-低压套管；9-分接开关；10-油箱；11-铁心；12-绕组；13-放油阀门

图3-10　油浸式电力变压器

　　电力变压器一般容量都比较大，在运行中，铁心和绕组中损耗的能量都要转换为热量，使变压器温度升高，若温升过高，将损害绝缘影响变压器的寿命，为此，只有小型变压器才能在空气中自然冷却，大多数变压器都采用油冷式，即把铁心和绕组全部浸在绝缘油中，用油作散热的介质，靠油的对流将热量经油箱外的散热管带出。大型变压器有的还要在油箱外安装风扇或用冷却器使油在其中强制循环以提高散热能力。

目前，很多场合正在越来越多地使用三相干式节能电力变压器。此种变压器制造工艺先进，其线圈以新型玻璃纤维加强绝缘并采用树脂脱氧真空浇注新工艺，线圈的机械强度高，散热性好，其铁心采用先进材料及工艺，防潮性好、损耗低、噪声低。所以不需要变压器油和油箱，大大减小了相同容量电力变压器的重量和体积。在低压线圈内部装有热敏电阻传感器，用以测试线圈内的温度及作过载保护之用。其突出的优点是体积小、重量轻、具有良好的阻燃性能，特别适用于地铁、地下电站、海上采油平台、石油化工厂、高层建筑、机场、车站等变电站使用。

## 二、变压器的用途及分类

在电力系统中，发电厂发出的交流电要输送到各用户端，输电系统都采用高压输电。这是因为当输送的电功率和电路的功率因数一定的情况下，输出的电压越高，输电线路通过的电流就越小，输电线路上的功率损耗就越少，这对远距离输电是很重要的。

目前，我国高压输电的电压有的已高达 500kV。但交流发电机因受本身绝缘水平的限制，其输出电压只有 10.5kV、18kV 等少数几种，这就需要升压变压器将电压升高，然后进行远距离输送。而用户的用电设备使用的又是低压电，因此，又需要用降压变压器将输电线路的高压电变换成各种用电设备所需的低压电。

除了电力系统之外，变压器还有其他广泛的用途。例如，在电子线路中，除电源变压器外，变压器还用来传递信号、耦合电路、实现阻抗变换等。

变压器的种类很多，通常有以下一些分类

按冷却方式分类：干式（自冷）变压器、油浸（自冷）变压器、氟化物（蒸发冷却）变压器。

按防潮方式分类：开放式变压器、灌封式变压器、密封式变压器。

按铁心或线圈结构分类：心式变压器、壳式变压器、环型变压器、金属箔变压器。

按电源相数分类：单相变压器、三相变压器、多相变压器。

按用途分类：电源变压器、调压变压器、音频变压器、中频变压器、高频变压器、脉冲变压器。

# 第五节　变压器的工作原理

最简单的单相变压器是由铁心和双绕组组成，为了画图方便，我们把两个绕组分别画在两个铁心柱上，如图 3-11 所示。其中，输入电能的一边称为原边，与其相连的绕组称为原绕组（或一次绕组）；输出电能的一边称为副边，与其相连的绕组称为副绕组（或二次绕组）。

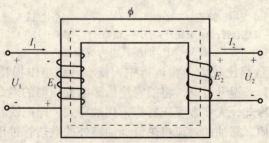

图 3-11　变压器原理图

## 一、电压变换

变压器是按电磁感应原理工作的。下面根据理想情况来分析变压器的工作原理，即假设变压器的绕组电阻和漏磁通均为零，不计铜损耗和铁损耗。设原绕组匝数为 $N_1$，副绕组匝数为 $N_2$。现将变压器副绕组开路，则副边处于空载状态。如果把变压器的原绕组接上交流电源，则会在原绕组中产生交变电流，此电流又在铁心中产生交变磁通，交变磁通同时穿过原、副两个绕组，分别在其中产生感应电动势 $e_1$ 和 $e_2$，$e_1$ 和 $e_2$ 有效值分别为

$$E_1 = N_1 \frac{\Delta \Phi}{\Delta t}, \quad E_2 = N_2 \frac{\Delta \Phi}{\Delta t}$$

由此可得

$$\frac{E_1}{E_2} = \frac{N_1}{N_2} \qquad (3-12)$$

可以证明

$$\frac{U_1}{U_2} \approx \frac{E_1}{E_2} = \frac{N_1}{N_2} = K \qquad (3-13)$$

式中 $K$ 称为电压比。

由此可知，变压器原、副边电压之比等于原、副绕组的匝数比。如果 $N_2 > N_1$，则 $U_2 > U_1$，这种变压器称为升压变压器；如果 $N_2 < N_1$，则 $U_2 < U_1$，这种变压器称为降压变压器。

## 二、电流变换

变压器除具有变压作用以外，还具有电流变换作用。当忽略变压器的一切损耗时，原、副绕组的额定容量近似相等，即原副边的视在功率近似相等

$$S_1 \approx S_2$$

对于单相变压器有： $S_1 = U_1 I_1, \quad S_2 = U_2 I_2$

因而 $U_1 I_1 \approx U_2 I_2$

所以 $\dfrac{I_1}{I_2} \approx \dfrac{U_2}{U_1} \approx \dfrac{N_2}{N_1} = \dfrac{1}{K}$

即 $\dfrac{I_1}{I_2} \approx \dfrac{N_2}{N_1} = \dfrac{1}{K} \qquad (3-14)$

可见，变压器工作时，原副绕组中的电流之比与原副绕组的匝数成反比。一般变压器的高压绕组匝数多而通过的电流小，可用较细的导线绕制；低压绕组的匝数少而通过的电流大，应用较粗的导线绕制。

## 三、阻抗变换

变压器不但可以变换电压、电流，而且在电子线路中还常用作变换阻抗，实现"阻抗匹配"，从而使负载获得最大功率。如图 3-12 所示，副边的阻抗 $Z_2 = \dfrac{U_2}{I_2}$，则原边的阻抗 $Z_1$ 可用下式求出

$$Z_1 = \frac{U_1}{I_1} = \frac{KU_2}{I_2/K} = K^2\frac{U_2}{I_2} = K^2 Z_2 \qquad (3-15)$$

图 3 - 12　阻抗变换

上式表明，当变压器副绕组电路接入阻抗 $Z_2$ 时，就相当于在原绕组电路的电源两端接入阻抗 $K^2 Z_2$，这就是变压器的变阻抗作用。

**例 3 - 1**　已知某交流信号源电压 $U = 80\text{V}$，内阻 $R_0 = 800\Omega$，负载 $R_L = 8\Omega$，试求①将负载直接接到信号源，负载获得多大功率？②需用多大电压比的变压器才能实现阻抗匹配？③不计变压器的损耗，当实现阻抗匹配时，负载获得最大功率是多少？

解：（1）负载直接接信号源时，获得的功率

$$P'_L = \left(\frac{U}{R_0 + R_L}\right)^2 R_L = \left(\frac{80}{800 + 8}\right)^2 \times 8 = 0.0784\text{ W}$$

（2）要实现阻抗匹配，负载折算到原绕组电源两端的电阻为 $R'_L = R_0$。根据式（3 - 15），变压器的电压比应为

$$K = \sqrt{\frac{R'_L}{R_L}} = \sqrt{\frac{R_0}{R_L}} = \sqrt{\frac{800}{8}} = 10$$

（3）实现阻抗匹配时，负载获得最大功率是

$$P_{\max} = I^2 R_L = \left(\frac{80}{800 + 800}\right)^2 \times 800 = 2\text{ W}$$

# 第六节　变压器铭牌及外特性

## 一、变压器铭牌

在变压器外壳上都附有铭牌，铭牌上标明了正确使用变压器的技术数据。

### （一）变压器型号

变压器型号是表明其结构的系列形式和产品规格。例如 S9 - 500/10 型变压器，这是我国统一设计的高效节能 S9 系列变压器。

如果绕组外绝缘介质为空气，型号中在相数之后还用 F 表示，油浸式不标注。

变压器的冷却方式若为风冷，型号中用 E 表示，水冷用 W 表示，油自然循环冷却不标注。

绕组的导线材料为铝线不标注。

综上所述，本例中表示的变压器三相油浸自冷式铝线变压器，容量为 500kVA，高压绕组的额定电压为 10kV。

### （二）变压器的额定值

#### 1. 额定电压 $U_{1N}$ 和 $U_{2N}$

原绕组的额定电压 $U_{1N}$ 是指变压器正常使用时原绕组应加的电压值。它是根据变压器的绝缘强度和容许发热条件规定的。副绕组的额定电压 $U_{2N}$ 是指变压器空载，原绕组加额定电压时副绕组两端的电压值。

在三相变压器中原、副绕组的额定电压均指线电压。

#### 2. 额定电流 $I_{1N}$ 和 $I_{2N}$

额定电流 $I_{1N}$ 和 $I_{2N}$ 是根据变压器容许发热的条件而规定的原、副绕组通过的最大电流值。

在三相变压器中原、副绕组的额定电流也均指线电流。

#### 3. 额定容量 $S_N$

额定容量即额定视在功率，是反映变压器输出电功率能力的额定值。单位常用千伏安（kVA）表示。单相变压器的额定容量为

$$S_N = \frac{U_{2N}I_{2N}}{1000} \text{ kVA} \tag{3-16}$$

三相变压器的额定容量为

$$S_N = \frac{\sqrt{3}U_{2N}I_{2N}}{1000} \text{ kVA} \tag{3-17}$$

额定容量实际上是变压器长期运行时，允许输出的最大功率，反映了变压器传送电功率的能力，但变压器实际使用时的输出功率是由负载阻抗和功率因数决定的。

#### 4. 额定频率 $f_N$

额定频率 $f_N$ 是指变压器原绕组所加电压的允许频率。变压器铁芯损耗与频率关系很大，故应根据使用频率来设计和使用，这种频率称工作频率。我国规定的工频频率为 50Hz。

#### 5. 温升

温升是指变压器在额定运行情况时允许超出周围环境温度的数值，它取决于变压器所用绝缘材料的等级。

除此之外，变压器还有阻抗电压和绕组连接组别等技术数据及说明。

## 二、变压器外特性

变压器的外特性是指在原绕组加额定电压 $U_{1N}$，负载的功率因数 $\cos\varphi$（即负载的性质）不变的条件下，副绕组的端电压 $U_2$ 随负载电流 $I_2$ 变化的关系曲线，如图 3-13 所示。

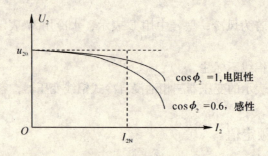

图 3 – 13　变压器的外特性

由图可见，变压器副边向负载输出的电压 $U_2$ 是随负载电流 $I_2$ 的增大而下降的，其主要原因是原、副绕组自身都有一定的阻抗压降，它随负载电流的增大而增大，使副边输出电压降低。通常，$U_2$ 随 $I_2$ 的变化越小越好，这种变化可以用电压调整率 $\Delta U\%$ 来表示。所谓电压调整率是指变压器从空载到额定负载运行，副绕组端电压的变化与空载运行时端电压之比的百分值。即

$$\Delta U\% = \frac{U_{20} - U_2}{U_{20}} \times 100\% = \frac{U_{2N} - U_2}{U_{2N}} \times 100\% \tag{3-18}$$

一般情况下，变压器输出电压是比较稳定的，电压调整率一般为 3% ~ 5%。

## （一）变压器的功率

变压器负载运行时，实际输出的有功功率 $P_2$ 不仅与副绕组电路的电压 $U_2$ 和电流 $I_2$ 的大小有关，而且还和负载的功率因数 $\cos\varphi_2$ 有关。即

$$P_2 = U_2 I_2 \cos\varphi_2 \tag{3-19}$$

式中，$\varphi_2$ 为 $u_2$ 和 $i_2$ 的相位差。

变压器输入的有功功率 $P_1$ 决定于输出的有功功率 $P_2$。输入的有功功率 $P_1$ 为

$$P_1 = U_1 I_1 \cos\varphi_1 \tag{3-20}$$

式中，$\varphi_1$ 为 $u_1$ 和 $i_1$ 的相位差。

变压器负载运行时，自身要消耗功率，因此 $P_2 < P_1$，$P_1$ 与 $P_2$ 的差称为变压器的功率损耗。变压器的功率损耗包括铜损耗 $P_{Cu}$ 和铁损耗 $P_{Fe}$ 两部分。

铁心的磁滞损耗和涡流损耗为铁损耗。它是固定损耗，只要变压器投入运行，铁损耗就存在且不变。绕组的电阻通过电流而发热损耗的功率称为铜损耗，它与电流的平方成正比，随负载电流大小而改变，所以是可变损耗。

## （二）变压器的效率

变压器输出的有功功率 $P_2$ 和输入的有功功率 $P_1$ 的比值称为变压器的效率，用 $\eta$ 来表示。

$$\eta = \frac{P_2}{P_1} \times 100\% = \frac{P_2}{P_2 + p_{Cu} + p_{Fe}} \times 100\% \tag{3-21}$$

与一般电气设备相比，变压器的效率是比较高的，供电变压器效率都在 95% 以上，大型变压器效率可高达 99%。电子设备中的小容量变压器效率稍低些，一般在 90% 以下。同一台变压器在不同负载时的效率也不同，通常，电力变压器约在负载为额定负载的 40% ~ 50% 时其效率最高。

## 第七节　三相变压器

三相变压器的用途是变换三相电压。它主要用于输电、配电系统中，也用于三相整流电路等场合。三相变压器可以是三台单相变压器，每相用一台；也可以把三台制作在一起，成为三相变压器。

三相变压器的结构如图 3 – 14 所示。它和三台单相变压器相比，简化了结构和节约了材料。变压器的每个铁心柱上都绕有原、副绕组，相当于一个单相变压器。三相高压绕组的始端分别用 $U_1$、$V_1$、$W_1$ 表示，末端分别用 $U_2$、$V_2$、$W_2$ 表示；三相低压绕组的始端分别用 $u_1$、$v_1$、$w_1$ 表示，末端分别用 $u_2$、$v_2$、$w_2$ 表示。

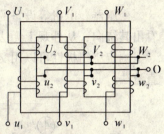

图 3 – 14　三相变压器的结构

根据国家标准的规定，高、低压三相绕组的接法，有五种连接方式：$Y/Y_0$、$Y/Y$、$Y_0/Y$、$Y/\triangle$、$Y_0/\triangle$。其中"/"前面的 $Y$ 或 $Y_0$ 分别表示高压绕组是无中线或有中线的星形接法，"/"后面的 $Y$、$Y_0$、$\triangle$ 分别表示低压绕组是无中线的星形接法、有中线的星形接法和三角形接法。无中线的星形接法是三相三线制，有中线的星形接法是三相四线制，三角形接法是三相三线制。

## 第八节　变压器绕组的极性

在使用变压器过程中，有时需要把绕组串联以提高电压，并联以增大电流，但是必须按规定连接，否则不仅达不到目的，还可能损坏变压器。要解决这类问题，关键要弄清楚变压器绕组的极性端，即同名端的问题。

### 一、同极性端

变压器原、副绕组中产生的感应电压是交变的，本来没有固定的极性，因此这里所说的绕组极性，实际上是原、副绕组的相对极性，即当一个绕组的某一端瞬时电位为正时，另一绕组必然有一个瞬时电位为正的对应端，这两个对应端称为两线圈的同极性端或同名端。通常用"·"或"＊"标注。如图 3 – 15（a）的 1、3 端为同名端，图 3 – 15（b）中 1、4 端也是同名端。

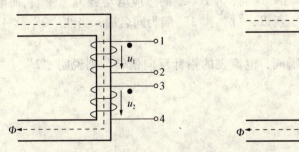

图 3 – 15　变压器绕组的同名端

同名端的判断：当某一瞬间，电流从绕组的某一端流入（或流出）时，若两个绕组的磁通在磁路中方向一致，则这两个绕组的电流流入（或流出）端就是同名端。

同名端确定后，就可正确地将绕组相连。如需对图 3 - 15（a）中绕组串联，则将 2、3 端相连；对图 3 - 15（b）中绕组并联，则将 2、3 端相连、1、4 端相连。

## 二、同极性端的测定

变压器、电机等设备的绕组，如果没有标明极性，又用浸漆或其他工艺处理过，难以看出其绕向，从外观上无法辨认绕组的绕向，这时就要用实验的方法测定绕组的同名端。

测定绕组极性可以用交流法和直流法，如图 3 - 16 所示，（a）图是交流法，（b）图是直流法。

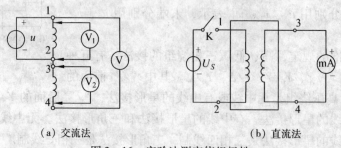

（a）交流法　　　　　　　　　　（b）直流法

图 3 - 16　实验法测定绕组极性

交流法：将两个绕组的任意两端（例如"2"和　"3"）连在一起，让两线圈串联，在其中一个线圈的两端（例如"1"和"2"）加上一个比较低的便于测量的交流电压，再用一只交流电压表分别测出第一个绕组两端电压 $u_1$，第二个绕组两端电压 $u_2$，两绕组串联后的总电压 $u$，当出现 $u = u_1 + u_2$ 时，说明绕组是异名端相连，即"2"、"3"端为异名端，则"1"、"3"端为同名端。

这是因为，当第一个绕组接通电源产生电流后，它在铁芯中建立的磁通 $\Phi$ 将贯穿两个绕组，并分别产生感应电压 $u_1$ 和 $u_2$，如果两个绕组是异名端相连接，电压 $u$ 就是 $u_1$ 和 $u_2$ 之和。同理，若出现 $u = u_1 - u_2$，则两个绕组是同名端相连，即"2"、"3"端为同名端，当然"1"、"4"端也为同名端。

直流法：将一个绕组通过一个开关 $K$ 接到直流电源上（例如"1"、"2"端绕组），另一端绕组（例如"3"、"4"端绕组）接一只直流电流表。将开关 $K$ 闭合，如果 $K$ 闭合的瞬间，电流表的指针正向偏转，则表明"1"、"3"端为同名端。

这是因为当电流刚流进"1"端时，"1"端的感应电动势为" + "，而电流表正偏，说明"3"端此时也为" + "，所以，"1"、"3"端为同名端，当然"2"、"4"端也是同名端。

同理，当开关 $K$ 闭合的瞬间，电流表的指针反向偏转，则说明"2"、"3"端是同名端。

# 本章小结

### 1. 磁场的基本物理量

为了定量分析磁场性质，通常引入以下几个磁场的基本物理量：

磁通 $\varPhi$，磁感应强度 $B = \dfrac{\varPhi}{s}$，相对磁导率 $\mu_r = \dfrac{\mu}{\mu_0}$，磁场强度 $H = \dfrac{B}{\mu}$。

### 2. 铁磁物质的磁化，磁滞、涡流

铁磁材料在外磁场作用下产生磁性的现象叫磁化。根据反复磁化形成的磁滞回线的不同，铁磁材料通常可分为软磁性材料、硬磁性材料、矩磁性材料。

有铁心的线圈中通交流电时，铁心中磁通变化滞后于电流的变化称为磁滞，铁心中感应产生的漩涡状的电流称为涡流。磁滞和涡流损耗的能量称为铁损耗。

为了减少磁滞损耗交流铁心应采用软磁性材料；为了减少涡流损耗，电气设备的铁心常采用具有较高电阻率的彼此绝缘的硅钢片叠成。

### 3. 磁路

磁路是磁通集中通过的地方，铁磁材料具有比空气大得多的磁导率，为此电气设备中常用铁心构成磁路。

磁路欧姆定律 $\varPhi = \dfrac{IN}{R_m}$，其中磁阻 $R_m = \dfrac{\ell}{\mu A}$

### 4. 变压器原理

变压器是根据电磁感应原理、利用磁场来实现能量变幻的一种静止装置。主要有铁心和绕组构成。利用变压器可以变换电压、变换电流和变换阻抗，常用公式为

$$\frac{U_1}{U_2} = \frac{N_1}{N_2} = K$$

$$\frac{I_1}{I_2} \approx \frac{N_2}{N_1} = \frac{1}{K}$$

$$Z_1 = K^2 Z_2$$

### 5. 变压器铭牌及外特性

铭牌是安全、正确使用变压器的依据。铭牌主要数据有额定容量、额定电压、额定电流、额定频率、使用条件、冷却方式、允许温升、绕组连接方式等。

变压器外特性反映了变压器在实际工作时，输出电压会随着输出电流增大而降低，一般从空载到满载电压下降 3% ~ 5%。铁损耗是不变损耗；铜损耗与通过绕组电流的平方成正比是可变损耗，二者使变压器效率降低，但一般仍可在 90% 以上。40% ~ 50% 额定负载时效率最高，此后又略低。

### 6. 变压器绕组的极性

同名端：变压器中的两个绕组中当一个绕组的某一端瞬时电位为正时，另一个绕组必然有一个瞬时电位为正的对应端，这个对应端称为这两个绕组的同极性端或同名端。

同名端的判断方法：已知绕向时用定义判断；不知绕向时采用交流法或直流法测量。

# 习　题

3-1　一个交流铁心线圈的额定电压是 220V，如果电压增加 10%，其电流是否也增加 10%？

3-2　变压器的铁心能否制成一整块？为什么？

3-3　一台电压为 220V/110V 的变压器，$N1 = 2000$ 匝，$N2 = 1000$ 匝。能否将其匝数减为 2 匝和 1 匝以节省铜线？为什么？

3-4　自耦变压器为什么能改变电压？有何优缺点？使用时注意什么事项？

3-5　采用电压互感器和电流互感器进行测量有何优点？使用时注意什么事项？

3-6　单相变压器的原边电压 $U_1 = 3300V$，其变压比 $K = 15$，求副边电压 $U_2$。当副边电流 $I_2 = 60A$ 时，求原边电流 $I_1$。

3-7　某电子线路中，输出变压器带有一个负载 $R = 8\Omega$ 的扬声器。为了在输出变压器的原边获得一个 $72\Omega$ 的等效电阻，试求输出变压器的匝数比 K。

3-8　有一降压变压器 380V/36V，在接有电阻性负载时，测得 $I_2 = 3A$。若变压器效率为 95%，试求该变压器的损耗、二次侧功率和一次绕组中的电流 $I_1$。

3-9　容量为 $S_N = 2kVA$ 的单相变压器中，原边额定电压是 220V，副边额定电压是 110V，试求原、副边的额定电流。

3-10　有一变压器铭牌上标明额定容量为 10kVA，电压为 3300/220V，今要在副绕组上接上 220V、40W 的白炽灯，要求变压器在额定状态下运行，试问可接多少只白炽灯？并求原、副绕组的额定电流。

3-11　某晶体管收音机，原配好 $4\Omega$ 的扬声器，今改接 $8\Omega$ 的扬声器。已知输出变压器原绕组匝数为 $N_1 = 250$ 匝，副绕组匝数 $N_2 = 60$ 匝，若原绕组匝数不变，问副绕组匝数如何变动，才能实现阻抗匹配？

# 阅读与应用

## 仪用互感器

仪用互感器是一种测量用的变压器，有电压互感器和电流互感器两种。仪用互感器的作用是将高电压，大电流变成低电压、小电流，可将计量仪表和继电器等二次设备与一次设备隔离，保证安全，将电压互感器低压输出规定为 100V，电流互感器小电流输出规定为 5A，以便于统一设计标准，使仪表和继电器的生产标准化，通过电压、电流互感器改变接线方式，可以满足各种测量和保护的需要。

### （一）电压互感器

测量高压线路的电压，如果用电压表直接测量，不仅对工作人员很不安全，而且仪表的绝缘需要大大加强，这样会给仪表制造带来困难。故需要用有一定变比的电压互感器将高电压变成低电压，然后在电压互感器副边连接电压表或其他测量仪表进行测量电压。电压表的读数按变比放大的数值很接近高电压的实际值，一般电压互感器副边电压均为

100V。如果电压表与电压互感器是配套的，则电压表指示的数值已按变比放大，可直接读取。

电压互感器的接线图如图3-17所示。原边匝数多，并联于供电系统的一次电路（被测线路），副边匝数较少，并联接入电压表或电度表、功率表、继电器的电压线圈等测量仪表。

根据变压器电压变换原理，电压互感器原、副绕组的电压比也与原、副绕组匝数成正比。即

$$\frac{U_1}{U_2} = \frac{N_1}{N_2} = K$$

使用电压互感器时，应注意：

（1）电压互感器工作时副边必须有一端接地。这样可以保证安全，防止绝缘破坏时，一次高压窜入二次回路，造成人身及设备的危害，这种接地属于安全接地。同时，防止静电荷的累积，影响仪表读数。

（2）电压互感器工作时副边不得短路。因为电压表和其他测量仪表的电压线圈阻抗很高，所以电压互感器在使用时，相当于一台副边处于空载状态的降压变压器。如果发生短路，将产生很大的短路电流，烧坏互感器，甚至影响主电路的安全运行。为此，电压互感器一、二侧都必须安装熔断器作短路保护。

## （二）电流互感器

测量高压线路里的电流也不宜将仪表直接接入电路，而要用一台有一定变化的升压电压器，即电流互感器将高压线路隔开，或将大电流变小，再用电流表进行测量。电流表读数按变化放大，得出被测电流实际值，或者电流表指示数值就是电流的实际值，电流互感器原边额定电流的范围可以5~2500A，副边额定电流为5A。

电流互感器的接线图如图3-18所示。其一次绕组线径较粗，匝数很少，有时只有一匝，与被测电路负载串联；二次绕组线径较细，匝数很多，与电流表或电度表、功率表、继电器的电压线圈等测量仪表串联。

根据变压器电流变换原理，电流互感器原、副绕组的电流比也与原、副绕组匝数成反比。即

$$\frac{I_1}{I_2} = \frac{N_2}{N_1} = \frac{1}{K}$$

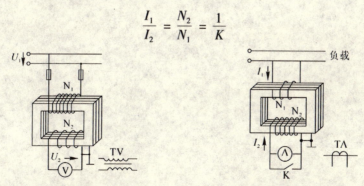

图3-17 电压互感器接线图及符号    图3-18 电流互感器接线图及符号

电流互感器的二次绕组所接的皆是电流表、电能表和功率表的电流线圈以及继电器的电流线圈，这些线圈电阻都很小，电流互感器基本上处于短路状态下工作。因而，使用时

应注意：

（1）应该特别注意的是 电流互感器在运行中二次绕组绝不允许开路。这是因为在正常运行时，一次侧、二次侧的磁动势基本相互抵消，工作磁通很小；而且一次侧磁动势不随二次侧而变，只决定于一次电路负荷。一旦二次侧断开，铁心中的磁通将急剧增加。一方面引起铁损耗增加，铁心严重发热，导致绕组绝缘损坏；另一方面由于二次侧匝数远比一次侧多，在二次绕组中将感应很高的电动势，危及人身及设备安全。由于电流互感器二次侧不允许开路，安装时二次侧接线一定要牢靠和接触良好，不允许串接熔断器或开关，在需要更换二次回路上的电流表或其他设备时应先将电流互感器二次侧短接。

（2）电流互感器 在运行中副绕组必须可靠地进行保护接地，为了防止一、二次绕组绝缘击穿时，一次侧的高电压窜入二次侧，危及人身和设备的安全。

利用电流互感器的原理可以制成便携式钳形电流表，如图 3－19 所示。在低压电路测量电流时，将它的闭合铁心张开，将被测的载流导线嵌入铁心窗口中［如图 3－19（a）所示］，使这根导线成为电流互感器的一次绕组，铁心上已绕好的副绕组已直接与测量仪表连接，可以随即读出电流的数值［如图 3－19（b）所示］。这种测量方法，测电流可以不断开电路，非常方便，因而广泛用于生产中，成为维修人员不可缺少的工具。

（a） （b）

图 3－19　钳形电流表

# 第四章　电动机

## 第一节　三相异步电动机的构造与工作原理

电动机的结构主要分两部分，定子和转子。如图4-1所示为具有笼型转子的三相交流异步电动机的结构组成。

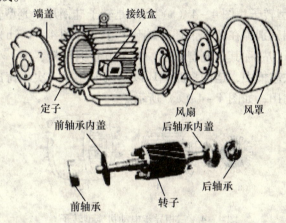

图4-1　三相异步电动机的结构

### 一、三相异步电动机的定子结构

定子是电动机的固定部分，主要由铁芯和绕在铁芯上的三相绕组构成。铁芯一般由表面涂有绝缘漆的硅钢片叠压而成，其内圆周均匀分布一定数量的槽孔，用以嵌置三相定子绕组。每相绕组分布在几个槽内，整个绕组和铁芯固定在机壳上。电动机定子如图4-2所示，其中图（a）所示为电动机定子外形，图（b）为定子硅钢片。

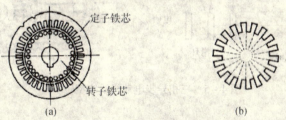

图4-2　电动机定子

定子中三相绕组的六个接线端子从接线盒中引出，其排列如图4-3所示。其中图（a）星形连接，图（b）三角形连接。使用时可以根据情况将定子绕组接成星形或三角形。

当电动机每相绕组的额定电压等于电源的相电压时，绕组应作星形连接；当电动机每相绕组的额定电压等于电源的线电压时，绕组应作三角形连接。

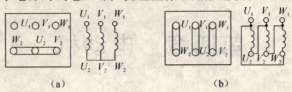

(a)                 (b)

图4-3 三相异步电动机接线方式

## 二、三相异步电动机的转子结构

转子绕组根据构造分成两种，笼型和绕线型。

图4-4所示是笼型转子，图4-4（a）所示是转子硅钢片。笼型转子是在转子铁芯槽内压进铜条，铜条两端分别焊在两个铜环（端环）上，如图4-4（b）所示。由于转子绕组的形状像一个鸟笼子，故称其为笼型转子。为了节省铜材料，中、小型电动机一般都将熔化的铝浇铸在转子铁芯槽中，连同短路端环以及风扇叶片一次浇铸成形。这样的转子不仅制造简单而且坚固耐用，如图4-4（c）所示。

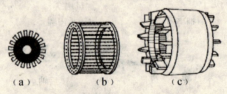

(a)        (b)        (c)

图4-4 三相异步电动机笼型转子

绕线转子的铁芯与笼型相同，不同的是在转子的铁芯槽内嵌置对称三相绕组并作星形连接。三个绕组的末端相连，各相绕组首端通过滑环和电刷引到相应的接线盒里，在启动和调速时可在转子电路中串入附加电阻。绕线转子异步电动机的转子结构如图4-5所示。其中图（a）为绕线转子电路图，图（b）为绕线转子外形图。

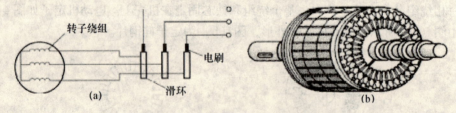

(a)                 (b)

图4-5 三相异步电动机线绕型转子

绕线转子异步电动机的转子结构比笼型的要复杂得多，但绕线转子异步电动机能获得较好的启动与调速性能。在需要大启动转矩时（如起重机械）往往采用绕线转子异步电动机。

## 三、三相异步电动机的旋转磁场和转动原理

定子绕组接通三相交流电源后，在定子绕组内形成三相对称电流，在电动机内形成旋

转磁场，转子绕组与旋转磁场产生相对运动并切割磁力线，使转子绕组产生感应电流，两者相互作用产生电磁转矩，使转子转动起来。

### （一）旋转磁场的产生

为了理解三相异步电动机的工作原理，先讨论三相异步电动机的定子绕组接至三相电源后，在电动机中产生磁场的情况。

图4-6为三相异步电动机定子绕组的简单模型。三相绕组 $U_1U_2$、$V_1V_2$、$W_1W_2$ 在空间互成 $120^0$，每相绕组一匝，联结成星形。电流参考方向如图4-6所示，图中 $\odot$ 表示导线中电流从里面流出来，$\otimes$ 表示电流向里流进去。

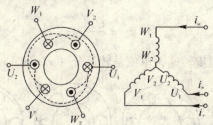

图4-6 两极电动机三相定子绕组的简单模型和接线图

当三相定子绕组接至三相对称电源时，绕组中就有三相对称电流 $i_u$、$i_v$、$i_w$ 通过。图4-7为三相对称电流的波形图。下面分析三相交流电流在定子内共同产生的磁场在一个周期内的变化情况。

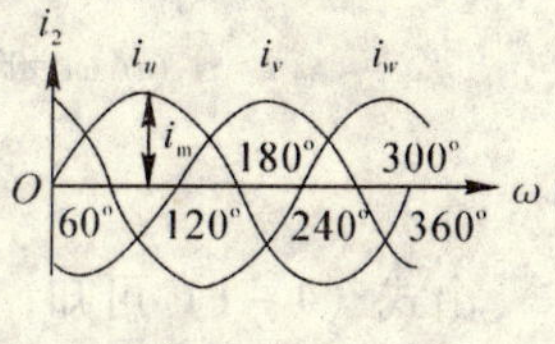

图4-7 三相对称电流波形图

当 $\omega t = 0$ 时，$i_u = 0, i_v = -\dfrac{\sqrt{3}}{2}I_m < 0, i_w = \dfrac{\sqrt{3}}{2}I_m > 0$.

此时 $U$ 相绕组电流为零；$V$ 相绕组电流为负值，$i_v$ 的实际方向与参考方向相反；$W$ 相绕组电流为正值，$i_w$ 的实际方向与参考方向相同。按右手螺旋定则可得到各个导体中电流所产生的合成磁场，如图4-8（a）所示，是一个具有两个磁极的磁场。电机磁场的磁极数常用磁极对数 $P$ 来表示，例如上述两个磁极称为一对磁极，用 $P = 1$ 表示。

当 $\omega t = 60^0$ 时，$i_u = \dfrac{\sqrt{3}}{2}I_m > 0, i_v = -\dfrac{\sqrt{3}}{2}I_m < 0, i_w = 0$，此时的合成磁场如图4-8（b）所示，也是一个两极磁场。但这个两极磁场的空间位置和 $\omega t = 0$ 时相比，已按顺时针方向转了 $60°$。图4-8（c）和（d）中，还画出了当 $\omega t = 120°$ 和 $\omega t = 180°$ 时合成磁场的空间位置。可以看出，它们的位置已分别按顺时针方向转了 $120°$ 和 $180°$。

按上面的分析，可以证明：当三相电流不断地随时间变化时，所建立的合成磁场也不断地在空间旋转。

由此可以得出结论：三相正弦交流电流通过电机的三相对称绕组，在电机中所建立的合成磁场是一个旋转磁场。

从图4-8的分析中可以看出，旋转磁场的旋转方向是 $U_1 \rightarrow V_1 \rightarrow W_1$（顺时针方向），即与通入三相绕组的三相电流相序 $i_u \rightarrow i_v \rightarrow i_w$ 是一致的。

如果把三相绕组接至电源的三根引线中的任意两根对调，例如把 $i_u$ 通入 $V$ 相绕组，$i_v$ 通入 $U$ 相绕组，$i_w$ 仍然通入 $W$ 相绕组。利用与图4-8同样的分析方法，可以得到此时旋转磁场的旋转方向将会是 $V_1 \rightarrow U_1 \rightarrow W_1$，旋转磁场按逆时针方向旋转。

由此可以得出结论：旋转磁场的旋转方向与三相电流的相序一致。要改变电动机的旋转方向只需改变三相电流的相序。实际上只要把电动机与电源的三根连接线中的任意两根对调，电动机的转向便与原来相反了。

对图 4-8 做进一步的分析，还可以证明在磁极对数 $P = 1$ 的情况下，三相定子电流变化一个周期，所产生的合成磁场在空间亦旋转一周。而当电源频率为 $f$ 时，对应的磁场每分钟旋转 $60f$ 转，即转速 $n_0 = 60f$。当电动机的合成磁场具有 $P$ 对磁极时，三相定子绕组电流变化一个周期所产生的合成磁场在空间转过一对磁极的角度，即 $1/p$ 周，因此合成磁场的转速为

$$n_0 = \frac{60f}{p} \tag{4-1}$$

式（4-1）中 $n_0$ 又称同步转速，单位是转每分（$r/\min$）。

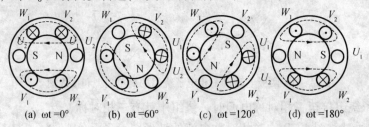

(a) $\omega t = 0°$     (b) $\omega t = 60°$     (c) $\omega t = 120°$     (d) $\omega t = 180°$

图 4-8 三相对称电流波形图

由式（4-1）可知，旋转磁场的转速取决于电源频率 $f$ 和电动机的磁极对数 $P$。我国工业用电的电源频率为 $50H_z$，不同磁极对数旋转磁场的转速如表 4-1 所示。

表 4-1 不同磁极对数旋转磁场的转速

| 磁极对数 $p$ | 1 | 2 | 3 | 4 | 5 |
|---|---|---|---|---|---|
| 旋转磁场的转速 $n_0$（$r/\min$） | 3000 | 1500 | 1000 | 750 | 600 |

通过对旋转磁场形成过程的分析还可知，旋转磁场转向与通入电动机定子绕组的电流相序有关。若要使旋转磁场反转，只需把三根电源线中的任意两根对调。（如 $U$、$V$ 对调），此时，$U_1U_2$ 绕组通入相电流 $i_V$ 相电流，$V_1V_2$ 绕组通入 $i_U$ 相电流，即改变了通入电动机定子绕组的三相电流相序。不难作图证明，旋转磁场的方向将会与原来旋转方向相反。

## （二）转动原理

三相异步电动机的转子能在旋转磁场作用下转动的原因可由图 4-9 说明。

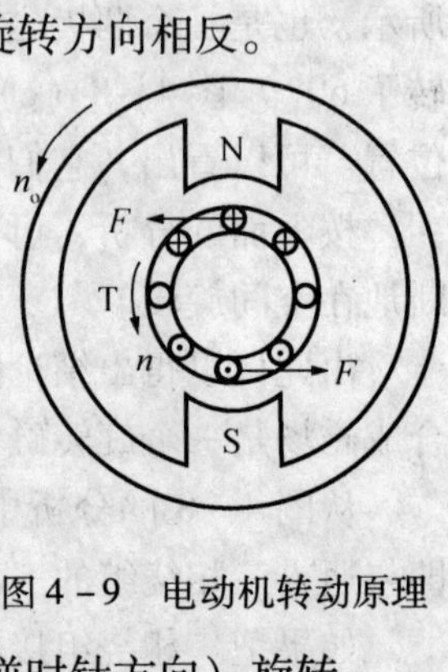

旋转磁场以同步转速 $n_0$ 逆时针方向旋转，相当于磁场不动，转子导体顺时针方向切割磁力线，产生感应电动势、感应电流。用右手定则可判定其方向，在转子导体上半部分流入纸面，下半部分流出纸面。有电流的转子导体在旋转磁场中受到电磁力 $F$ 的作用，用左手定则判断转子受力的方向，如图 4-9 所示。

图 4-9 电动机转动原理

电磁力对转子转轴形成电磁转矩，使转子沿旋转磁场的方向（逆时针方向）旋转。

## （三）转差率

转子转速 $n_1$ 与旋转磁场转速 $n_0$ 同方向且 $n_0 > n_1$，故称为异步电动机。通常把同步转速 $n_0$ 与转子转速 $n_1$ 的差值与同步转速 $n_0$ 之比称为异步电动机的转差率，用 $s$ 表示。

$$s = \frac{n_0 - n_1}{n_0} \times 100\% \qquad\qquad (4-2)$$

转差率 $s$ 是描绘异步电动机运行情况的重要参数。电动机在启动瞬间 $n_1 = 0$，$s = 1$ 转差率最大；空载运行时，$n_1$ 接近于同步转速 $n_0$，转差率 $s$ 最小。可见，转差率 $s$ 描述转子转速与旋转磁场转速差异程度的，即电动机异步程度。一般三相异步电动机在额定转速时的转差率 $s$ 为 $0.02 \sim 0.06$。

**例 4 – 1** 有一台三相异步电动机，其额定转速 $n_N = 975\text{r/min}$。试求电动机的磁极对数和额定转差率。电源频率 $f = 50\text{H}_z$。

**解**：由于电动机的额定转速接近而略小于旋转磁场的转速，而同步转速对应于不同的磁极对数，显然 975r/min 与 1000r/min 最接近，从而确定磁极对数 $P = 3$。

额定负载时的转差率为：$s = \dfrac{n_0 - n_1}{n_0} \times 100\% = \dfrac{1000 - 975}{1000} \times 100\% = 2.5\%$。

# 第二节　异步电动机的铭牌和技术数据

## 一、铭牌

电动机的外壳上都有一块铭牌，标出了电动机的型号以及主要技术数据，以便能正确使用电动机。如图 4 – 10 所示为一台三相异步电动机的铭牌。

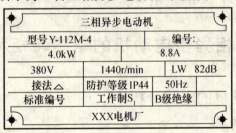

| 三相异步电动机 | | |
|---|---|---|
| 型号 Y-112M-4 | 编号： | |
| 4.0kW | 8.8A | |
| 380V | 1440r/min | LW　82dB |
| 接法 △ | 防护等级 IP44 | 50Hz |
| 标准编号 | 工作制 S₁ | B级绝缘 |
| XXX电机厂 | | |

图 4 – 10　三相异步电动机的铭牌

## 二、技术数据

三相异步电动机主要技术数据有：

（1）型号：Y – 112M – 4，指国产 Y 系列异步电动机，机座中心高度为 112mm，机座类型为中机座（L 表示长机座，S 表示短机座，M 表示中机座），4 表示旋转磁场为四极（$P = 2$）。

（2）额定功率：$P_N = 4\text{kW}$ 表示电动机在额定工作状态下运行时轴上输出的机械功率。

（3）额定电压：$U_N = 380\text{V}$ 表示定子绕组上应施加的线电压。为了满足定子绕组对额定电压的要求，通常功率 3kW 以下的异步电动机，定子绕组作星形连接；功率在 3kW 以上时，定子绕组作三角形连接。

（4）额定电流：$I_N = 8.8\,A$ 表示电动机额定运行时定子绕组的线电流。

（5）额定转速：$n_N = 1440r/min$ 表示电动机在额定运行时转子的转速。

（6）防护方式：$IP44$ 表示电动机外壳防护的方式为封闭式电动机。

（7）频率：$f = 50H_z$ 表示电动机定子绕组输入交流电源的频率。

（8）工作制：$S_1$ 表示电动机可以在铭牌标出的额定状态下连续运行；$S_2$ 为短时运行；$S_3$ 为短时重复运行。

（9）绝缘等级：B 级表示电动机各绕组及其他绝缘部件所用绝缘材料的等级。绝缘材料按耐热性能可分为 Y、A、E、B、F、H、C 七个等级，如表 4-2 所示。目前，国产 Y 系列电动机一般采用 B 级绝缘。

表 4-2　绝缘材料耐热性能等级

| 绝缘等级 | Y | A | E | B | F | H | C |
|---|---|---|---|---|---|---|---|
| 最高允许温度/℃ | 90 | 105 | 120 | 130 | 155 | 180 | 大于 180 |

此外，铭牌上标注 "$LW82\ dB$" 表示电动机的噪声等级。

除铭牌上标出的参数之外，在产品目录或电工手册中还有其他一些技术数据。例如，功率因数：指在额定负载下定子等效电路的功率因数。

效率：指电动机在额定负载时的效率，它等于额定状态下输出功率与输入功率之比，即

$$\eta_N = \frac{P_N}{P_1} \times 100\% = \frac{P_N}{\sqrt{3}I_N U_N} \times 100\% \tag{4-3}$$

温升：指在额定负载时，绕组的工作温度与环境温度的差值。

## 第三节　三相异步电动机的电磁转矩和机械特性

### 一、三相异步电动机的电路分析

#### （一）定子电动势 $E_1$

图 4-11 是三相异步电机每相电路图，和变压器相比，定子绕组相当于变压器的原绕组，转子绕组相当于变压器的副绕组，且其电磁关系也类似变压器。当定子绕组接上三相电源电压（相电压为 $u_1$）时，则有三相电流（相电流为 $i_1$）通过，定子三相电流产生旋

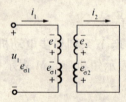

图 4-11　三相异步电机每相电路图

转磁场，其磁通通过定子和转子铁芯而闭合。这磁场不仅在转子绕组中感应出电动势 $e_2$，

而且在定子每相绕组中也要感应出电动势 $e_1$，此外还有漏磁通，在定子绕组和转子绕组中感应出漏磁电动势 $e_{\sigma1}$ 和 $e_{\sigma2}$。定子和转子每相绕组的匝数分别为 $N_1$ 和 $N_2$。

由上已分析三相异步电机每相电路图和单相变压器相类似，所以定子每相电路的电压方程和变压器原绕组电路一样，即

$$u_1 = R_1i_1 + (-e_{\sigma1}) + (-e) = R_1i_1 + L_{\sigma1}\frac{di_1}{dt} + (-e_1) \tag{4-4}$$

如用相量表示，则为

$$\dot{U}_1 = R\dot{I}_1 + (-\dot{E}_{\sigma1}) + (-\dot{E}_1) = R\dot{I}_1 + jX_{1\sigma}\dot{I}_1 + (-\dot{E}_1) = -\dot{E}_1 + Z_1\dot{I}_1 \tag{4-5}$$

式中，$Z_1 = R_1 + jX_{1\sigma}$ 是定子每相绕组的漏阻抗。

由于漏抗压降较小，和变压器一样，也可得出

$$\dot{U}_1 \approx -\dot{E}_1 \tag{4-6}$$

和

$$E_1 = 4.44f_1N_1\Phi \approx U_1 \tag{4-7}$$

式中，$\Phi$ 为通过每相绕组的磁通最大值；$f_1$ 为 $e_1$ 的频率。

## （二）转子电动势 $E_2$

转子每相电路的电压方程为

$$e_2 = R_2i_2 + (-e_{\sigma2}) = R_2i_2 + L_{2\sigma}\frac{di_2}{dt} \tag{4-8}$$

$$\dot{E}_2 = R\dot{I}_2 + (-\dot{E}_{\sigma2}) = R\dot{I}_2 + jX_{2\sigma}\dot{I}_2 = Z_2\dot{I}_2 \tag{4-9}$$

式中，$Z_2$ 为转子每相绕组的漏阻抗。

和定子绕组电动势 $e_1$ 的有效值的计算公式相类似，转子电动势 $e_2$ 的有效值为

$$E_2 = 4.44f_2N_2\Phi \tag{4-10}$$

式中，$f_2$ 为转子频率，它和定子频率 $f_1$ 的关系如何呢？下面将给予阐述。

因为旋转磁场和转子间的相对转速为 $(n_0 - n)$，故转子频率

$$f_2 = \frac{p(n_0 - n)}{60}$$

上式也可写成

$$f_2 = \frac{n_0 - n}{n_0} \times \frac{pn_0}{60} = sf_1 \tag{4-11}$$

可见转子频率 $f_2$ 与定子频率 $f_1$ 并不相等，这一点和单相变压器有显著的不同，$f_2$ 的大小和转差率 $s$ 密切相关。转差率 $s$ 大，转子频率 $f_2$ 随之增加。

将式（4-11）代入到式（4-10）中，可得到 $E_2$ 与定子频率间的关系为

$$E_2 = 4.44sf_1N_2\Phi \tag{4-12}$$

当 $n = 0$，即 $s = 1$ 时，转子电动势为

$$E_{20} = 4.44f_1N_1\Phi \tag{4-13}$$

## （三）转子感抗 $X_2$

由感抗的定义可知

$$X_2 = 2\pi f_2 L_{2\sigma}$$

又根据式（4-11），可得

$$X_2 = 2\pi s f_1 L_{2\sigma} \qquad (4-14)$$

当 $n = 0$，即 $s = 1$ 时，转子感抗为

$$X_{20} = 2\pi f_1 L_{2\sigma} \qquad (4-15)$$

比较上述两式，可得

$$X_2 = s X_{20} \qquad (4-16)$$

可见，转子感抗 $X_2$ 与转差率 $s$ 成正比，$s$ 大 $X_2$ 随之增大。

### （四）转子电流 $I_2$

由式（4-9）可推出转子每相电路的电流 $I_2$ 为

$$I_2 = \frac{E_2}{\sqrt{R_2^2 + X_2^2}} = \frac{s E_{20}}{\sqrt{R_2^2 + (s X_{20})^2}} \qquad (4-17)$$

### （五）转子电路的功率因数 $\cos\varphi_2$

由于转子有漏磁通，相应的感抗为 $X_2$，因此 $\dot{I}_2$ 比 $\dot{E}_2$ 滞后 $\varphi_2$ 角，故转子电路的功率因数为

$$\cos\varphi_2 = \frac{R_2}{\sqrt{R_2^2 + X_2^2}} = \frac{R_2}{\sqrt{R_2^2 + (s X_{20})^2}} \qquad (4-18)$$

## 二、三相异步电动机的电磁转矩

由三相异步电动机的转动原理可知，驱动电动机旋转的电磁场转矩是由转子导条中的电流 $I_2$ 与旋转磁场每极磁通 $\Phi$ 相互作用而产生的。因此，电磁转矩 $T$ 的大小与 $I_2$ 及 $\Phi$ 成正比。

因为转子电路同时存在电阻和感抗（电路呈感性），故转子电流 $I_2$ 滞后于转子感应电动势 $E_2$ 一个相位角 $\varphi_2$，转子电路的功率因数为 $\cos\varphi_2$。又由于只有转子电流的有功分量 $I_2\cos\varphi_2$ 与旋转磁场相互作用时，才能产生电磁转矩，可见异步电动机的电磁转矩 $T$ 还与转子电路的功率因数成正比。故异步电动机转子上电磁转矩 $T$ 可表示为

$$T = K_m \Phi I_2 \cos\varphi_2 \qquad (4-19)$$

式中，$K_m$ 为转矩系数，与电动机结构有关；$T$ 的单位为牛·米（N·m）。

由式（4-7）、式（4-17）、式（4-18），可得出电磁转矩的参数方程为

$$T = K_m \frac{U_1}{4.44 f_1 N_1} \cdot \frac{4.44 f_1 N_2 \Phi s}{\sqrt{R_2^2 + X_2^2}} \cdot \frac{R_2}{\sqrt{R_2^2 + (s X_{20})^2}}$$

$$= K_m \frac{U_1 N_2}{N_1} \cdot \frac{s R_2}{R_2^2 + (s X_{20})^2} \cdot \frac{U_1}{4.44 f_1 N_1} \qquad (4-20)$$

$$= \frac{K_m N_2}{4.44 f_1 N_1^2} \cdot \frac{s R_2}{R_2^2 + (s X_{20})^2} U_1^2$$

$$= K U_1^2 \frac{S R_2}{R_2^2 + (S \times 20)^2}$$

式中 $K$ ——系数；

    $f_1$ ——电源频率；

    $s$ ——转差率；

    $R_2$ ——转子电路每相的电阻；

    $X_{20}$ ——电动机启动时（转子尚未转起来时）的转子感抗。

式（4-20）更为明确地表达了异步电动机电磁转矩 $T$ 受电源电压 $U_1$、转差率 $s$ 等外部条件及电路自身参数的影响很大，这是三相异步电动机的不足之处，也是它的特点之一。

## 三、三相异步电动机的机械特性和运行特性

### （一）机械特性

如图 4-12 所示的转矩特性曲线 $T = f(s)$ 只是间接表示出电磁转矩与转速之间的关系。而在实际工作中常用异步电动机的机械特性曲线图 4-13 来分析问题，机械特性反映了电动机的转速 $n$ 与电磁转矩 $T$ 之间的函数关系。机械特性可从转矩特性得到。把转矩特性 $T = f(s)$ 的 $s$ 轴变成 $n$ 轴；再把 $T$ 轴平行移到 $n = 0$，即 $s = 1$ 处；并将其换轴后的坐标轴顺时针旋转 $90°$，就得到图 4-13 所示的机械特性曲线。

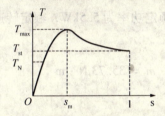
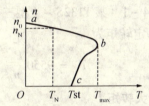

图 4-12 转矩特性 $T = f(s)$ 曲线　　　　图 4-13 机械特性 $n = f(T)$ 曲线

由图 4-12 可知，$s_m$ 作为临界转差率，将 $T = f(s)$ 曲线分为对应 $s$ 的两个不同性质区域。同样，在 $n = f(T)$ 曲线上也相应地存在两个不同性质运行区域：稳定工作区 ab 和不稳定工作区 bc。通常三相异步电动机都工作在特性曲线的 ab 段，当负载转矩 $T_L$ 增大时，在最初瞬间电动机的转矩 $T < T_L$，所以它的转速 $n$ 开始下降。随着 $n$ 的下降，电动机的转矩 $T$ 相应增加，因为这时 $I_z$ 增加的影响超过 $\cos\varphi_2$ 减少的影响；当转矩增加到 $T = T_L$ 时，电动机在新的稳定状态下运行，这时转速较前低。

由图 4-13 表现出来的机械特性曲线可见，ab 段比较平坦，当负载在空载与额定值之间变化时，电动机的转速变化不大。这种特性称为硬的机械特性。三相异步电动机的这种硬特性适用于当负载变化时，对转速要求变化不大的鼠笼式电动机。

研究机械特性的目的是为了分析电动机的运行性能。在机械特性曲线上，我们将讨论三个重要的转矩。

**1. 额定转矩 $T_N$**

异步电动机的额定转矩是指其工作在额定状态下产生的电磁转矩。由于电磁转矩 $T$ 必须与阻转矩 $T_C$ 相等才能稳定运行，即 $T = T_C$

而 $T_C$ 又是由电动机轴上的输出机械负载转矩 $T_L$ 和空载损耗转矩 $T_0$ 共同构成，通常 $T_0$ 很小，可忽略，故

$$T = T_0 + T_L \approx T_L \tag{4-21}$$

又据电磁功率与转矩的关系可得

$$T \approx T_2 = \frac{P_2}{\omega}$$

式中，$P_2$ 为电机轴上输出的机械功率，上式中功率的单位是 W，转矩的单位是 N·m，角速度 $\omega$ 的单位是 rad/s。功率如用 kW 表示，则得

$$T = \frac{P_2}{\omega} = \frac{P_2 \times 1000}{\frac{2\pi n}{60}} = 9550 \frac{P_2}{n} \tag{4-22}$$

若电机处于额定状态，则可从电机的铭牌上查到额定功率和额定转速的大小，由式（4-22）可得额定转矩的计算公式

$$T_N = 9550 \frac{P_{2N}}{n_N} \tag{4-23}$$

式中 $P_{2N}$——电动机额定输出功率（kW）；

$n_N$——电动机额定转速（r/min）；

$T_N$——电动机额定转矩（N·m）。

**例如 4-1** 某 Y132S-4 型三相异步电动机的额定功率为 5.5kW，额定转速为 1470r/min，则额定转矩为

$$T_N = 9550 \frac{P_{2N}}{n_N} = 9550 \times \frac{5.5}{1470} N \cdot m = 35.73 \ N \cdot m$$

**2. 最大转矩 $T_{max}$**

从机械特性曲线上看，转矩有一个最大值 $T_{max}$，称为最大转矩或临界转矩。对应于最大转矩的转差率为 $s_m$，若将式（4-19）得到的转矩 $T$ 对转差率 $s$ 求导，并令 $\frac{dT}{ds} = 0$，就可求出 $s_m$，

即

$$s_m = \frac{R_2}{X_{20}} \tag{4-24}$$

将上式代入到式（4-20）中，可得到最大转矩 $T_{max}$

$$T_{max} = K \frac{U_1^2}{2X_{20}} \tag{4-25}$$

分析上述两式可得到如下结论：

（1）最大转差率 $s_m$ 与转子电阻 $R_2$ 成正比，$R_2$ 越大，$s_m$ 也越大，图 4-14 表示了不同转子电阻（$R_1 > R_2$）与机械特性的关系，可见若要调低电机的转速可采用在转子电路串电阻的方法，反之，减少转子电路的电阻可相应的增加转速。

（2）最大转矩 $T_{max}$ 与 $R_2$ 无关，它仅与电源电压的平方（$U_1^2$）成正比。所以供电电压的波动将影响电动机的运行情况。图 4-15 表示了电压变化（$U_1 > U_2$）对机械特性的影响，若要实现电机转速的改变也可采用调压的方法实现。

一般情况下，允许电动机的负载转矩在较短的时间内超过其额定转矩，但不能超过最

大转矩。因此最大转矩也表示电动机短时容许的过载能力。电动机的额定转矩 $T_N$ 应低于最大转矩 $T_{max}$，两者之比称为过载系数 $\lambda$，即

$$\lambda = \frac{T_{max}}{T_N} \qquad\qquad (4-26)$$

$\lambda$ 是衡量电动机短时过载能力和稳定运行的一个重要参数。$\lambda$ 值越大的电动机过载能力越大，一般三相异步电动机的过载系数为 1.8 ~ 2.2。

**3. 启动转矩 $T_{st}$**

电动机刚启动（$n = 0$）时的转矩称为启动转矩 $T_{st}$。启动转矩必须大于负载转矩，$T_{st} > T_L$ 电动机才能启动。通常用启动转矩与额定转矩的比值来表示异步电动机的启动能力 $\lambda_{st}$，即

$$\lambda_{st} = \frac{T_{st}}{T_N} \qquad\qquad (4-27)$$

一般三相异步电动机的启动系数约为 0.8 ~ 2.0。

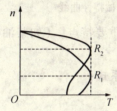

图 4 – 14　$R_2$ 对机械特性的影响　　　　图 4 – 15　$U_1$ 对机械特性的影响

**例 4 – 2**　某台鼠笼式异步电动机，$\triangle$ 联结，额定功率为 $P_N = 40kW$，额定转速 $n_N = 1460 r/min$，过载系数为 $\lambda = 2.0$，试求：（1）其额定转矩 $T_N$、额定转差率 $s_N$ 和最大转矩 $T_{max}$；（2）当电源下降到 $U'_1 = 0.9U_N$ 时的额定转矩。

解：（1）根据式（4 – 23）

$$T_N = 9550 \times \frac{P_{2N}}{n_N} = 9550 \times \frac{40}{1460} N \cdot m = 261.6 N \cdot m$$

由 $n_N = 1460 r/min$ 和表 5 – 1 得知 $n_0 = 1500 r/min$，所以

$$s_N = \frac{n_0 - n_N}{n_0} \times 100\% = \frac{1500 - 1460}{1500} \times 100\% \approx 2.67\%$$

根据 $\lambda = \frac{T_{max}}{T_N} = 2.0$ 得

$$T_{max} = \lambda T_N = 2.0 \times 261.6 N \cdot m = 523.2 N \cdot m$$

（2）当 $U'_1 = 0.9U_N$ 时，由式（4 – 10）可知 $T \propto U_1^2$，因此有

$$\left(\frac{U'_N}{U_N}\right)^2 = \left(\frac{T'_N}{T_N}\right) = (0.9)^2 = 0.81$$

即

$$T'_N = 0.81 T_N = 0.81 \times 261.6 N \cdot m = 211 \cdot 9\varLambda 1 \cdot m$$

### （二）运行特性

#### 1. 转矩与功率的关系

电动机的电磁转矩可以随负载的变化而自动调整，这种能力称为自适应负载能力。如图 4 - 16 所示，当负载转矩发生变化时，转速与电磁力矩的关系有：$T_L\uparrow\Rightarrow n\downarrow\Rightarrow s\uparrow\Rightarrow I_2\uparrow\Rightarrow T\uparrow$ 直至新的平衡，当负载转矩下降时情况相同。其中 $I_1$ 为定子电流，$I_2$ 为转子电流。

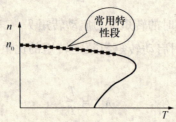

图 4 - 16　三相异步电动机的机械特性曲线

自适应负载能力是电动机区别于其他动力机械的重要特点。（如柴油机当负载增加时，必须由操作者加大节气门，才能带动新的负载）

另外，由力学知识可以得到电动机转矩与功率关系式：

$$T \approx 9550\frac{P}{n} \tag{4-28}$$

电动机在额定状态下运行时额定功率与额定转矩关系式为：

$$T_N \approx 9550\frac{P_N}{n_N}$$

$P$ 单位为单位为 kW，$n$ 的单位为 r/min，$T$ 的单位为 N·m。

**例 4 - 3**　有两台功率相同的三相异步电动机，一台 $P_N=7.5$kW，$U_N=380$ V，$n_N=962$r/min，另一台 $P_N=7.5$kW，$U_N=380$V，$n_N=1440$r/min。求它们的额定转矩。

解：第一台

$$T_N = 9550\frac{P_N}{n_N} = 9550\times\frac{7.5}{962}\text{N·m} = 74.45\text{N·m}$$

第二台

$$T_N = 9550\frac{P_N}{n_N} = 9550\times\frac{7.5}{1440}\text{N·m} = 49.4\text{N·m}$$

### （二）电磁转矩与电源电压的关系

电磁转矩是由旋转磁场和转子电流的有功分量相互作用而产生的，电磁转矩公式经简化为

$$T = kU_1^2 \cdot \frac{SR_2}{R_2^2 + (S\times 20)^2} \tag{4-29}$$

式中，$k$ 是常数，$U_1$ 是变量，

由此得到一个重要结论——感应电动机电磁转矩与电源电压的平方成正比，表示为

$$T \propto U_1^2 \tag{4-30}$$

由于用电负荷的变化，电网电压往往会发生波动，而电动机的电磁转矩对电压很敏

感。当电网电压降低时，将引起电磁转矩大幅降低。

在图 4 - 17 中画出了几条不同电压时的机械特性曲线。

由图 4 - 17 可见，当电动机负载的阻力矩一定时，由于电压降低，电磁转矩迅速下降，将使电动机有可能带不动原有的负载，于是转速下降，电流增大。如果电压下降过多，以致最大转矩也低于负载转矩时，则电动机会被迫停转，时间稍长，电动机会因过热损坏。

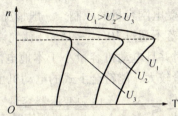

图 4 - 17　三相异步电动机的机械特性曲线

**例 4 - 4**　已知一台三相异步电动机 $T_N = 260\text{N} \cdot \text{m}$，$I_N = 75\text{A}$，$\eta = 84.5\%$，$U_N = 380\text{V}$ 三角形连接，$f_1 = 50\text{H}_z$，$\dfrac{I_{st}}{I_N} = 7$，$K_{st} = 1.2$。

求：负载转矩为　$T_L = 280\text{N} \cdot \text{m}$，在 $U_1 = U_N$ 和 $U_1 = 0.9U_N$ 两种情况下电动机能否直接启动？

解：（1）$U_1 = U_N$

$\qquad T_{st} = 1.2T_N = 1.2 \times 260\text{N} \cdot \text{m} = 312\text{N} \cdot \text{m} > 280\text{N} \cdot \text{m}$ 可以起动；

（2）$U_1 = 0.9U_N$

$\qquad T'_{st} = 0.81T_{ST} = 0.81 \times 312\text{N} \cdot \text{m} = 245\text{N} \cdot \text{m} < 280\text{N} \cdot \text{m}$ 不能起动。

# 第三节　三相异步电动机的运行与控制

## 一、三相异步电动机的启动

对三相异步电动机启动的要求有以下几点：

（1）启动电流不能太大　普通笼型异步电动机启动电流为额定电流的 4 ~ 7 倍。这样大的启动电流会使电网电压短时降落很多，影响电网上的其他用电设备的正常运行。此外电动机本身也将受到过大的电磁转矩的冲击。一般要求启动电流在电网上的电压降落不得超过 10%，偶尔启动时不得超过 15%。

（2）要有足够的启动转矩　启动转矩是指在启动过程中，电动机产生的电磁转矩，启动转矩与负载转矩的差值称为加速转矩。当拖动系统的飞轮矩一定时，启动时间取决于加速转矩，若负载转矩或飞轮矩很大而启动转矩不足，则启动时间被拖长。由于启动电流很大，启动时间长，电动机绕组将严重发热，降低了使用寿命，甚至被烧毁。

（3）启动设备要简单，价格低廉，便于操作及维护。必须根据电网容量和负载对启动转矩的要求，选择三相异步电动机的启动方法。笼型电动机有直接启动和降压启动两种方法。

## （一）直接启动（全压启动）

利用断路器或接触器将电动机直接接到具有额定电压的电源上，这种启动方法称为直接启动。

直接启动的优点是启动设备和操作简单，缺点是启动电流大。为了利用直接启动的优点，现代设计的笼型异步电动机按直接启动时的电磁力和发热来考虑它的机械强度和热稳定性，从电动机本身来说，笼型异步电动机都允许直接启动。

直接启动方法的应用主要受电网容量的限制，一般情况下，只要直接启动时的启动电流在电网中引起的电压降落不超过 10% ～ 15%，就允许采用直接启动。一般规定，异步电动机的功率小于 7.5KW 时并且电动机容量小于本地电网容量 20% 可以直接启动，如果功率大于 7.5KW 而电网容量较大，能符合下式的电动机也可直接启动：

$$\frac{I_{st}}{I_N} \leq \frac{3}{4} + \frac{电源变压器容量}{4 \times 电动机额定功率} \tag{4-31}$$

## （二）降压启动

电动机启动时，降低加在电动机定子绕组上的电压，待启动结束时再恢复额定电压运行。由于启动转矩明显减小所以降压启动适用于容量较大的笼型三相异步电动机及对启动转矩要求不高的生产机械。笼型三相异步电动机降压启动的方法有定子绕组串电阻（或电抗）降压启动，自耦变压器降压启动，星形—三角形降压启动。

在此主要介绍工业常用降压启动控制方法星形—三角形降压启动。

这种方法适用于正常运行时定子绕组为三角形联结的笼型三相异步电动机。图 4-18 所示为笼型三相异步电动机 Y—△换接启动的原理电路，在启动时，开关 $Q_2$ 向下闭合，使电动机的定子绕组为星形联结，这时每相绕组上的启动电压只有它的额定电压的 $\frac{1}{3}$。当电动机到达一定转速后，迅速把 $Q_2$ 向上合，定子绕组转换成三角形联结，使电动机在额定电压下运行。

采用这种启动方式，电动机的启动电流和启动转矩都降低到直接启动时的 $\frac{1}{3}$，适用于轻载启动的场合，因此在使用时必须注意启动转矩能否满足要求。

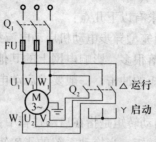

图 4-18　Y-换接启动线路

## 二、三相异步电动机的调速

在实际生产过程中，为满足生产机械的需要，需要人为地改变电动机的转速，这就是通常所说的调速。电动机调速的方法较多，根据 $f_1$、$p$、$n_1$、$n_0$ 四个参数之间的关系可得：

$$n_1 = (1 - s)n_0 = (1 - s)\frac{60f_1}{p} \tag{4-32}$$

由式可知，改变电源频率 $f_1$、电动机的极数对数 $p$ 或转差率 $s$ 均能改变电动机的转速。其中改变 $f_1$、$p$ 常用于笼型电动机的调速；改变转差率 $s$，则用于线绕型电动机的调速。现讨论如下。

### （一）变频调速

变频调速指通过改变三相异步电动机供电电源的频率来实现调速。近年来该项调速技术发展得较快，当前主要采用图 4-19 所示的变频调速装置。它主要由整流器、逆变器、控制电路三部分组成。整流器先将 50Hz 的交流电转换成电压可调的直流电，再由逆变器变换成频率连续可调，电压也可调的三相交流电。以此来实现三相异步电动机的无级调速。

由于在交流异步电动机的诸多调速方法中，变频调速具有调速性能好、调速范围广、运行效率高等特点，使得变频调速技术的应用日益广泛。

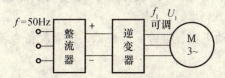

图 4-19  变频调速装置

### （二）变极调速

变极调速就是通过改变旋转磁场的磁极对数来实现对三相异步电动机的调速。由式 (4-32) 可知，磁极对数 $p$ 的增减必将改变 $n_0$ 的大小，从而达到改变电动机转速 $n_1$ 的目的。

如前所述，三相异步电动机定子绕组接法的不同是引起旋转磁场磁极对数改变的根本原因。这就要求电动机的定子有几套绕组或绕组有多个抽头引到外部，通过转换开关改变绕组接法，以改变磁极对数形成多速电动机。这种调速方法不能实现无级调速，是有级调速，这是因为旋转磁场的磁极对数只能成对地改变。

变极调速电动机受磁极对数的限制，转速级别不会太多，否则电动机就会结构复杂、体积庞大，不利于生产应用。常用的变极调速电动机有双速或三速电机等，其中双速电动机应用最广。

## 三、三相异步电动机的反转

三相异步电动机的转子方向与定子产生的旋转磁场方向相同，而旋转磁场的转向取决于定子绕组通入的三相电流的方向，所以只要将三根电源线中的任意两根对调，通入定子绕组的电流相序改变，从而就可使转子的转动方向改变，实现电动机反转。

## 四、三相异步电动机的制动

制动问题研究的是怎样使稳定运行的异步电动机在断电后，在最短的时间内克服电动机的转动部分及其拖动的生产机械的惯性而迅速停车，以达到静止状态。对电动机进行准确制动不仅能保证工作安全，而且还能提高生产效率。三相异步电动机的制动方式有机械制动和电气制动两大类。其中电气制动主要有：能耗制动、反接制动和发电反馈制动等。

本节将就能耗制动、反接制动做详细阐述。

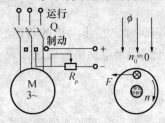

图 4 – 20　能耗制动

### （一）能耗制动

能耗制动的电路及原理如图 4 – 20 所示。在断开电动机的交流电源的同时把 Q 投至"制动"，给任意两相定子绕组通入直流电流。定子绕组中流过的直流电流在电动机内部产生一个不旋转的恒定直流磁场。断电后，电动机转子由于惯性作用还按原方向转动，从而切割直流磁场产生感应电动势和感应电流，其方向用右手法则确定。转子电流与直流磁场相互作用，使转子导体受力 $F$，$F$ 的方向用左手法则确定。$F$ 所产生的转矩方向与电动机原旋转方向相反，因而起制动作用，是制动转矩。制动转矩的大小与通入的直流电源的大小有关，一般为电动机额定电流的 0.5 倍 ~ 1 倍。这种制动方法是利用转子惯性转动的能量切割磁场而产生制动转矩，其实质是将转子动能转换成电能，并最终变成热能消耗在转子回路的电阻上，故称能耗制动。

能耗制动的特点是制动平稳、准确、能耗低，但需配备直流电源。

### （二）反接制动

图 4 – 21 所示是反接制动的原理图。当电动机需要停车时，在断开 $Q_1$ 的同时，接通 $Q_2$，目的是为改变电动机的三相电源相序，从而导致定子旋转磁场反向，使转子产生一个与原转向相反的制动力矩，迫使转子迅速停转。当转速接近零时，必须立即断开 $Q_2$，切断电源，否则电动机将在反向磁场的作用下反转。

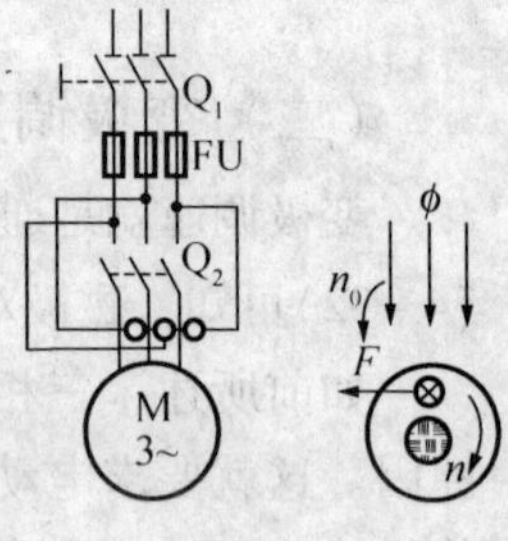

在反接制动时，旋转磁场与转子的相对转速很大，定子绕组电流也很大，为确保运行安全，不至于因电流大导致电动机过热损坏，必须在定子电路中串入限流电阻。

图 4 – 21　反接制动

反接制动具有制动方法简单、制动效果好等特点。但能耗大、冲击大。在启停不频繁、功率较小的电力拖动中常用这种制动方式。

### （三）回馈制动

回馈制动采用的是有源逆变技术，将再生电能逆变为与电网同频率同相位的交流电回送电网，从而实现制动。回馈制动的原理如图 4 – 22 所示。

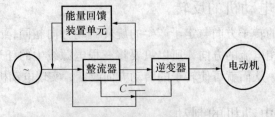

图 4 – 22　回馈制动原理框图

要实现回馈制动，就必须要将回馈电能进行同频同相控制、回馈电流控制等条件，才能将回馈电能安全送达电网上。在变频调速系统中，电动机的减速和停止都是通过逐渐减小运行频率来实现的，在变频器频率减小的瞬间，电动机的同步转速随之下降，而由于机械惯性的原因,电动机的转子转速未变,这时会出现实际转速大于给定转速,从而产生电动机反电动势高于变频器直流端电压的情况,这时电动机就变成发电机,非但不消耗电网电能,反而可以通过变频器专用型能量回馈单元向电网送电,这样既有良好的制动效果,又将动能转变化为电能,向电网送电而达到回收能量的效果。

回馈制动的优点是提高了系统的效率;缺点是可能发生换相失败,损坏器件;在回馈时,对电网有谐波污染;控制复杂,成本较高。

# 本章小结

1. 三相异步电动机  三相异步电动机的种类很多,但各类三相异步电动机的基本结构是相同的,它们都由定子和转子这两大基本部分组成,在定子和转子之间具有一定的气隙。此外,还有端盖、轴承、接线盒等其他附件。

(1)定子部分。定子是用来产生旋转磁场的。三相电动机的定子一般由外壳、定子铁芯、定子绕组等部分组成。①定子铁芯:异步电动机定子铁芯是电动机磁路的一部分,由0.35~0.5mm厚表面涂有绝缘漆的薄硅钢片叠压而成。②定子绕组:定子绕组是三相电动机的电路部分,三相电动机有三相定子绕组,通入三相对称电流时,就会产生旋转磁场。

(2)转子部分。①转子铁芯:是用0.5mm厚的硅钢片叠压而成,套在转轴上,作用和定子铁芯相同,一方面作为电动机磁路的一部分,一方面用来安放转子绕组。②转子绕组:异步电动机的转子绕组分为绕线形与笼形两种,由此分为绕线转子异步电动机与笼形异步电动机。

(3)其他部分。其他部分包括端盖、风扇等。端盖除了起防护作用外,在端盖上还装有轴承,用以支撑转子轴。风扇则用来通风冷却电动机。

2. 铭牌  在三相电动机的外壳上,钉有一块牌子,叫铭牌。铭牌上注明这台三相电动机的主要技术数据,是选择、安装、使用和修理三相电动机的重要依据。

3. 三相异步电动机的机械特性  三相异步电动机的机械特性是指电动机的转速 $n$ 与电磁转矩 $T$ 之间的关系。由于转速 $n$ 与转差率 $s$ 有一定的对应关系,所以机械特性也常用 $T = f(s)$ 的形式表示。电动机的最大转矩和启动转矩是反映电动机的过载能力和启动性能的两个重要指标,最大转矩和启动转矩越大,则电动机的过载能力越强,启动性能越好。

4. 三相异步电动机的运行控制

(1)启动。小容量的三相异步电动机可以采用直接启动,容量较大的笼型电动机可以采用降压启动。降压启动分为定子串接电阻或电抗降压启动、$Y - \Delta$ 降压启动和自耦变压器降压启动。定子串电阻或电机降压启动时,启动电流随电压一次方关系减小,而启动转矩随电压的平方关系减小,它适用于轻载启动。$Y - \Delta$ 降压启动只适用于正常运行时为三角形联结的电动机,其启动电流和启动转矩均降为直接启动时的1/3,它也适用于轻载启动。自耦变压器降压启动适合带较大的负载启动。

(2)三相异步电动机的制动,三相异步电动机常用的有两种制动状态:能耗制动、反接制动。这两种制动状态的能量转换关系及用途、特点各不相同。

(3)反转。只要将三根电源线中的任意两根对调,通入定子绕组的电流相序改变,从而就可使转子的转动方向改变，实现电动机反转。

（4）调速。三相异步电动机的调速方法有变极调速、变频调速和变转差率调速。变转差率调速包括绕线转子异步电动机的转子串接电阻调速、串级调速。变极调速是通过改变定子绕组接线方式来改变电机极数，从而实现电机转速的变化。变极调速为有级调速。变频调速是利用变频器和逆变器把交流电变为电压和频率可变的交流电，从而达到调速的目的。

# 习　题

4-1　从电动机铭牌中可以得到哪些重要数据，它们的实际作用是什么？

4-2　异步电动机的转差率有何意义？当 $s=1$ 时，异步电动机的转速怎样？

4-3　三相异步电动机常用的制动方法有几种？它们的共同点是什么？

4-4　如何使三相异步电动机反转？

4-5　有些三相异步电动机有 380V/220V 两种额定电压，定子绕组可接成星形，也可接成三角形，试问两种额定电压分别对应何种接法？

4-6　某些国家的工业标准频率为 $f=60\,Hz$，这种频率的三相异步电动机在 $P=2$ 和 $P=1$ 时的同步转速是多少？

4-7　三相异步电动机在正常运行时，若电源电压下降，电动机的电流和转速有何变化？

4-8　电动机在短时过载运行时，过载越多，允许的过载时间越短，为什么？

4-9　额定电压为 380V、星形联结的三相异步电动机，电源电压为何值时才能接成三角形？额定电压为 380V、三角形联结的电动机，电源电压为何值时才能接成星形？

4-10　额定电压为 380V/660V、$\Delta-Y$ 联结的三相异步电动机，试问当电源电压分别为 380V 和 660V 时各应采用什么联结方法？它们的额定相电流是否相同？差多少倍？

4-11　一鼠笼型三相异步电动机拖动某生产机械运行。当 $f=50Hz$ 时，$n=2930r/min$；当 $f=40Hz$ 和 $f=60\,Hz$ 时，转差率都为 $s=0.035$。求这两种频率时的转子转速。

4-12　异步电动机在满载和空载启动时，其启动电流和启动转矩是否一样大小，为什么？

4-13　某多速三相异步电动机，$f_N=50Hz$，若磁极对数由 $P=2$ 变到 $P=4$ 时，同步转速各是多少？

4-14　罩极式电动机的转子转向能否改变？能否用于洗衣机带动波轮来回转动？

4-15　一台三相异步电动机接在 50Hz 的电源上，已知在额定电压下满载运行的转速为 940r/min。试求：①磁极对数 $p$；②同步转速 $n_0$；③转差率 $s$。

4-16　三相异步电动机额定数据为 $P_N=40kW$，$U_N=380V$，$\eta=0.84$，$n_N=950r/min$，$\cos\varphi=0.97$，求输入功率 $P_1$、线电流 $I$ 及额定转矩 $T_N$。

4-17　一台三相异步电动机的额定功率为 10kW，三角形/星形连接，额定电压为 220V/380V，功率因数为 0.85，效率为 85%，试求这两种接法下的线电流。

4－18　已知某电动机铭牌数据为 3kW，三角形/星形连接，220V/380V，11.25A/6.5A，50H$_z$，$\cos\varphi = 0.86$，1430 r/min。试求：①额定效率；②额定转矩；③额定转差率；④磁极对数。

# 阅读与应用

单相异步电动机是指单相电源供电的小功率电动机，如日常生活中的电风扇、电冰箱、洗衣机、搅拌机等均采用单相异步电动机作动力。

由于单相异步电动机定子铁芯上只有单相绕组，绕组中通的是单相交流电，所产生的磁通是交变脉动磁通。它的轴线在空间上是固定不变的，这样的磁通不可能使转子启动旋转。因此，必须采取另外的启动措施。下面介绍两种常用的笼型单相异步电动机的旋转原理。

## 一、电容分相式单相异步电动机

电容分相式单相异步电动机的基本原理，如图 4－23 所示。（a）绕组接线图，（b）电压电流相量图。

电容分相式单相异步电动机的工作原理从图 4－23（a）可以看出，电容分相式单相异步电动机的定子绕组有两个绕组；一个是工作绕组 $U_1 U_2$，一个是启动绕组 $V_1 V_2$。工作绕组和启动绕组在空间上相差 90°。启动绕组 $V_1 V_2$ 串联一个电容后再与工作绕组 $U_1 U_2$ 并联接入电源。这样接在同一电流上的两个绕组上的电流 $\dot{I}_1$、$\dot{I}_2$ 在相量图上却不同。$\dot{I}_1$ 滞后电源电压 $\dot{U}$，$\dot{I}_2$ 超前电源电压 $\dot{U}$，如图 4－23（b）所示。这是因为工作绕组为感性电路，而启动绕组因串联电容器 $C$ 后成为容性电路。若适当选择电容 $C$ 的容量，使得 $\dot{I}_1$、$\dot{I}_2$ 相差为 90°，就能得到在时间和空间上相位差均为 90°的两相电流。它们分别通过工作绕组和启动绕组后，在电动机内产生一个旋转磁场。转子导条在这个旋转磁场的作用下产生感应电流，电动机就有了启动转矩，使电动机转起来。可用图 4－24 来说明电容分相式单相异步电动机旋转磁场的形成。

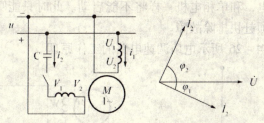

（a）绕组接线图　　（b）电压电流相量图

图 4－23　电容分相式单相异步电动机的工作原理

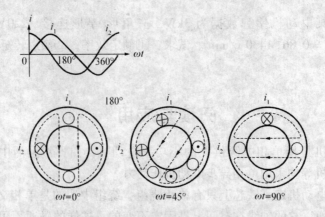

图 4 – 24  电容分相式单相异步电动机旋转磁场的形成

设两相电流为

$$i_1 = I_{1m}\sin\omega t$$

$$i_2 = I_{2m}\sin(\omega t + 90^0)$$

参照三相异步电动机旋转磁场形成的分析方法，可得出 $\omega t$ 分别为 0 、45°、90°几种特殊情况下单相异步电动机的合成磁场。由图可见，这个磁场在空间上是旋转的，绕组中通入电流的电角度变化 90°，旋转磁场在空间上也转过 90°。

单相异步电动机启动后，启动绕组可继续留在电路中，也可在电动机转速接近同步转速的 75% ~80% 时由离心开关断开。若想提高电动机的功率因数和增大转矩，可选择不断开启动绕组。

改变电容器 $C$ 的位置能实现单相异步电动机的反转，如图 4 – 25 所示。

将开关 $Q$ 扳到 1 处，电容器 $C$ 与绕组 $V_1V_2$ 串联，此时 $U_1U_2$ 为启动绕组，$\dot{I}_1$ 超前 $\dot{I}_2$ 近 90°，电动机正转；当将 $Q$ 扳到 2 时，电容器 $C$ 与 $U_1U_2$ 串联，$V_1V_2$ 为启动绕组，改变了旋转磁场的转向，实现了电动机反转。

最后讨论一下三相异步电动机的单相运行问题。三相异步电动机若在运行过程中，有一相和电源断开，则变成单相电动机运行。和单相电机一样，电机仍会按原来方向运转。但若负载不变，电流将变大，导致电机过热。使用中要特别注意这种现象；三相异步电动机若在启动前有一相断电，和单相电机一样将不能启动。此时只能听到嗡嗡声，长时间启动不了，也会过热，必须赶快排除故障。

例 4 – 5  试分析图 4 – 26 所示电扇调速电路的工作原理。

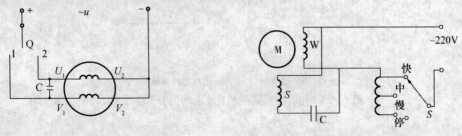

图 4 – 25  可正、反转的单相异步电动机　　　　图 4 – 26  采用电抗器降压的电扇调速电器

解：该电扇采用电容电动机拖动，电路中串入具有抽头的电抗器，当转换开关 $S$ 处于

不同位置时，电抗器的电压降不同，使电动机端电压改变而实现有级调速。

## 二、罩极式单相异步电动机

罩极电动机的定子制成凸极式磁极，定子绕组套装在这个磁极上，并在每个磁极表面开有一个凹槽，将磁极分成大小两部分，在较小的一部分上套着一个短路铜环，如图4-27所示。当定子绕组通入交流电流而产生脉动磁场时，由于短路环中感应电流的作用，使通过磁极的磁通分成两个部分，这两部分磁通数量上不相等，在相位上也不同，通过短路环的这一部分磁通滞后于另一部分磁通。这两个磁通在空间上亦相差一个角度，相互合成以后也会产生一个旋转磁场。

鼠笼型转子在这个旋转磁场的作用下就产生电磁转矩而旋转。这种电动机的旋转方向是由磁极未加短路环部分向套有短路环部分的方向旋转。

罩极上的铜环是固定的，而磁场总是从未罩部分向罩极移动，罩极式单相异步电动机的扫动磁场如图4-28所示，故磁场的转动方向是不变的。可见罩极式单相异步电动机不能改变转向，它的启动转矩较分相式单相异步电动机的启动转矩小，一般用在空载或轻载启动的台扇、排风机等设备中。

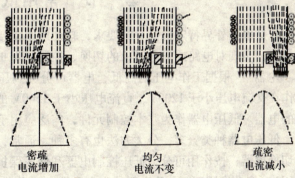

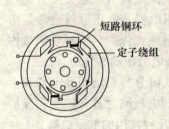

图4-27　罩极电动机结构图　　　　图4-28　罩极式单相异步电动机的扫动磁场

# 第五章 低压电器及基本控制电路

现代生产机械设备，大多数是由电动机拖动的。在生产和使用这些设备的过程中，需要对电动机进行自动控制，使机械各部件的运动按设定的顺序运行，电气设备完成正常功能。通常对电动机的控制主要是指对它的启动、停止、正反转、调速和制动等过程进行手动和自动控制。目前，对电动机或其他电气设备的控制，普遍采用继电器、接触器及主令电器来完成。

本章首先介绍控制线路中常用的一些电器元件的结构、工作原理、作用及使用方法。然后重点介绍了三相异步电动机的一些基本控制线路。最后简单介绍读图方法和具体应用，以帮助读者较快地阅读和分析系统的控制线路。

## 第一节 常用低压电器

凡是根据外界特定的信号或要求，自动或手动接通或断开电路，断续或连续地改变电路参数，实现对电路或非电对象的切换、控制、保护、检测、变换或调节的电气设备统称为"电器"。根据工作电压的高低，电器可分为高压电器和低压电器。低压电器通常是指工作在交流电压小于1200V、直流电压小于1500V的电路中起通断、保护、控制或调节作用的电器。低压电器作为基本控制元件，广泛应用于配电系统和电力拖动系统中。

低压电器种类繁多，分类方法也有多种。通常，按动作方式可分为自动切换电器和手动切换电器；按作用可分为低压控制电器和低压保护电器（有的电器同时具有控制和保护作用）；按动作原理可分为电磁式电器和非电量电器。下面介绍几种常用的低压电器。

### 一、开关

开关分为闸刀开关、铁壳开关、组合开关等。这些电器的结构和工作原理都很简单。结合实物很容易识别它们的类型和了解它们的特点。

#### （一）闸刀开关

闸刀开关是低压配电中应用最广的电器，主要用来隔离电源。它的结构简单，主要由刀片（动触头）和刀座（静触头）组成。在电流不大的线路里可以直接用它接通和断开电源，适合额定电压在交流380V或直流440V以下、额定电流1500A以下的场合。

闸刀开关的种类很多，它的规格有数十种。按刀的极数的不同可分为单极（单刀）、两极（双刀）、三极（三刀），常用的三极开关额定电流有100A、200A、400A、600A、1000A等。闸刀开关的外形结构如图5-1（a）所示，其文字符号为QS，图形符号与接线方式如图5-1（b）所示。

图5-1（a）所示的为HK型三极胶盖瓷底闸刀开关，是目前普遍应用的手动开关。它由瓷底板、熔丝、胶盖及静刀片和动刀片等组成。胶盖可用来熄灭切断电源时产生的电弧，保证操作人员的安全。这种开关可用于手控不频繁地接通和切断带负载的电路，也可

以作异步电动机不频繁地直接启动或停转之用。

选择闸刀开关时，刀的极数要与电源进线相数相等，其额定电流应大于或等于所控制负载的额定电流。接通操作闸刀开关是用手握住手柄，使触刀绕铰链支座转动，推入插座内即可。分断操作与接通操作相反，即向外拉动手柄，使触刀脱离静插座。安装闸刀开关时，手柄要向上，不得倒装或平装。如果倒装，则拉闸后手柄可能因自重下落引起误合闸而造成人身和设备安全事故。

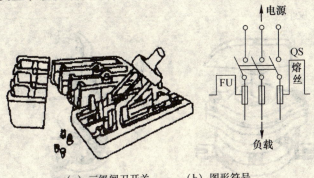

（a）三级闸刀开关　　　（b）图形符号

图 5 - 1　闸刀开关及符号

## （二）铁壳开关

铁壳开关又称为封闭式负荷开关，它是一种带有熔断器的速断开关．如图 5 - 2 所示。它的结构与一般闸刀开关的主要区别是它装有一个速断弹簧。拉闸时动刀片和静刀片能很快分离，切断电源，这样可以使电弧迅速拉长而熄灭。另外，为了保证安全用电，铁壳装有连锁装置。当打开铁壳时，闸刀被卡住，手柄不能操作开关合闸，而闸刀合上时，只有断开闸刀开关才能打开铁壳。

铁壳开关多用于电力排灌、电热器及电气照明线路的配电设备中，作为不频繁接通和分断电路用，常用于 28kW 以下的三相异步电动机的直接启动、停止控制。

使用铁壳开关时，外壳应可靠接地，防止意外漏电造成触电事故。

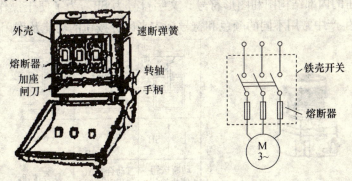

图 5 - 2　铁壳开关

## （三）组合开关

组合开关又称为盒式开关或转换开关。它实质上也是一种刀开关，只是一般刀开关的操作手柄是在垂直于其安装面的平面内向上或向下转动，而组合开关的操作手柄则是在平行于其安装面的平面内向左或向右转动。

组合开关是由若干动触片和静触片（刀片）分别装于数层绝缘垫板内组成。动触片装在附有手柄的转轴上，随转轴旋转而改变通断位置。如图 5－3 所示为 HZ10－25/3 型组合开关的外形和图形符号。从图中可看出，随着转动手柄停留位置的改变，它可以同时接通和断开部分电路。

组合开关一般用在控制电路中，作为非频繁的接通和分断电路、电源的接入、照明设备的通断、三相电压的测量及小功率电动机的启动和停止的控制开关也常用来控制小功率异步电动机的正转、反转。

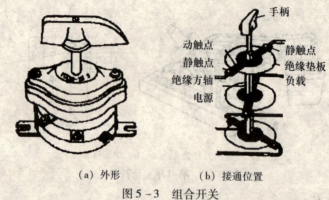

（a）外形　　　　　　　（b）接通位置

图 5－3　组合开关

## 二、主令电器

按钮也称控制按钮或按钮开关，它是电力拖动系统中一种典型的主令电器。按钮在接通或切断电路后，只要一松手，电路便恢复原态，故可以通过按钮发出"接通"和"断开"的指令信号，其作用通常是用来短时间地接通或断开小电流的控制电路（如接触器、继电器等），进而再由控制电路控制电动机或其他电器设备的运行。

按钮一般由按钮帽、复位弹簧、桥式动触头、静触头、支柱连杆以及外壳等组成。按钮的形式很多．常用的有 LA10、LA18、LA19 等形式，其外形结构如图 5－4（a）所示。图5－4（b）为按钮的内部结构图和图形符号，文字符号为 SB。为了便于操作人员识别，避免发生误操作，生产中常用不同的颜色和符号标志来区分按钮的功能及作用。

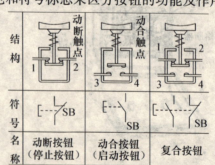

（a）外形图　　　（b）结构图和图形符号

图 5－4　按钮外形及符号

根据触点不同按钮可分为以下 3 种。

动合按钮：在未按下按钮时，动静触点是断开的；按下按钮时，动静触点闭合，松开按钮时，在复位弹簧作用下触点会自动恢复原来的断开状态。

动断按钮：在未按下按钮时，动静触点是闭合的；按下按钮时，动静触点断开，松开手时，在复位弹簧作用下触点会自动恢复原来的闭合状态。

复合按钮：既有动合按钮，又有动断按钮的按钮组，称为复合按钮。按下复合按钮时，所有的触点都改变状态，即动合触点要闭合，动断触点要断开。但是，这两对触点的变化是有先后顺序的，按下按钮时，动断触点先断开，动合触点后闭合；松开按钮时，动合触点先复位，动断触点后复位。

### 三、自动控制电器

自动控制电器是指能根据参数变化和控制指令自行完成保护电路、控制电路功能的电器。常用的低电压中的自动电器有：熔断器、自动空气开关、接触器和热继电器等。

#### （一）熔断器

熔断器俗称保险丝，是一种广泛应用的简单而有效的短路保护电器。熔断器有管式、插入式和螺旋式等几种形式，它们的外形如图 5 - 5（a）、（b）、（c）所示，图形文字符号如图 5 - 5（d）所示。

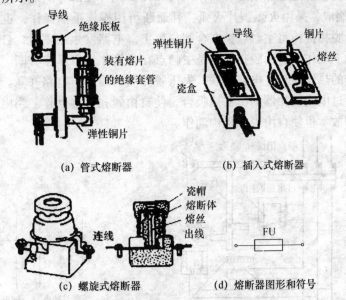

(a) 管式熔断器　　　　　　　(b) 插入式熔断器

(c) 螺旋式熔断器　　　　(d) 熔断器图形和符号

图 5 - 5　熔断器外形及符号

熔断器的熔丝一般由熔点较低的铅锡合金丝制成，也可以用截面很细的钢丝制成。熔断器是控制电路和配电电路中常用的安全保护电器，熔丝被串联在保护的电路中，当电路通过的电流小于或等于熔丝的工作额定电流时，熔丝不会断开，电路正常工作。一旦电路发生短路或超载故障，线路中的电流会增大，在熔丝上产生的热量便会使其温度升高到熔丝的熔点，熔丝自动熔断，切断电源，起到保护设备的作用。

熔断丝的选用由电路的工作情况来确定。在照明、电热器等电路中，熔断丝的额定电流应等于或稍大于负载的额定电流。熔断丝电流过小，电路不能正常工作，电流过大又不能起到保护作用。

在异步电动机直接启动的电路中，启动电流可达额定电流的 4～7 倍。为了在启动时保证熔断丝不致熔断，在电路内发生短路故障时又能迅速熔断，熔断丝应选用热容量小、熔断较快的铜丝，其额定电流可取为电动机额定电流的 2.5～3 倍；熔断丝选用铅锡合金丝时，一般取其电流为额定电流的 1.6～2 倍。在某些重载启动或采用反接制动的电动机线路中，也有把额定电流取为电动机额定电流的 3.5～4 倍的。此外，电动机在运行中，常发生由于某相熔断丝烧断而造成单相运转致使绕组烧坏的情况，根据经验，按较大系数选择熔断丝，在使用中再定期检查熔断丝的接触情况，完全可以有效地减少熔断丝的断相故障。虽然熔断丝的额定电流取得偏大些，但它仍具有较好的短路保护作用。至于电动机的过载保护，一般不依据熔断器，而是采用热继电器来完成。

### （二）自动空气开关

自动空气开关又称为自动开关，亦称为自动空气断路器。适用于交流 50Hz、380V，直流 250V 以下的配电线路中，作为分配电能和电器设备的过载、短路、欠压等保护，也可以用来不频繁地启动电动机。这种开关由于保护系统比较完善，故使用得非常广泛。图 5-6 所示为自动空气开关原理图及其图形符号。

自动空气开关主要由触点系统、操作结构和保护元件三部分组成。主触点由耐弧合金（如银钨合金）制成，采用灭弧锁片灭弧，其通断可用操作手柄操作，也可以用电磁机构操作，并且自由脱扣机构将主触点锁在合闸位置上。电路发生故障时，自由脱扣机构在有关脱扣器的推动下动作，自动脱扣，于是主触点在弹簧作用下迅速分断。过电流脱扣器的线圈和热脱扣器的热元件与主电路串联，失压脱扣器的线圈与电路并联。当电路发生短路或严重过载时，过电流脱扣器的衔铁被吸合，使自由脱扣机构动作。当电路失压时，失压脱扣器的衔铁释放，也使自由脱扣机构动作。

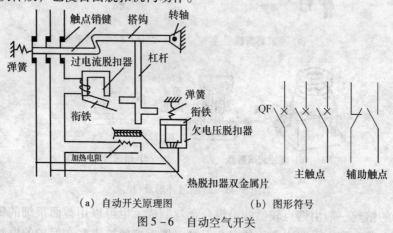

（a）自动开关原理图　　　　（b）图形符号

图 5-6　自动空气开关

### （三）接触器

接触器是用来作频繁地接通或分断交、直流主电路，并能进行远距离控制的电器。其主要控制对象是电动机，亦可控制其他电力负载，如电热器、电焊机、照明电路等。

接触器是电力拖动中最主要的控制电器之一，它分为直流和交流两类。但它们均由电磁铁、主触头、辅助触头、灭弧罩及支架和外壳组成。近年已研制出晶闸管等组成的无触点固态接触器，本书只介绍交流电磁接触器。图 5-7 所示为 CJ10 型交流接触器的外形、结构和图形文字符号。

接触器的动触头固定在衔铁上，静触头固定在机壳上。当吸引线圈未通电时，接触器所处状态为常态．常态时互相分开的触头称为常开触头（动合触头）；互相闭合的触头称为常闭触头（动断触头）。接触器共有三对常开主触头，两对常开和两对常闭辅助触头。主触头额定电流较大，用来接通和分断较大电流的主电路（如电动机负载电路）。辅助触头的额定电流较小，一般为5A，用来接通和分断小电流的控制电路。当吸引线圈通电后，衔铁被吸合，各个常开触头闭合，常闭触头断开。当吸引线圈断电后，在恢复弹簧的作用下、衔铁和所有触头都恢复到原来状态。

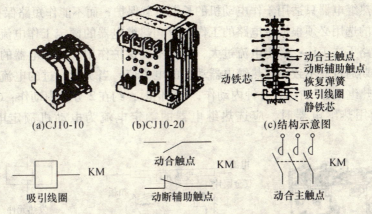

图5-7　CJ10型交流接触器的外形、结构及图形文字符号

接触器的电路可分为两部分；一部分是主触头，它和负载相串联，属于主电路；另一部分是吸引线圈，它和开关或辅助触头相串联，属于控制电路。随着控制电路的接通和分断，主电路也相应地动作，从而可以频繁地控制电动机的启动、正反转和停止。

交流接触器吸引线圈的额定电压有36V、110V、220V和380V等四种，其额定电流有5A、10A、20A、40A、60A、100A、150A等七种。20A以上的交流接触器通常装有灭弧罩，用来迅速熄灭触头分断时所产生的电弧，以免触头被烧坏，也可使分断时间缩短。在接触器有负载时，不允许把灭弧罩取下，因为装上灭弧罩后，三对主触头被绝缘材料隔开，可以避免因触头分断时产生的电弧相互连接而造成相间短路事故。

交流接触器常用来接通和分断异步电动机的电路。在设计接触器的触头时，已考虑到接通启动电流和分断工作电流的问题。因此，选择接触器时只需根据电动机的额定电流来确定。而接触器的吸引线圈的额定电压则应根据控制电路的工作电压来选择。接触器是一个控制电器，亦是一个欠压保护电器。

（四）热继电器

热继电器是一种过载保护电器，可以用来对电动机的长期过载进行保护。热继电器有多种结构形式，最常用的是双金属片式结构。

图5-8所示为热继电器的外形、结构和图形符号。其中发热元件一般由电阻不大的电阻丝或电阻片构成，直接串接在被保护的电动机的主电路中，双金属片由两个热膨胀系数不同的金属片碾压而成。上层的金属片热膨胀系数小，下层金属片热膨胀系数大，双金属片紧贴发热元件，其一端固定在支架上，另一端与扣板自由接触。

当电动机在额定负载下运行时，通过热元件的电流为额定电流。这个电流不足以使热继电器动作。但当电动机过载时，通过发热元件的电流就会超过额定值，产生热量使双金属片逐渐发热变形，弯向膨胀系数小的一侧，即向上弯曲脱离扣板。在弹簧拉力的作用下，扣板逆时针转动，将常闭触头断开，让接触器的吸引线圈断电，从而切断主电路，保护电动机，使电动机不致长期过载而烧坏。切断主电路后，检查过载原因，经过一定时间，双金属片逐渐冷却，按下复位按钮，将触头压回原位，即可使热继电器复位重新工作。

热继电器有两个或三个发热元件。把它们分别串联在电动机的两根或三根电源上，可以直接反映三相电流的大小。由于热继电器是依靠发热元件通过电流后使双金属片变形而动作的，因此要实现这个动作需要一个热量积累的过程。对于短时过载，热继电器不会立即动作。所以热继电器只适用于作电动机的长期过载保护，而不能作短路保护。

热继电器的选用必须根据主电路的工作电流和热继电器的额定工作电流来确定。额定电流过小，电路无法工作；额定电流过大，又起不到保护作用。热继电器的额定电流是发热元件能够长期通过而不致引起热继电器动作的电流值。当实际通过的电流值为额定电流的 1.2 倍时，热继电器约在 20 分钟内动作；1.5 倍时，约在 2 分钟内动作；6 倍时，约在 5 秒内动作。选用热继电器时，应选热继电器的额定电流为电动机额定电流的 0.95 ~ 1.05 倍。

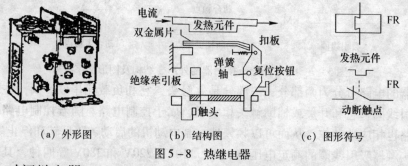

（a）外形图　　　　　（b）结构图　　　　　（c）图形符号

图 5 - 8　热继电器

## （五）时间继电器

电气控制中使用的时间继电器有多种形式，常用的有空气阻尼式、电子式、电动式等。空气阻尼式是利用空气阻尼达到延时目的，比较简单、直观，电子式则利用半导体器件实现延时，具有体积小、延时时间长等特点，在电气控制中常用。图 5 - 9 所示的为 JS—7 型时间继电器结构原理图。

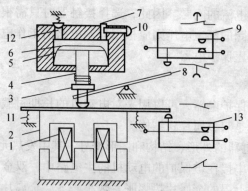

1-线圈　2-动铁心　3-活塞杆　4-弹簧　5、6-橡皮膜　7-进氨孔

8-杠杆　9-延时触点　10-调节螺钉　11-复位弹簧　12-排气孔　13-瞬时触点

图 5 - 9　通电延时的空气阻尼式时间继电器

由图可见，它主要由电磁机构，触头系统，气室及传动机构等所组成。当线圈 1 通电后，动铁心 2 在电磁力作用下被吸住，由于释放弹簧 4 的作用，活塞杆将向下移动，由于活塞杆的上端连着气垫中的橡皮膜 6，橡皮膜也将随之向下移动，橡皮膜的下移使气室体积增大，因近气孔 7 较小，不能及时补充空气，这样，气室内空气就变得稀薄，外面的大气压力将阻止活塞杆下移，起到阻尼延时作用，直到气囊内通过进气孔补充了足够的空气，活塞杆才移动到位，并推动杠杆 8，使触点动作。

图中触点 9 为延时的常开、常闭触点，除了有延时动作的触点外，时间继电器还可有立即动作的触点，如图中触点 13，当线圈得电后，随着动铁心的吸合，它们立即动作，使用中可按控制线路的不同要求选取。利用进气孔调节螺钉 10，可调整延时时间的长短。进气孔小，进气量慢，气室压差大，延时时间就长。反之，延时时间则短。此外，当线圈失电时，在复位弹簧 11 的作用下，衔铁将立即复原，气室内空气可通过排气孔 12 立即排出，不存在压差、延时问题。这种继电器属于通电延时型。即通电时，它们的常开触点延时闭合、常闭触点延时断开；断电时常开、常闭触点立即复原。还有一种时间继电器属于断电延时型，通电时触点立即动作，断电时触点则延时动作。它们的图形符号如图 5-10 所示。

这两种类型的时间继电器在实际中很容易转换，只要将它们的铁心位置倒装一下即可实现功能转换。

空气阻尼式时间继电器的结构简单，应用广泛，但其延时时间不长，准确度低。如果要求延时精确，则一般应选用电动式、晶体管式时间继电器。

### （六）行程开关

行程开关又称限位开关，能将机械位移转变为电信号，进行限位保护和行程控制。它的种类很多，按运动形式可分为直动式和转动式，按触点性质可分为有触电式和无触点式等。

图 5-11 所示的为一有触点直动式行程开关的结构和图形符号。行程开关有一对动合触头和一对动断触头。静触头装在绝缘基座上，动触头与推杆相连，当推杆受到装在运动部件上的挡铁作用后，触点换接。当挡铁离开推杆后，恢复弹簧使开关自动复位。这种开关的分合速度与挡铁运动速度直接相关。不能做瞬时换接，属于非瞬时动作的开关。它只适用于挡铁运动速度不小于 0.4m/min 的场合中，否则会由于电弧在触点上所停留时间过长而使触点烧坏。但这种行程开关的结构简单，价格便宜、应用甚广。

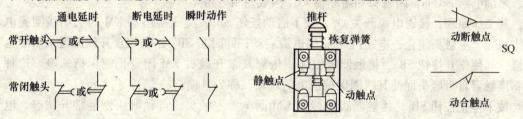

图 5-10　时间继电器的触头符号　　（a）直动式行程开关　（b）行程开关的图形符号

图 5-11　行程开关

目前生产上常用的行程开关很多，如 LXl9、LX22 系列及 LXW 系列微动开关等，它们的结构紧凑，触点能瞬时换接，故可用于机械部件做低速运动的场合。

为了克服有触点行程开关可靠性较差、使用寿命短和操作频率低的缺点，现在很多设备开始采用无触点式行程开关，也叫接近开关。

接近开关外形结构多种多样。其电子线路装调后用环氧树脂密封，具有良好的防潮防腐性能。它能无接触又无压力地发出检测信号，又具有灵敏度高，频率响应快，重复定位精度高，工作稳定可靠、使用寿命长等优点。在自动控制系统中已获得广泛应用。

## 第二节 三相异步电动机的基本控制电路

### 一、三相异步电动机的直接启动控制电路

三相异步电动机由于结构简单、价格便宜、坚固耐用等一系列优点，在生产上得到了广泛的应用。它的控制线路大部分由接触器、继电器、按钮等有触点电器组成。对它的启动有直接启动和降压启动两种。

在变压器容量允许的条件下，三相异步电动机应尽可能采用全压直接启动，这样控制电路简单，可以提高控制电路的可靠性，减少电器维修工作量。但是由于直接启动电流可达到额定电流的 4~7 倍，过大的启动电流会造成电网电压显著下降，以致影响同一电网工作的其他电动机，甚至使它们停转或无法启动，故直接启动的电动机要受到一定的限制。一般功率小于 10kW 的电动机常采用直接启动，其他容量的电动机能否直接启动，可根据电源变压器容量、电动机容量、电动机启动频繁程度和电动机拖动的机械设备等来分析是否可以采用直接启动，也可由下式来决定：

$$\frac{I_{st}}{I_N} \leqslant \frac{3}{4} + \frac{S}{4P}$$

式中，$I_{st}$—电动机直接启动时启动电流，A

$I_N$—电动机额定电流，A

$S$—电源变压器的额定容量，kVA；

$P$—电动机的额定功率，kW。

能满足上式的可以直接启动，否则应采取降压启动。

图 5-12 所示为三相异步电动机直接启动单向运行又具有多项保护的控制电路。三相交流电源经由三相闸刀开关 QS、熔断器 $FU_1$、接触器 KM 主触头、热继电器 FR 的发热元件到电动机 M 的定子，构成主电路。按钮 $SB_1$、$SB_2$，接触器 KM 的线圈和其常开辅助触头、热继电器 FR 的常闭触头和熔断器 $FU_2$ 构成控制电路。

其工作原理：接通电源开关 QS，按下启动按钮 $SB_2$，交流接触器 KM 的吸引线圈通电动作，三个主触头闭合，电动机 M 接通电源启动；同时与 $SB_2$ 并联的常开辅助触头 KM 也闭合，即使松开按钮 $SB_2$，接触器吸引线圈依靠其常开触头 KM 闭合仍能保持通电。这种依靠接触器自身触头而使其线圈保持通电的现象，称为自锁。

按下停止按钮 $SB_1$，接触器吸引线圈 KM 断电，主触头、自锁触头恢复常开状态，电动机 M 停止运转，就是松开手，$SB_1$ 复位闭合后，控制电路已断开，也不可能再自行启动运转。只有等到下次按下启动按钮 $SB_2$，电动机才会再次启动。

该控制电路的特点是有短路保护、过载保护、欠压和失压保护，图中 $FU_1$、$FU_2$ 是作短路保护用的。为了扩大保护范围，短路保护元件在线路中应尽量靠近电源，一般直接装在刀开关下。

热继电器 FR 是用来对电动机进行长期过载保护的。电动机在运行过程中，由于长期

过载或其他原因，热元件上流过的电流过大，且时间一长，发热元件不断发热、最后使两金属片弯曲，将串联在控制电路中的常闭触头 FR 断开，接触器 KM 吸引线圈断电，触头断开，切断电动机的工作电源，实现电动机的过载保护。

欠压和失压保护是靠接触器本身的电磁机构来实现的。当电源因某种原因电压下降或停电（零压）时，接触器的衔铁在其反力弹簧的作用下自行释放，电动机停止运转。只有当电压恢复正常后，再次由操作人员按下启动按钮 $SB_2$，方能使电动机重新启动。这样可防止电动机 M 在电压下降时低压运行而损坏电动机，也可防止电源电压恢复正常时电动机 M 突然启动而造成设备和人身事故。

由于在电路中应用了接触器，对大电流的主电路的控制变成了对小电流的控制电路的控制，操作者不需要手动操作开关，可以在远处用按钮操作，对多台电动机还可实现集中控制，既方便又保证了安全。

为了读图方便，在控制电路原理图上，尽量把连接线画得简捷易读，因此，常常把同一电器的各个部分分开来画。例如，接触器的吸引线圈、主触点、辅助触点都没有画在一起，但标以相同的字母 KM；热继电器的热元件和它的动断触点也没有画在一起，而标以相同的字母 FR。读者在读图时应注意辨认。

如若要实现对电动机的点动控制，只要去掉与 $SB_2$ 启动按钮并联的常开辅助触头 KM 即可，其原理请读者自己分析。

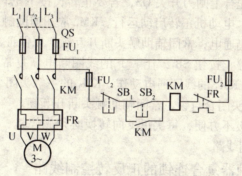

图 5 - 12　电动机单向运行控制线路

## 二、三相异步电动机的正反转控制线路

在生产加工过程中，生产机械往往要求运动部件做往复运动，如机床工作台的前进和后退，车床主轴的正转和反转，起重机吊钩的上升和下降等，都要求拖动电动机能实现正转和反转可逆运行。

电动机由正转变为反转很简单，只要将电动机三相电源进线中的两相对调接线，即改变电动机的电源相序，其旋转方向就会随之改变，故控制电路只要能保证两相对调接线而不会短路，就可以实现三相异步电动机的正反转。

图 5 - 13 所示为三相异步电动机的正反转控制线路。线路中采用了两个接触器，即正转接触器 $KM_1$ 和反转接触器 $KM_2$，它们分别由正转按钮 $SB_1$ 和反转按钮 $SB_2$ 控制。从主电路图中可看出，这两个接触器的主触头所接通的电源相序不同，$KM_1$ 按 $L_1 - L_2 - L_3$ 相序接线，$KM_2$ 按 $L_{3-}$、$L_{2-}$、$L_1$ 相序接线。但必须注意，接触器 $KM_1$ 和 $KM_2$ 的主触头决不允许同时闭合，否则两相电源（$L_1$ 相和 $L_3$ 相）短路事故。

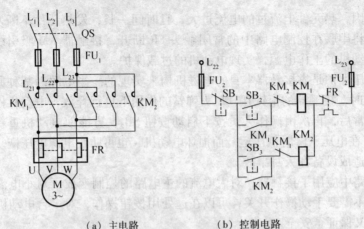

（a）主电路　　　　　　（b）控制电路

图 5 - 13　接触器连锁的正反转控制线路

## （一）接触器连锁的正反转控制电路

为了避免两个接触器 $KM_1$ 和 $KM_2$ 同时得电动作，在 $KM_1$ 和 $KM_2$ 线圈各自支路中相互串联有对方的一对常闭辅助触头，以保证 $KM_1$ 和 $KM_2$ 不会同时通电。$KM_1$ 和 $KM_2$ 这两对常闭辅助触头在线路中起连锁或称互锁作用，该触头因此称为连锁触头或互锁触头。

线路的工作原理：先合上闸刀开关 QS，若要正转，按下正转启动按钮 $SB_2$，$KM_1$ 线圈得电，$KM_1$ 主触头闭合，电动机正转启动运行。$KM_1$ 常开辅助触头闭合自锁，以保证 $KM_1$ 线圈在松开按钮 $SB_2$ 时仍通电；常闭辅助触头断开互锁，以保证 $KM_2$ 线圈断电。要由正转变为反转时，必须先按停止按钮 $SB_1$，让 $KM_1$ 的线圈断电恢复常态，电动机断电停转。再按下反转启动按钮 $SB_3$，$KM_2$ 的线圈通电动作，$KM_2$ 的主触头闭合，电动机反转启动运行。这时 $KM_2$ 的常开辅助触头闭合自锁，常闭辅助触头断开互锁。

这种控制线路操作极不方便，每次正反向转换必须先停机，然后再反向启动，故称为"正转一停一反转"控制线路。

## （二）按钮、接触器复合连锁的正反转控制线路

为克服接触器连锁控制线路的不足，在生产实践中常采用如图 5 - 14 所示的按钮、接触器复合连锁控制线路。这种电路操作方便、安全可靠、应用广泛。

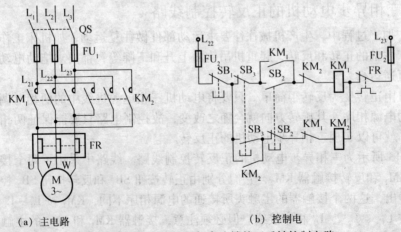

（a）主电路　　　　　　（b）控制电

图 5 - 14　按钮、接触器复合连锁的正反转控制电路

其工作原理：按下正转启动按钮 $SB_2$，$SB_2$ 常闭触头断开，先分断对 $KM_2$ 的连锁；$SB_2$ 常开触头后闭合，$KM_1$ 线圈通电动作，主触头闭合，电动机正转，$KM_1$ 常开辅助触头闭合自锁，$KM_1$ 常闭辅助触头断开互锁，保证 $KM_2$ 不会动作。

按下反转按钮 $SB_3$ 时，$SB_3$ 常闭触头先断开，$KM_1$ 线圈断电，$KM_1$ 主触点断开，电动机停转，$KM_1$ 常开辅助触头断开（解除自锁），常闭触头闭合（为下次反转作准备）。$SB_3$ 常开触头后闭合，$KM_2$ 线圈通电动作，主触头闭合，电动机反转，$KM_2$ 常开辅助触头闭合自锁，$KM_2$ 常闭辅助触头断开互锁。按下停止按钮 $SB_1$，$KM_1$、$KM_2$ 都会断电，电动机停转。

### 三、行程控制

在生产过程中，常需要控制生产机械的某些运动部件的行程。例如龙门刨床的工作台、导轨磨床的工作台、组合机床的滑台，需要在一定的行程范围内自动地住复循环运动。反应运动部件运动位置的控制，称作行程控制。

图 5-15 所示的为行程控制线路，它是由行程开关控制工作台自动往复循环的线路。图中 M 为拖动工作台的电动机。它通过传动机构可使工作台向前或向后运动。挡铁 I 和 II 分别装在两个 T 形槽中，挡铁 I 只和行程开关 $SQ_1$、$SQ_3$ 碰撞，挡铁 II 只和行程开关 $SQ_2$、$SQ_4$ 碰撞。工作时开关 SA 应接通。

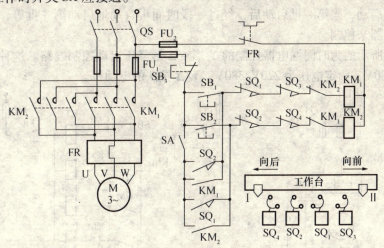

图 5-15　工作台自动循环的控制线路

自动循环的工作原理：按下启动按钮 $SB_1$，$KM_1$ 线圈通电，$KM_1$ 常闭辅助触头断开互锁，常开触头闭合自锁，主触头闭合，电动机正转，工作台向前运动。当工作台运动到指定行程时，装在工作台上的挡铁 I 压下装在车床身上的行程开关 $SQ_1$，$SQ_1$ 的动断点分断，动合点接通。此时，线圈 $KM_1$ 断电，其所有动合点断开，动断点接通，电动机停止正转，工作台停止向前运动。此时，$KM_1$ 常闭触头闭合，行程开关 $SQ_1$ 常开触头闭合，线圈 $KM_2$ 通电，电动机反转，$KM_2$ 常开辅助触点闭合自锁，常闭辅助触点断开互锁，工作台开始向后运动。挡铁 I 使 $SQ_1$ 复位，常开触点断开，常闭触点闭合，为下次向前运动做准备。当向后运动到指定行程时，挡铁 II 压下 $SQ_2$，$SQ_2$ 的动断点分断，动合点接通，线圈 $KM_2$ 断开，线圈 $KM_1$ 通电，电动机随即从反转变为正转，工作台向前运动。挡铁 II 使 $SQ_2$ 复位，为下次向后运动做准备。

若先按下运动按钮 $SB_2$，则工作台向后运动再向前运动。按下停止按钮 $SB_3$，工作台便停止运动。其原理自行分析。

由此可见，用挡铁和行程开关组成的控制线路，可实现工作台的自动往复循环运动。

断开开关 SA，工作台可以进行点动调整。其原理自行分析。

调节档铁 I 和 II 的位置，可控制工作台向前、向后的行程。

图中 $SQ_1$ 和 $SQ_4$ 是用来对工作台进行极限位置保护的。例如，工作台向前运动时，挡铁 I 碰撞 $SQ_1$ 失灵，继续向前运动，当碰到 $SQ_3$ 时，动断点分断，$KM_1$ 断电，电动机停止转动，工作台停止前进。同理，$SQ_4$ 是为避免工作台向后越出行程造成严重事故而设置的。

从以上的控制分析来看，工作台每经过一个往复循环，电动机都要进行两次反接转动。因而电动机的轴将受到很大的冲击力，容易损坏。当循环周期很短、电动机频繁进行反接制动和启动时，电动机也会因过热而损坏，因此，上述线路只适用于循环周期长而电动机的轴有足够强度的拖动系统。

## 四、时间控制

在自动控制系统中，经常要延迟一定的时间或定时接通和分断某些控制电路，以满足生产上的要求。例如，钻深孔时，为了避免钻头损坏，需要周期性地使钻头退出，以便清除铁屑并使钻头冷却. 又如，在一条自动生产线中，有很多拖动机床和辅助设备的电动机，它们需要分批启动，当第一批启动后，经过一段时间再自动地启动第二批等。这些动作都需要时间继电器来控制。

图 5 - 16 所示的为时间继电器控制的 Y 形 - Δ 形降压启动控制线路。这种电路适用于电网电压为 380V、额定电压为 220V/380V、Y/Δ 接法的电动机。

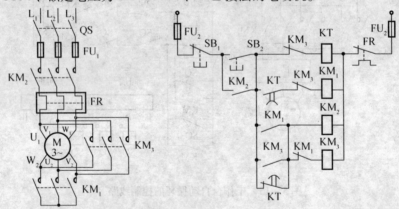

图 5 - 16    Y 形 - Δ 形降压启动控制线路

控制线路的原理：合上电源开关 QS，按下启动按钮 $SB_2$，时间继电器 KT 线圈通电，KT 动作。KT 延时断开的动合触点闭合，使 $KM_1$ 线圈通电，$KM_1$ 动作。$KM_1$ 主触头闭合，电动机作 Y 形连接；$KM_1$ 常闭辅助触头断开互锁，使 $KM_3$ 不工作；$KM_1$ 常开辅助触头闭合，使 $KM_2$ 线圈通电，$KM_2$ 动作。$KM_2$ 主触头闭合，电动机在 Y 形连接情况下启动运行。$KM_2$ 常开辅助触头闭合自锁，保证 $SB_2$ 松手后仍能保证电动机正常运行。到了该由星形连接换接成 Δ 形连接时，KT 延时分断的动合触点分断，$KM_1$ 线圈失电不动作。$KM_1$ 主触头断开，电动机取消 Y 形连接。$KM_1$ 常闭辅助触头闭合，为 $KM_3$ 动作做准备。KT 延时闭合的动断触点闭合，$KM_3$ 线圈通电，$KM_3$ 动作。$KM_3$ 主触头闭合，电动机 Δ 形连接运行。$KM_3$

常闭辅助触头断开，这有两点作用：一是互锁，保证 KM$_1$ 不工作，KM$_3$ 常开辅助触头闭合自锁，以免发生短路；二是保证 KT 不工作，处于常态，为下次启动作准备。

若要停止工作，则按下停止按钮 SB$_1$ 即可。当按下停止按钮 SB$_1$ 后，KM$_2$、KM$_3$ 线圈断电，电动机断电停止转动。

一般在生产实践中常采用 Y—Δ 启动器来完成电动机的 Y—Δ 的自动启动控制过程，启动器实际上是把三个接触器、一个时间继电器和一个热继电器组装在一起形成的，如常用的 QX3－13 型启动器。

### 五、顺序控制与多地控制

#### （一）顺序控制

有些生产机械工作时，要求按一定顺序进行。如轧钢机、感应炉及大型自动机床等设备，必须在润滑系统或冷却系统运转后，主机才能启动；又如矿井下的自动运输线要求按逆矿流方向依次启动各台运输机，不然则出现煤或其他矿石堆积及溢落等现象。

顺序控制可以采用接触器的连锁触点或某种继电器的触点在电路中按一定逻辑顺序动作。图 5－17 表示按时间顺序开动三台电动机的控制电路，由集中控制盘统一操作。

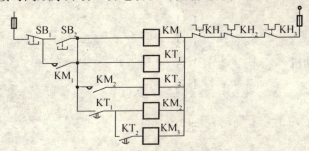

图 5－17　按顺序动作的控制线路

按下启动按钮 SB$_2$，接触器 KM$_1$ 的线圈通电，第一台电动机启动。与此同时，时间继电器 KT$_1$ 的线圈也通电，延时闭合它的常开触点 KT$_1$，使接触器 KM$_2$ 的线圈通电得以延时启动第二台电动机。接触器 KM$_2$ 的常开辅助触点串接在时间继电器 KT$_2$ 的线圈电路中，这时也闭合，使 KT$_2$ 线圈通电，又延时闭合其常开触点 KT$_2$，使接触器 KM$_3$ 的线圈通电，最后启动第三台电动机。停车时按下 SB$_1$ 三台电动机同时停车。

#### （二）多地控制

有的生产机械要求在几处都能操作，从而引出多地控制问题。显然，为了实现多地控制，控制电路中必须有多组按钮。这些按钮的接线，应遵从下面的原则：各启动按钮并联；各停止按钮串联。如图 5－18 为两地控制同一电动机的控制电路。

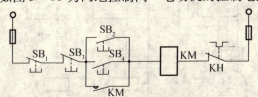

图 5－18　两地控制电路

当按下启动按钮 $SB_2$ 或 $SB_4$ 时，都可以使接触器 KM 的线圈通电，接通主电路。同样按下停止按钮 $SB_1$ 或 $SB_3$ 时，都可以使接触器 KM 的线圈断电，KM 主触头断开，电动机停转。

# 实训　三相异步电动机正反转控制电路

## 一、实训目的

1. 掌握三相异步电动机正反转控制电路的连接和操作。

2. 理解三相异步电动机的工作原理以及电路中"自保"和"互锁"的作用。

## 二、实训器材

1. 三相交流电源

2. 交流接触器　　　　　　2 只

3. 熔断器　　　　　　　　3 只

4. 按钮　　　　　　　　　1 组

5. 热继电器　　　　　　　1 只

6. 组合开关　　　　　　　1 只

7. 三相异步电动机　　　　1 台

8. 万用表　　　　　　　　1 只

9. 工具　　　　　　　　　若干

10. 导线　　　　　　　　　若干

## 三、实训内容及步骤

1. 接线前的准备工作

检查各元器件是否完好，活动部件是否灵活，触头是否接触良好。

2. 按图 5–19 接线，先接好一个接触器的主触头，再接另一个接触器的主触头。控制电路可一个一个回路来接。

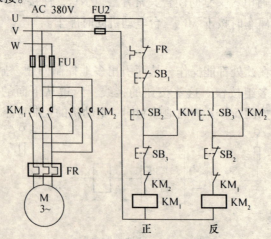

图 5–19　三相异步电动机正反转控制电路

3. 先用粗导线连接主电路，后用细导线根据控制电路个点的编号，按先接串联电路，后接并联电路的次序连接。

4. 在每个接点上，接线尽量不超过两根，以保证接线牢固可靠。拧动接线螺钉用力要适当，防止拧坏丝口。

接好电路后，经老师检查方可进行实际操作。

5. 电动机正反转控制。分别按动按钮 SB2、SB3 和 SB1，控制电动机起动、反转和停止。每按动一个按钮时，观察接触器、电动机的动作情况。实训中若出现不正常现象，应立即断开电源，查明原因改正接线或故障后，方可送电继续实训。

## 四、实训报告

1. 各种电器元件的质量是如何检测的？
2. 记录实训用的电动机及各电器的技术数据。
3. 实训过程中是否出现不正常现象，是如何检查解决的？

## 五、思考题

1. 本实训中共有哪些保护环节？由什么电气元件来实现？
2. 采用了复合按钮，为什么还要采用由接触器辅助常闭触头组成的连锁环节？
3. 对于大容量的电动机，采用本实训的控制电路有什么不好？

# 本章小结

1. 本章首先介绍了常用低压电器的基本结构、工作原理、图形符号、文字符号及实际应用等，其目的是为了使读者更加注重对构成电气线路的基本控制环节的学习和掌握，学习电器元件的目的是为了更好掌握电气线路。

2. 低压电器按作用不同分为低压控制电器和低压保护电器。低压控制电器主要起控制作用，主要有闸刀开关、铁壳开关、组合开关、按钮、接触器等。低压保护电器主要起保护作用，主要有熔断器、自动空气断路器、接触器、热继电器等。

3. 基本电气控制环节有点动控制、长动控制、正反转控制、行程控制、时间控制、顺序控制和多地控制等。长动和点动控制的根本区别在于其控制线路中是否有自锁环节，有即为长动，没有即为点动。根据正、反转控制使用器件不同，有电气互锁和机械互锁的区别，如果在一个控制电路中，既有电气互锁，也有机械互锁，则称为双重互锁，这种控制电路具有很高的可靠性。顺序控制是指多台电动机按事先约定的步骤依次工作。多地控制是指在多个不同的地点可以对同一台电动机进行控制。行程控制是根据运动部件的位置不同而进行的一种控制，常用来作为程序控制、自动循环控制、限位及终端保护。时间（延时）控制是以时间为参量进行的控制。本章对低压电器所组成的大部分基本控制环节线路进行了较详细的介绍。真正掌握这些基本控制环节以后，就可以熟练地去分析其他的基本电路了。

4. 本章以实例介绍了阅读电气控制线路的方法。要阅读电气控制线路图，首先必须弄清楚原理图的画法，再按照一般的阅读图的步骤一步一步地进行。书中的实例是为了巩固读图方法而列举的，虽然线路不复杂，但内容却很全面。只有在会阅读控制线路图的基础广，才能分析电路的功能和特点，发现电路中出现的故障，并能进行简单的故障检测和某些维修工作。

5. 电器的技术数据是选择电器的根据，必须熟悉产品目录与手册，学会正确选择电器。只有这样，才能较好地掌握控制电器的原理、构造、类型、规格、工作特性、掌握应用原理与使用条件等有关知识，才能具备正确选用与维护电器的能力。

# 习 题

**5-1** 常见的刀开关有哪些？各有何特点？

**5-2** 线圈电压为220V的交流接触器、误接入380V的交流电源上会发生什么问题？

**5-3** 接触器断电不释放或延迟释放的常见原因是什么？

**5-4** 热继电器的工作原理是什么？是否能做短路保护？

**5-5** 什么叫自锁？为什么说接触器自锁控制线路具有欠压与失压作用？

**5-6** 试画出既可以点动控制又可以长动控制的异步电动机控制电路。

**5-7** 根据题5-7图接线做实验时，将开关Q合上后按下启动按钮$SB_2$，发现有下列故障，试分析和处理故障：①接触器KM不动作；②接触器KM动作，但电动机不转动；③电动机转动，但一松手电动机就不转；④接触器动作，但吸合不上；⑤接触器触点有明显颤动，噪音较大；⑥接触器线圈冒烟，甚至烧坏；⑦电动机不转动或者转得很慢，并有"嗡嗡"声。

**5-8** 如题5-8图中的控制线路有几处错误？请指出来，并说明理由。

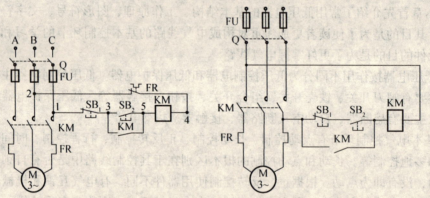

题5-7图　　　　　　　题5-8图

**5-9** 根据下列3个要求，分别给出两台电动机的控制电路图：

（1）$M_1$先启动，经过一定延时后，$M_2$可自行启动；

（2）$M_1$先启动，经过一定延时后$M_2$能自行启动，且$M_2$启动后$M_1$立即停车；

（3）启动时，$M_1$先启动后$M_2$才能启动；停止时，$M_2$停车后$M_1$才能停止。

**5-10** 现要求三台鼠笼式电动机$M_1$，$M_2$，$M_3$按照一定的顺序启动，即$M_1$启动后$M_2$启动，$M_2$启动后$M_3$方可启动。试给出其控制线路图。

**5-11** 某机床的主轴和润滑油泵分别由两台异步电动机带动，采用继电接触控制。要求：①主轴在油泵启动后才能启动；②主轴能正反转、且能单独停车；③有短路、失压及过载保护，试设计主电路与控制电路。

# 阅读与应用

电力拖动自动控制系统种类繁多，复杂程度差别很大，要能较快地阅读系统的控制线路，了解生产机械的控制原理与过程，应当按照一定的步骤来进行。

控制线路图一般分为原理图、展开图和安装图三种。原理图具有线路简单、层次分明、易于掌握的特点，只要能够理解原理图，对展开图和安装图的阅读和认识就不会太困难了。这里着重讨论如何阅读原理图。

## 一、读图方法

读原理图就是根据给定电路图分析出它的工作原理和工作过程：

（1）了解生产机械的基本结构、运动形式、加工工艺过程、操作方法、机械手柄与电气控制线路的关系，手动电器触头通断情况和对电气控制的基本要求。

（2）熟悉电气控制原理图的画图规则，熟悉线路图中各元件、器件的图形和文字符号及其作用和定义。特别要注意，同一符号的触头和线圈属于同一元件，只是为了结构图简便起见，把它们分别画在不同的线路里。

（3）阅读主电路图。通常线路图中的主电路都用粗黑实线画在图中左侧或上方，很容易辨认。阅读时，弄清主电路由哪些电气元件或电气元件的部件所组成，熟悉这些电气元件或部件的用途和工作情况。例如，有几台电动机拖动，各台电动机的作用，各台电动机的启动方法，有无正反转及保护电器的作用等。

（4）阅读控制电路图。通常线路图中的控制电路都用较细的线条画在主回路的右侧或下方。它常常是按工艺要求、动作的先后自上而下，从左到右的顺序绘制而成的。因此，阅读时也应该自上而下，从左到右逐行弄清它们的作用和动作条件。当一个电器动作后，应找出它的触头控制了哪些电路，或为哪些电路的工做准备。在阅读控制电路图时，首先弄清电路在起始状态下，哪些电器线圈是已通电的，哪些开关是已受外力作用的；再弄清控制电路中有哪些保护和连锁，以及电路采用的控制原则。既要注意常用的短路保护、长期过载保护、失压（零压）保护，也要注意其他的保护（如过压、过流、欠流等）；既要注意电气连锁，也要注意机械连锁。

（5）将主电路和控制电路连起来阅读，弄清各元件、各触头之间是怎样配合动作的，弄清它们间的逻辑顺序。按照生产机械的动作要求走通全电路后再阅读辅助电路、如照明电路、信号电路、检侧电路等。

（6）全面分析、归纳，抓住电气控制线路的特点，熟悉其作用。

## 二、应用举例

以图 5－20 所示的两台电动机顺序启动控制线路为例，说明阅读线路图的过程。

（1）该电路中有两台电动机 $M_1$ 和 $M_2$，两个接触器 $KM_1$ 和 $KM_2$，两个热继电器 $FR_1$ 和 $FR_2$。

（2）主电路电源由开关 QS 引进，通过熔断丝 FU 和 $KM_1$、$KM_2$，经热继电器 $FR_1$，$FR_2$ 进电动机。

（3）按下启动按钮 $SB_2$，$KM_1$ 线圈通电动作，其常开触点闭合自锁，$KM_1$ 主触头闭合，电动机 $M_1$ 启动。过载时，$FR_1$ 动作，$KM_1$ 线圈断电，$M_1$ 停止运动。按下启动按钮 $SB_3$，当 $KM_1$ 线圈通电动作后，$KM_2$ 线圈才通电动作，$KM_2$ 常开触点闭合自锁。$KM_2$ 主触头闭合，电动机 $M_2$ 启动。过载 $FR_2$ 动作，$KM_2$ 线圈断电，$M_2$ 停止运动。$SB_1$ 为停止按钮。

（4）电路特点：具有短路保护（FU），过载保护（$FR_1$、$FR_2$），欠压（零压）保护。$M_1$ 可以单独启动，$M_2$ 必须在 $M_1$ 启动后才能启动，具有顺序逻辑。$M_2$ 不能单独停，只能与 $M_1$ 同时停。

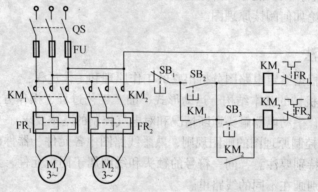

图 5-20 两台电动机顺序启动控制线路

# 第六章 二极管与晶体三极管

半导体器件包括半导体二极管、三极管和复合管、PIN 管、激光器件等元件，其品种很多，应用极为广泛。本章主要介绍半导体器件二极管、三极管的结构、特性、参数和应用。

## 第一节 二极管

### 一、半导体与 PN 结

#### （一）半导体

导电能力特别强的物质称为导体。导电能力非常差，几乎不导电的物质称为绝缘体。半导体就是导电性能介于导体和绝缘体之间的一类物质，如硅、锗、砷、金属氧化物和硫化物等。半导体在现代电子技术中应用十分广泛，其导电能力具有不同于其他物质的一些特点，即其导电能力受外界因素的影响十分敏感，主要表现在以下三个方面：

（1）热敏性：半导体的导电能力随着温度的升高而增加。

（2）光敏性：半导体的导电能力随着光照强度的加强而增加。

（3）杂敏性：半导体的导电能力因掺入适量杂质而有很大的变化。

在半导体中存在两种带电物体：一种是带负电的自由电子，另一种是带正电的空穴，它们在外电场的作用下做定向运动，即都能运载电荷形成电流，通常称为载流子。半导体根据内部两种载流子的数量多少分为两种类型：

本征半导体：其内部空穴的数目和自由电子数目相等且数量极少。例如，硅单晶体，锗单晶体，就是纯净的本征半导体。

杂质半导体：它是在本征半导体中加入微量的其他元素（称为杂质）而形成的，其内部载流子数目远比本征半导体多。杂质半导体又分为 P 型半导体和 N 型半导体。

（1）P 型半导体　在本征半导体中掺入三价元素（如硼），晶体中的某些原子被杂质原子代替，这样就形成了 P 型半导体。杂质原子的最外层有三个价电子，它与周围的原子形成共价键后，出现一个空穴，因此其中的空穴浓度远大于自由电子的浓度。在 P 型半导体中，自由电子是少数载流子，简称少子；空穴是多数载流子，简称多子。

（2）N 型半导体　在本征半导体中掺入五价元素（如磷），使晶体中某些原子被杂质原子代替，这样就形成了 N 型半导体。因为杂质原子最外层有 5 个价电子，它与周围原子形成共价键后，还多余一个自由电子，使其中空穴的浓度远小于自由电子的浓度。在 N 型半导体中，自由电子的浓度大于空穴的浓度，所以自由电子为多数载流子，空穴为少数载流子。

#### （一）PN 结

N 型半导体和 P 型半导体结合后在它们的交界面附近形成一个很薄的空间电荷区，它就是 PN 结，其形成示意图如图 6-1 所示。

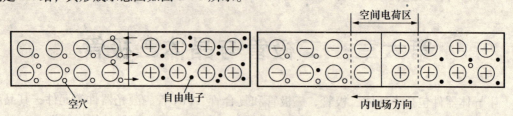

图 6-1  PN 结的形成

PN 结的基本特性是单向导电性。如图 6-2 所示，将 PN 结的 P 区接外加电源的正极，N 区接外加电源的负极，称为给 PN 结加正向偏置电压，简称正偏，此时 PN 结处于导电状态，正向电阻很小，PN 结会形成较大的正向电流；将 PN 结的 P 区接外加电源的负极，N 区接外加电源的正极，称为给 PN 结加反向偏置电压、简称反偏，此时 PN 结处于截止状态，反向电阻很大，PN 结形成的反向电流约为 0。

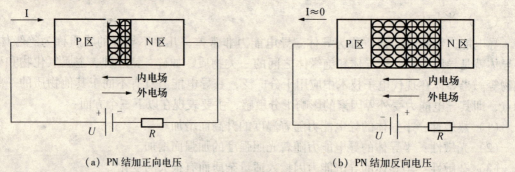

（a）PN 结加正向电压          （b）PN 结加反向电压

图 6-2  PN 结的单向导电性

## 二、二极管及特性参数

### （一）半导体二极管的结构

将一个 PN 结封装在密封的管壳之中并引出两个电极，就构成了晶体二极管。其中与 P 区相连的引线为正极，与 N 区相连的引线为负极，其结构和符号如图 6-3 和 6-4 所示。

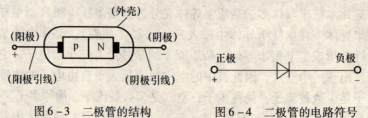

图 6-3  二极管的结构          图 6-4  二极管的电路符号

### （二）半导体二极管的分类、型号和命名

二极管按材料不同，分为硅二极管、锗二极管和砷化镓二极管等；按结构不同，分为点接触型和面接触型二极管；按工作原理不同，分为隧道、雪崩、变容二极管等；按用途不同，分为检波、整流、开关、稳压、发光二极管等。如图 6-5 所示为点接触型二极管和面接触型二极管的结构示意图。

### （三）半导体二极管的特性

二极管两端电压和流过电流的关系称为伏安特性。如图6-6所示为伏安特性曲线。由曲线可知，当二极管两端加正向电压时，二极管导通，管内有正向电流流过。二极管正向导通时，管子两端的压降称为正向压降，锗管为（0.1～0.3）V，硅管为（0.6～0.8）V；当二极管两端加反向电压时，二极管截止，管内几乎没有电流流过；当加在二极管两端的反向电压增加到某一数值（反向击穿电压）时，管内就会有急剧增大的反向电流，此时现象称为反向击穿。

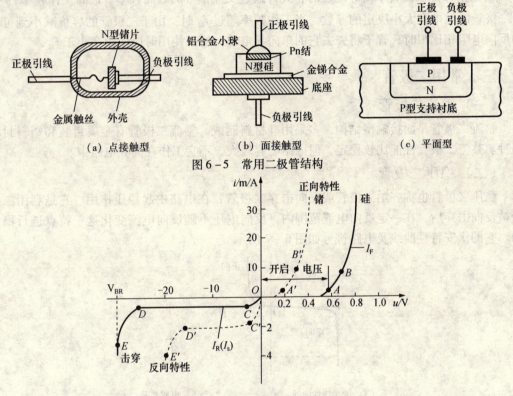

（a）点接触型　　　　　（b）面接触型　　　　　（c）平面型

图6-5　常用二极管结构

图6-6　二极管的伏安特性曲线

### （四）半导体二极管的参数

二极管的电特性还可以用它的参数来表示。所谓参数，是反映管子性能的指标，同时也是作为选择和使用管子的主要依据。参数可以直接测量，也可以在半导体器件手册中查出。

**1. 最大整流电流 $I_F$**

$I_F$ 是指二极管长期运行时允许通过的最大正向平均电流，它与制造管子时选用的材料、制造工艺和散热条件有关。如果在实际运用中流过二极管的平均电流超过 $I_F$，则二极管将发热并可能烧坏管子。因此在选用二极管时，电路中的实际平均工作电流不应超过 $I_F$，同时还要注意满足散热条件。

**2. 最大反向工作电压 $U_R$**

$U_R$ 是指二极管在使用时所允许施加的最大反向电压。为了确保二极管安全工作，通常取二极管反向击穿电压 $U_{BR}$ 的一半作为 $U_R$。在选用二极管时，所加的反向电压峰值不应超过这个数值。

### 3. 反向电流 $I_R$

$I_R$ 是指管子未击穿时的反向电流。该电流数值越小，则管子的单向导电性越好。反向电流的大小与温度有关，因此在使用管子时，应注意温度的影响。

### 4. 最高工作频率 $f_M$

$f_M$ 是指保持二极管单向导电性时，允许通过交流信号的最高频率。最高工作频率 $f_M$ 是由二极管的结电容大小决定的参数，当工作频率超过 $f_M$ 时，由于二极管的容抗减小到可以和反向电阻相比拟时，管子将失去它的单向导电性，所以使用时应使频率小于 $f_M$。

## 三、常用二极管

### （一）整流二极管

整流二极管是面接触型结构，多采用硅材料制成。整流二极管有金属封装和塑料封装两种。整流二极管性能比较稳定，但因结电容较大，不宜工作在高频电路中。

### （二）稳压二极管

稳压二极管也称齐纳二极管或反向击穿二极管，在电路中起稳压作用。它是利用二极管被反向击穿后，在一定反向电流范围内，反向电压不随反向电流变化这一特点进行稳压的。它的伏安特性曲线及电路符号如图 6 - 7 所示。

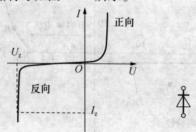

（a）伏安特性曲线　　　　　　　　　（b）电路符号

图 6 - 7　稳压二极管的伏安特性曲线及电路符号

稳压二极管的正向特性与普通二极管相似，但反向特性不同。反向电压小于击穿电压时，反向电流很小，反向电压临近击穿电压时反向电流急剧增大，发生电击穿。此时即使电流再增大，管子两端的电压基本保持不变，从而起到稳压作用。但二极管击穿后的电流不能无限制增大，否则二极管将烧毁，所以稳压二极管使用时一定要串联一个限流电阻。

稳压二极管的主要参数如下所述。

### 1. 稳定电压 $U_Z$

它是指稳压管在正常工作时管子两端的反向击穿电压。它是在一定工作电流和温度下的测量值。对于每一个稳压管都有一个确定的稳压值，它对应于反向击穿区的中点电压值。由于制造工艺的原因，即使同一型号的稳压管，$U_Z$ 的分散性也较大，所以手册中只给出某一型号管子的稳压范围（如 2CW11 的稳压值是 3.2 ~ 4.5V）。

### 2. 稳定电流 $I$ 和最大稳定电流 $I_{Zmax}$

稳定电流是指稳压管的工作电压等于其稳定电压时的工作电流。管子使用时不得超过的电流称为最大稳定电流。

### 3. 最大耗散功率 $P_{zm}$

它是指稳压管不致发生热击穿的最大功率损耗，其值为 $P_{zm} = U_Z I_{Zmax}$ 。

### 4. 动态电阻 $r_Z$

它是稳压管两端的电压和通过稳压管电流的变化量之比，即 $r_Z = \Delta U_Z/\Delta I_Z$ 。这是用来反映稳压管稳压性能好坏的一个重要参数，动态电阻越小，说明反向击穿特性曲线越陡，稳压性能越好。

例如，稳压二极管 2CW52 主要参数有稳定电压 $U_Z$ 为 （3.2~4.5） V，稳定电流为 10 mA，最大稳定电流 $I_{Zmax}$ 为 55 mA，最大耗散功率 $P_{zm}$ 为 250mW。

### （三）发光二极管

发光二极管简写为 LED（1ight emitting diode），是一种将电能转换成光能的半导体器件，当发光二极管正向导通时将会发光。其基本结构是一个 PN 结，采用砷化镓、磷化镓等半导体材料制造而成。它的伏安特性与普通二极管类似，但由于材料特殊，其正向导通电压较大，为 （1~2） V。

发光二极管具有体积小、工作电压低、工作电流小（10~30mA）、发光均匀稳定、响应速度快和寿命长等优点，常用作显示器件，如指示灯、七段显示器、矩阵显示器等。

常见的 LED 发光颜色有红、黄、绿等，还有发出不可见光的红外发光二极管。发光二极管的图形符号和外形如图 6-8 所示。

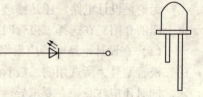

(a) 电路符号　　　(b) 外形图

图 6-8　发光二极管

### （四）光电二极管

光电二极管又称光敏二极管，是一种能将光信号转换为电信号的器件。光电二极管的基本结构也是一个 PN 结，但管壳上有一个窗口，使光线可以照射到 PN 结上。

光电二极管工作在反偏状态下，当无光照时，与普通二极管一样，反向电流很小，称为暗电流；当有光照时，其反向电流随光照强度的增加而增加，称为亮电流。图 6-9 所示为光电二极管的图形符号和特性曲线。

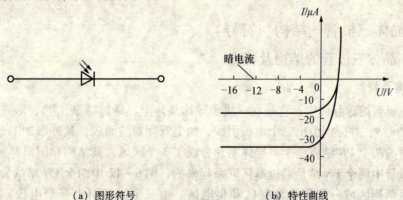

(a) 图形符号　　　　　　　　　(b) 特性曲线

图 6-9　光电二极管

光电二极管与红外发光二极管可构成红外线遥控电路。图 6-10 所示为红外遥控电路示意图。当按下发射电路中的按钮开关时，编码器电路产生出调制的脉冲信号，由发光二极管将电信号转换成光信号发射出去。接收电路中的光电二极管将光脉冲信号转换为电信号，经放大、解码后，由驱动电路驱动负载动作。

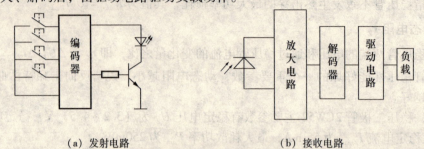

(a) 发射电路　　　　　　　　　　(b) 接收电路

图6－10　红外线遥控电路

当按下不同按钮时，编码器产生不同的脉冲信号，以示区别。接收电路中的解码器可以解调出这些信号，并控制负载做出不同的动作。

### 四、二极管的选择

无论是设计电路，还是修理电子设备，我们都会面临一个如何选择二极管的问题。根据上面的介绍，在选择二极管时必须注意以下几点：

（1）在设计电路时，应根据电路对二极管的要求查阅半导体器件手册，从而确定选用的二极管型号，所选用的二极管极限参数 $I_F$、$U_R$、$f_M$ 应分别大于电路对二极管相应参数的要求。同时还应注意，在要求导通电压低的场合时选用锗管；要求反向电流小时选硅管；要求反向击穿电压高时选硅管；要求工作频率高时选点接触型管；要求工作环境温度高时选硅管。

（2）在修理电子设备时，如果发现二极管损坏，则尽量用同型号的管子来替代。如果没有同型号的管子而改用其他型号二极管来替代时，则替代管子的极限参数 $I_F$、$U_R$、$f_M$ 应不低于原管，且替代管子的材料类型（硅管或锗管）一般应和原管相同。

# 第二节　晶体三极管

## 一、晶体三极管的结构与符号

### （一）晶体三极管的结构及特点

#### 1. 结构及符号

晶体三极管简称晶体管，它是在一块半导体晶片上，通过掺杂工艺，形成三个导电区域和两个 PN 结，并分别引出三个电极引线，加上管壳封装而成，其外形如图 6－11 所示。

晶体管的两个 PN 结将整个半导体基片分成了 3 个区域，其结构和图形符号如图 6－12 所示。三极管中两个 PN 结是通过基区联系起来的，图 6－12 中两个 PN 结的公共区域称为基区，基区两侧区域分别称为发射区和集电区。由三个区域引出三个电极，分别为基极（B）、发射极（E）和集电极（C）。发射区与基区之间的 PN 结称为"发射结"，集电区与基区之间的 PN 结称为"集电结"。

晶体管种类很多，按芯片材料不同，分为锗晶体管和硅晶体管；按结构不同分为 PNP型和 NPN 型；按功率不同分为小功率和大功率晶体管；按工作频率不同又分为高频管和低频管等。

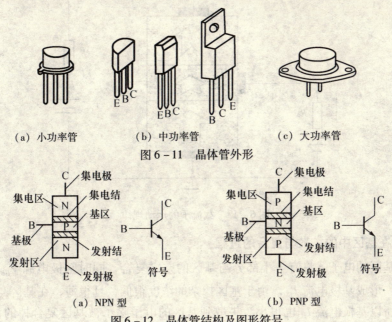

（a）小功率管　　　（b）中功率管　　　（c）大功率管

图 6-11　晶体管外形

（a）NPN 型　　　　　　　（b）PNP 型

图 6-12　晶体管结构及图形符号

### 2. 特点

从图 6-12 可见，三极管犹如两个反向串联的 PN 结，如果孤立地看待这两个反向串联的 PN 结，或将两个普通二极管串联起来组成三极管，是不可能具有电流的放大作用。具有电流放大作用的三极管，晶体三极管内部结构应有以下 3 个特点：

（1）为了便于发射结发射电子，发射区半导体的掺杂浓度远高于基区半导体的掺杂浓度，且发射结的面积较小。

（2）发射区和集电区虽为同一性质的掺杂半导体，但发射区的掺杂浓度要高于集电区的掺杂浓度，且集电结的面积要比发射结的面积大，便于收集电子。

（3）联系发射结和集电结两个 PN 结的基区非常薄，且掺杂浓度也很低。

上述的结构特点是三极管具有电流放大作用的内因。要使三极管具有电流的放大作用，除了三极管的内因外，还要有外部条件。三极管的发射极为正向偏置，集电结为反向偏置是三极管具有电流放大作用的外部条件。

## 二、三极管的放大作用

### （一）晶体三极管的内部载流子运动

共发射极电路三极管内部载流子运动情况的示意图如图 6-13 所示。图 6-13 中载流子的运动规律可分为以下的几个过程。

### 1. 发射区向基区发射电子的过程

发射结处在正向偏置，使发射区的多数载流子（自由电子）不断地通过发射结扩散到基区，即向基区发射电子。与此同时，基区的空穴也会扩散到发射区，由于两者掺杂浓度上的悬殊，形成发射极电流 $I_E$ 的载流子主要是电子，电流的方向与电子流的方向相反。发射区所发射的电子由电源 $V_{CC}$ 的负极来补充。

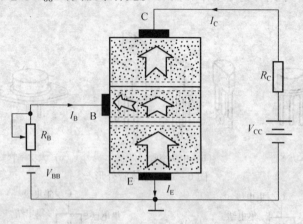

图 6-13    载流子的运动规律

### 2. 电子在基区中的扩散与复合的过程

扩散到基区的电子，将有一小部分与基区的空穴复合，同时基极电源 $V_{BB}$ 不断地向基区提供空穴，形成基极电流 $I_B$。由于基区掺杂的浓度很低，且很薄，在基区与空穴复合的电子很少，所以基极电流 $I_B$ 也很小。扩散到基区的电子除了被基区复合掉的一小部分外，大量的电子将在惯性的作用下继续向集电结扩散。

### 3. 集电结收集电子的过程

反向偏置的集电结在阻碍集电区向基区扩散电子的同时，空间电荷区将向基区延伸，因集电结的面积很大，延伸进基区的空间电荷区使基区的厚度进一步变薄，使发射极扩散来的电子更容易在惯性的作用下进入空间电荷区。集电结的空间电荷区，可将发射区扩散进空间电荷区的电子迅速推向集电极，相当于被集电极收集。集电极收集到的电子由集电极电源 $V_{CC}$ 吸收，形成集电极电流 $I_C$。

### （二）各极电流之间的关系

根据上面的分析和节点电流定律可得，三极管三个电极的电流 $I_E$、$I_B$、$I_C$ 之间的关系为：

$$I_E = I_B + I_C \tag{6-1}$$

三极管的特殊结构使 $I_C$ 大于 $I_B$，令

$$\bar{\beta} = \frac{I_C}{I_B} \tag{6-2}$$

$\bar{\beta}$ 称为三极管的直流电流放大倍数。它是描述三极管基极电流对集电极电流控制能力大小的物理量，$\bar{\beta}$ 大的管子，基极电流对集电极电流控制的能力就大。$\bar{\beta}$ 是由晶体管的结构来决定的，一个管子做成以后，该管子的 $\bar{\beta}$ 就确定了。

## 三、晶体三极管的特性曲线

### （一）晶体三极管的输入特性曲线

输入特性曲线是描述三极管在管压降 $U_{CE}$ 保持不变的前提下，基极电流 $i_B$ 和发射结压

降 $U_{BE}$ 之间的函数关系，即

$$i_B = f\ (U_{BE})\ \mid_{U_{CE}\,=\,const} \tag{6-3}$$

三极管的输入特性曲线如图 6-14 所示。由图 6-14 可见，NPN 型三极管共射极输入特性曲线的特点是：

（1）在输入特性曲线上也有一个开启电压，在开启电压内，$U_{BE}$ 虽已大于零，但 $i_B$ 几乎仍为零，只有当 $U_{BE}$ 的值大于开启电压后，$i_B$ 的值随 $U_{BE}$ 的增加按指数规律增大。硅晶体管的开启电压约为 0.5V，发射结导通电压 $U_{BE}$ 约为（0.6~0.7）V；锗晶体管的开启电压约为 0.2V，发射结导通电压 $U_{BE}$ 约为（0.2~0.3）V。

（2）三条曲线分别为 $U_{CE} = 0$V，$U_{CE} = 0.5$V 和 $U_{CE} = 1$V 的情况。当时 $U_{CE} = 0$V，相当于集电极和发射极短路，即集电结和发射结并联，输入特性曲线和 PN 结的正向特性曲线相类似。当 $U_{CE} = 0.5$V，集电结已处在反向偏置，管子工作在放大区，集电极收集基区扩散过来的电子，使在相同 $U_{BE}$ 值的情况下，流向基极的电流 $i_B$ 减小，输入特性随着 $U_{CE}$ 的增大而右移。当 $U_{CE} > 1$V 以后，输入特性几乎与 $U_{CE} = 1$V 时的特性曲线重合，这是因为 $U_{CE} > 1$V 后，集电极已将发射区发射过来的电子几乎全部收集走，对基区电子与空穴的复合影响不大，$i_B$ 的改变也不明显。

因晶体管工作在放大状态时，集电结要反偏，$U_{CE}$ 必须大于 1 伏，所以，只要给出 $U_{CE} = 1$V 时的输入特性就可以了。

### （二）晶体三极管的输出特性曲线

输出特性曲线是描述三极管在输入电流 $i_B$ 保持不变的前提下，集电极电流 $i_C$ 和管压降 $U_{CE}$ 之间的函数关系，即

$$i_C = f\ (U_{CE})\ \mid_{i_B\,=\,const} \tag{6-4}$$

三极管的输出特性曲线如图 6-15 所示。由图 6-15 可见，当 $i_B$ 改变时，$i_C$ 和 $u_{CE}$ 的关系是一组平行的曲线族，并有截止、放大、饱和三个工作区。

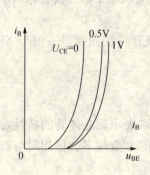

图 6-14 三极管的输入特性曲线

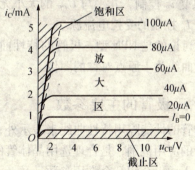

图 6-15 晶体管的输出特性曲线

### 1. 截止区

$I_B = 0$ 特性曲线以下的区域称为截止区。此时晶体管的集电结处于反偏，发射结电压 $U_{BE} < 0$，也是处于反偏的状态。由于 $I_B = 0$，在反向饱和电流可忽略的前提下，$I_C = \beta i_B$ 也等于 0，晶体管无电流的放大作用。处在截止状态下的三极管，发射极和集电结都是反偏，在电路中犹如一个断开的开关。

实际的情况是：处在截止状态下的三极管集电极有很小的电流 $I_{CEO}$，该电流称为三极管的穿透电流，它是在基极开路时测得的集电极—发射极间的电流，不受 $i_B$ 的控制，但受温度的影响。

### 2. 饱和区

在图 6 - 13 的三极管放大电路中，集电极接有电阻 $R_C$，如果电源电压 $V_{CC}$ 一定，当集电极电流 $i_C$ 增大时，$U_{CE} = V_{CC} - i_C R_C$ 将下降，对于硅管，当 $U_{CE}$ 降低到小于 0.7V 时，集电结也进入正向偏置的状态，集电极吸引电子的能力将下降，此时 $i_B$ 再增大，$i_C$ 几乎就不再增大了，三极管失去了电流放大作用，处于这种状态下工作的三极管称为饱和。

一般规定 $U_{CE} = U_{BE}$ 时的状态为临界饱和态，图 6 - 15 中的虚线为临界饱和线，在临界饱和态下工作的三极管集电极电流和基极电流的关系为：

$$I_{CS} = \frac{V_{CC} - U_{CES}}{R_C} = \bar{\beta} I_{BS} \tag{6 - 5}$$

式中的 $I_{CS}, I_{BS}, U_{CES}$ 分别为三极管处在临界饱和态下的集电极电流、基极电流和管子两端的电压（饱和管压降）。当管子两端的电压 $U_{CE} < U_{CES}$ 时，三极管将进入深度饱和状态，在深度饱和状态下，$I_C = \beta i_B$ 的关系不成立，三极管的发射结和集电结都处于正向偏置，三极管的集电极与发射极间的管压降很小 [小功率三极管 $U_{CSE} \leq (0.1 \sim 0.3)$ V]，因此处于饱和状态的三极管在电路中犹如一个闭合的开关。

三极管截止和饱和的状态与开关断、通的特性很相似，数字电路中的各种开关电路就是利用三极管的这种特性来工作的。

### 3. 放大区

三极管输出特性曲线饱和区和截止区之间的部分就是放大区。工作在放大区的三极管才具有电流的放大作用。此时三极管的发射结处在正偏，集电结处在反偏。由放大区的特性曲线可见，特性曲线非常平坦，当 $i_B$ 等量变化时，$i_C$ 几乎也按一定比例等距离平行变化。由于 $i_C$ 只受 $i_B$ 控制，几乎与 $U_{CE}$ 的大小无关，说明处在放大状态下的三极管相当于一个输出电流受 $I_B$ 控制的受控电流源。

上述讨论的是 NPN 型三极管的特性曲线，PNP 型三极管特性曲线是一组与 NPN 型三极管特性曲线关于原点对称的图像。

## 四、三极管的主要参数

晶体管的性能除用特性曲线来表示外，还用一些参数来表示。晶体管的特性参数规定了晶体管的应用范围，是合理选用晶体管的依据。晶体管的参数很多，使用时可查阅晶体管手册，下面仅介绍几个常用参数。

### （一）共发射极电流放大系数 $\beta$

$\beta$ 表示晶体管的放大能力。晶体管的型号、用途不同，$\beta$ 值亦不同，其范围在 20 ~ 200 之间，可根据需要选用。随着制造技术的不断进步，目前同一型号规格的晶体管 $\beta$ 值离散性已经较小。

### （二）集电极最大允许电流 $I_{CM}$

当晶体管的集电极电流 $I_{CM}$ 达到一定值时，$\beta$ 值下降，通常取 $\beta$ 值下降到正常值的 2/3

时所对应的集电极电流作为 $I_{CM}$ 值。晶体管在正常使用时，$I_C$ 一般都小于 $I_{CM}$ 值，若工作电流大于它的 $I_{CM}$ 值，晶体管的性能将变差。

（三）集电极反向击穿电压 $U_{CE(BR)}$

晶体管的基极开路时允许加在集电极上的最高反向电压，称为反向击穿电压 $U_{CE(BR)}$。在使用中若超过了此电压值，晶体管就会击穿损坏。

（四）集电极最大允许耗散功率 $P_{CM}$

集电极电流流过 PN 结时，使结温升高而引起晶体管参数变化。在参数变化不超过允许值时，集电极消耗的最大功率，定义为最大允许耗散功率，用 $P_{CM}$ 表示。根据功率的计算公式，则 $P_{CM} = i_C u_{CE}$，可在输出特性曲线上做出 $P_{CM}$ 曲线，此曲线又称为管耗线，如图 6 – 16 所示。

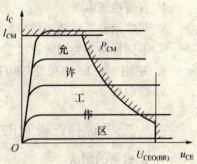

图 6 – 16 晶体管的工作范围

## 五、晶体三极管的选择

选用晶体管一要满足设备及电路的要求，二要符合节约的原则。根据用途的不同，一般应考虑以下几个因素：工作频率、集电极电流、耗散功率、反向击穿电压、电流放大系数、稳定性及饱和压降等。这些因素又具有相互制约的关系，在选管时而抓住主要矛盾，兼顾次要因素。

（1）根据三极管实际工作的最大集电极电流 $I_{cm}$、管耗 $P_{cm}$ 以及电源电压 $V_{CC}$ 选择适合的三极管。要求选用三极管的 $P_{CM} > P_{cm}$、$I_{CM} > I_{cm}$、$U_{(BR)CEO} > V_{CC}$。

（2）对于三极管 $\beta$ 值的选择，不是越大越好。$\beta$ 太大容易引起自激振荡，何况一般 $\beta$ 值高的管子工作多不稳定，受温度影响大。一般三极管的 $\beta$ 多选 40 ~ 100 之间，但低噪声、高 $\beta$ 值的管子，如 9014 等 $\beta$ 值达数百时温度稳定性仍较好。另外，对整个电路来说还应从各级的配合来选择 $\beta$。例如前级用高 $\beta$，后级就可以用低 $\beta$ 的管子；反之，前级用低 $\beta$ 的，后级就可以用高 $\beta$ 的管子。

（3）在实际应用中，选用的管子穿透电流 $I_{CEO}$ 越小越好，这样电路的温度稳定性就越好。普通硅管的稳定性比锗管好得多，但硅管的饱和压降较锗管大，目前电路中一般都采用硅管。

# 实训 二极管与三极管的检测

## 一、实训目的

1. 熟悉二极管的外形和引脚识别方法。
2. 练习查阅半导体器件手册，熟悉二极管的类别、型号和主要性能参数。
3. 掌握使用万用表检测二极管和三极管的方法。
4. 掌握二极管伏安特性曲线的测试方法。
5. 加深对三极管特性和参数的理解。

## 二、仪表和材料

1. 万用表                                             一块
2. 半导体器件手册                             一本
3. 不同规格和类型的二极管                 若干
4. 直流稳压电源                               一台
5. 双踪示波器、低频信号发生器         各一台
6. 不同规格和类型的三极管               若干
7. 电阻 620Ω，电位器 220Ω            各一只
8. 面包板                                        一块

## 三、二极管和三极管的检测方法

### 1. 二极管的测试

使用二极管时，首先要知道管脚的正负极性和二极管的质量，否则电路非但不能正常工作，甚至可能烧毁管子和其他元件。目前很多二极管已在管壳外面标有正负极记号和管子的型号，管子的性能可通过查半导体器件手册得到。但是，当管壳上的标注看不清，或身边没有手册可查，这时我们可利用万用表来测量它的正反向电阻判断其正、负极性，并粗略地检验其单向导电性的好坏。下面以小功率二极管为例加以说明。

（1）二极管性能的测量　测量时，用万用表的欧姆挡。把量程拨到 R×100 档或 R×1K 档（不能用 R×1 档，因为这一档电流太大，容易烧毁二极管；也不能用 R×10K 档，因为这一档电压太高，容易把二极管击穿）。注意机械式万用表的正端（红表笔）输出的是负电压，万用表的负端（黑表笔）输出的是正电压。如果红表笔接二极管的负极，黑表笔接二极管的正极，可测得二极管的正向电阻，如图 6 – 17（a）所示。如果测得二极管的正向电阻在几百欧姆和几千欧姆之间（硅管的正向电阻大一些），则可认为二极管的正向特性较好（正向电阻越小越好）。反之，将红表笔接二极管的正极，黑表笔接二极管的负极，可测得二极管的反向电阻，如图 6 – 17（b）所示。如果反向电阻大于数百千欧姆，则可认为二极管的反向特性较好（反向电阻越大越好）。

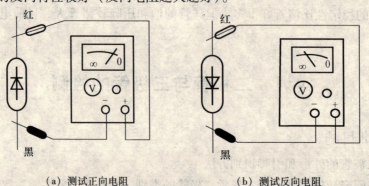

（a）测试正向电阻                             （b）测试反向电阻

图 6 – 17　用万用表测试二极管

经过上述测试，如果管子的正向、反向特性都较好，那么这只管子质量就好。如果测出的正向电阻很大，甚至为无穷大则表示这只管子正向特性很差或内部已经断路；如果测

出的正向电阻和反向电阻很小，甚至为 0 欧姆，则表示管子已失去单向导电性或内部已经短路，这两种情况都说明管子已不能使用了。

（2）二极管正负极性的判别 对于没有任何标记的二极管，可通过比较二极管的正、反向电阻的大小来判别正负极性。将两根表笔接到二极管的两端，如果量出的电阻很小，只有几百欧姆至几千欧姆，则得到的是正向电阻，因此黑表笔接的一端为二极管的正极，红表笔接的一端为负极；反之，如果量出的电阻很大，达几百千欧姆以上，则红表笔接的是二极管正极，黑表笔接的是负极。

当然，条件允许时采用晶体管图示仪测量可以更直观、迅速和准确地得到二极管的伏安特性和各种参数。

### 2. 三极管管脚与管型判别

因为晶体三极管内部有两个 PN 结，所以可以用万用表欧姆挡测量 PN 结的正、反向电阻来判定晶体三极管的管脚、管型并可判断三极管性能的好坏。

（1）中、小功率三极管的检测 判定基极：用万用表 R×100 或 R×1k 档测量三极管三个电极中每两个极之间的正、反向电阻值。当用第一根表笔接某一电极，而第二表笔先后接触另外两个电极均测得低阻值时，则第一根表笔所接的那个电极即为基极 b。这时，要注意万用表表笔的极性，如果红表笔接的是基极 b，黑表笔分别接在其他两极时，测得的阻值都较小，则可判定被测三极管为 PNP 型管；如果黑表笔接的是基极 b，红表笔分别接触其他两极时，测得的阻值较小，则被测三极管为 NPN 型管。判定集电极 c 和发射极 e：以 PNP 为例，将万用表置于 R×100 或 R×1K 档，红表笔接基极 b，用黑表笔分别接触另外两个管脚时，所测得的两个电阻值会是一个大一些，一个小一些。在阻值小的一次测量中，黑表笔所接管脚为集电极；在阻值较大的一次测量中，黑表笔所接管脚为发射极。

（2）大功率晶体三极管的检测 利用万用表检测中、小功率三极管的极性、管型及性能的各种方法，对检测大功率三极管来说基本上适用。但是，由于大功率三极管的工作电流比较大，因而其 PN 结的面积也较大，PN 结较大，其反向饱和电流也必然增大。所以，若像测量中、小功率三极管极间电阻那样，使用万用表的 R×1k 档测量，必然测得的电阻值很小，好像极间短路一样，所以通常使用 R×10 或 R×1 档检测大功率三极管。另外，常见的进口型号的大功率塑封管，其 c 极基本都是在中间。

## 四、实训内容和步骤

### 1. 二极管的识别和检测

按照二极管的识别和检测方法，用万用表识别二极管的极性和质量的好坏。记录测得的正反向电阻值及万用表的型号和档位，记录于训练表 6-1 中。

### 2. 二极管伏安特性曲线的检测

二极管伏安特性曲线是指二极管两端的电压与通过二极管的电流之间的关系。测试电路如图 6-18 所示，用逐步测量法，调节 $R_P$，改变输入电压 $U_i$，分别测出二极管两端的电压 $U_D$ 与通过二极管的电流 $i_D$，即可以在坐标纸上描绘出它们的特性曲线：$i_D = f(U_D)$。

表6-1 二极管的测量

| 二极管的型号 | 正向电阻 | | 反向电阻 | | 质量好坏 |
|---|---|---|---|---|---|
| | RX100 档 | RX1K 档 | RX100 档 | RX1K 档 | |
| 1 | | | | | |
| 2 | | | | | |
| 3 | | | | | |

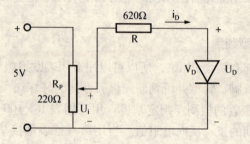

图6-18

按图6-18连接电路，经验查无误后，接通5V直流电源。调节电位器$R_P$使输入电压按训练表6-2所示从零增大到5V，用万用表分别测出电阻R两端电压$U_R$和二极管两端电压$U_D$，并根据$i_D = U_R/R$算出通过二极管的电流$i_D$，记录于训练表6-2中。用同样的方法进行3次测量，然后算出平均值，即可得到二极管的正向特性。

表6-2 二极管的正向特性

| $U/V$ | | 0.00 | 0.40 | 0.50 | 0.60 | 0.70 | 0.80 | 1.00 | 2.00 | 3.00 |
|---|---|---|---|---|---|---|---|---|---|---|
| 第一次测量 | $U_R/V$ | | | | | | | | | |
| | $U_D/V$ | | | | | | | | | |
| 第二次测量 | $U_R/V$ | | | | | | | | | |
| | $U_D/V$ | | | | | | | | | |
| 第三次测量 | $U_R/V$ | | | | | | | | | |
| | $U_D/V$ | | | | | | | | | |
| | $I_D/A$ | | | | | | | | | |

将图6-18所示的电源正、负极互换，使二极管反偏，然后调节电位器$R_P$按训练表6-3所示的$U_i$值，分别测出$U_R$和$U_D$，记录于训练表6-3中。

表6-3 二极管的反向特性

| $U_i/V$ | 0 | -1.0 | -2.0 | -3.0 | -4.0 |
|---|---|---|---|---|---|
| $U_R/V$ | | | | | |
| $U_D/V$ | | | | | |
| $I_D/\mu A$ | | | | | |

3. 按提供的三极管型号，查阅产品手册，将其主要参数填入训练表6－4中。

表6－4　三极管主要参数

| 参数<br>型号 | 集电极最大允许电流 $I_{CM}$ | 集电极最大允许耗散功率 $P_{CM}$ | 集－射反向击穿电压 $U_{(BR)CEO}$ | 穿透电流 $I_{CEO}$ | $h_{fe}(\beta)$ |
|---|---|---|---|---|---|
| 手册值 | | | | | |
| 手册值 | | | | | |

4. 按三极管检测的方法，用万用表判别三极管的管脚和类型，填于训练表6－5中。

表6－5　三极管的管脚和类型

| 型　号 | （根据实验所用器件填写型号） | | |
|---|---|---|---|
| 管脚图 | | | |
| 管　型 | | | |

5. 按三极管检测的方法，用万用表检测三极管的性能，填于训练表6－6中。

表6－6　三极管的性能

| 型号 | b－e之间 | | b－c之间 | | c－e之间 | | 合格否 |
|---|---|---|---|---|---|---|---|
| | 正向电阻 | 反向电阻 | 正向电阻 | 反向电阻 | 正向电阻 | 反向电阻 | |
| | | | | | | | |
| | | | | | | | |

# 五、实训报告

1. 整理表格数据，在坐标纸上画出二极管的伏安特性。
2. 总结二极管和三极管的检测方法，完成实训报告。

# 本章小结

1. 半导体材料是制造半导体器件的物理基础，利用半导体的掺杂性，控制其导电能力，从而可以把本征半导体变成 P 型和 N 型两种杂质半导体。

2. PN 结是制造半导体器件的基础，最主要的特性是单向导电性。因此，正确地理解它的特性对于了解和使用各种半导体器件有着十分重要的意义。

3. 半导体二极管由一个 PN 结构成。它的伏安特性形象地反映了二极管的单向导电性和反向击穿特性。普通二极管工作在正向导通区，而稳压管工作在反向击穿区。

4. 三极管由两个 PN 结构成，当发射结正偏、集电结反偏时，三极管的基极电流对集电极电流具有控制作用，即电流放大作用。3 个电极电流具有以下关系：$I_C \approx \beta I_B, I_E = I_B + I_C \approx (1 + \beta) I_B$。三极管有截止、放大、饱和 3 种工作状态。注意三极管在不同状态下的不同外部偏置条件。

# 习 题

### 6-1 判断题

（1）半导体中的空穴带正电（　　）。

（2）稳压管工作在反向击穿状态时，其两端电压恒为 $U_z$（　　）。

（3）若三极管将集电极和发射极互换，则仍有较大的电流放大作用（　　）。

### 6-2 填空题

（1）杂质半导体中少数载流子的浓度（　　）本征半导体中载流子的浓度。

    A. 大于　　　　　　　　　B. 小于　　　　　　　　　C. 等于

（2）温度升高时，二极管在正向电流不变的情况下的正向压降（　　），反向电流（　　）。

    A. 增大　　　　　　　　　B. 减小　　　　　　　　　C. 不变

（3）当晶体管工作在放大区时，各极电位的关系为：

NPN 管的 $u_C$（　　）$u_B$（　　）$u_E$，PNP 管的 $u_C$（　　）$u_B$（　　）$u_E$；工作在饱和区时，$i_C$（　　）$\beta i_B$；工作在截止区时，若忽略 $I_{CEO}$ 和 $I_{CBO}$，则 $i_B$（　　）0，$i_C$（　　）0。

    A. >　　　　　　　　　　B. <　　　　　　　　　　C. =

6-3 如题6-3所示电路中，$u = 5\text{V}$，$v_i = 10\sin(\omega t)\text{V}$，二极管正向压降可忽略不计。试画出输出电压 $u_o$ 的波形。

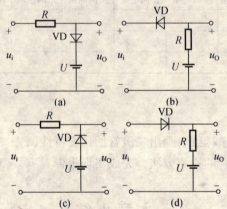

题6-3图

6-4 为了判断晶体管在电路中的工作状态，多采用测量各极对地电位的方法。如题6-4图所示给出了晶体管各极的对地电位，请指出它们都是工作在什么状态（图中 NPN 管为硅材料，PNP 管为锗材料）。

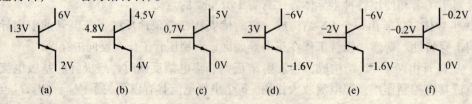

题6-4图

6－5 已知 NPN 型晶体管的输入、输出特性曲线如题 6－5 所示。

（1）$I_B = 60\mu A$，$U_{CE} = 8V$，求 $I_C$；

（2）$U_{CE} = 5V$，$U_{BE} = 0.7V$，求 $I_C$；

（3）$U_{CE} = 10V$，$U_{BE}$ 由 0.6V 变到 0.7V，求 $I_B$ 和 $I_C$ 的变化量。

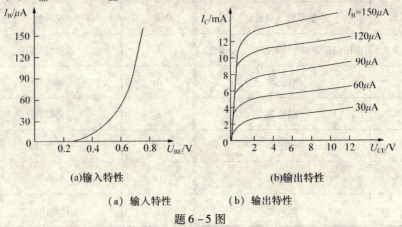

（a）输入特性　　　　　（b）输出特性

题 6－5 图

# 阅读与应用

## 半导体器件型号的命名方法

### 一、国产二极管的命名方法

国产二极管的型号命名由 5 部分构成，具体如下所示：

二极管的规格号

二极管的序号

二极管的类别

二极管的材料和极性

二极管主称代号"2"，有两个极性引脚

（1）二极管材料代号、意义对照表如表 6－7 所示。

表 6－7　二极管的材料的代号、意义对照表

| 符号 | 意义 | 符号 | 意义 |
|------|------|------|------|
| A | N 型锗材料 | D | P 型硅材料 |
| B | P 型锗材料 | E | 化合物材料 |
| C | N 型硅材料 | | |

（2）二极管类别代号、意义对照表如表 6-8 所示。

表 6-8  二极管的类别的代号、意义对照表

| 符号 | 意义 | 符号 | 意义 |
|---|---|---|---|
| P | 小信号管（普通管） | B 或 C | 变容管 |
| W | 电压调整管和电压基准管（稳压管） | V | 混频检波管 |
| L | 整流堆 | JD | 激光管 |
| N | 阻尼管 | S | 隧道管 |
| Z | 整流管 | CM | 磁敏管 |
| U | 光电管 | H | 恒流管 |
| K | 开关管 | Y | 体效应管 |

（3）举例

| 2AP9（N 型锗材料普通二极管） | 2CW56（N 型硅材料稳压二极管） |
|---|---|
| 2——二极管 | 2——二极管 |
| A——N 型锗材料 | C——N 型硅材料 |
| P——普通型 | W——稳压管 |
| 9——序号 | 56——序号 |

## 二、国产三极管的命名方法

国产三极管的型号命名由 5 部分构成，具体如下所示：

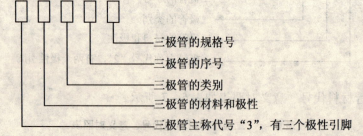

三极管的规格号
三极管的序号
三极管的类别
三极管的材料和极性
三极管主称代号"3"，有三个极性引脚

（1）二极管材料代号、意义对照表如表 6-9 所示。

表 6-9  三极管的材料的代号、意义对照表

| 符号 | 意义 | 符号 | 意义 |
|---|---|---|---|
| A | 锗材料，PNP 型 | D | 硅材料，NPN 型 |
| B | 锗材料，NPN 型 | E | 化合物材料 |
| C | 硅材料，PNP 型 | | |

（2）二极管类别代号、意义对照表如表6－10所示。

**表6－10 三极管的类别的代号、意义对照表**

| 符号 | 意义 | 符号 | 意义 |
|------|------|------|------|
| G | 高频小功率管 | V | 微波管 |
| X | 低频小功率管 | B | 雪崩管 |
| A | 高频大功率管 | J | 阶跃恢复管 |
| D | 低频大功率管 | U | 光敏管（光电管） |
| T | 闸流管 | J | 结型场效应晶体管 |
| K | 开关管 | | |

（3）举例

| 3AX9（锗材料PNP型低频小功率管） | 3DG6（硅材料NPN型高频小功率管） |
|------|------|
| 3——三极管 | 3——三极管 |
| A——锗材料，PNP型 | C——硅材料，NPN型 |
| X——低频小功率管 | G——高频小功率管 |
| 9——序号 | 6——序号 |

# 第七章　直流稳压电源

在电子设备中，内部电路都由直流稳压电源供电。一般情况，直流稳压电源电路由整流、滤波、稳压电路组成。将电网的交流电压变换成单向脉动直流电压的过程叫做整流，将直流脉动成分滤除的过程叫做滤波，最后一个环节叫做稳压。小功率直流稳压电源如图7-1所示，由4部分组成。本章着重分析几种单相整流滤波稳压电路的工作原理和应用特点。

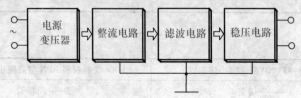

图7-1　直流稳压电源框图

## 第一节　单相半波整流电路

### 一、电路组成及工作原理

单相半波整流电路如图7-2所示。图中 Tr 为电源变压器，变压器二次绕组电压为 $u_2 = \sqrt{2}\, U_2 \sin\omega t$，$U_2$ 为有效值，波形如图7-3所示。当 $u_2$ 为正半周时（极性如图7-2所示），变压器二次绕组上端 A 点为正，下端 B 点为负，二极管正向偏置，因而处于导通状态，电流从 A 点流出，经二极管、负载电阻 $R_L$ 回到 B 点，形成一个闭合回路。如果忽略二极管的压降，电压几乎全部加在负载 $R_L$ 上。

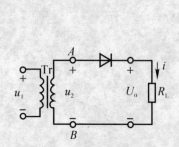

图7-2　单相半波整流电路

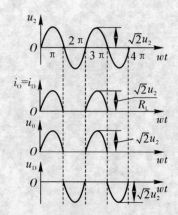

图7-3　单相半波整流电路电压与电流的波形

当 $u_2$ 为负半周时，即变压器二次绕组上端为负，下端为正，二极管处于反向偏置状态而截止，负载 $R_L$ 上没有电流通过，二极管承受的反向电压最大值为 $\sqrt{2}\, U_2$。当 $u_2$ 下一个周期到来时将重复上一个周期的变化，从而得到图 7 - 3 所示的波形，输出电压是一个单相的半波脉动电压。

## 二、参数计算

根据图 7 - 3 可知，当 $u_2 = \sqrt{2}\,U_2\sin\omega t$，单相半波整流电路在输入电压的一个周期内，只是正半周导通，在半波整流电路负载上得到的是半个正弦波。因此负载上得到的输出直流平均电压为：

$$U_O = \frac{1}{2\pi}\int_0^\pi \sqrt{2}U_2\sin(\omega t) = \frac{\sqrt{2}}{\pi}U_2 = 0.45U_2 \qquad (7-1)$$

由于二极管与负载 $R_L$ 串联，所以流过负载和二极管的平均电流相等，平均电流为：

$$I_D = I_O = \frac{U_O}{R_L} = \frac{\sqrt{2}U_2}{\pi R_L} = \frac{0.45U_2}{R_L} \qquad (7-2)$$

二极管承受的最大反向电压即二极管反向截止时所承受的最大反向电压为：

$$U_{RM} = \sqrt{2}U_2 \qquad (7-3)$$

在实际选择二极管时，一般根据流过二极管的平均电流 $I_D$ 和它承受的最大反向电压 $U_{RM}$ 来选择二极管的型号，但考虑到电网电压会有一定的波动，所以选择二极管时 $I_D$ 和 $U_{RM}$ 要大于实际工作值，一般可取 1.5 ~ 3 倍的 $I_D$ 和 $U_{RM}$。

单相半波整流电路结构简单，但输出电压脉动较大，一般只应用于对输出电压要求不高的场合。

**例题 7 - 1**　电路如图 7 - 2 所示，纯电阻性负载 $R_L$ 为 60Ω，要求输出电压 $U_O$ 为 12V，求变压器二次的有效值 $U_2$ 和流过二极管的电流 $I_D$，并选择合适的二极管。

解：
$$U_O = 0.45U_2$$

$$U_2 = \frac{U_L}{0.45} = \frac{12}{0.45}V = 26.7\ \text{V}$$

$$I_D = I_O = \frac{U_L}{R_L} = \frac{12}{60}A = 0.2A = 200\ \text{mA}$$

二极管承受最大反向电压为 $U_{RM} = \sqrt{2}\,U_2 = 26.7 \times \sqrt{2} = 37.6$ V，根据计算结果，查阅电子器件手册，可选择二极管 2CZ53C（$U_{RM} = 100\text{V}$，$I_{OM} = 300\text{mA}$）。

# 第二节　单相桥式整流电路

## 一、电路组成及工作原理

半波整流电路只利用了电源的半个周期，输出的整流电压脉动大，平均直流电压低，变压器利用率低，存在着明显的不足。工程上最常用的桥式整流电路却可以克服上述缺点，单相桥式整流电路的结构如图 7 - 4 所示。

变压器二次绕组电压为 $u_2 = \sqrt{2}\,U_2\sin\omega t$，$U_2$ 为有效值。当 $u_2$ 为正半周时，即 A 端为正，B 端为负，二极管 $VD_1$ 和 $VD_3$ 因正向偏置而导通，$VD_2$、$VD_4$ 因反向偏置而截止。电流的流向为 A→VD$_1$→R$_L$→VD$_3$→B，负载 R$_L$ 得到上正下负的电压 $u_0 = u_2$。

当 $u_2$ 为负半周时，即 A 端为负，B 端为正，二极管 VD$_2$ 和 VD$_4$ 正向偏置导通，VD$_1$、VD$_3$ 反向偏置截止。电流的流向为 B→VD$_2$→R$_L$→VD$_4$→A，负载 R$_L$ 仍得到上正下负的电压 $u_0 = -u_2$。

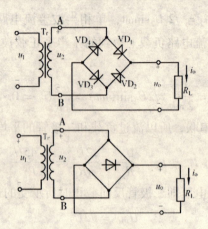

图 7 - 4　单相桥式整流电路

可见，在 $u_2$ 的整个周期内，由于 VD$_1$、VD$_3$ 和 VD$_2$、VD$_4$ 两组二极管轮流导通，各工作半个周期，这样不断重复，在负载上得到单一方向的全波脉动电压和电流，如图 7 - 5 所示。但这种直流电是脉动的，不能供给对直流电要求较高的场合。

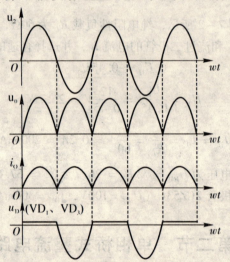

图 7 - 5　单相桥式整流电路的电压与电流波形

## 二、参数计算

由图 7 - 5 中可以看出，桥式整流电路负载上得到的输出直流电压或直流电流的平均值是半波整流电路的两倍，即：

$$U_O = 2\frac{\sqrt{2}}{\pi}U_2 = 0.9U_2 \tag{7-4}$$

流过负载的平均电流为：

$$I_O = \frac{U_O}{R_L} = \frac{2\sqrt{2}U_2}{\pi R_L} = \frac{0.9U_2}{R_L} \qquad (7-5)$$

流过二极管的平均电流为：

$$I_D = \frac{I_O}{2} = \frac{\sqrt{2}U_2}{\pi R_L} = \frac{0.45U_2}{R_L} \qquad (7-6)$$

二极管所承受的最大反向电压为：

$$U_{RM} = \sqrt{2}U_2 \qquad (7-7)$$

由于桥式整流电路全波工作，变压器利用率高，平均直流电压大，脉动小，所以得到了广泛应用，现在已生产出集成的硅桥式整流器（硅桥堆），如图7-6所示。它是将四只二极管做在同一硅片上，具有体积小、特性一致、使用方便等优点。目前国产硅桥堆电流为（0.005~10）A，电压为（25~1000）V。

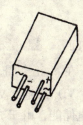

图7-6 硅桥式整流器外形图

**例题7-2** 已知一桥式整流电路负载电阻为80Ω，流过负载电阻的电流为1.5A，求变压器二次绕组的电压，并选择整流二极管。

解：$U_O = I_L \times R_L = 1.5 \times 80 = 120$ V

∵ $U_O = 0.9U_2$

∴ $U_2 = U_O/0.9 = 120/0.9 = 133$ V

$I_D = I_O/2 = 1.5/2 = 0.75$ A

$U_{RM} = \sqrt{2}U_2 = \sqrt{2} \times 133 = 188V$

根据计算的结果，并考虑电网电压的波动，查阅电子器件手册，可选择二极管2CZ55E（$V_{RM} = 300$V，$I_D = 1$A）。

# 第三节 滤波电路

为了减小脉动程度、滤除输出电压的谐波成分，保留直流成分而采取的电路称为滤波电路。整流电路输出的脉动直流电中，仍含有较多的交流成分，只适用于如电解、电镀、充电等对电压平滑性要求不高的场合，不能满足大多数电子设备的要求，因此通常在整流电路后加入滤波电路。经过滤波，既可保留直流分量，又可以滤掉大部分的交流分量，改变了交、直流成分的比例，减小了电路的脉动系数，改善了直流电压的质量。利用电抗性元件对交、直流电阻抗的不同，可实现滤波作用。电容器 C 对直流电阻抗大，对交流电阻抗小，所以并联在负载两端；电感 L 对直流电阻抗小，对交流电阻抗大，因此应与负载串联。常见的滤波电路有单独使用电感或电容元件的电感滤波电路和电容滤波电路，也有使用两元件组合的复式滤波电路。

## 一、电容滤波电路

下面以单相桥式整流电容滤波电路为例，分析电容滤波的工作原理。电路如图 7-7 所示，该电路在桥式整流电路的负载电阻上并联了一个滤波电容 C，滤波电容容量比较大，一般采用电解电容。

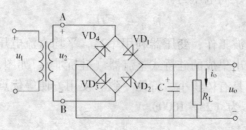

图 7-7  电容滤波电路

### （一）工作原理

当电路接通时，在 $u_2$ 正半周，即 A 点为正 B 点为负，当 $u_2$ 的数值大于电容两端电压 $u_c$ 时，二极管 VD$_1$、VD$_3$ 导通，VD$_2$、VD$_4$ 截止，整流电流分为两路，一路通过负载 $R_L$，另一路对电容 C 充电储能，由于充电时间常数很小，所以电容 C 充电速度很快，使 $u_c$ 随 $u_2$ 增长并达到峰值。随后 $u_2$ 开始按正弦规律下降，电容通过负载电阻 $R_L$ 开始放电，$u_c$ 也开始降低，但放电时间常数较大，使 $u_c$ 下降速度小于 $u_2$ 的下降速度，VD$_1$ 和 VD$_3$ 由正向偏置变为反向偏置而截止，电容 C 继续对 $R_L$ 放电，使 $u_c$ 两端电压缓慢下降。

在 $u_2$ 的负半周，即 A 点为负 B 点为正，如果 $u_2$ 的幅值大于电容两端电压 $u_c$，则 VD$_2$、VD$_4$ 导通，VD$_1$、VD$_3$ 截止。这时，电流一路通过负载 $R_L$，另一路为电容充电，$u_2$ 到峰值时，并等于 $u_c$ 时充电结束，随后 $u_2$ 开始下降，当 $u_2$ 的幅值小于 $u_c$ 时 VD$_2$、VD$_4$ 截止，电容开始放电，$u_0$ 按指数规律下降，放电的时间常数为

$$\tau = R_L C \tag{7-8}$$

在 $R_L$ 较大时，放电时间常数 $\tau$ 的值比充电时的时间常数大，$u_0$ 下降较慢。当 $u_0$ 下降到比 $u_2$ 的值小的时候，$u_2$ 再向电容充电，同时也向负载提供电流，电容上的电压仍会很快地上升。这样不断地进行，在负载上得到比无滤波整流电路平滑的直流电压。桥式整流加电容滤波电路的工作波形如图 7-8 所示。

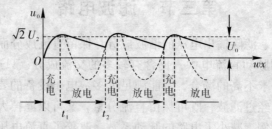

图 7-8  电容滤波电路波形

## （二）外特性

整流滤波电路中的输出直流电压与负载电流的变化关系曲线称为整流电路的外特性。电容滤波电路的外特性曲线如图 7-9 所示。

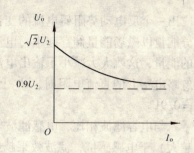

图 7-9　电容滤波电路外特性曲线

从外特性曲线上看，当负载为无穷大时，负载电流为零，输出直流电压为 $\sqrt{2}U_2$，随着负载电阻的不断减小，负载电流不断增大，输出的直流电压也不断降低。由此可见，电容滤波电路带负载的能力比较差，只适用于负载电流较小的场合。

## （三）参数计算

输出电压一般采用估算法，近似认为 $U_o = 1.2U_2$。

滤波电容容量的选择：

滤波电容容量越大，滤波效果越好，为了得到理想的直流电压，电容 C 一般应满足：

$$CR_L \geqslant (3 \sim 5)T/2 \tag{7-9}$$
$$即：C \geqslant (3 \sim 5)T/2R_L \tag{7-10}$$

其中，T 为交流电的周期。

选择电容时，除需考虑它的容量外，耐压也不容忽略，电容两端最大电压为 $\sqrt{2}U_2$。

**例题 7-3**　有一单相桥式整流电容滤波电路，负载电阻 $R_L$ 为 130Ω，负载通过的电流为 0.2A，试选择合适的滤波电容。

解：$U_o = I_o \times R_L = 0.2 \times 130 = 26$ V

∵ $U_o = 1.2U_2$

∴ $U_2 = U_o/1.2 = 26/1.2 = 21.7$ V

$C \geqslant (3 \sim 5)T/2R_L = (3 \sim 5)0.02/(2 \times 130) = 231 \sim 385 \ \mu\text{F}$

$U_C = \sqrt{2}U_2 = \sqrt{2} \times 26 = 36.76$ V

因此，滤波电容可选取电容量为 330μF、耐压为 50V 的电解电容。

## 二、电感滤波电路

桥式整流电感滤波电路如图 7-10 所示，滤波元件 L 串接在整流输出与负载 $R_L$ 之间。电感是一个电抗元件，如果忽略它的内阻，那么整流输出的直流成分全部通过电感 L 加在

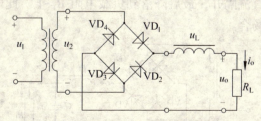

图 7-10　桥式整流电感滤波电路

负载 $R_L$ 上，而交流成分大部分加在电感 L 上。当电感中通过交变电流时，电感两端便感

应出一个反电动势阻碍电流的变化，电流增大时，反电动势会阻碍电流的增大，并将一部分能量以磁场能量储存起来；电流减小时，反电动势会阻碍电流的减小，电感释放出储存的能量，这就大大减小了输出电流的变化，使输出电压变得平滑，达到了滤波的目的。当忽略电感 L 的直流电阻时，$R_L$ 上的直流电压 $U_O$ 与不加滤波时负载上的电压相同，即 $U_O = 0.9U_2$。

与电容滤波相比，电感滤波电路输出的电压比电容滤波电路低，而负载越小（$R_L$ 电流越大）于电感感抗，滤波效果越好，所以电感滤波电路适用于输出电压不高、输出电流较大及负载变化较大的场合。

## 三、复式滤波电路

采用单一的电容或电感滤波时，电路虽然简单，但滤波效果欠佳，大多数场合要求滤波效果要更好一些，则常把前两种滤波结合起来，即形成复式滤波。

复式滤波电路常用的有电感电容滤波器和 π 形滤波器两种形式。它们的电路组成原则是，把对交流阻抗大的元件（如电感）与负载串联，以降落较大的纹波电压，而把对交流阻抗小的元件（如电容）与负载并联，以旁路较大的纹波电流。其滤波原理与电容、电感滤波类似。

如图 7 – 11 （a） LC 滤波电路，图 7 – 11 （b），（c）所示为 π 型滤波电路以下重点介绍电感电容滤波电路（LC 滤波电路）。

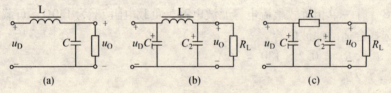

图 7 – 11　复式滤波电路

桥式整流加电感电容滤波电路如图 7 – 12 所示。与电容滤波电路相比，电感电容滤波电路的优点是：外特性比较好，输出电压对负载影响较小，电感元件限制了电流的脉动峰值，减小了对整流二极管的冲击。由于电感的感抗值与频率成正比，所以电感对交流成分呈现出很高的阻抗，对直流的阻抗非常小，把它串接在电路中，整流电路输出的脉动电压中的交流成分大部分降落在电感 L 上，而使直流成分通过电感；同时，电容的容抗与频率成反比，对交流成分的阻抗小，对直流的阻抗大，所以把它并联在负载两端，可以把剩下的交流成分旁路掉，把直流隔开，最后降落到负载电阻 $R_L$ 上。此电路适用于输出电流较大、输出电压脉动小的场合。

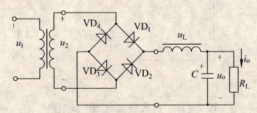

图 7 – 12　电感电容滤波电路

## 第四节　硅稳压管稳压电路

整流滤波后得到的直流输出电压往往会随时间而有些变化，造成这种直流输出电压不稳定的原因有两个：其一是当负载改变时，负载电流将随之改变，原因是整流变压器和整流二极管、滤波电容都有一定的等效电阻，因此当负载电流变化，即使交流电网电压不变，直流输出电压也会改变；其二是电网电压常有变化，在正常情况下变化 ±10% 是常见的，当电网电压变化时，即使负载未变，直流输出电压也会改变。因此常在整流滤波电路的后面再加一级稳压电路，以获得稳定的直流输出电压。

### 一、硅稳压管

硅稳压管简称稳压管，是一种特殊的面接触型二极管，具有稳定电压的作用。与普通二极管所不同的是稳压管的反向击穿电压较低，正常工作是在反向击穿状态。它利用反向击穿时电流在一定范围内变化，而反向击穿电压基本不变的特点，稳定电路两端的电压。

#### （一）硅稳压管的工作特性

硅稳压二极管的符号及伏安特性曲线如图 7-13 所示。

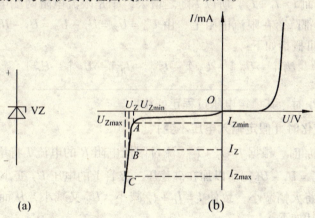

图 7-13　硅稳压管的符号及伏安特性曲线

从特性曲线上看，它的正向特性与普通二极管完全相同。但反向电压达到击穿值 $U_Z$ 时，曲线非常陡直，几乎与 I 轴平行，这表示当电流在较大范围内变化时，稳压管两端电压几乎不变。由此可见，击穿电压有一个很小的变化量，$\Delta U_Z = U_{Zmax} - U_{Zmin}$，则反向电流就有一个较大的变化量 $\Delta I_Z = I_{Zmax} - I_{Zmin}$，利用这一特性，将它与负载并联在一起就能起到稳压作用，此时负载两端的电压就是稳压管两端的稳定电压 $U_Z$。

#### （二）硅稳压管的主要参数

此部分内容内容在第六章中已经介绍，这里就不再重述。

### 二、稳压管稳压电路

图 7-14 为最简单的硅稳压管稳压电路。因为稳压管与负载 $R_L$ 并联，故称为并联型稳压电路，$R$ 为稳压管的限流电阻。其输出电压为：

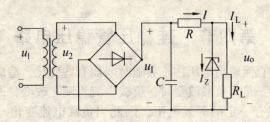

图 7 - 14　稳压管稳压电路

$$U_O = U_Z = U_I - U_R$$

输出电流:

$$I_L = I - I_Z$$

## (一) 工作原理

### 1. 输入电压变化时 (假定负载电流不变)

根据电路图 7 - 14 可知, $U_O = U_Z = U_I - U_R = U_I - IR$, 电流 $I = I_L + I_Z$。当输入电压 $U_I$ 升高时, 必然要引起输出电压 $U_O$ 的增加, $U_Z$ 也增加, 由硅稳压管的伏安特性可知, $U_Z$ 增加将使 $I_Z$ 也增大, 而 $I = I_L + I_Z$, 所以 $I$ 随之增大, 于是限流电阻两端电压 $U_R$ 增大, 可见 $U_I$ 增加的部分基本都降落在限流电阻上, 由 $U_O = U_Z = U_I - U_R = U_I - IR$ 可知, $U_O$ 基本保持不变, 这一过程可概括如下:

$$U_I \uparrow \rightarrow U_O \uparrow \rightarrow U_Z \uparrow \rightarrow I_Z \uparrow \rightarrow I_R \uparrow \rightarrow U_R \uparrow \rightarrow U_O \downarrow$$

当输入电压减小时, 其稳定电压过程正好相反。

### 2. 负载电流变化时 (假定输入电压不变)

负载电流 $I_L$ 增加时, 根据 $I = I_L + I_Z$, 流过限流电阻 $R$ 的电流 $I$ 将增加, 那么 $U_R$ 必然增大, 由于 $U_O = U_Z = U_I - U_R$, 所以加在硅稳压二极管上的电压 $U_Z$ 变小, 根据硅稳压二极管的伏安特性, $I_Z$ 将大幅减小, 致使 $I = I_L + I_Z$ 减小, $U_R$ 又减小, 从而使输出电压 $U_O$ 增加, 这一过程可概括如下:

$$I_L \uparrow \rightarrow I_R \uparrow \rightarrow U_R \uparrow \rightarrow U_Z(U_O) \downarrow \rightarrow I_Z \downarrow \rightarrow I_R \downarrow \rightarrow U_R \downarrow \rightarrow U_O \uparrow$$

当负载电流减小时, 其稳定电压过程正好相反。

综上所述, 通过稳压管和限流电阻的共同作用, 可达到稳定电压的目的, 但稳定性能较差, 稳定度不高。

## (二) 稳压管和限流电阻的选取

### 1. 稳压管参数选择

$$U_z = U_O$$

$$I_{ZM} \geqslant I_{Lmax} + I_{Zmin}$$

$$U_1 = (2 \sim 3)U_O$$

### 2. 限流电阻的选取

当电源电压波动或负载电流发生改变时, 输出电压发生改变, 这时稳压管才开始进行稳压。为了保证稳压管正常工作，选择限流电阻的数值时，必须使稳压管工作在允许的电流范围之内。

首先，为了保证不烧坏稳压管，限流电阻应满足

$$R \geq \frac{U_{1max} - U_Z}{I_{Zmax} + I_{Lmin}}$$

其次，为了保证稳压管工作在反向击穿区，限流电阻应满足

$$R \leq \frac{U_{1min} - U_Z}{I_{Zmin} + I_{Lmax}}$$

**例题 7-4**　在图 7-14 中，$U_O = 8V$，$I_{Lmax} = 10mA$，$U_1$ 的波动范围为 $\pm 10\%$。选择合适的硅稳压二极管并确定输入电压 $U_1$，确定限流电阻 $R$ 的取值范围。

解：1. 根据 $U_1 = (2 \sim 3) U_O$，取 $U_1 = 24\,V$。

依据 $I_{ZM} \geq I_{Lmax} + I_{Zmin}$

选择型号为 2CZ56 的稳压管（$I_{Zmax} = 27mA$，$I_{Zmin} = 5\,mA$）。

2. $U_{1max} = U_1 + U_1 \times 10\% = 26.4\,V$

$U_{1min} = U_1 - U_1 \times 10\% = 21.6\,V$

$$R \geq \frac{U_{1max} - U_Z}{I_{Zmax} + I_{Lmin}} = \frac{26.4 - 8}{27 \times 10^{-3}} = 681\,\Omega$$

$$R \leq \frac{U_{1min} - U_Z}{I_{Zmin} + I_{Lmax}} = \frac{21.6 - 8}{(5 + 10) \times 10^{-3}} = 907\,\Omega$$

所以 $R$ 的取值范围为（681 ~ 907）$\Omega$

## 三、集成稳压器

集成稳压器是将调整管、比较放大单元、启动单元和保护环节等元器件都集成在一片芯片上。集成稳压器的型号繁多，按引出端子分类，有三端固定式、三端可调式和多端可调式等。三端集成稳压器只有三个端子，安装和使用都方便、简单，因此在实际中应用得较多。

### （一）固定输出的三端集成稳压器

#### 1. 正电压输出稳压器

常用的三端固定正电压输出稳压器有 7800 系列，型号中的 00 两位数表示输出电压的稳定值，分别为 5V、6V、9V、12V、15V、18V、24V。例如，7812 的输出电压为 12V，7805 输出电压是 5V。按输出电流大小不同，又分为：CW7800 系列（最大输出电流为 1 ~ 1.5A），CW78M00 系列（最大输出电流为 0.5A）和 CW78L00 系列（最大输出电流为 100mA 左右）。

7800 系列三端稳压器的外部引脚如图 7-15（a）所示，1 脚为输入端，2 脚为输出端，3 脚为公共端。

#### 2. 负电压输出稳压器

常用的三端固定输出负电压稳压器有 7900 系列，型号中的 00 两位数表示输出电压的稳定值，与 7800 系列相对应，分别为 -5、-6、-9、-12、-15、-18、-24V。与 7800 系列一样，按输出电流不同，也分为 CW7900 系列、CW79M00 系列和 CW79L00 系

列。管脚如图 7-14（b）所示，1 脚为公共端，2 脚为输出端，3 脚为输入端。

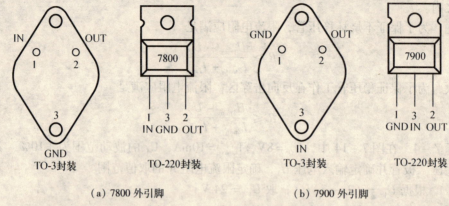

（a）7800 外引脚　　　　　　　　（b）7900 外引脚

图 7-15　三端固定输出稳压器

### （二）三端可调输出稳压器

前面介绍的 78、79 系列集成稳压电路，都是固定输出的稳压电源，由于输出电压固定，在实际使用中不太方便。因此在三端固定输出集成稳压器的基础上又发展了三端可调输出集成稳压器。

典型的三端可调输出稳压器有正电压输出的 CW137、CW237、CW337 系列和负电压输出的 CW117、CW217、CW317 系列等。图 7-16（a）所示为正可调输出稳压器，图 7-16（b）为负可调输出稳压器，其中 ADJ 为输出电压调整端。同一系列产品的内部电路和工作原理基本相同，只是工作温度不同。如 CW117、CW217、CW317 的工作温度分别为（-55～150）℃、（-25～150）℃、（0～125）℃。根据输出电流的大小，每个系列又分为 L 型系列（$I_0 \leqslant 0.1A$）、M 系列（$I_0 \leqslant 0.5A$）。如果不标 M 或 L 的则表示该器件 $I_0 \leqslant 1.5A$。

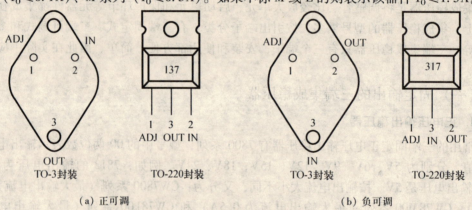

（a）正可调　　　　　　　　（b）负可调

图 7-16　三端可调输出稳压器

### （三）三端稳压器的应用

#### 1. 基本应用

图 7-17 是三端固定输出集成稳压器的基本应用电路。图中输入端电容 $C_1$ 用以抵消输入端较长接线的电感效应，防止产生自激振荡，接线不长时也可不用。输出电容 $C_0$ 用以改善负载的瞬态响应，减少高频噪声。

### 2. 正、负电压同时输出的稳压电路

图7-18是正负同时输出的稳压电路。当需要正、负两组电源输出时，可以采用78系列正电压输出稳压器和79系列负电压输出稳压器各一块，按图7-18接线，构成正、负两组电源。

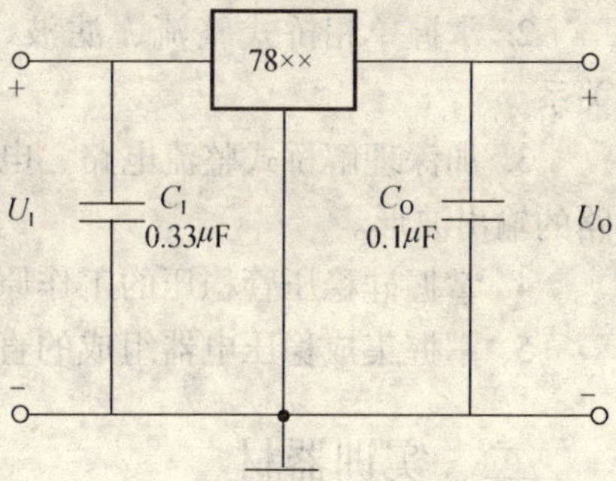

### 3. 可调输出稳压器应用电路

三端可调集成稳压器的输出电压为（1.25～37）V，输出电流可达1.5A。使用这种稳压器非常方便，只要在输出端接两个电阻，就可得到所要求的输出电值。可调输出稳压源标准应用电路如图7-19所示。

图7-17　固定输出稳压器基本应用电路

在图7-19电路中，因CW117（217、317）的基准电压为1.25V，这个电压在输出端3和调整端1之间，输出电压只能从1.25V上调。输出电压为：

$$U_O = 1.25(1 + \frac{R_2}{R_1}) + 50 \times 10^{-6} \times R_2 \qquad (7-11)$$

上式中的第二项，即$50 \times 10^{-6}$表示从CW117（217、317）调整端流出的经过电阻$R_2$的电流为50μA，它的变化很小，所以在$R_2$阻值很小时，可忽略第二项，即为

$$U_O = 1.25(1 + \frac{R_2}{R_1}) \qquad (7-12)$$

电容$C_2$用来改善输出电压中的纹波，跨接电容$C_1$是为了预防产生自激振荡。

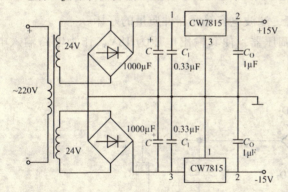

图7-18　正、负对称输出稳压电路

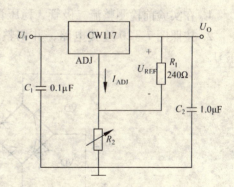

图7-19　输出可调稳压电路

# 实训　直流稳压电源的电路连接与测试

在各种电子设备和计算机中，都需要稳定的直流电源供电。但电网提供的是50$H_z$正弦交流电压，所以要把正弦交流电变为稳定的直流电。将正弦交流电变换成稳定直流电的装置称为直流电源。

## 一、实训目的

1. 掌握直流稳压电路的电路连接方法。

2. 掌握单相桥式整流、滤波、稳压电路的工作原理和输入、输出电压之间的数量关系。

3. 加深理解桥式整流电路、电容滤波的作用，利用示波器观察桥式整流电路、滤波电路的输出波形。

4. 掌握硅稳压管稳压的工作原理。

5. 掌握集成稳压电器组成的直流稳压电路技术指标的测试方法。

## 二、实训器材

| | |
|---|---|
| 1. （毫伏表）万用表 | 1只 |
| 2. 示波器 | 1台 |
| 3. 调压器 | 1台 |
| 4. 电子技术综合实验台 | 1个 |
| 5. 整流二极管（1N4001） | 4个 |
| 6. 硅稳压管（2CW110） | 1个 |
| 7. CW7812 集成稳压块 | 1个 |
| 8. 滤波电容 100μF、470μF | 各1个 |
| 9. 电阻 100Ω、1.5kΩ、2kΩ、3kΩ、330kΩ | 各1个 |
| 10. 导线 | 若干 |

## 三、实训步骤

1. 在实验前检测整流二极管、稳压管、滤波电容等元器件质量的好坏。

2. 按照图 7-20 连接电路，并调整调压器，使其输出电压为 18V，作为电路输入电压 $U_2$。

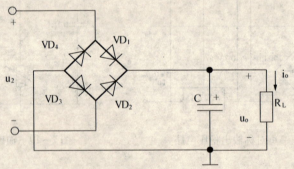

图 7-20

3. 分别观察没有滤波电容、有电容滤波（滤波电容为实验系统中所给定的 100μF、470μF）、负载电阻 $R_L$ 为 2kΩ 和 100Ω 等六种情况下的 $U_0$ 的波形，并用万用表、把上述各种情况下的 $U_2$、$U_d$、$U_0$ 测量，并使用示波器将 $U_0$ 波形记录下来，填入表 1 中。

表7-1 整流及滤波电路测试

| 电路 | 测量条件 | | 测量结果 | | | |
|---|---|---|---|---|---|---|
| | | | $U_2$ （V） | $U_d$ （V） | $U_0$ （V） | $U_0$ 波形图 |
| 桥式整流 | C = 0 | $R_L = 2k\Omega$ | | | | |
| | | $R_L = 100\Omega$ | | | | |
| 桥式整流 + 电容滤波 | C = 100μF | $R_L = 2k\Omega$ | | | | |
| | | $R_L = 100\Omega$ | | | | |
| | C = 470μF | $R_L = 2k\Omega$ | | | | |
| | | $R_L = 100\Omega$ | | | | |

**4. 稳压电路的测量**

（1）采用硅稳压管的直流稳压电路。按照图7-21连接电路，并根据表2中给定的 $U_2$ 值，改变调压器输出电压，研究电路的稳压特性，观察输出波形并测量输出电压。将数据记入表7-2中。

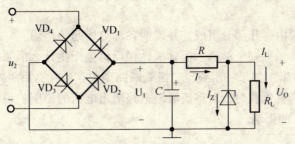

图7-21

表7-2 稳压二极管稳压电路测试

| 测量值 | 输入交流电压 | | 输入交流电压 | | 输入交流电压 | |
|---|---|---|---|---|---|---|
| | $U_2 = 9$ （V） | | $U_2 = 12$ （V） | | $U_2 = 15$ （V） | |
| 不同负载下的测量值 | $U_1$ （V） | $U_0$ （V） | $U_1$ （V） | $U_0$ （V） | $U_1$ （V） | $U_0$ （V） |
| $R_L = 3k\Omega$ | | | | | | |
| $R_L = 1.5k\Omega$ | | | | | | |
| $R_L = 330k\Omega$ | | | | | | |

（2）采用集成稳压器的直流稳压电路。按照图7-22连接电路，并根据表3中给定的 $U_2$ 值，改变调压器输出电压，研究电路的稳压特性，观察输出波，并测量输出电压，将数据记入表7-3中。

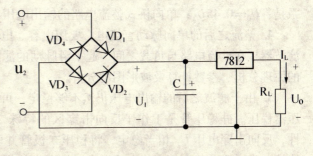

图7-22

表 7-3  集成稳压器稳压电路测试

| 测量值 | 输入交流电压 $U_2 = 9$（V） | | 输入交流电压 $U_2 = 12$（V） | | 输入交流电压 $U_2 = 15$（V） | |
|---|---|---|---|---|---|---|
| 不同负载下的测量值 | $U_1$（V） | $U_0$（V） | $U_1$（V） | $U_0$（V） | $U_1$（V） | $U_0$（V） |
| $R_L = 3\text{k}\Omega$ | | | | | | |
| $R_L = 1.5\text{k}\Omega$ | | | | | | |
| $R_L = 330\text{k}\Omega$ | | | | | | |

## 四、实训报告

1. 画出实训中各环节的电路图。

2. 由实测数据，讨论整流、滤波后输出、输入电压在数量上存在的关系，并与理论计算值进行比较。

3. 对整流、滤波、稳压后的各点波形进行比较，简要说明各环节的作用。

## 五、思考

1. 直流稳压电源由哪几部分组成？并说明各部分所起的作用。

2. 整流电路中，如果一个整流二极管极性接反将会产生什么后果？如果一个整流二极管短路会产生什么后果？如果一个整流二极管断路则会产生什么后果？

3. 说明空载和接有负载时，对整流滤波电路输出电压的影响；说明滤波电容和负载电阻的大小对输出电压的影响。

# 本章小结

本章以二极管单向导电特性为主线，要求掌握以下知识：

1. 直流稳压电源是电子设备中重要组成部分，用来将交流电网电压变为稳定的直流电压。一般小功率直流稳压电源由电源变压器、整流滤波电路和稳压电路等部分组成。

2. 二极管的重要特性是单向导电性，基于这个特性，可将交流电转换成直流电，从而实现整流。

3. 整流是将交流电变成单向脉动的直流电。主要掌握单向半波整流和单向桥式整流电路的原理分析、参数计算及波形图的分析。单向半波整流电路的输出电压与输入电压的关系是：$U_0 = 0.45U_2$；单向桥式整流电路的输出电压与输入电压的关系是：$U_0 = 0.9U_2$。

4. 整流之后的单向脉动直流电，要用电容、电感滤波或电阻、电感、电容组成的复式滤波器接在整流电路与负载之间，起平滑脉动的滤波作用。主要掌握电容滤波、电感滤波的原理分析、参数计算及波形图的分析。

5. 由于滤波之后的输出电压仍然不够稳定，可以采用硅稳压管稳压，也可采用集成稳压器稳压。硅稳压管是工作于反向击穿区的特殊二极管，稳压管具有陡峭的反向伏安特性，反向击穿电压 $U_Z$ 相当稳定，将稳压二极管并联在滤波电路的输出端，并且使其反向连接，为了避免稳压管工作电流过大，导致发热损坏，工作中就需串联限流电阻；三端集成稳压器用于小功率供电系统，它将调压管、比较放大单元、启动单元和保护环节等元器件都集成在一片芯片上。三端集成稳压器输入端电容 $C_1$ 用以抵消输入端较长接线的电感效应，防止产生自激振荡，接线不长时也可不用，输出电容 $C_0$ 用以改善负载的瞬态响应，减少高频噪声。

# 习　题

7-1　在题7-1图中，设 VD 为理想二极管，已知输入电压 $u_i$ 的波形。试画出输出电压 $u_o$ 的波形。

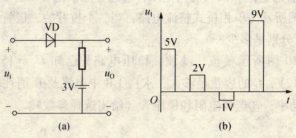

题 7-1 图

7-2　在桥式整流电路中，变压器副绕组电压 $U_2 = 15$ V，负载 $R_L = 1\text{k}\Omega$，求输出直流电压 $U_0$ 和输出负载电流 $I_L$，应选用多大反向工作电压的二极管？

7-3　如果上题中有一只二极管开路，则输出直流电压和电流分别为多大？

7-4　在桥式整流电路中，已知输出电压 $U_0 = 20\text{V}$，在用电压表测量时 $U_0 = 10\text{V}$，而 $u_2$ 电压经测量其有效值为 $23\text{V}$。请分析电路出现了什么故障？为什么出现此故障会使输出电压降低？

7-5　在输出电压 $U_0 = 9\text{V}$，负载电流 $I_L = 20$ mA 时，桥式整流电容滤波电路的输入电压（即变压器二次电压）应多大？若电网频率为50Hz，则滤波电容应选多大？

7-6　在题7-6图所示电路中，稳压管 $\text{VZ}_1$、$\text{VZ}_2$ 的稳压值分别为6V、9V，正向电压降均为0.7V。试求各电路的输出电压 $U_0$。

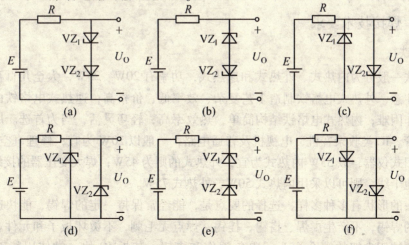

题 7-6 图

7-7 在题7-7图所示稳压管稳压电路中，稳压管的稳压值 $U_Z = 9V$，最大工作电流为25mA，最小工作电流为5mA；负载电阻在（300~450）$\Omega$ 之间变动；变压器二次电压 $U_2 = 15V$，允许有10%的变化范围，试确定限流电阻 $R$ 的选择范围。

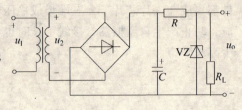

题7-7图

7-8 有一桥式整流电容滤波电路，已知交流电压源电压为220V，$R_L = 50\Omega$，要求输出直流电为12V。①求每只二极管的电流和最大反向电压；②选择滤波电容的容量和耐压值。

7-9 题7-9图所示为单相桥式整流电路，当一个桥臂的二极管发生断路、短路或接反时，负载两端电压分别是多少？

7-10 题7-10图所示整流、滤波、稳压电路，已知 $U_2 = 15V$，$R = 120\Omega$，$R_L = 400\Omega$，稳压管 $U_Z = 12V$，$C$ 的容量足够大，求：①R中电流及R消耗的功率；②稳压管中的电流 $I_Z$ 及消耗的功率；③选择电阻和稳压管（给出选择参数）。

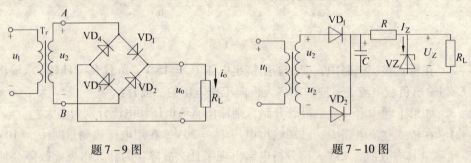

题7-9图          题7-10图

# 阅读与应用

## 电子元件焊接技术

### （一）焊接技术要求

#### 1. 烙铁

电烙铁一般分为内热式、外热式和速热式，功率有20W、25W，大至几百瓦。购买和选用时要注意，外热式电烙铁制造工艺复杂、效率低、价格高；速热式电烙铁由于大，拿在手上操作困难；内热式电烙铁结构简单，热效率高，轻巧灵活，当为首选。用作装配和检修晶体管、IC类收录音机、电视机及普通电路，一般以20W为宜；修理真空管类机器，如胆机、旧式仪器，以35W内热式为宜，外热式的则为45W；焊大变压器的接线、金属底板上的接地干线，则可以采用内热式50W、外热式75W。

烙铁头的形状有多种多样，选择的要点是，能经常保持一定的焊锡，能快速有效地熔化接头上的焊锡，不产生虚焊、搭锡、挂锡，焊点无毛刺，不烫坏板子和元件。元器件密度大，需要选用尖细的铁合金头，避免烫伤和搭锡。装拆IC块，常使用特殊形状的烙铁头。

**2. 焊接准备工作**

在进行手工焊接之前,应该根据被焊物正确选用电烙铁、焊料和焊剂,同时还要对被焊物进行清洁和镀锡。另外还要准备一些辅助工具,如镊子、偏口钳、尖嘴钳、小刀等,并摆放整齐。

**3. 焊接的姿势和手法**

一般应坐着焊接。焊接时,要把桌椅的高度调整合适,应使操作者的鼻尖距离烙铁头为 30cm 以上。焊接时应选用恰当的握烙铁的方法,一般采用握笔式和拳握式。烙铁头是直型的,应采用前者的握法,它比较适合焊接小型电子设备和印制电路板。烙铁头是弯型,且功率比较大的,要采用后者的握法,它适合于对大型电子设备的焊接。

**4. 焊接时间要合适**

焊接时间既不能过长也不能过短,一般为 2 ~ 5 秒。最终应能保证焊点的质量和被焊物的安全。

**5. 焊锡与焊剂使用要适量**

焊料的多少以包着引脚灌满焊盘为宜,印制电路板上的焊盘一般都带有助焊剂,如果再多用焊剂,则会造成焊剂在焊接过程中不能充分发挥,从而影响质量,使清洗焊剂残留物的工作量增加。

**6. 掌握焊点形成的火候**

将烙铁头搪锡且紧贴焊点,焊锡全部熔化并因表面张力紧缩而使表面光滑后,轻轻转动烙铁头带去多余的焊锡,从斜上方 45°角的方向迅速脱开,便可留下了一个光亮、圆滑的焊点。

**7. 焊接时被焊物要扶稳**

焊点形成后,焊盘的焊锡不会立即凝固,所以此时要注意不能移动被焊元件,否则焊锡会凝成砂粒状,使被焊物件造成虚焊,另外也不能向焊点吹气散热,应让它自然冷却凝固,若烙铁离开后,焊点带上锡,则说明焊接时间过长,是焊剂汽化引起的,这时应重新焊接。

**(二)手工焊接步骤**

1. 元件引脚根据需用长度剪脚,然后用刀具或砂纸将元件引脚和印制电路板需焊接处进行刮净或打毛,即使金属看来光亮崭新,其表面也有氧化薄层,这一步是必须进行的,目前很多集成电路和晶体管等器件,已经经过镀锡处理,观察确认后可以省略该步骤。

2. 烙铁温度已经可熔锡后,将烙铁头刮净,迅速上锡,并为元件引脚上锡。

3. 焊接。

**(三)焊接质量的检查**

焊点的质量要求达到电接触性能良好,机械强度牢固,清洁美观。其中最关键的一点就是避免虚焊、假焊。假焊会使电路完全不通,虚焊易使焊点成为有接触电阻的连接状态,从而使电路在工作时噪声增加,产生不稳定状态,有些焊点在电路开始工作一段较长时间内,保持接触良好,电路工作正常,但在温度、湿度、较大和震动等环境下工作一段时间后，接触面逐步被氧化，接触电阻渐渐变大，最后导致电路工作不正常，检查这种问题时，是十分困难的，往往要用许多时间，会降低工作效率。所以在进行手工焊接时，一定要按操作步骤及规定进行。

### 1. 目测检查法

该方法就是从外观上检查焊接质量是否合格，也就是从外观上评价焊点有何缺陷，检查的主要内容有：

（1）是否有漏焊，即应该焊的焊点是否没有焊上。

（2）焊点的光泽是否好，是否光滑（应无凸凹不平现象）。

（3）焊点的焊料是否足够。

（4）焊点周围是否有残留焊剂。

（5）有无连焊、桥接，即焊接时把不应该连接的焊点或铜箔导线连。

（6）焊点有否虚焊现象。

### 2. 指触检查法

指触检查法主要是指用手指触摸元器件时，有无松动、焊得不够牢的地方，用手摇动元件时有无焊点松动或焊点脱落现象，用手适当的用力拉元件有无拉动的现象，有无电路板铜箔跟着翘起现象等。

# 第八章　放大电路

将微弱电信号进行放大的电路称为放大电路，它是使用极为广泛的电子电路之一，也是构成其他电子电路的基本单元电路。根据放大电路的用途和采用的有源器件的不同，其种类也有很多种，它们的电路组成形式及性能指标也不完全相同，但基本工作原理相同。本章首先讨论了几种基本放大电路的结构、静态及动态参数以及放大电路的基本分析方法，进而讨论了功率放大电路、集成运算放大器的特点及一些应用电路。

## 第一节　放大电路的基本概念

### 一、放大电路的构成

放大电路是利用有源器件的控制作用，将直流电源提供的部分能量转换成与输入信号成比例的输出信号，其组成框图如图 8－1 所示。图中信号源提供需要放大的电信号，它可以是各种传感器所采集到的信号，也可以是前一级电子电路的输出信号，$R_S$ 为信号源的内阻。负载 $R_L$ 是接受放大电路输出信号的元件或电路，它可以是一些执行元件，也可以是后一级的电子电路的输入电阻。信号源与负载虽然不是放大电路本身，但是它们的参数会对放大电路的工作性能有一定的影响。直流电源一方面用来提供放大电路工作时需要的能量，另一方面通过直流偏置电路为放大电路提供合适的工作点，保证放大电路正常工作，直流电源的能量一部分经过放大电路的转换作用，转换成输出信号输出，还有一部分消耗在放大电路耗能元件中。

由此可见放大电路除含有源器件、直流电源外，还应该具有提供放大电路正常工作所需的直流工作点的偏置电路，以及信号源与负载。其中直流偏置电路不仅要给放大电路提供合适的静态工作点，同时还要保证在环境温度、电源电压等外界因素变化时，维持工作点不变。

### 二、放大电路的主要性能指标

放大电路的性能由许多性能指标来衡量，分析、设计和选用放大电路也主要是从其性能指标入手的，下面来介绍一下放大电路的主要性能指标。

现将图 8－1 所示的放大电路用有源四端网络来表示，如图 8－2 所示。需要说明的是，图中所有的电信号都用相量的形式来表示。

放大电路的主要性能指标有电压放大倍数、输入电阻、输出电阻等，现根据图 8－2 分别说明如下。

#### 1. 电压放大倍数 $A_u$

电压放大倍数又称为电压增益，是衡量放大电路的放大能力的指标，计算公式为

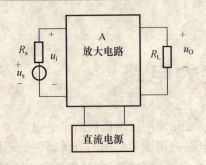

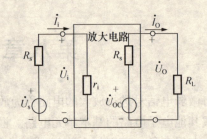

图 8-1　放大电路的组成框图　　　　图 8-2　放大电路的动态参数示意图

$$A_u = \frac{\dot{U}_o}{\dot{U}_i} \qquad\qquad (8-1)$$

由于实际放大倍数往往很大，所以还常用分贝（dB）来表示

$$A_u = 20\lg\left|\frac{\dot{U}_o}{\dot{U}_i}\right| \qquad\qquad (8-2)$$

**2. 输入电阻 $r_i$**

对于信号源而言，放大电路的输入端可以用一个等效电阻来表示，称之为放大电路的输入电阻，等效为信号源的负载，它等于放大电路输出端接实际负载后，输入电压与输入电流的比值，即

$$r_i = \frac{\dot{U}_i}{\dot{I}_i} \qquad\qquad (8-3)$$

由图可得

$$\dot{U}_i = \dot{U}_s \frac{r_i}{r_i + R_s}$$

由上式可见，$r_i$ 的大小反映了放大电路对信号源的影响程度，$r_i$ 越大，放大电路从信号源汲取的电流就越小，信号源内阻 $R_s$ 上的压降就越小，若 $r_i >> R_s$，其实际输入电压 $u_i$ 就越接近信号源电压 $u_s$，通常称为恒压输入。反之，若 $r_i << R_s$，则为恒流输入。若要获得最大功率输入，则要求 $r_i = R_s$。

**3. 输出电阻 $r_o$**

对负载 $R_L$ 而言，放大电路的输出端可等效为一个信号源，信号源的内阻即为放大电路的输出电阻 $r_o$，它是在放大电路的输入信号源电压短路（即 $u_s = 0$），同时令负载开路后，从输出端看进去的等效电阻。$r_o$ 越小，输出电压 $u_o$ 受 $R_L$ 的影响越小，若 $r_o = 0$，则输出电压将不受 $R_L$ 的影响，放大电路对于负载而言，相当于恒压源。当 $r_o << R_L$ 时，放大电路对负载而言，可视为恒流源。因此，$r_o$ 的大小反应映了放大电路带负载的能力，该值越小，带负载能力越强，反之，带负载能力越弱。

需要指出的是，以上所讨论的输入电阻和输出电阻都不是直流电阻，而是在线性运用情况下的交流电阻。其数值的求法以下章节会专门进行讨论。

另外，放大电路的参数还有通频带和频率失真，在此不做深入讨论，有兴趣的读者可参看其他参考书籍。

# 第二节　共发射极单管放大器

## 一、电路的组成及各种元件的作用

在深入介绍放大电路之前，首先介绍一下放大电路的组成原则。

### （一）放大电路的组成原则

1. 保证三极管工作在放大区，即发射极正向偏置，集电结反向偏置。

2. 电路中应保证输入信号能够从放大电路的输入端加到三极管上，即有交流信号输入回路；经过放大的交流信号能从输出端输出，即有交流信号输出回路。

3. 元件参数的选择要合适，尽量使信号能不失真地放大，并能满足放大电路的性能指标。

图 8-3 是以 NPN 型三极管为核心的基本放大电路图，该放大电路由直流电源、三极管、电阻 $R_c$、$R_b$ 和电容 $C_1$、$C_2$ 组成。

### （二）各个元件的作用

1. 三极管是放大电路的核心元件，在放大电路中起"放大"作用，即起到能量转换的作用。

2. 直流电源一方面为放大电路提供能量，又能和电阻 $R_b$、$R_c$ 共同作用，保证三极管工作在放大区，其电压一般为几伏到几十伏。

3. 集电极电阻 $R_c$ 的作用是将集电极电流的变化转化为输出电压的变化，使放大电路实现对交流电压的放大，其阻值一般为几千欧姆到几十千欧姆。

4. 基极偏置电阻 $R_b$ 和直流电源一起提供大小合适的基极偏置电流，阻值一般为几十千欧姆到几兆欧姆。

5. 耦合电容 $C_1$、$C_2$ 起到隔离直流、传送交流的作用，使直流电源对交流信号源和负载无影响，一般低频放大电路通常采用有极性的电解电容。

## 二、放大电路的静态分析

上面讨论了共发射极单管放大电路的结构及各部分功能，下面对放大电路从静态和动态两个方面进行分析。

所谓的静态，就是当放大电路在没有输入信号时的工作状态，此时电路中只有直流电流，所以静态分析又称为直流分析。在进行静态分析时，主要分析放大电路的静态工作点，即根据 $I_{BQ}$、$I_{CQ}$、$U_{CEQ}$ 值，来判断三极管的工作状态。动态则是指有输入信号的工作状态，动态分析又称为交流分析，是指加入交流信号时，计算放大电路的放大倍数、输入电阻和输出电阻等性能指标。

因此，在分析具体放大电路前，应分清放大电路的直流、交流通路，而两者由于电路中有一些电抗元件，常常是不同的。在进行静态分析的过程中，绘制直流通路时，电容可视为开路，电感视为短路；绘制交流通路，电容和电感可作为电抗元件，一般电容按短路处理，电感按照开路处理，而且直流电压源，由于其两端电压固定不变，对于交流信号，内阻可视为零，因而在交流通路中，也按照短路处理。

## （一）放大电路的直流通路及静态工作点的估算

对于图 8-3 所示放大电路，在输入信号为零时，若电容对直流电视为开路，可绘制出其直流通路为图 8-4，可采用下面式子估算出静态时的基极电流（又称为偏置电流），

$$I_{BQ} = \frac{V_{CC} - U_{BEQ}}{R_b} \approx \frac{V_{CC}}{R_b}$$

忽略 $I_{CEO}$，根据三极管的电流分配，可得集电极静态电流为

$$I_{CQ} = \beta I_{BQ}$$

由 KVL，可得出

$$U_{CEQ} = V_{CC} - I_{CQ}R_c$$

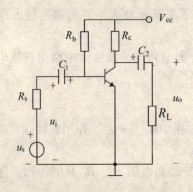
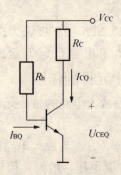

图 8-3　基本电压放大电路图　　　　图 8-4　放大电路的直流通路

## （二）图解法求静态工作点

图解法是在放大电路三极管的输入、输出特性曲线上，直接用作图的方法分析计算放大电路工作性能的一种方法。该方法能形象直观的地看到放大电路的工作状态，有利于理解放大电路的工作原理，下面以图 8-4 所示直流通路为例，用图解法分析其静态工作点，具体步骤如下：

1. 按照三极管的型号，查出它的输入、输出特性曲线；

2. 按照输入回路列出方程 $V_{CC} = I_B R_b + U_{BE}$，可知 $U_{BE}$ 和 $I_B$ 为线性关系，在三极管的输入特性绘制出该直线，则该直线和输入特性曲线的交点为静态工作点 Q，其对应坐标为 $I_{BQ}$ 和 $U_{BEQ}$，然后根据输出回路列出方程 $U_{CE} = V_{CC} - I_C R_c$，可知 $U_{CE}$ 和 $I_C$ 为线性关系，在三极管的输出特性上绘制出该直线，称为直流负载线，斜率为 $-1/R_C$。由于前面已经求出 $I_{BQ}$，则对应输出曲线和该直线的交点为 Q，其对应坐标为 $I_{CQ}$、和 $U_{CEQ}$，如图 8-5 所示。

由以上分析可知，用图解法可求电流放大系数 $\beta$，但在得到输出特性曲线情况下，用直流负载线法也可计算静态工作点。为了使放大电路有很好的工作状态，一般使 Q 点位于三极管输出特性的中心区域。若静态工作点在直流负载线上，太靠上接近饱和区（Q′点）或太靠下接近截止区（Q″点），当加入交流信号时就会使输出信号变化的范围进入饱和区或者截止区，这时三极管将失去对信号的放大作用，出现失真。这种由于进入饱和区、截止区出现的失真，分别称为饱和失真、截止失真。有时，即使静态工作点不是很接近饱和

区、截止区，但如果信号变化较大，也会进入靠近区域而产生失真。

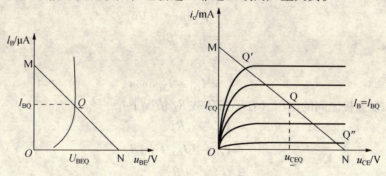

图 8 - 5　放大电路的静态工作点

所以要综合考虑，尽量使静态工作点位于输出特性曲线放大区域的中心。

由以上计算也知道，当 $V_{CC}$、$R_C$ 数值一定、即直流负载线一定时，其直流工作点在直流负载线上的位置主要由 $I_B$ 决定，而由 $I_{BQ} = \dfrac{V_{CC} - U_{BEQ}}{R_b} \approx \dfrac{V_{CC}}{R_b}$，$I_B$ 主要取决于 $R_b$（$V_{CC}$ 一定），所以常常通过改变 $R_b$ 方便地调整静态工作点。

由于三极管发射极开路时集电结反向饱和电流 $I_{CBO}$、基极开路情况下的集电极 - 发射极穿透电流 $I_{CEO}$、电流放大系数 $\beta$，容易受到温度变化影响。具体来说，它们随温度上升将增大，这些都使 $I_C$ 随温度上升而增大，从而使静态工作点沿直流负载线上移，则有可能出现饱和失真。

所以，必须针对图 8 - 3 所示的三极管基本共射极放大电路采取改进措施，抑制温度对静态工作点的影响，稳定静态工作点。

### 三、有交流信号输入信号的工作情况

上一节介绍了放大电路在没有加入交流信号时电路的静态工作情况。当放大电路的输入端加入信号 $u_i$ 时，电路中的各个电量都会在静态时的直流分量上叠加一个因 $u_i$ 而产生的交流分量，为了加以区别，我们用大写字母加大写字母下标表示直流电量，如 $I_B$、$I_C$、$U_{CE}$ 等，用小写字母加小写字母下标表示交流电量，如 $u_s$、$u_i$、$i_b$ 等，用小写字母加大写字母下标表示直流电量和交流电量的叠加，如 $i_B$、$i_C$、$u_{CE}$。下面来介绍有交流输入信号时放大电路的分析，即动态分析，动态分析的基本方法有图解法和微变等效电路法。

在动态情况下，电路中的电压和电流是在直流电源和交流信号源共同作用下产生的，分别产生直流分量和交流分量，两者进行叠加可求出各电量的总瞬时值。设 $u_i = U_{im}\sin\omega t$，根据信号叠加，可得放大电路输入端的信号为

$$u_{BE} = U_{BE} + u_i$$

基极电流 $i_B = I_B + I_{bm}\sin\omega t$，其中 $i_b$ 在 $u_i$ 很小的情况下，可认为和 $u_i$ 量线性关系。

集电极电流 $i_C = \beta i_B$，将上式代入可得

$$i_C = \beta i_B$$
$$= \beta(I_{BQ} + i_b)$$
$$= I_{CQ} + \beta i_b$$
$$= I_{CQ} + i_c$$
$$= I_{CQ} + I_{cm}\sin\omega t$$

集电极和发射极之间的电压（在不带负载 $R_L$ 情况下）

$$u_{CE} = V_{CC} - i_c R_c$$
$$= V_{CC} - (I_{CQ} + i_c)R_c$$
$$= U_{CEQ} - i_c R_c$$
$$= U_{CEQ} - R_c I_{cm}\sin\omega t$$
$$= U_{CEQ} + U_{cem}\sin(\omega t - \pi)$$

由于 $C_2$ 具有通交流隔直流的特性，所以放大电路输出的交流电压为集电极和发射极之间的交流电压。该交流电压在幅度上较之输入电压 $u_i$ 有了很大的提高，这就是放大电路对交流信号的放大作用。同时，输出信号的相位滞后输入信号180°。

# 第三节　放大电路的小信号等效电路分析

采用图解法进行放大电路的分析，虽然比较直观，便于理解，但是过程过于繁琐，而且不易于进行定量计算，而且对复杂放大电路的分析也比较困难，因此常采用小信号等效电路的方法进行分析。

## 一、放大电路的交流通路

画交流通路时，放大电路的耦合电容因其容抗较小，可视为短路；直流电源，因其内阻很小，其两端电压变化很小，所以也可以视为短路。以图8-3所示电路为例，其交流通路如图8-6所示。

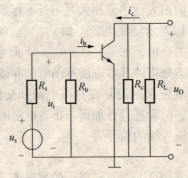

图8-6　放大电路的交流通路

## 二、三极管的微变等效电路

用三极管的小信号等效电路替代交流通路中的三极管，画出放大电路的小信号等效电路。根据三极管的输入特性曲线，由于输入的电压信号幅度较小，只在静态工作点附近作微小的变化，因此可用静态工作点处的切线来代替输入特性曲线，即在静态工作点附近将输入特性曲线进行线性化等效，在此点的输入电阻可用一个线性电阻来代替，即 $r_{be}$。

$$r_{be} = \frac{\Delta u_{BE}}{\Delta i_B} = \frac{U_{BE}}{I_b} \qquad (8-4)$$

由三极管的输出特性曲线可见，曲线与横轴基本平行，若忽略 $u_{CE}$ 对 $i_C$ 的影响，则晶体管的输出端可用一个受控电流源来等效。

三极管的小信号等效电路为图 8-7，图中 $r_{be}$ 常用近似公式来计算，即

$$r_{be} = r'_{bb} + (1+\beta)\frac{U_T}{I_{EQ}}$$

式中 $r'_{bb}$ 为基区半导体的体电阻，近似 $300\Omega$，在常温下 $U_T$ 可取 $26mV$，$I_{EQ}$ 为发射极的静态电流，所以求 $r_{be}$ 可用下式

$$r_{be} = 300\Omega + (1+\beta)\frac{26 \ (mV)}{I_{EQ} \ (mA)}\Omega \qquad (8-5)$$

将三极管的小信号等效电路替代放大电路中的三极管，则可得放大电路的小信号等效电路为图 8-8。

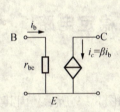

图 8-7　三极管的小信号等效电路

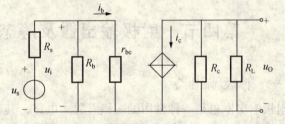

图 8-8　放大电路的小信号等效电路

## 三、动态性能指标的计算

### （一）放大倍数 $A_u$

放大电路的放大倍数定义为放大电路的输出电压和输入电压之比，即

$$A_u = \frac{u_o}{u_i} \qquad (8-6)$$

分析图 8-8 可知

$$u_i = i_b r_{be}, \quad u_o = -i_C R_c = -\beta i_b R_c /\!/ R_L$$

因而

$$A_u = \frac{u_o}{u_i} = \frac{-\beta R_C /\!/ R_L}{r_{be}}$$

由此可看出，共发射极放大电路对电压信号具有反向放大作用。

### （二）输入电阻 $r_i$

输入电阻 $r_i$ 相当于从放大电路输入端看进去的电阻，定义为交流输入电压与电流之比，即

$$r_i = \frac{u_i}{i_i} \qquad (8-7)$$

图 8 - 8 中，$R_b$ 与 $r_{be}$ 并联，而且，$R_b \gg r_{be}$，所以

$$r_i = R_b // r_{be} \approx r_{be}$$

输入电阻 $r_i$ 作为信号电压源 $u_s$ （或前级电路）的负载，其值越大，与信号源内阻 $R_S$ 分压时所分得的电压，即电路输入电压 $u_i$ 越大，并可减轻信号源的负担。显然，该电路输入电阻 $r_i \approx r_{be}$ 不够大。

## （三）输出电阻 $r_o$

输出电阻 $r_o$ 为信号源短路时，从放大电路输出端看进去的电阻，定义为输出端加交流电压 $u_o$ 时与流入电路电流 $i_o$ 之比（加压求流法），即

$$r_o = \frac{u_o}{i_o} \tag{8-8}$$

图 8 - 8 中，信号源短路时，$i_b$ 为零，受控电流源断路，则 $r_o \approx R_C$。

该放大电路作为后面负载 $R_L$ （或后级电路）的电压源，输出电阻即电压源内阻。所以，若希望电路输出较恒定的电压或具有较强带负载能力，常常希望输出电阻较小。该电路输出电阻 $r_o \approx R_C$，一般为几百欧姆到几千欧姆，不够小，输出电压受负载的影响较大，因而带交流负载能力较差。

# 第四节　射极输出器及静态工作点稳定电路

## 一、射极输出器

射极输出器也是一种常用的三极管放大电路，其典型电路如图 8 - 9 所示，因其集电极为交流地，是输入、输出回路的共用电极，所以称为共集电极放大电路，又由于其输出信号是由发射极输出，所以又称为射极输出器。下面通过例题，分析其电路特性。

**例题 8 - 1**　已知电路及元件参数如图 8 - 9 所示，电流放大系数为 β。①画出直流通路，求出静态工作点；②电容 $C_1$、$C_2$ 上直流压降；③画出交流通路，求 $A_u$、$r_i$、$r_o$。

解：（1）由于电容得隔断直流作用，其直流通路如图 8 - 10。

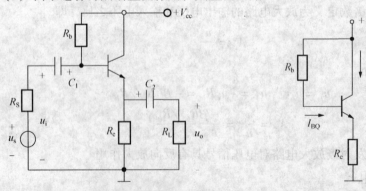

图 8 - 9　射极输出器　　　　图 8 - 10　射极输出器的直流通路

因为

$$V_{CC} = I_{BQ} R_b + (1 + \beta) I_{BQ} R_e + U_{BEQ}$$

故基极直流电流

$$I_{BQ} = \frac{V_{cc} - U_{BEQ}}{R_b + (1 + \beta) R_e} \approx \frac{V_{cc}}{R_b + (1 + \beta) R_e}$$

集电极直流电流

$$I_{CQ} = \beta I_{BQ}$$

C、E 间直流电压

$$U_{CEQ} = V_{CC} - I_{EQ} R_e \approx V_{CC} - I_{CQ} R_e$$

（2）显然，$C_2$ 上直流压降等于 $Re$ 两端直流电压

所以

$$U_{C2} \approx I_C R_e$$

$C_1$ 上直流压降等于 B、E 间发射结导通电压与 $R_e$ 两端直流电压之和，所以

$$U_{C1} \approx U_{BE} + I_C R_e$$

（3）绘制射极输出器的交流通路，并用三极管的小信号等效电路替代交流通路的三极管，则射极输出器的小信号等效电路如图 8 - 11。

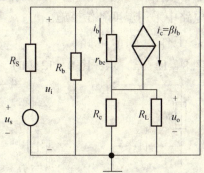

图 8 - 11　射极输出器的小信号等效电路

因为

$$u_i = i_b r_{be} + (1 + \beta) i_b R_e$$
$$u_o = (1 + \beta) i_b R_e$$

所以

$$A_u = \frac{(1 + \beta) R_e}{r_{be} + (1 + \beta) R_e}$$

$A_u < 1$，故没有放大能力；但 $A_u$ 为正值，说明输出电压与输入电压相位相同，而 $r_{be} + (1 + \beta) R_e \approx (1 + \beta) R_e$ 时，$A_u \approx 1$，说明 $u_o \approx u_i$，故该电路又称电压跟随器。

输入电阻

$$r_i = R_b // r_i' = R_b // [r_{be} + (1 + \beta) R_e]$$

此输入电阻比三极管共射极放大电路的输入电阻大的多，故能够从前面信号源分得较大电压提供给放大电路，所以，常作为多极放大电路的第一级，即输入级。

在和 $r_{be}$ 相比，$R_S$ 很小而 $R_e$、$R_b$ 很大情况下，用加压求流法可求得输出电阻

$$r_o \approx r_{be}/\beta$$

此输出电阻比三极管共射极放大电路的输出电阻小得多，故具有较强的带负载能力，所以又常作为多级放大电路的末级，即输出级。

基本放大电路除前面介绍的共射极、共集电极放大电路之外，还有共基极放大电路，它具有输出和输入电压同相、电压放大倍数高、输入电阻小、输出电阻大等特点，尤其具有较好的高频特性，广泛用于高频或宽带放大电路中。

## 二、静态工作点稳定电路

从以上章节我们知道，在对放大电路进行动态分析之前，必须计算其静态工作点，这说明静态工作点会影响放大电路的性能指标，而且如果静态工作点设置的不合适，容易引起信号的失真。影响静态工作点的因素较多，例如直流电压的波动，温度的变化等等，其中影响最大的是温度，因为三极管发射极开路时集电结反向饱和电流 $I_{CBO}$、基极开路情况下的集电极－发射极穿透电流 $I_{CEO}$、电流放大系数 $\beta$，容易受到温度变化影响，具体来说，它们随温度上升将增大，这些都将使 $I_C$ 随温度上升将增大，从而使静态工作点沿直流负载线上移，则有可能出现饱和失真。对于温度的影响，通常采用三种措施：一种是将放大电路放在恒温环境中，这种方法非常实用，但成本很高；另一种是在直流偏置电路中引入负反馈；还有一种是在直流偏置电路中采用温度补偿措施。

### （一）典型的分压式静态工作点调节电路

分压式工作点稳定电路如图 8 – 12（a）示，图 8 – 12（b）为其直流通路。

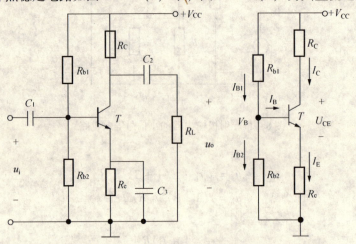

图 8 – 12　分压式偏置放大电路及其流通路

对该电路，电路元件参数的选定一般应使 $I_{B2} = (5\sim10)\,I_B$，因此，可认为

$$I_{B2} \gg I_B,\quad I_{B1} = I_{B2} + I_B \approx I_{B2}$$

故在直流通路中，基极电阻 $R_{b1}$、$R_{b2}$，近似串联。所以基极电位 $V_B$，也即从三极管基极通过发射结、电阻 $R_e$ 到接地点的偏置电压，通过基极电阻 $R_{b1}$、$R_{b2}$ 分压得到，大小为

$$V_B \approx \frac{RB_2}{RB_1 + RB_2} V_{CC} \tag{8-9}$$

故此，该电路称为分压偏置式共射极放大电路。

### （二）稳定静态工作点原理

由于电阻 $R_{b1}$、$R_{b2}$、$V_{CC}$ 受温度影响很小，故 $V_B$ 基本固定；另外，一般取 $V_B = (5\sim10)\,U_{BE}$（硅管），所以

$$I_C \approx I_E = \frac{V_B - U_{BE}}{R_e} \approx \frac{V_B}{R_e}$$

可见，与三极管本身参数无关，不受温度影响，静态工作点比较稳定。

分压偏置式共射极放大电路稳定静态工作点的原理也可有如下描述过程：

温度升高→$I_C\uparrow$→$V_E$（$I_E R_E$）$\uparrow$→$U_{BE}$（$V_B - V_E$）$\downarrow$→$I_B\downarrow$→$I_C$（$\beta I_B$）$\downarrow$

即当温度升高时，电路具有自动调节静态工作点稳定的作用，因此可以应用在温度环境差或对电路稳定性要求较高的场合。

（三）静态分析

从以上分析可知，电阻 $R_{b1}$ 和 $R_{b2}$ 可近似为串联关系，因而三极管基极电位

$$V_B \approx \frac{R_{b2}}{R_{b1} + R_{b2}} V_{CC}$$

集电极电流 $I_C \approx I_E = \dfrac{V_B - U_{BE}}{R_e} \approx \dfrac{V_B}{R_e}$

集电极发射极间电压 $U_{CE} = V_{CC} - I_C R_C - I_E R_e \approx V_{CC} - I_C(R_C + R_e)$

（四）动态分析

该放大电路的小信号等效电路如图 8－13 所示。

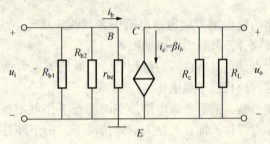

图 8－13　小信号等效电路

由图可知，电压放大倍数

$$A_u = \frac{u_o}{u_i} = \frac{-\beta R_C // R_L}{r_{be}} \tag{8－10}$$

输入电阻

$$r_i = R_{b1} // R_{b2} // r_{be} \tag{8－11}$$

输出电阻

$$r_o \approx R_C \tag{8－12}$$

从以上分析中可知，分压式偏置放大电路可以稳定静态工作点，但是对动态参数并没有明显的影响。

# 第五节　多级放大电路

由于待放大的信号往往比较微弱，仅靠单管放大电路不能满足工程需要，所以在实际中常采用若干个单管放大电路通过某种方式连接起来，组成所谓的多级放大电路。

多级放大电路的组成框图如图 8－14 所示，通常包括输入级、中间级和输出级。

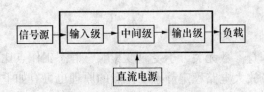

图 8 – 14   多级放大电路的组成框图

对输入级的要求往往与信号源的性质有关。例如，当输入信号源为电压源时，则要求输入级有高的输入电阻，从而减小电压源的负担；当输入信号为电流源时，则要求输入级有较低的输入电阻。

中间级的主要作用是进行电压放大，一般由几级电压放大电路组成。

输出级主要是推动负载。当负载仅需要较大电压时，要求输出级具有大的电压输出范围。很多场合下，要求输出级推动扬声器、电机等大功率的执行部件，因此，输出级多采用功率放大电路，对于功率放大电路，以下章节会详细介绍。

在多级放大电路中，各个基本放大电路之间的连接方式称为耦合，常见的耦合方式有直接耦合、阻容耦合和变压器耦合。

## 一、直接耦合

将前一级放大电路的输出端直接通过电阻或者导线连接至下一级放大电路的输入端，这种连接形式称为直接耦合，其典型电路如图 8 – 15。

直接耦合方式的优点是：具有良好的低频特性，既能够放大低频交流信号，也能够放大变化缓慢和直流信号，而且便于集成化。

直接耦合方式的缺点是，前后各级电路静态的静态工作点相互影响，不利于设计、分析和调试，容易产生零点漂移，即在无输入信号情况下，由于外界干扰，如温度、电源电压波动等因素，使输出信号离开零点，缓慢地发生不规则变化。

## 二、阻容耦合

通过电阻、电容将前级放大电路接至后级电路的输入端，这种连接方式称为阻容耦合，其典型电路如图 8 – 16 所示。

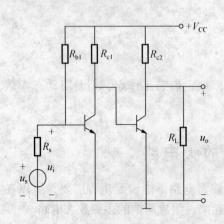

图 8 – 15   直接耦合的两级放大电路

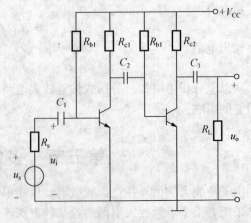

图 8 – 16   阻容耦合的两级放大电路

　　阻容耦合方式的优点：由于前后级电路之间是通过电容相连接，所以各级电路的静态工作点都是相互独立的，利于电路的设计、调试和分析。所以这种耦合方式在分立元件组成的放大电路中得到广泛的应用。

　　阻容耦合的缺点：对于低频信号和直流信号，由于电容的容抗极大，不利于信号的传输；大容量的电容往往体积庞大，不利于集成化。

### 三、变压器耦合

　　通过变压器，把前级放大电路的交流信号传送到后一级电路，这种耦合方式称为变压器耦合。这种方式不能通过变压器传送直流信号，主要用于功率放大电路。

　　变压器耦合的优点是：各级电路静态工作点相互独立，具有阻抗变换作用，易实现阻抗匹配。缺点是体积大、重量大、频率特性差，而且不能传递直流信号。

### 四、多级放大电路的性能参数

　　在多级放大电路中，前一级电路的输出信号是后一级电路的输入信号，而后一级电路又是前一级的负载，如图 8 - 17 所示。下面讨论多级放大电路的动态参数的计算。

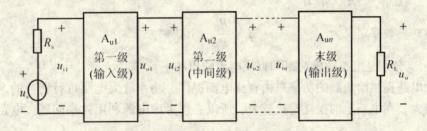

图 8 - 17　多级放大电路动态参数示意图

### （一）电压放大倍数 $A_u$

　　在图 8 - 17 所示的多级放大电路的框图中，电压放大倍数为

$$A_u = \frac{u_o}{u_i} = \frac{u_{o1}}{u_i} \cdot \frac{u_{o2}}{u_{i2}} \cdot \cdots \cdot \frac{u_o}{u_{in}} = A_{u1} \cdot A_{u2} \cdot \cdots \cdot A_{un} \qquad (8 - 13)$$

　　上式表明多级放大电路的电压放大倍数等于各级电压放大倍数的乘积。需要说明的是，各级放大电路的电压放大倍数是带负载情况下的电压放大倍数。计算某一级电压放大倍数时，可把后一级的输入电阻作为本级电路的负载。

　　电压放大倍数的大小也称电压增益，常取以 10 为底对数、用分贝表示，即

$$dB(A_u) = 20\lg|A_u| = 20\lg|A_{u1}| + 20\lg|A_{u2}| + \cdots + 20\lg|A_{un}|$$

### （二）输入电阻和输出电阻

　　从图 8 - 17 可看出，多级放大电路的输入电阻为第一级（输入级）放大电路的输入电阻，即 $r_i = r_{i1}$

　　输出电阻为输出级（最后一级）放大电路的输出电阻，即 $r_o = r_{on}$

# 第六节　功率放大电路

在以上讨论中提到，多级放大电路中的输出级常采用功率放大（简称功放）电路，带动扬声器、电机、继电器和记录仪表等负载。功率放大电路的输入电压，往往是前面多级电压放大电路的输出电压，幅度已比较大，小信号微变等效电路分析方法不再适合，主要技术指标及要求也不相同。

## 一、功率放大电路的主要技术指标及要求

### （一）输出功率 $P_0$

输出功率定义为

$$P_0 = I_0 U_0$$

$I_0$、$U_0$ 分别为电路输出交流电流、电压有效值。

为满足负载要求，通常要求电路提供较大的功率，电路存在最大输出功率 $P_{0M}$。

### （二）电源转换效率 $\eta$

电源转换效率定义为
$$\eta = \frac{P_0}{P_E} \times 100\%$$

$P_0$、$P_E$ 分别是电路输出功率和直流电源输出功率。

放大电路提供给负载的功率是由直流电源提供、功率放大电路进行转换的，由于此时电流比较大，在电路上的损耗都比较大，所以必须考虑电源利用效率问题。电路存在最大效率 $\eta_M$。

$P_0$、$P_E$ 与电路损耗功率 $P_C$ 之间的关系为
$$P_C = P_E - P_0$$

另外，由于功放的输入信号幅度较大，工作点在输出特性曲线较大范围内移动，不可避免地会出现非线性失真，在测量系统、高保真电声设备等精密电子仪器中，要采取一定措施减小失真。

再有，功率三极管都接近工作在极限状态，若想保证功率三极管长期安全工作，选择管子时要注意其极限参数，需留有余量；同时管子的较大功耗将使管子发热严重，必须采取措施（如采用加装散热片，风冷、水冷和油冷等方法）解决散热问题。

## 二、功率放大电路的分类

目前常用的低频功放电路，按照功放三极管所设静态工作点在其输出特性曲线中的位置不同，可分为甲类、乙类、甲乙类，在高频功放中还有丙类和丁类。

### （一）甲类功放电路

其静态工作点设置在放大区中心区域，在交流信号的整个周期内，功放管都有电流通过，即导电角为360°，如图8-18（a）所示。

从图中可以看到，甲类功放电路其优点是波形失真小，但是由于静态电流大，所以管耗大，输出电压、电流的变化幅度都受限制，所以输出功率不高；放大电路的转换效率效

率低，理想情况下不超过50%。

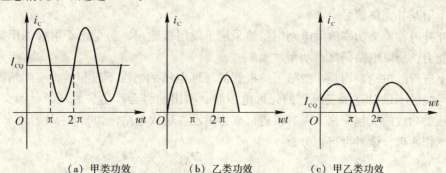

（a）甲类功效　　　　　（b）乙类功效　　　　　（c）甲乙类功效

图8-18　各种功放晶体管的导电情况示意图

所以甲类功放适合输出功率要求不高、信号幅度不太大的场合。实际上，以前所述电压放大电路都属甲类功放。

### （二）乙类功放电路

其静态工作点设置在放大区与截止区的交界处，在交流信号的整个周期内，功放管只有半个周期有电流通过，即导电角为180°，如图8-18（b）所示。在实际电路中常采用两个功放管轮流导通的推挽电路，这样就可以提高功放的转换效率，并且直流电流 $I_C = 0$，功放管功耗较小，电源转换效率最高，理想情况下可达78%。

但由三极管输入特性曲线可知，交流信号每次过零，都要经过三极管"死区"，那么在对应时间内输出为零，这种失真称为交越失真。

所以乙类功放适合输出功率高、信号失真要求不太高的场合，如带动电机、继电器等。

### （三）甲乙类功放电路

其静态工作点设置在放大区但靠近截止区处，功放管导电角大于180°，如图8-18（c）所示，静态时有一较小直流电流 $I_{CQ}$，显然，甲乙类功放是在乙类功放的基础上，为克服乙类功放的交越失真而改进的。其技术指标小于、但接近乙类，应用在对信号失真要求较高场合，如带动扬声器等。

## 三、乙类基本互补对称功率放大电路

### （一）电路结构与工作原理

电路如图8-19所示。它由 $T_1$、$T_2$ 两个特性一致的 NPN 型与 PNP 型功放三极管、正负双电源组成一上下对称结构电路。由于两个三极管在输入信号后轮流导通，因而称为互补对称的乙类功放。

由于 A 点处在电路的对称点上，其直流电位为零，所以，当输入端 $u_i = 0$ 时，两管子均处截止状态，故该电路为乙类功放电路。

当输入电压为正半周时，管子 $T_1$ 正偏导通，而

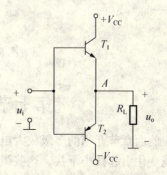

图8-19　互补对称乙类功率放大电路

$T_2$ 截止，此时 $T_1$ 与负载 $R_L$ 组成射极电压跟随器（电压虽不放大，但输出电阻小、带负载能力强），在负载上输出信号正半周，波形如图8-20（a）；当输入电压为负半周时，与上

述情况相反，波形如图 8 - 20（b）所示。所以通过两个管子的交替导通，在负载上得到正、负半周互补完整信号。

在互补对称乙类功率放大电路中虽然采用了发射极输出，但是由于射极输出器具有电流放大能力，所以电路仍具有功率放大能力。

以上进行的讨论，均是在忽略了三极管的死区电压的情况下进行的，实际情况是，当输入信号幅度不足以克服三极管的死区电压时，输出信号会产生失真现象，即交越失真。为克服乙类功放的交越失真，对其改进可成为甲乙类功放电路，如图 8 - 21 所示。

其工作原理，读者可自行分析。

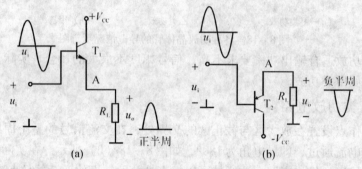

图 8 - 20　互补对称乙类功率放大电路工作情况示意图

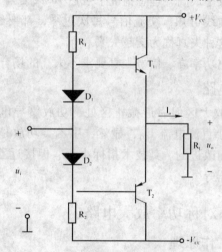

图 8 - 21　改进型甲乙类功率放大电路

# 第七节　集成运算放大器介绍

前面章节介绍的多级放大电路，特别是直接耦合的多级放大电路，若输入级电路由于环境变化引起微小干扰，这些微小干扰被后级放大电路逐级放大，严重时可能会导致干扰信号将有用信号淹没，使放大电路失去正常的放大能力，而且会发生当输入信号为零时，在输出端出现一个不规则变化的电压信号，这种现象称为零点漂移。

抑制零点漂移的方法有很多，但是最有效的方式是采用差分放大电路，它是利用电路在结构上的对称性，有效抑制由于温度变化引起输入级三极管参数变化造成的电路静态工作点的漂移，在集成电路中被广泛使用。下面介绍一下差分放大电路的结构及工作原理。

## 一、差分放大电路

### （一）差分放大电路的结构

差分放大电路的典型电路如图 8 - 22 所示，从该图中可以看出，电路是由两个结构和参数完全相同的共射极放大电路组成，并要求三极管的特性和参数完全相同。

电路中有两个电源，$+V_{CC}$ 和 $-V_{EE}$，两个信号输入端和两个信号输出端。当输入信号从某个管子的基极与地之间输入，称为单端输入，如 $u_{i1}$、$u_{i2}$；当输入信号从两个三极管的基极之间加入，称为双端输入，输入信号为 $u_i = u_{i1} - u_{i2}$；若输出信号从某个管子的集电极和地之间取出，称为单端输出，如 $u_{o1}$、$u_{o2}$；而输出电压从两集电极之间取出称为双端输出 $u_o$，$u_o = u_{o1} - u_{o2}$。这样，差分放大电路的输入输出方式就非常灵活，可以有单端输入单端输出、单端输入双端输出、双端输入单端输出、双端输入双端输出四种形式。

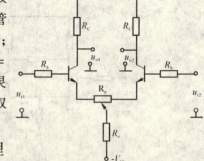

图 8 - 22　典型的差分放大电路

### （二）差分放大电路抑制零点漂移的基本原理

#### 1. 依靠电路的对称性

当温度变化等原因引起两个三极管的基极电流 $I_{B1}$、$I_{B2}$ 变化时，由于两边电路完全对称，所以两三极管集电极电流 $I_{C1}$、$I_{C2}$ 的变化量相同，从而两集电极电位 $V_{C1}$、$V_{C2}$ 的变化量也相同即 $\Delta V_{C1} = \Delta V_{C2}$。

当采用双端输出时，如在输入信号为零时，即在静态工作时，假定温度上升则有

$$T \uparrow \rightarrow \begin{cases} I_{B1} \uparrow \rightarrow I_{C1} \uparrow \rightarrow V_{C1} \downarrow \\ I_{B2} \uparrow \rightarrow I_{C2} \uparrow \rightarrow V_{C2} \downarrow \end{cases} \rightarrow u_O = u_{C1} - u_{C2} = 0$$

由此可知，虽然温度变化对每个端子都产生了零点漂移，但是在输出端两个三极管的集电极电压的变化相互抵消，所以抑制了输出电压的零点漂移。但是实际应用中，由于元件的分布参数，很难做到电路的完全对称，所以通过这种方式很难将零点漂移完全抑制。

#### 2. 依靠 $R_e$ 的负反馈作用

发射极电阻 $R_e$ 具有负反馈作用，可以稳定静态工作点，从而进一步减小零点漂移的量。

采用以上两种方式在理论上讲，可以完全消除零点漂移，但是由于两边电路不能做到完全对称，所以在电路中采用电位器 $R_P$ 来调节对称性，即让放大电路在输入信号为零时，双端输出信号 $u_o = 0$，在分析电路时，为简单起见，$R_P$ 的作用暂不考虑。

### （三）差分放大电路的动态分析

#### 1. 差模输入的动态分析

在差分放大电路输入端加入大小相等、极性相反的输入信号，称为差模输入，如图 8 - 23 （a）所示。图中 $u_{i1} = -u_{i2}$，则差模信号 $u_{id} = u_{i1} = -u_{i2}$，若电路绝对对称，两管的发射极电流 $I_{e1d} = -I_{e2d}$，所以流过电阻 $R_e$ 的差模电流为

$$I_{ed} = I_{e1d} + I_{e2d} = I_{e1d} - I_{e1d} = 0$$

所以 $R_e$ 两端无差模电压降。因此，在画差模交流通路时，应当把 $R_e$ 视为短路，如图 8-23（b）所示，分析图 8-23（b），可求得差模放大倍数

$$A_{ud} = \frac{-\beta R_C // \frac{1}{2} R_L}{r_{be}} \qquad (8-14)$$

差模输入电阻 $r_{id}$ 为从两输入端看进去所呈现的交流等效电阻，分析可得 $r_{id} = 2(r_{be} + R_b)$。

差模输出电阻 $r_{od}$ 为从差分放大电路的两集电极对差模信号所呈现的交流电阻，分析可得 $R_{od} \approx 2R_c$。

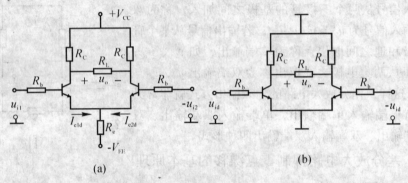

图 8-23　差模输入工作情况示意图

### 2. 共模输入的动态分析

在差分放大电路的两个输入端加入大小相等、极性相同的信号，称为共模输入，交流通路如图 8-24 所示。此时 $u_{ic} = u_{i1} = u_{i2}$，一方面由于差分放大电路的对称性，两个三极管的发射极电流 $i_{e1c} = i_{e2c}$，所以流过 $R_e$ 的共模电流为三极管发射极电流的 2 倍，这样引起的交流反馈变大，放大倍数减小；另一方面，共模信号在两个三极管的集电极电位的变化相同，若采取双端输出，输出电压无变化，所以双端输出共模放大倍数 $A_{uc} = \frac{u_{oc}}{u_{ic}} = 0$。但工程实践中很难做到电路的绝对对称，所以该放大倍数只能近似为零。

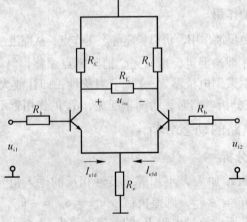

图 8-24　共模输入工作情况示意图

以上分析可知，差分放大电路采用双端输出可以有效的抑制共模信号。因为两三极管工作在相同的环境下，温度对两者的影响相同，若温度变化，则两三极管的工作状态变化相同，相当于给差分放大电路加了共模信号，因为差分放大电路对共模信号的抑制作用，因而可消除温度变化对放大电路的影响，从而消除温度引起的零点漂移。

### 3. 任意信号输入的动态分析

以上分别分析了差分放大电路对差模信号和共模信号输入的情况，当输入信号 $u_{i1}$ 和 $u_{i2}$ 为任意大小和极性，它们总是可以分解为差模信号 $u_{id}$ 和共模信号 $u_{ic}$ 的组合，即

$$u_{id} = \frac{1}{2}(u_{i1} - u_{i2}), u_{ic} = \frac{1}{2}(u_{i1} + u_{i2})$$

则 $u_{i1} = u_{ic} + u_{id}, u_{i2} = u_{ic} - u_{id}$。

以上分析说明，任意输入信号都可以分解为共模分量和差模分量的组合，例如：设 $u_{i1} = 11\text{mV}, u_{i2} = 7\text{mV}$，则可以将它们分解为差模分量 $u_{id} = 2\text{mV}, u_{ic} = 9\text{mV}$。讨论具体电路时，我们只需分别分析差模输入和共模输入两种情况，然后利用叠加原理求它们的代数和即可。

### 4. 共模抑制比

为了定量说明差分放大电路对差模信号的放大能力和对共模信号的抑制能力，引入共模抑制比 $K_{CMR}$，定义为差模放大倍数 $A_{ud}$ 与共模放大倍数 $A_{uc}$ 之比的绝对值，即

$$K_{CMR} = \left| \frac{A_{ud}}{A_{uc}} \right| \tag{8-15}$$

工程上常用分贝数来表示 $K_{CMR}$，即

$$K_{CMR} = 20\log \left| \frac{A_{ud}}{A_{uc}} \right| \text{dB} \tag{8-16}$$

双端输出时，$K_{CMR}$ 可认为等于无穷大，单端输出时

$$K_{CMR} = \left| \frac{A_{ud}}{A_{uc}} \right| \approx \frac{\beta R_e}{R_s + r_{be}} \tag{8-17}$$

其中 $R_s$ 为信号源内阻。

## 二、运算放大电路的基本结构

前面介绍的各种放大电路都是由三极管、电阻、电容等元器件通过导线根据不同的连接方式组成的，这种电路称为分立元件电路。在 20 世纪 60 年代出现了集成放大器，它是以半导体单晶硅为芯片，采用先进的半导体制作工艺，把晶体管、电阻、电容等器件以及它们的连接线组成的电路制作在一起，封装后形成一个整体，使之具备某种特定的功能。集成放大器的出现实现了元件、电路和系统的统一，大大提高了电子设备的可靠性，减轻了重量，缩小了体积，降低了功耗和成本，同时也使电路设计人员摆脱了从电路设计、元件选配到组装调试等一系列过程，大大缩短了电子设备的制造周期。它的问世，使电子技术有了新的飞跃而进入了微电子学时代，从而促进了各个科学技术领域的发展。

集成运算放大器是一种高差模放大倍数、高输入电阻、低输出电阻的直接耦合集成电路，最早应用于模拟计算机，对输入信号进行模拟运算，并由此而得名，简称集成运放。它的内部电路一般由输入级、中间级、输出级和偏置电路四部分组成，结构示意图如图 8-25 所示。

输入级又称为前置级，为获得尽可能高的输入电阻及尽可能高的共模抑制比，几乎毫

无例外的采用双端输入、双端输出的差分放大电路，它有两个输入端，分别为同相输入端（输出信号的相位或极性与输入信号相同）和反相输入端（输出信号的相位或极性与输入信号相反）。

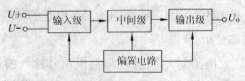

图 8-25　集成运放的结构示意图

中间级又称为放大级，其主要任务是对输入级的输出电压进行放大，它多采用共发射极多级放大或者以恒流源作集电极负载的复合管放大电路。此外，由于集成运放的输入级为双端输出的差分放大电路，而放大电路只有一个输出端，因此中间级还担当将双端输出转换为单端输出的职能。

输出级又称为功率放大级，为减小输出电阻，提高集成运放的带负载能力，通常采用互补对称的射极跟随电路，通常为互补对称的乙类功放。

偏置电路的作用是为上述各级提供静态偏置电流，稳定各级静态工作点。一般采用恒流源电路和温度补偿措施。

此外，集成电路还有一些辅助环节，比如电平移动电路、过流保护电路等。

运算放大器的内部结构虽然复杂，但读者在使用过程中，无需深入研究它的内部结构，只需将它看成能够完成特定功能的黑匣子，了解集成运放的型号，掌握各引脚及其功能（可根据运放型号从半导体手册或相关网站查询），能正确连接集成电路的外电路即可。

## 三、运算放大器的分类及主要参数

### （一）集成运放的类型

集成运放从不同角度可分为不同类型。

按集成度（即一个芯片运放的个数）可分为单运放、二运放和四运放；

按电源供电方式可分为单电源供电运放和双电源供电运放，其中双电源供电又分为正负电源对称和正负电源不对称两种类型；

按制造工艺可分为双极性晶体管集成运放和单极性场效应管集成运放；

按性能不同可分为通用型（如 F007，国产型号为 CF741）和专用型大类。专用型又有高阻型（输入电阻可高达 $10^{12}\Omega$，如国产 F55 系列）、低功耗性（静态功耗 $\leqslant$ 2mW，如国产 FX253）、高精度型、高速型、高压型、宽带型、程控型、电压放大型、电流放大型、互阻型和跨导型。使用时需查阅集成运放手册，详细了解它们的各种参数，作为使用和选择的依据。

### （二）集成运放的主要参数

集成运放的主要参数如下：

（1）开环差模电压放大倍数 $A_{od}$　是指集成运放无外加反馈时的差模电压放大倍数，它体现了集成运放的电压放大能力，一般在 $10^4 \sim 10^7$。

（2）开环共模电压放大倍数 $A_{oc}$　是指集成运放本身的共模电压放大倍数，它反映了集成运放抗温度漂移和抗共模干扰的能力，优质的集成运放 $A_{oc}$ 应该接近于零。

（3）共模抑制比 $K_{CMR}$　表示集成运放开环差模放大倍数与开环共模电压放大倍数之比。共模抑制比 $K_{CMR}$ 用来综合衡量集成运放的放大和抗温度漂移、抗共模干扰的能力，该参数值越大越好，一般应大于 80dB，高质量的集成运放可达 160dB。

（4）差模输入电阻 $r_{id}$　是指集成运放开环时从两个输入端看进去的等效交流电阻，$r_{id}$ 越大越好，一般为几百千欧至几兆欧，场效应管构成的集成运放，$r_{id}$ 可达 $10^{14}\Omega$。

（5）输出电阻 $r_{od}$　从输出端和地之间看进去的等效交流电阻，反映了集成运放在小信号输出时的带负载能力，$r_{od}$ 越小，带负载能力越强。

（6）最大输出电压 $U_{OPP}$　表示最大输出不失真的最大输出电压。

其他还有输入电压温度系数、输入偏置电流、转换速率、静态功耗等，在此不做过多介绍，应用过程中，读者可查阅集成放大器手册。

### （三）理想集成运算放大器的特性

理想运放可以理解为实际运放的理想化模型，就是把集成运放的各项技术指标理想化，得到一个理想的运算放大器，即

1. 开环差模电压放大倍数 $A_{od} = \infty$
2. 共模抑制比 $K_{CMR} = \infty$
3. 差模输入电阻 $r_{id} = \infty$
4. 输出电阻 $r_{od} = 0$

其他参数，例如输入失调电压、输入失调电流、输入偏置电流等参数都为零，通频带为 $\infty$。而实际的集成运放由于受集成电路制造工艺水平的限制，各项技术指标不可能达到理性化条件，所以将实际运放视为理想运放分析必然会带来一定误差，但是这些误差在工程计算中是允许的。将集成运放视为理想运放，能够大大简化运放应用电路的分析。

### （四）集成运算放大器的电压传输特性

集成运放的应用电路形式虽然非常丰富，但其电压传输特性总是有共同的地方，图 8-26 即为集成运放的电路符号和电压传输特性，其中实线部分为理想集成运放的传输特性，虚线部分为实际集成运放的传输特性。其工作特性分为两个区：线性区和非线性区。

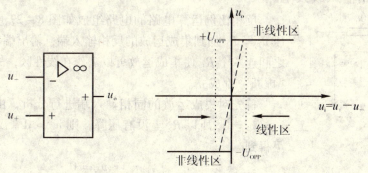

（a）电路符号　　　（b）电压传输特性

图 8-26　集成运放的电路符号及电压传输特性

### 1. 工作在线性区时的特点

当集成运放工作在线性区时，设集成运放的同相输入端和反相输入端电位分别为 $u_+$ 和 $u_-$，电流分别为 $i_+$ 和 $i_-$，输入电压 $u_i = u_+ - u_-$，此时输出电压 $u_o$ 与输入差模电压成线性关系，即

$$u_o = A_{od}(u_+ - u_-) \tag{8-18}$$

由于理想集成运放的开环放大倍数 $A_{od} = \infty$，输出电压 $u_o$ 为有限值，所以输入电压 $u_i = u_+ - u_- = 0$（对于实际运放，虽然输入电压不能为零，但是该电压非常小，大约为几 mV，可忽略）。

上式说明，虽然集成运放的两输入端没有短路，但具有与短路相同的特征（两输入端无电压），即 $u_+ = u_-$，这一特征称为两输入端"虚短路"，简称"虚短"。

由于理想集成运放的差模输入电阻 $r_{id} = \infty$，所以流入集成运放的电流

$$i_+ = i_- = 0 \tag{8-19}$$

上式说明理想集成运放的两输入端虽然没有断路，但是却具有断路相同的特征，这一个特征称为"虚断路"，简称虚断。

"虚短"和"虚断"是分析集成运放的线性应用电路的两大重要原则，读者应充分重视。

### 2. 工作在非线性区的应用

集成运放若工作在开环状态或正反馈状态，可认为集成运放工作在非线性区，在该区域输出电压 $u_o$ 与输入电压 $u_i$ 不成比例，超出了运放的线性范围，达到了饱和状态，此时输出电压为正向饱和电压 $U_{OH}$ 或负向饱和电压 $U_{OL}$。此时输入电压已经超出了集成运放的线性区，所以"虚短"已经不再成立，但"虚断"仍然成立，分析电路时需要加以注意。

## 四、运算放大器的三种输入方式

运放的应用电路很多，而且它有两个输入端，这样输入方式就比较丰富。采用不同的输入方式就可以构成不同类型的运算放大电路，下面将一一加以介绍。

### （一）反相输入放大电路

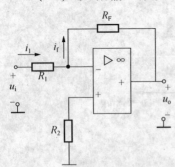

图 8-27　反相输入放大电路

反相比例运算电路的电路组成如图 8-27 所示，输入电压 $u_i$ 经 $R_1$ 加到集成运放的反相输入端，输出端和反相输入端之间连一个 $R_F$ 使集成运放可以工作在线性区，故"虚短"和"虚断"都成立。

首先对集成运放的同相输入端进行分析，由于"虚断"，$i_+ = i_- = 0$，所以 $R_2$ 上没有压降，则 $u_+ = 0$。又因"虚断"，可得到

$$u_+ = u_- = 0 \tag{8-20}$$

上式说明，反相输入端虽然没有接地，但是根据"虚短"和"虚断"，电位为零，好像接地一样，称为"虚地"。

再对反相输入端进行分析，由于 $i_- = 0$，所以有 $i_1 = i_f$，即

$$\frac{u_i - u_-}{R_1} = \frac{u_- - u_o}{R_F}$$

因 $u_- = 0$，所以反相输入放大电路的电压放大倍数为

$$A_{uf} = \frac{u_o}{u_i} = -\frac{R_F}{R_1} \qquad (8-21)$$

由上式可知，放大电路的输出电压与输入电压相位相反，幅度成正比关系，比例系数取决于电阻 $R_F$ 和 $R_1$ 之比。又因信号从反相端输入，因而把该电路称为反相比例运算电路。

$R_2$ 为平衡电阻，作用是保证运放的输入级差分放大电路结构对称，其阻值为 $R_2 = R_F//R_1$。输入电阻 $r_i = R_1$。

## （二）同相输入放大电路

同相比例运算放大电路的电路组成如图 8-28 所示。输入电压经 $R_2$ 加在同相输入端，在输出端和反相输出端之间接电阻 $R_F$，保证运放工作在线性区。

先对运放的同相端分析，根据"虚短"和"虚断"特性，有

$$i_+ = i_- = 0 \ \text{和} \ u_+ = u_- = u_i$$

再对运放的反相端分析，有

$$\frac{0 - u_-}{R_1} = \frac{u_o - u_-}{R_F}$$

整理可得同相输入放大电路的电压放大倍数为

$$A_{uf} = \frac{u_o}{u_i} = 1 + \frac{R_F}{R_1} \qquad (8-22)$$

上式表明，放大电路输出电压与输入电压相位相同，幅度成正比关系，比例系数取决于 $R_F$ 和 $R_1$ 之比，又因为信号从同相输入端加入，故该电路称为同相比例运算电路。读者可思考，若 $R_F = 0$，$R_1 = \infty$，输出电压与输入电压相等，此时的电路为电压跟随器。

同样，$R_2$ 为平衡电阻，作用是保证运放的输入级差分放大电路结构对称，其阻值为 $R_2 = R_F//R_1$。

## （三）双端输入放大电路

以上分别介绍了电压从反相输入端和同相输入端加到集成运放的情况，若信号同时加在集成运放的两个输入端，就构成了双端输入的放大电路，电路如图 8-29 所示。

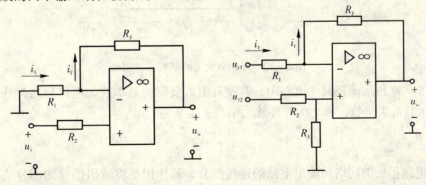

图 8-28　同相输入放大电路　　　　图 8-29　双端输入放大电路

此时，集成运放仍工作在线性区，根据叠加原理，可分析此时放大电路输出端电压和

输入电压的关系为

$$u_o = (1 + \frac{R_F}{R_1})(\frac{R_3}{R_3 + R_2})u_{i2} - \frac{R_F}{R_1}u_{i1}$$

若选择电阻，使 $R_F = R_3$，$R_1 = R_2$，则

$$u_o = \frac{R_F}{R_1}(u_{i2} - u_{i1}) \tag{8-23}$$

输出电压与 $u_{i2}$ 和 $u_{i2}$ 的差成比例关系，若选择 $R_F = R_1$，则输出电压和输入电压的差相等，该电路为减法电路。

## 第八节　放大器中的负反馈

反馈是电子系统中的一个重要概念，就是把放大电路中的输出信号（电压或电流），通过某种电路结构，回送到放大电路的输入端并和输入信号进行比较，从而改善放大电路的特性，这一个过程称之为反馈。含有反馈结构的放大电路称为反馈放大电路。

### 一、反馈的基本概念

#### （一）反馈电路的基本框图和基本概念

反馈放大电路的组成框图如图 8-30 所示，由基本放大电路、反馈网络、采样电路和比较电路构成一个闭环放大电路。图中 $X_i$ 为闭环放大电路的输入信号，$X_o$ 为闭环放大电路的输出信号，$X_{id}$ 为闭环放大电路的净输入信号，即基本放大电路的输入信号，$X_f$ 为闭环放大电路的反馈信号，它们既可以是电压，也可以是电流。

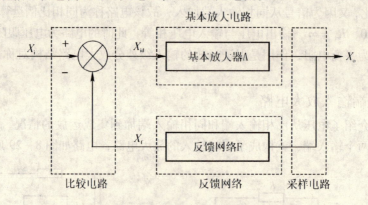

图 8-30　反馈放大电路结构示意图

如图 8-30 所示闭环放大电路中，若没有引入反馈的基本放大电路称之为开环放大电路，$A$ 表示其放大倍数，称之为开环放大倍数，定义为

$$A = \frac{X_o}{X_{id}} \tag{8-24}$$

采样电路是反馈网络和输出电路的连接部分，其作用是将输出信号的部分或者全部进行采样。

反馈网络的作用是将采样电路得到采样信号通过某种形式转化成反馈信号，不同的反

馈类型，其结构大不相同，$F$ 为反馈系数，定义为

$$F = \frac{X_f}{X_o} \qquad (8-25)$$

比较电路的作用是将反馈信号 $X_f$ 和输入信号 $X_i$ 进行比较运算，从而得到净输入信号 $X_{id}$，三者的关系为

$$X_{id} = X_i - X_f$$

需要说明的是，三者需是相同的信号，例如都是电压信号或者都是电流信号。

另外做如下定义：

闭环放大倍数

$$A_f = \frac{X_o}{X_i} \qquad (8-26)$$

闭环放大倍数 $A_f$、开环放大倍数 $A$ 及反馈系数 $F$ 有如下关系：

$$A_f = \frac{X_o}{X_i} = \frac{X_o}{X_{id} + X_f} = \frac{X_o}{X_{id} + FX_O} = \frac{AX_{id}}{X_{id} + AFX_{id}} = \frac{AX_{id}}{X_{id} + AFX_{id}} = \frac{A}{1 + AF} \qquad (8-27)$$

式中 $1 + AF$ 定义为闭环放大电路反馈深度，它是衡量放大电路反馈强弱程度的一个重要指标。

若 $1 + AF > 1$，则有 $A_f < A$，称放大电路引入的是反馈为负反馈，这时有 $X_{id} < X_i$；

若 $1 + AF < 1$，则有 $A_f > A$，称放大电路引入的是反馈为正反馈，这时有 $X_{id} > X_i$；

若 $1 + AF \gg 1$，则有 $A_f \approx \frac{1}{F}$，称放大电路引入的反馈为深度负反馈，这时有 $X_{id} \ll X_i$。

## （二）反馈的类型及判断方式

### 1. 正反馈和负反馈

根据反馈对输入信号的不同影响，可以把反馈分为正反馈和负反馈。如果反馈信号增强了输入信号的作用，使 $X_{id} > X_i$，则称为正反馈，反之，如果反馈信号削弱了输入信号的作用，使 $X_{id} < X_i$，称为正反馈。在不同的场合，需采用不同的反馈形式。

通常，可采用瞬时极性法来判断正反馈和负反馈。瞬时极性法是先任意设定输入信号的瞬时极性，比如为正（即认为输入信号使输入电位瞬间升高，在电路图上以"＋"标记）或为负（即认为输入信号使输入电位瞬间降低，在电路图上以"－"标记），然后沿着反馈环路巡行一周，逐步确定相应的各点的瞬时极性，并在电路图上以"＋"或"－"标记，判断反馈信号的瞬时极性，最后判断反馈信号是增强还是削弱了净输入信号，若增强，则为正反馈，若削弱，则为负反馈。

**例题 8-2**　图 8-31（a）和图 8-31（b）所示电路分别为三极管和集成运放构成的反馈放大电路，判定电路中反馈的极性。

解：图 8-31（a）所示电路，分析可知，以 $T_1$ 和 $T_2$ 为核心元件构成两级放大电路，为两级直接耦合放大电路。假设输入端输入信号的瞬时极性为"＋"，即 $T_1$ 基极极性为"＋"，我们知道三极管的集电极和基极电位极性变化相反，发射极和基极电位变化相同，所以集电极瞬时极性为"－"，同样可判定 $T_2$ 集电极电位为"＋"，通过 $R_6$ 反馈到 $T_1$ 的发射极端 $u_f$ 的极性为"＋"，使得净输入信号（即三极管 $T_1$ 的发射结电压）减小，所以，该反馈为负反馈。$R_6$ 和 $R_3$ 构成反馈网络。

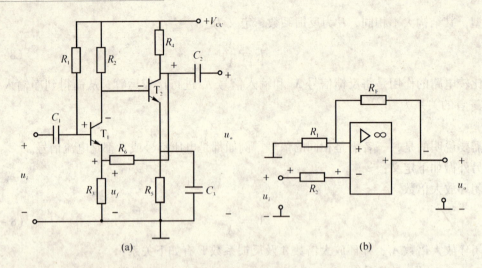

图 8 - 31

图 8 - 31（b）所示电路，设输入端输入信号的瞬时极性为"＋"，即集成运放的反相输入端极性为"＋"，因集成运放输出端极性和反相端极性变化相反，所以输出端极性为"－"，从而使运放的同相输入端极性为"－"，净输入信号（集成运放两输入端的电压）增强，故为正反馈。

### 2. 交流反馈和直流反馈

根据反馈信号的性质进行分类，反馈可分为交流反馈和直流反馈。

若反馈信号中只包含交流成分，则称为交流反馈，交流反馈的作用可以改善放大电路中各种动态参数，但不影响静态工作点。

若反馈信号中只包含直流成分，则称为直流反馈，直流反馈可以稳定放大电路的静态工作点，但对交流参数不产生影响。前面章节介绍的分压式共射极放大电路就是采用的直流反馈的形式来稳定静态工作点的。

如果反馈信号中既有直流量，又有交流量，则为交直流反馈，这种反馈方式既可以稳定静态工作点，又可以改善电路的动态特性。

### 3. 电压反馈和电流反馈

图 8 - 30 所示反馈放大电路的框图中，反馈网络与基本放大电路的输出端有不同的连接方式，根据与输出端的连接方式（采样电路的形式）不同，分为电压反馈和电流反馈。

在输出端，若反馈网络与负载为并联方式连接，此时，反馈网络对输出电压进行采样，反馈信号 $X_f$（可以为电压，也可以为电流）与输出电压成正比关系，则此时的反馈为电压反馈。如图 8 - 32 所示电路，$R_F$ 和 $R_2$ 构成的反馈网络，与输出电压成正比关系，即 $u_f = \dfrac{R_1}{R_2 + R_F} u_o$，所以反馈为电压反馈。同样，图 8 - 33 中 $R_F$ 构成反馈网络，反馈电流 $i_f = \dfrac{u_- - u_o}{R_F} \approx \dfrac{-u_o}{R_F}$，所以反馈为电压反馈。

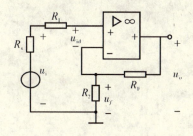

图 8-32 电压串联负反馈放大电路

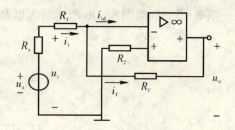

图 8-33 电压并联负反馈放大电路

在输出端，若反馈网络与负载为并联方式连接，此时反馈网络对输出电流进行采样，反馈信号 $X_f$ 与输出电流成正比关系，此时的反馈为电流反馈。图 8-34 所示电路中，$R_F$ 构成反馈网络，反馈电压 $u_f = R_F i_o$，与输出电流成正比，所以反馈为电流反馈；同样图 8-35所示电路，$R_F$ 与 $R$ 构成反馈网络，反馈电流 $i_f = -\dfrac{R}{R+R_F} i_o$（根据"虚短"和"虚断"特性，集成运放反相输入端为虚地，故 $R$ 和 $R_F$ 近似为并联），所以反馈为电流反馈。

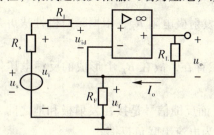

图 8-34 电流串联负反馈放大电路图

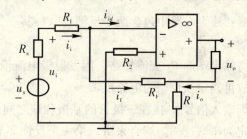

图 8-35 电流并联负反馈放大电路

判断反馈为电压反馈还是电流反馈，可采用输出端短路的方法，即令 $u_o = 0$，若反馈信号 $X_f$（可以为电压也可以为电流）也等于零，则说明反馈信号与输出电压成正比关系，该反馈为电压反馈，若反馈 $X_f$ 信号不为零，则为电流反馈。采用这种方式，重新判断图 8-32 ~ 8-35 的反馈类型。

### 4. 串联反馈和并联反馈

在图 8-30 所示反馈放大电路的框图中，反馈网络与基本放大电路的输入端连接方式的不同（反馈信号以不同的方式与输入信号进行比较）可分为串联反馈和并联反馈。在输入端，若反馈网络与基本放大电路串联连接，反馈信号以电压的形式与输入电压进行比较，则为串联反馈。如图 8-32 和图 8-34 所示电路中，反馈信号是以电压 $u_f$ 的形式与输入信号 $u_i$ 进行比较，使净输入信号 $u_{id} = u_i - u_f$，所以反馈都为串联反馈。

在输入端，若反馈网络与基本放大器并联连接，反馈信号以电流的形式与输入电流进行比较，则为并联反馈。如图 8-33 和 8-35 所示电路中，反馈信号是以电流 $i_f$ 的形式与输入电流 $i_i$ 进行比较，使净输入电流 $i_{id} = i_i - i_f$，所以反馈为并联反馈。

判断反馈为串联反馈还是并联反馈，可以根据电路的结构来确定：若反馈信号和输入信号加在放大电路的同一点（另一公共点一般接地），则为并联反馈，若不是加在放大电路的同一点，则为串联反馈。采用这种方式，重新判断图 8-32 ~ 8-35 的反馈类型。

采用瞬时极性法可分析图 8-32 ~ 8-35 都为负反馈放大电路。经上述分析可知负反馈有四种类型：电压串联负反馈、电压并联负反馈、电流串联负反馈和电流并联负反馈。

**例 8-5** 判断图 8-36 所示放大电路的反馈类型。

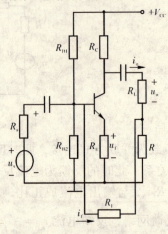

图 8-36　电路的反馈类型

解：放大电路中包含两个反馈环节，其一为发射极电阻 $R_E$，根据瞬时极性法可判定为负反馈。

将输出端即 $R_L$ 交流短路，因发射极电流依然存在，故在 $R_E$ 上形成的反馈电压依然存在，故可判定该反馈为电流反馈。

因输入信号 $u_i$ 接在三极管的基极和地之间，而反馈信号是接在发射极和地之间，因而可判定为串联反馈。综合来讲，第一个反馈环节为电流串联负反馈。

第二个反馈环节由电阻 $R$、$R_F$ 构成，采用瞬时极性法可判定该反馈为负反馈。

将输出端即 $R_L$ 短路，但输出电流仍经过 $R$ 形成电压 $u$，经过 $R_F$ 形成反馈电流，故该反馈为电流反馈。

由于输入信号和反馈信号都加在三极管的基极和地之间，故可判定为并联反馈。综合来讲，第二个反馈环节为电流并联负反馈。

## 二、负反馈对放大器性能指标的影响

负反馈放大器中，虽然反馈信号削弱了净输入信号，使净输入信号减小，放大倍数降低，但是其他动态指标却可以因此得以改善。

### （一）稳定放大倍数

一般用放大倍数的相对变化率来衡量放大倍数的稳定性，开环放大倍数相对变化率为 $\dfrac{\mathrm{d}A}{A}$，由于闭环放大倍数

$$A_f = \frac{A}{1 + AF}$$

将上式对 $A$ 求导可得

$$\frac{\mathrm{d}A_f}{\mathrm{d}A} = \frac{1 + FA - FA}{(1 + FA)^2} = \frac{1}{1 + FA} \cdot \frac{A_f}{A}$$

整理得

$$\frac{\mathrm{d}A_f}{A_f} = \frac{1}{1 + FA} \cdot \frac{\mathrm{d}A}{A}$$

$\dfrac{\mathrm{d}A_f}{A_f}$ 为闭环放大倍数相对变化率，对于负反馈放大电路，反馈深度 $1 + FA > 1$，所以 $\dfrac{\mathrm{d}A_f}{A_f}$ $< \dfrac{\mathrm{d}A}{A}$，引入负反馈以后，闭环放大倍数相对变化率减小，放大倍数稳定性增强。

在深度负反馈条件下，$1 + FA \gg 1$，故

$$A_f = \frac{A}{1 + AF} \approx \frac{1}{F} \tag{8-28}$$

而负反馈放大电路中的反馈网络一般由受温度影响很小的电阻构成，所以其放大倍数的稳定性更高，温度变化、电路参数改变、电源电压波动等因素对放大倍数的影响很小。

### （二）减小环路内的非线性失真

由于三极管是一个非线性器件，以其为核心的放大器对信号进行放大时不可避免的会产生非线性失真。假设闭环放大器的输入信号为正弦信号，在没引入反馈时，开环放大器产生了如图 8-37（a）的非线性失真，即输出信号的正半周幅度比负半周幅度大。现引入负反馈，构成反馈环，如图 8-37（b）所示，由于反馈网络稳定性很高，不会引起非线性失真，则反馈信号跟输出信号一样，也是正半周幅度比负半周幅度大，输入信号跟反馈信号相比较后，使得净输入信号 $X_{id} = X_i - X_f$ 的波形正半周幅度变小，负半周幅度变大，再经基本放大电路放大后，输出信号的正、负半周幅度基本相等，从而减小了非线性失真。

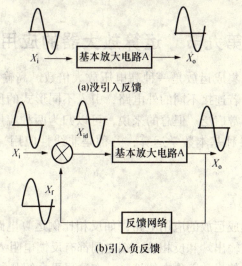

图 8-37　引入负反馈减小非线性失真

需要说明的是，引入负反馈只能减小环路内的失真，如果输入信号本身已经失真，此时引入负反馈并不起作用。

### （三）改变输入电阻和输出电阻

对输入电阻的影响，主要取决于反馈网络和输入端的连接方式。串联负反馈，由于反馈电压和输入电压相叠加，使净输入电压减小，从而使闭环输入电流减小，故可使输入电阻增大，经计算，引入负反馈后，闭环输入电阻增大为开环输入电阻的 $1 + AF$ 倍；并联负

反馈，由于反馈电流和输入电流相叠加，使闭环输入电流增加，故可使输入电阻减小，经计算，引入负反馈后，闭环输入电阻减小为开环输入电阻的 $\dfrac{1}{1+AF}$ 倍。

对输出电阻的影响，主要取决于反馈网络与输出端的连接方式有关。电压负反馈，由于对输出电压采样，反馈信号正比与输出电压，和输入信号比较后，使输出电压趋于稳定，使输出电压受负载变化影响减小，即放大器接近于理想电压源特性，故可使输出电阻减小，经计算，输出电阻可减小为开环输出电阻的 $\dfrac{1}{1+AF}$ 倍；电流负反馈，由于对输出电流采样，反馈信号正比于输出电流，和输入电流比较后，使输出电流受负载变化的影响减小，即放大器接近于理想电流源特性，故可使输出电阻增大，经计算，输出电阻可增大为开环输出电阻的 $1+AF$ 倍。

在设计电路时，可根据对输入电阻和输出电阻的要求，引入适当的负反馈。例如，希望放大器的输出电压稳定，则可引入电压负反馈，若希望增大输入电阻，则可引入串联负反馈等，这些要在设计电路时灵活利用。

另外，负反馈还可以抑制环路内部干扰，展宽通频带，这里不做深入探讨。

综上所述，引入负反馈可以稳定放大倍数，减小非线性失真、展宽通频带、根据需要改变输入电阻和输出电阻等。一般来说，反馈越深，效果越明显。但是，也并非反馈深度越大越好，因为改善这些动态参数是以牺牲放大倍数为代价的，反馈越深，放大倍数下降越多。此外，深度负反馈还可能引起附加相移，产生自激振荡，破坏放大器的正常工作。

# 第九节　运算放大器的应用

前面章节已经介绍，集成运放是一种高电压放大倍数、高输入电阻、高共模抑制比、低输出电阻的集成电路，若连接不同的外电路，引入不同形式的反馈，则可以完成很多功能，故集成运放的应用非常广泛。但总的来说，可以归为两种应用，一种是线性应用，主要完成一些模拟信号的各种基本数学运算；一种是非线性应用，主要应用于信号产生与处理。

## 一、模拟数学运算

前面章节中介绍过集成运放的应用电路，如反相比例运算电路、同相比例运算电路及加、减法运算电路等，在输出端和反相输入端之间都有反馈电阻 $R_F$，利用瞬时极性法可判断都引入了深度负反馈，使运放工作在线性区，在这里再介绍几种模拟运算电路。

### （一）积分运算电路

积分运算电路如图 8 - 38 所示，和反相比例运算电路相比较，其差别是用电容 $C_F$ 替代 $R_F$，构成电压并联负反馈，由于开环放大倍数为 $A_o = \infty$，故为深度负反馈。$R_2$ 为平衡电阻，阻值 $R_2 = R_1$。

根据集成运放的反相输入端为"虚地"可得

$$i_1 = \frac{u_i}{R_1}, i_F = -C_F \frac{\mathrm{d}u_o}{\mathrm{d}t}$$

根据"虚断"特性可得，$i_- = 0$，所以 $i_1 = i_f$，因此可得输出电压 $u_o$ 为

$$u_o = -\frac{1}{R_1 C_F}\int u_i \mathrm{d}t \tag{8-29}$$

可见，输出电压 $u_o$ 和输入电压 $u_i$ 对时间 $t$ 的积分成正比关系，从而实现了积分运算，其中 $R_1 C_F$ 为电路的积分时间常数。

积分运算电路常应用于信号的变换电路，例如输入信号为方波信号，则输出信号为三角波信号，实现了从方波到三角波的转换。

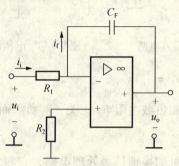

图 8-38　反相积分运算电路

## （二）微分运算电路

微分运算电路如图 8-39 所示，和图 8-38 所示积分运算电路的差别就是把电容和电阻互换，其他部分都相同，同样，$R_2$ 为平衡电阻，阻值 $R_2 = R_F$。根据集成运放的反相输入端为"虚地"可得

$$i_1 = C_1 \frac{\mathrm{d}u_i}{\mathrm{d}t}, i_f = \frac{u_o}{R_F}$$

根据"虚断"特性可得，$i_- = 0$，所以 $i_1 = i_f$，因此可得输出电压 $u_o$ 为

$$u_o = R_F C_1 \frac{\mathrm{d}u_i}{\mathrm{d}t} \tag{8-30}$$

由此可见，输出电压 $u_o$ 与输入电压对时间 $t$ 的微分成正比关系，实现了微分运算，其中 $R_F C_1$ 为微分时间常数。

微分运算也常应用于信号的转换电路，例如输入信号为三角波信号，则输出为方波信号，实现了从三角波到方波的转换，如果输入信号为方波信号，则可以产生周期的尖端脉冲信号。

## 二、集成运放在其他方面的应用

### （一）电压源—电流源转换电路

电压源—电流源转换电路是指将输入电压信号转换为与之成比例的输出电流信号，并且输出电流跟外接负载无关，即构成恒流源电路，常见的电路形式如图 8-40 所示。

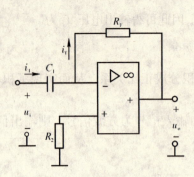

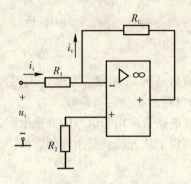

图 8-39　反相微分运算电路　　　图 8-40　电压源-电流源转换电路

图 8-40 所示电路，电流 $i_l = i_1 = \dfrac{u_i}{R_1}$

由上式可看出，输出电流和负载电阻 $R_L$ 无关，对负载而言为恒流源。

## （三）电压比较器

电压比较器是一种比较常见的模拟信号处理电路，它将一个模拟输入电压与一个参考电压进行比较，并将比较的结果以两种形式输出：输出电压分别为运放的正向和反向最大输出电压，即相当于数字量的高电平和低电平。在自动控制及自动测量电路中，比较器可用于超限报警，模/数转换及各种非正弦周期信号的产生和变换，也常用于对数字信号的整形。

### 1. 单门限电压比较器

单门限电压比较器是指只有一个门限电压的比较器。在集成运放的一个同相端接参考电压 $U_R$，输入信号接运放的反相输入端，如图 8-41（a）所示，集成运放没有接反馈电路，工作在开环状态，即非线性状态。根据理想集成运放特性，当输入电压 $u_i > U_R$ 时，输出电压 $u_o = U_{OH} = +U_{OPP}$；当输入电压 $u_i < U_R$ 时，输出电压 $u_o = U_{OL} = -U_{OPP}$。其电压传输特性如图 8-41（b）所示。由电压传输特性可知，当输入电压由低逐渐升高时，当升高到 $U_R$ 时，输出电压由低电平 $U_{OL}$ 跃变到高电平 $U_{OH}$，当输入电压由高逐渐降低时，当降低到 $U_R$ 时，输出电压由高电平 $U_{OH}$ 跃变到低电平 $U_{OL}$。电压比较器的输出电压由一种状态跃变到另一种状态时，所对应的输入电压通常称为门限电压或阈值电压，用 $U_{TH}$ 表示，这种电压比较器因为只有一个门限电压，因而称为单门限电压比较器。

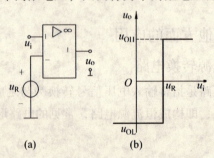

（a）　　　　　　（b）

图 8-41　单门限电压比较器及其电压传输特性

若令参考电压 $U_R = 0$，则比较器的门限电压 $U_{TH} = 0$，这种电压比较器称为过零比较器，利用过零比较器可将正弦波变为方波，读者可自行分析。

单门限电压比较器具有电路简单、灵敏度高等优点，但是抗干扰能力较差。如果在输入信号在门限电压附近变化时，如果有为微小干扰信号，则可能干扰信号和输入信号叠加信号，越过门限电压，此时输出电压将在高、低电平间波动，如果用此输出电压来控制报警电路，将出现误报警，如果用来控制其他电气设备，则可能出现误操作。为解决这个问题，通常采用双门限电压比较器。

### 2. 双门限电压比较器（迟滞比较器）

双门限电压比较器的结构如图 8-42（a）所示，输入信号 $u_i$ 接在运放的反相输入端，同相输入端接参考电压 $U_R$，$R_F$ 引入正反馈，使集成运放工作在非线性区，提高集成运放输出状态的转换速度。其电压传输特性如图 8-42（b）所示。

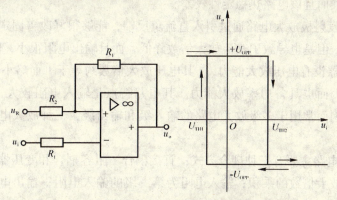

图 8-42　双门限电压比较器及其电压传输特性

集成运放工作在非线性区时，当反相输入端与同相输入端电位相等时，即 $u_+ = u_-$，输出端的状态发生跃变。根据"虚断"原则，经过 $R_1$ 的电流为零，故 $u_- = u_i$，而 $u_+$ 则由参考电压 $U_R$ 和输出电压 $u_o$ 共同决定，输出电压为两种状态：$+U_{OPP}$ 和 $-U_{OPP}$，则 $u_+$ 也有两种取值，分别为双门限电压的两个门限电压，即 $U_{TH1}$ 和 $U_{TH2}$，可计算得出：

$$U_{TH1} = \frac{R_F}{R_2 + R_F}U_R + \frac{R_2}{R_2 + R_F}U_{OPP}$$

$$U_{TH1} = \frac{R_F}{R_2 + R_F}U_R - \frac{R_2}{R_2 + R_F}U_{OPP}$$

两个门限电压之差称为回差，用 $\Delta U_{TH}$ 表示，回差电压的大小体现了电压比较器的抗干扰能力，该值越大，抗干扰能力越强，可计算得

$$\Delta U_{TH} = U_{TH1} - U_{TH2} = \frac{2R_2}{R_2 + R_F}U_{OPP}$$

可见，回差电压与集成运放的正向和反向最大输出电压及 $R_2$、$R_F$ 的值有关，与参考电压 $U_R$ 无关，但两个门限电压与 $U_R$ 有关。当用这种电压比较器来控制系统时，可通过调节参考电压的方式来调节两个门限电压，从而避免比较器的输出电压在高低电平间反复跳变。

另外，集成运放还可以和结合其他元器件构成各种类型的有源滤波器，程控放大器等各方面的应用，在这里不做深入探讨。

# 本章小结

放大电路在电子电路中起到非常重要的作用，其本质是实现小能量信号对大能量信号的控制和转换。对于不同类型的放大电路，要求其结构设置合理，元件参数选择合理，动态参数能够达到要求，而且具有良好的稳定性。本章从固定偏置共发射极放大电路为基础，介绍了放大电路的分析及调试方法。

1. 固定偏置共发射极放大电路为基本电压放大电路，具有交流信号的反相放大作用，但输入电阻很小，输出电阻较大，这样就决定了该电路从信号源索取电压能力较弱，而且带负载能力较弱，而且该电路热稳定性较差。

2. 分压式共发射极放大电路通过引入直流负反馈，能够很好改善固定偏置放大电路热稳定性差的缺点，但是也导致了交流放大倍数降低，而且输出电阻很小，输出电阻较大。

3. 射极输出器没有电压放大能力，（其电压放大倍数约等于1而略小于1），但是具备电流放大能力，因而也具备功率放大能力。其电路特点是输入电阻较大，输出电阻很小，带负载能力强，因而常用于多级放大电路的输入级和输出级，三种放大电路的动态性能分析见表8－1。

4. 多级放大电路主要有三种耦合方式：直接耦合、阻容耦合和变压器耦合。电压放大倍数为各级电压放大倍数的乘积；输入电阻为第一级的输入电阻；输出电阻为最后一级的输出电阻。

5. 集成运放是一种直接耦合的高电压放大倍数的集成放大电路，具有输入电阻高、输出电阻小的特点。内部结构主要由输入级、中间级、输出级和偏置电路组成，输入级一般采用可以抑制零点漂移的差分放大电路，中间级为电压放大级，输出级采用互补对称的射极输出器。

6. 负反馈是将放大电路的输出电量的部分或者全部，采用不同的方式反馈到输入端，用以改善放大电路的某种性能。负反馈可以稳定放大倍数、改善非线性失真、展宽通频、改变输入电阻和输出电阻。常见的负反馈有电压串联负反馈、电压并联负反馈、电流串联负反馈和电流并联负反馈。

## 表8-1 常用放大电路的性能比较表

1. 固定偏置共射极放大电路　　2. 分压式偏置共射极放大电路　　3. 射极输出器

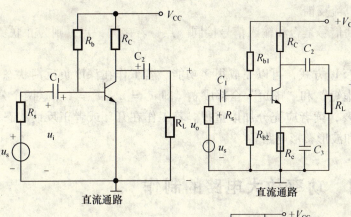

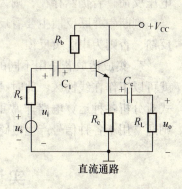

直流通路　　　　　直流通路　　　　　直流通路

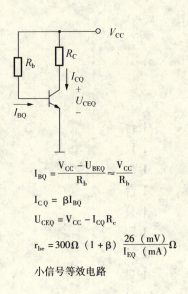

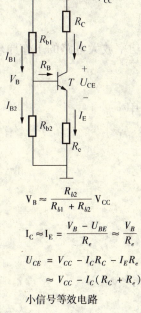

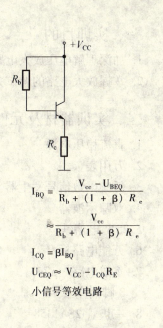

$$I_{BQ} = \frac{V_{CC} - U_{BEQ}}{R_b} \approx \frac{V_{CC}}{R_b}$$

$$I_{CQ} = \beta I_{BQ}$$

$$U_{CEQ} = V_{CC} - I_{CQ} R_c$$

$$r_{be} = 300\Omega + (1 + \beta)\ \frac{26\ (mV)}{I_{EQ}\ (mA)}\Omega$$

小信号等效电路

$$V_B \approx \frac{R_{b2}}{R_{b1} + R_{b2}} V_{CC}$$

$$I_C \approx I_E = \frac{V_B - U_{BE}}{R_e} \approx \frac{V_B}{R_e}$$

$$U_{CE} = V_{CC} - I_C R_C - I_E R_e$$

$$\approx V_{CC} - I_C (R_C + R_e)$$

小信号等效电路

$$I_{BQ} = \frac{V_{cc} - U_{BEQ}}{R_b + (1 + \beta)\ R_e}$$

$$\approx \frac{V_{cc}}{R_b + (1 + \beta)\ R_e}$$

$$I_{CQ} = \beta I_{BQ}$$

$$U_{CEQ} \approx V_{CC} - I_{CQ} R_E$$

小信号等效电路

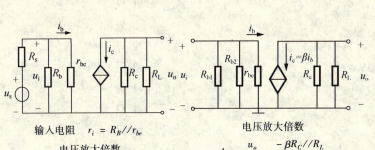

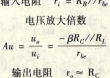

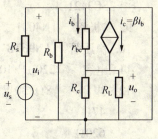

输入电阻　$r_i = R_B // r_{be}$

电压放大倍数

$$Au = \frac{u_o}{u_i} = \frac{-\beta R_C // R_L}{r_{be}}$$

输出电阻　$r_o \approx R_C$

电压放大倍数

$$Au = \frac{u_o}{u_i} = \frac{-\beta R_C // R_L}{r_{be}}$$

输入电阻 $r_i = R_{b1} // R_{b2} // r_{be}$

输出电阻 $r_o \approx R_C$

$$r_i = R_b // \left[\ r_{be} + (1 + \beta)\ R_e\ \right]$$

输出电阻 $r_o \approx r_{be} / \beta$

电压放大倍数

$$A_u = \frac{(1 + \beta) Re}{r_{be} + (1 + \beta) Re}$$

　　判断是否为电压负反馈主要看反馈信号是否和输出电压成正比，若成正比关系，则为电压负反馈，否则为电流负反馈；还可采用输出电压短路的方法，反馈信号若消失，则为电压反馈，若仍然存在，则为电流反馈。

　　判断串并联反馈主要看反馈信号是否和输入信号接同一点，若接同一点，则为并联负反馈，否则为串联负反馈。

　　7. 集成运放若采用不同的反馈方式，可以完成很多功能。若工作在深度负反馈状态，就可以工作在线性区，此时"虚短"和"虚短"全部成立，即 $u_+ = u_-$，$i_+ = i_-$，这两个公式对分析各种运算电路非常重要，读者应充分加以重视。若工作在开环或者正反馈状态，则通常用于各种信号产生电路和波形整形电路。

# 实训　功率放大电路的制作

## 一、实训目的

1. 加深理解电压放大电路及功率放大电路的工作原理。

2. 掌握放大电路的调试方法。

## 二、实训器材及元件清单

| | | |
|---|---|---|
| 1. 直流稳压电源 | | 1 台 |
| 2. 万用表 | | 1 只 |
| 3. 低频函数信号发生器 | | 1 台 |
| 4. 双踪示波器 | | 1 台 |
| 5. 25W 电烙铁 | | 1 只 |
| 6. 万能电路板 | | 1 块 |
| 7. 集成电路 | μ741 | 1 只 |
| | 8 脚插座 | 1 只 |
| 8. 三极管 | 2SA1358 | 1 只 |
| | 2SC3421 | 1 只 |
| 9. 二极管 | 1N4001 | 2 只 |
| 10. 稳压管 | 1N967B | 2 只 |
| 11. 电容 | 220μF/100V | 2 只 |
| 12. 电阻 | 8Ω/30W | 1 只 |
| | 47Ω | 1 只 |
| | 620Ω | 4 只 |
| | 1kΩ | 1 只 |
| | 2kΩ | 1 只 |
| | 3kΩ | 2 只 |
| | 6kΩ | 1 只 |
| | 47kΩ | 1 只 |

13. 电位器 5.1kΩ                            1 只

14. 散热片                                      2 只

15. 导线                                        若干

## 三、实训内容及要求

1. 认真阅读图 8 - 43 所示电路，理解各模块工作原理及作用。

本电路为功率放大电路，集成放大器起到前级电压放大作用，其余电路为乙类互补对称功率放大电路及辅助电路，要求整机电路在带载工作时无失真输出功率应达到 5W。

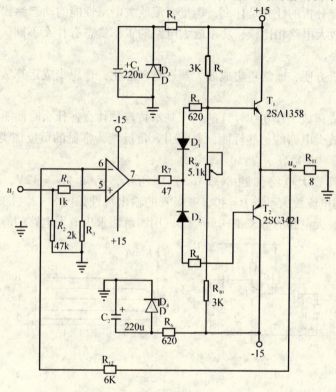

图 8 - 43　功率放大电路原理图

2. 按图示电路，找出各个元件，测量各元件参数，测试各器件状态，辨识集成电路管脚。

3. 在面包板上合理布局，插接各器件，并按要求焊接。

4. 测量输出端静态电位，调节电位器使之为零。

5. 在输入端接幅度为 1V 的交流电压，用示波器观察输出波形，调节电位器，改善失真。

## 四、实训报告

1. 画出实训电路原理图。

2. 分析各部分电路的功能及整机电路的用途。

3. 总结实训中所出现的问题及解决的方法。

4. 写出整个实训过程中的体会。

# 习　题

8—1　思考题

（1）在电子设备中，放大电路的作用是什么？放大的对象是什么？

（2）单管共射极放大电路中，各部分的作用分别是什么？

（3）在对放大电路的静态分析中，常用的方法是什么？各自有什么优缺点？

（4）电路动态分析的任务是什么，衡量交流放大电路性能的动态参数有哪些？

（5）跟普通放大电路相比较，功率放大电路的工作状态有什么不同，衡量功率放大电路有哪些动态参数。

（6）为了分析方便，通常将集成放大器进行理想化，理想集成运算放大器的动态参数时怎样的？

（7）理想集成运放工作在线性区的两个基本特点是什么？什么时候能工作在线性区？

（8）为改善放大电路的某些性能，通常引入负反馈，常见的负反馈类型有哪些，分别影响放大电路的哪些参数？

8—2　三极管放大电路如题 8—2（a）图所示，已知 $V_{CC} = 12V$，$R_C = 3k\Omega$，$R_B = 240k\Omega$，三极管的电流放大系数 $\beta = 40$，三极管的输出特性如题 8 - 2（b）图所示，设 $U_{BE} = 0.7V$，①估算放大电路的静态工作点；②试用图解法求出放大电路的静态工作点。

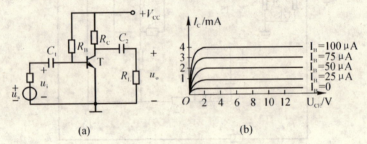

题 8 - 2 图

8—3　图 8—2 中，如果测量得 $U_{CE} \approx U_{CC}$，则放大电路工作在什么状态？应如何调节 $R_B$ 才能使三极管工作在放大状态；如果测得 $U_{CE} \approx 0V$，三极管又工作在什么状态？应如何调节 $R_B$ 使三极管工作在放大状态。

8—4　图 8—2 中，若 $V_{CC} = 12V$，$R_C = 2k\Omega$，$R_B = 300k\Omega$，三极管的电流放大系数 $\beta = 40$，设 $U_{BE} = 0.7V$，①画出放大电路的直流通路，估算静态工作点；②画出放大电路的交流通路和交流微变等效电路，求出电压放大倍数、输入电阻和输出电阻。

8—5　分析题 8—5 图所示各电路，能否实现对交流信号的放大（电容容抗可忽略）。

8—6　题 8—6 图所示放大电路，已知图中 $R_{B1} = 10k\Omega$，$R_{B2} = 2.5k\Omega$，$R_C = 2k\Omega$，$R_E = 750\Omega$，$R_L = 1.5 k\Omega$，$V_{CC} = 15V$，$\beta = 150$。设 $C_1$、$C_2$、$C_3$ 交流容抗可忽略，试用交流微变等效电路分析法计算电路的电压放大倍数，输入电阻 $r_i$ 和输出电阻 $r_o$。

8—7　题 8 - 7 图所示射极跟随器中，$R_B = 75 k\Omega$，$R_E = R_S = R_L = 1k\Omega$，三极管 $\beta = 50$，$r_{be} = 600\Omega$，求输入电阻 $r_i$ 和输出电阻 $r_o$、电压放大倍数 $A_u$。

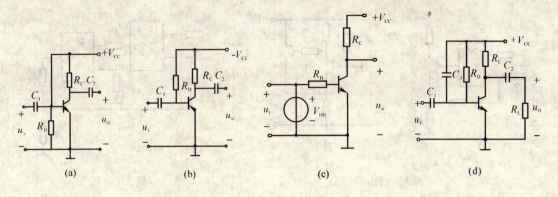

(a)　　　　　(b)　　　　　(c)　　　　　(d)

题 8 – 5 图

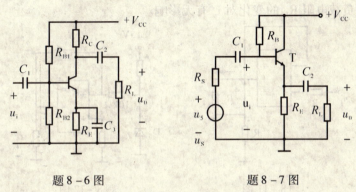

题 8 – 6 图　　　　　　　　题 8 – 7 图

8—8　判断题 8—8 图所示电路中的各反馈环节，判断是正反馈还是负反馈，对于负反馈，判断其反馈方式。

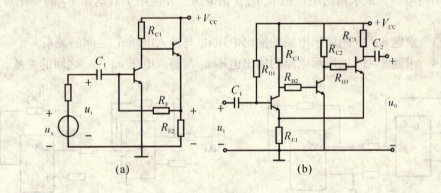

(a)　　　　　　　　　　(b)

题 8 – 8 图

8—9　判断题 8—9 图所示电路中的各反馈环节，判断是正反馈还是负反馈，对于负反馈，判断其反馈方式。

8—10　判断题 8—10 图所示电路的反馈类型，并求出闭环电压放大倍数 $A_{uf}$。

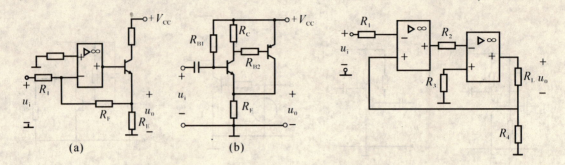

(a) (b)

题 8-9 图 题 8-10 图

8—11 题 8-11 图所示电压—电流变换电路，试求出输出电流 $i_o$ 与输入电压 $u_i$ 之间的关系，并说明负载电阻 $R_L$ 的变化对 $i_o$ 有无影响。

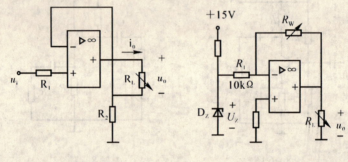

题 8-11 图 题 8-12 图

8—12 题 8—12 图所示电路中，稳压管的稳定电压 $U_Z = 6V$，电位器 $R_W$ 的阻值在 0 ~ 10kΩ 范围内可调，试求输出电压的 $u_o$ 的变化范围，并说明负载电阻 $R_L$ 的变化对 $u_o$ 有无影响。

8—13 求题 8-13 图所示电路的输出电压 $u_o$ 与输入电压 $u_i$ 之间的关系。

8—14 求题 8-14 图所示电路的输出电压 $u_o$ 与输入电压 $u_{i1}$、$u_{o2}$ 之间的关系。

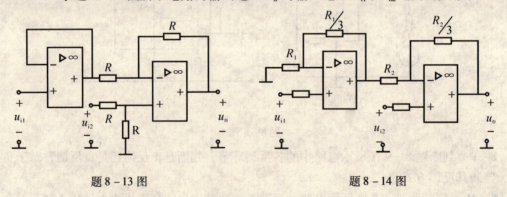

题 8-13 图 题 8-14 图

# 阅读与应用

## 模拟电子系统的设计流程

模拟电子系统的设计流程如图 8-44 所示。

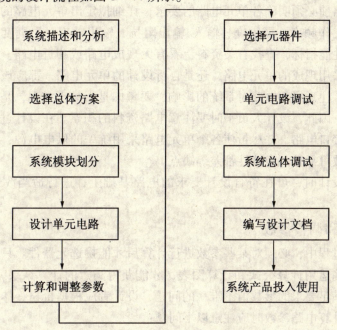

图 8-44　模拟电子系统设计流程图

由于模拟电路的种类繁多，设计的步骤将有所差异，因此图中所列各环节往往需要交叉进行，甚至出现多次反复。

### （一）系统描述和分析

一般设计题目给出的是系统功能要求和重要技术指标，这些是电子系统的基本出发点。但仅凭题目所给出的要求还不能进行设计，设计人员必须对题目的各项要求进行分析，整理出系统和具体电路设计所需的更具体、更详细的功能要求和技术性能指标数据，这些数据才是进行电子系统设计的原始依据。同时通过对设计题目的分析，设计人员还可以更深入了解所要设计的系统基本特性。

### （二）选择总体方案

总体方案的拟定主要针对设计的任务、要求和条件，根据所掌握的知识和资料，从全局出发，明确总体功能和各部分功能，并画出一个能表示各单元功能和总体工作原理的框图。通常符合要求的总体方案不止一个，设计者应仔细分析每个方案的可行性和优缺点，并从设计的合理性以及技术的先进性、系统的可靠性和经济型等方面反复比较，选出最佳方案。

### （三）系统模块划分

当总体方案明确后，应根据总体方案将系统划分若干个部分，并确定各部分的接口参数。如果某一部分的规模仍较大，则需进一步划分。划分后的各个部分的规模大小应合适，便于进行电路级的设计。

### （四）设计单元电路

设计单元电路前必须明确各单元电路的要求，详细拟定出单元电路的性能指标，主要包括电源电压、工作频率、灵敏度、输入/输出阻抗、输出功率、失真度、波形显示方式等。根据功能和性能指标，查找有关资料，看有无现成电路或相近电路。若没有，则需自行设计。不论是采用现成的单元电路，还是自行设计的单元电路，都应该注意各单元电路之间的配合问题，注意局部电路对系统的影响，要考虑是否易于实现，是否易于检测，以及性价比等问题。因此，设计人员平时要注意电路资料的积累。在设计过程中，尽量少用或不用电平转换接口电路，并尽量使各个单元电路采用统一的供电电源，以免造成总体电路的复杂，并导致可靠性、经济性都差等缺点。

另外，具体设计时，可在符合设计要求的电路基础上，进行适当改进或进行创新性设计。

### （五）计算和调整参数

在电路设计过程中，必须对某些参数进行计算后才能挑选元器件。只有深刻理解电路的工作原理，正确运用计算公式和计算图表，才能获得满意的计算结果。在设计计算时，常会出现理论上满足要求的参数值不唯一的问题，设计者应根据价格、体积和货源等具体情况进行选择。计算电路参数时应注意以下问题：

（1）各元器件的工作电流、电压和功耗等应符合要求，并留有适当余量。

（2）对于元器件的极限参数必须留有足够余量，一般应大于额定值的 1.5 倍。

（3）对于环境温度、交流电网电压等工作条件应按最不利的情况考虑。

（4）电阻、电容的参数应选计算值附近的标称值。

（5）在保证电路达到功能指标要求的前提下，应尽量减小元件的品种、价格、体积、数量等。

### （六）选择元器件

根据所设计的元器件参数要求，选择电阻、电位器、电容、电感等元器件以及集成电路。所选集成电路应在功能、特性和工作条件等方面满足设计方案的要求，而且应考虑到封装形式。

### （七）单元电路调试

在调试单元电路时，应明确本部分的调试要求，按调试要求调试性能指标和观察波形。调试顺序按信号的流程进行，这样可以把前面调试过的输出信号作为后一级的输入信号，为最后的系统总体调试创造条件。通过单元电路的静态和动态调试，掌握必要的数据、波形、现象，然后对电路进行分析、判断，排除故障，最终完成调试要求。对于比较复杂的电路调试，最好是先制定一份实验设计，把要调试的内容、方法和步骤在实验设计中写清楚。

## （八）系统总体调试

系统总体调试应观察各单元连接后各级之间的信号关系。主要观察动态效果，检查电路性能和参数，分析测量的数据和波形是否符合设计要求，对发现的故障和问题及时采取处理措施。

系统总体调试时，应先调基本指标，后调影响质量的指标，先调独立环节，后调有影响的环节，直到满足系统的各项技术指标为止。

## （九）编写设计文档

实际上，从设计的第一步就要编写设计文档。设计文档的组织应当符合系统化、层次化和结构化的要求。设计文档的语句应该条理分明、简洁、明白，设计文档所用的单位、符号以及设计文档的图纸均应符合国家标准。设计文档的具体内容与设计步骤是相对应的，即：

- 系统设计任务和分析
- 方案选择与可行性论证
- 单元电路的设计、参数计算和元器件选择
- 参考资料目录

总结报告是在组装与调试之后开始编写的，是整个设计工作的总结，其内容应包括：

（1）设计工作的进程记录。

（2）原始设计修改部分的说明。

（3）实际电路图、实物图、实用程序清单等。

（4）功能与指标测试结果（含使用的测试仪器型号与规格）。

（5）系统的操作使用说明。

（6）存在的问题及改进意见等。

## （十）系统产品投入使用。

经过上述步骤，一件作品或产品就完成，可以投入使用，但系统的性能还需要在实际应用中检验。如果系统存在问题，则在时间和经费允许的条件下，应按上述步骤重新设计和调试。

# 第九章　数字电路基础

在电子技术领域里，随着晶体管的出现，数字电路迅速发展起来。数字逻辑电路几乎应用于每一种电子设备或电子系统中，在计算机、数字通讯、测量仪表、音响系统、视频记录设备、自动控制及卫星通信系统等学科领域，无一不用到数字电路。

本章主要介绍数字逻辑电路的基本知识。首先扼要地介绍数字电路的基本概念、逻辑代数的基本公式、重要定理，应用这些公式和定理化简逻辑函数，以此作为分析数字电路的基础，再从分立元件的门电路开始，介绍基本门电路的工作原理和集成门电路的逻辑功能和特点。

## 第一节　概述

### 一、数字电路特点

客观世界有多种多样的物理量，它们的性质各异，但就其变化规律的特点而言基本分为两大类：数字量和模拟量。其中一类物理量的变化在时间上和数量上都是离散的，即它们的变化在时间上是不连续的，这一类物理量叫做数字量，把表示数字量的信号叫数字信号；另一类物理量的变化在时间上或数值上是连续的，这一类物理量叫做模拟量，把表示模拟量的信号叫做模拟信号。

电子电路按其处理的不同信号通常可分为模拟电子电路及数字电子电路两大类，简称模拟电路及数字电路。

数字电路及其组成器件是构成各种数字电子系统的基础，数字电路的主要研究对象是电路的输出与输入之间的逻辑关系，因而所采用的分析工具是逻辑代数，表达电路功能主要采用功能表、真值表、逻辑表达式及波形图。

### 二、常见脉冲信号波形及参数

#### （一）常见的脉冲信号

脉冲信号波形有多种，最常见的有矩形波、锯齿波、尖顶波等，如图 9 - 1 所示。其中，矩形脉冲信号是应用最广泛的一种脉冲信号，有正脉动冲和负脉冲之分。脉冲变化后的值比初始值高，称为正脉冲；反之，则称为负脉冲。

#### （二）脉冲信号波形的常用参数

以图 9 - 2 中的矩形波为例，说明脉冲信号波形的主要参数。

1. 脉冲幅度 $U_m$：脉冲电压波形变化的最大值。

2. 脉冲周期 $T$：周期性脉冲信号中，相邻两个脉冲波形对应点之间的时间间隔称为脉冲周期，它的倒数即是脉冲信号的频率 $f$。

3. 脉冲频率 $f$：周期性脉冲信号中，每秒内出现的脉冲波形的次数即是脉冲频率。

4. 脉冲上升沿时间 $t_r$：脉冲波形从 $0.1U_m$ 上升到 $0.9U_m$ 所需时间。

5. 脉冲下降沿时间 $t_f$：脉冲波形从 $0.9U_m$ 下降到 $0.1U_m$ 所需时间。

6. 脉冲宽度 $t_w$：从脉冲上升沿 $0.5U_m$ 到脉冲下降沿 $0.5U_m$ 所需的时间，也称为脉冲持续时间。

7. 占空比 $k$：脉冲宽度 $t_w$ 与脉冲周期 $T$ 的比值，$k = \dfrac{t_w}{T}$，它反映的是脉冲波形的疏密。

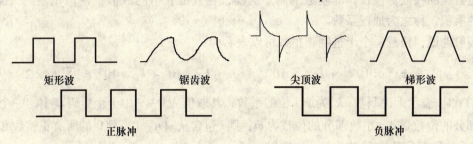

图 9-1　常见脉冲波形

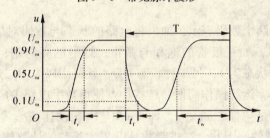

图 9-2　矩形波常用参数图

# 第二节　数制和码制

## 一、数制

在数字电路中经常遇到计数问题，人们在日常生活中习惯使用十进制数，而数字系统多采用二进制数。当用二进制的数字量表示物理量的大小时，仅用一位数码往往不够用，因此经常需要用进位计数的方法组成多位数码使用。我们把多位数码中每一位的构成方法以及从低位到高位的进位规则称为数制。在数字电路中经常使用的计数进制除了十进制之外，还经常使用二进制、八进制和十六进制。

### （一）十进制

十进制是人们十分熟悉的计数体制。它是用 0，1，2，3，…，9 十个数码按照一定的规律排列起来表示数值大小的，其计数规律是"逢十进一"，即 $9+1=10$。因此十进制数是以 10 为基数的计数体制。

例如，5275 这 4 位数，它可以写成

$$5275 = 5 \times 10^3 + 2 \times 10^2 + 7 \times 10^1 + 5 \times 10^0$$

从这个十进制数的表达式中，可以看出：

1. 每个数码处在不同的位置（数位）代表的数值是不同的，即使同样的数码在不同的位置代表的数值也不相同。如上式中，头尾两个数码都是"5"，但右边第一位的"5"表示数值5，而左边第一位的5则表示数值5000。

2. 十进制的计数规律是"逢十进一"。因此，右边第一位为个位，记作$10^0$；第二位为十位，记位$10^1$；第三、四位为百位和千位，记作$10^2$、$10^3$。通常把$10^0$、$10^1$、$10^2$、$10^3$称为对应数位的权或称位权，即基数的幂。这样，各数位表示的数值就是该位数码（系数）与权的乘积，称之为加权系数。

一般地说，任意一个十进制正整数可以表示为：

$$[N]_{10} = k_{n-1} \times 10^{n-1} + k_{n-2} \times 10^{n-2} + \cdots + k_1 \times 10^1 + k_0 \times 10^0 = \sum_{i=0}^{n-1} k_i \times 2^i \quad (9-1)$$

式中，$[N]_{10}$ 表示十进制数，$k_i$ 为第 $i$ 位的系数，其取值为 $0 \sim 9$ 中十个数码其中的一个。若整数部分的位数是 $n$，小数部分的位数为 $m$，则 $i$ 包含从 $(n-1)$ 到0的所有正整数和从 $-1$ 到 $-m$ 的所有负整数。$10^i$ 为第 $i$ 位的权。

### （二）二进制

二进制只用0和1两个数码表示。如果将电路的状态与数码对应起来，那么能够区分两种状态的器件就很多，如三极管的饱和与截止；灯泡的亮与暗；开关的接通与断开等等。只要规定其中一种状态为1，另一种状态为0，就可用以表示二进制数了。并且，二进制的基本运算规则简单，运算操作简便，这些特点使得数字电路中广泛采用二进制。

二进制的计数规律是"逢二进一"，即 $1 + 1 = 10$（读作"壹零"），它和十进制数的"10"（拾）是完全不同的，因此，二进制数是以2为基数的计数体制。例如，4位二进制数1001，可以表示成

$$[1001]_2 = \left[ 1 \times 2^3 + 0 \times 2^2 + 1 \times 2^1 + 1 \times 2^0 \right]_{10}$$

可以看到，不同数位的数码所代表的数值也不相同，在4位二进制数中，各相应位的权为 $2^0$、$2^1$、$2^2$、$2^3$，和十进制数的表示方法相仿，n位二进制正整数可表示为

$$[N]_2 = k_{n-1} \times 2^{n-1} + k_{n-2} \times 2^{n-2} + \cdots k_1 \times 2^1 + k_0 \times 2^0 = \sum_{i=0}^{n-1} k_i \times 2^i \quad (9-2)$$

式中 $[N]_2$ 表示二进制数，$k_i$ 表示 $i$ 位的系数，只取0或1中的任意一个数码，$2^i$ 为第 $i$ 位的权。

### （三）八进制

八进制数用0，1，2…，7八个数码表示，基数为8。计数规律是"逢八进一"，即7十1＝10（表示八进制数8），其各数位的权为 $8^{n-1}$，$\cdots 8^2$，$8^1$，$8^0$。n位八进制数的正整数同样可以按权展开，可表示为

$$[N]_8 = k_{n-1} \times 8^{n-1} + k_{n-2} \times 8^{n-2} + \cdots k_1 \times 8^1 + k_0 \times 8^0 = \sum_{i=0}^{n-1} k_i \times 8^i \quad (9-3)$$

### （四）十六进制

在十六进制中，用十六个数字符号表示，基数为16。这十六个数字符号为0、1、2、3、…、9、A、B、C、D、E、F，其中 $10 \sim 15$ 用字母 A～F 表示，对应为

$$(A \quad B \quad C \quad D \quad E \quad F)_{16}$$
$$\downarrow \quad \downarrow \quad \downarrow \quad \downarrow \quad \downarrow \quad \downarrow$$
$$(10 \quad 11 \quad 12 \quad 13 \quad 14 \quad 15)_{10}$$

十六进制的计数规律是"逢十六进一"，即 F+1＝10（表示十六进制数的"16"）。n 位十六进制正整数 $[N]_{16}$ 按位权展开，可表示为

$$[N]_{16} = k_{n-1} \times 16^{n-1} + k_{n-2} \times 16^{n-2} + \cdots k_1 \times 16^1 + k_0 \times 16^0 = \sum_{i=0}^{n-1} k_i \times 16^i \quad (9-4)$$

用八进制、十六进制表示的数学位数少，且书写比较方便。常用的数制对照表如表 9-1 所示。

表 9-1　常用数制对照表

| 十进制 | 二进制 | 八进制 | 十六进制 | 十进制 | 二进制 | 八进制 | 十六进制 |
|---|---|---|---|---|---|---|---|
| 0 | 0000 | 0 | 0 | 13 | 1101 | 15 | D |
| 1 | 0001 | 1 | 1 | 14 | 1110 | 16 | E |
| 2 | 0010 | 2 | 2 | 15 | 1111 | 17 | F |
| 3 | 0011 | 3 | 3 | 16 | 10000 | 20 | 10 |
| 4 | 0100 | 4 | 4 | 17 | 10001 | 21 | 11 |
| 5 | 0101 | 5 | 5 | 18 | 10010 | 22 | 12 |
| 6 | 0110 | 6 | 6 | 19 | 10011 | 23 | 13 |
| 7 | 0111 | 7 | 7 | 20 | 10100 | 24 | 14 |
| 8 | 1000 | 10 | 8 | 32 | 100000 | 40 | 20 |
| 9 | 1001 | 11 | 9 | 64 | 1000000 | 100 | 40 |
| 10 | 1010 | 12 | A | 127 | 1111111 | 177 | 7F |
| 11 | 1011 | 13 | B | 255 | 11111111 | 377 | FF |
| 12 | 1100 | 14 | C | | | | |

## （五）数制转换

### 1. 二进制、八进制、十六进制数转换为十进制数

只要将二进制、八进制、十六进制数按公式（9-2）、（9-3）、（9-4）所示，将对应数按各位权值展开，并把各数位的加权系数相加，即得相应的十进制数。

### 2. 十进制整数转换为二进制、八进制、十六进制数

将十进制整数转换为二进制数可以采用除 2 取余法。

**例 9-1**　将十进制数 $[157]_{10}$ 转换为二进制数。

解：
| 2 | 157 | 余 1 | 即 $k_0=1$ | 低位 |
| 2 | 78 | 余 0 | 即 $k_1=0$ | |
| 2 | 39 | 余 1 | 即 $k_2=1$ | |
| 2 | 19 | 余 1 | 即 $k_3=1$ | |
| 2 | 9 | 余 1 | 即 $k_4=1$ | |
| 2 | 4 | 余 0 | 即 $k_5=0$ | |
| 2 | 2 | 余 0 | 即 $k_6=0$ | |
| 2 | 1 | 余 1 | 即 $k_7=1$ | 高位 |
| | 0 | | | |

即：$[157]_{10} = [k_7k_6k_5k_4k_3k_2k_1k_0]_2 = [10011101]_2$

如果要将十进制数转换为八进制、十六进制数，可以采用除 R 取余法，R 为进位制。

**例 9-2** 将 $[157]_{10}$ 转换为八进制数。

解：

| 8 | 157 | 余 5 | 即 $k_0=5$ | 低位 |
| 8 | 19 | 余 3 | 即 $k_1=3$ | |
| 8 | 2 | 余 2 | 即 $k_2=2$ | 高位 |
| | 0 | | | |

即：$[157]_{10} = [k_2k_1k_0]_8 = [235]_8$

**例 9-3** 将 $[157]_{10}$ 转换为十六进制数。

解：

| 16 | 157 | 余 13 | 即 $k_0=D$ | 低位 |
| 16 | 19 | 余 9 | 即 $k_1=9$ | 高位 |
| | 0 | | | |

即：$[157]_{10} = [9D]_{16}$

### 3. 二进制与八进制的相互转换

（1）将二进制数转换为八进制数方法：将二进制数转换为八进制数时，可以从最低位开始依次向最高位方向，连续每 3 位分成一组，每组都对应转换为 1 位八进制数。若最后一组不够 3 位，则在高位添 0 补足 3 位为一组。

**例 9-4** 将二进制数 $[10011101]_2$ 转换为八进制数。

二进制数 10，011，101 每 3 位为一组

↓ ↓ ↓

010      最高位可补 0

八进制数 2  3  5

即：$[10011101]_2 = [235]_8$

（2）将八进制数转换为二进制数方法：将八进制数的每一位，用对应的 3 位二进制数来表示。

**例 9-5** 将八进制数 $[235]_8$ 转换为二进制数。

解：八进制数    2   3   5

↓    ↓    ↓

二进制数    010   011   101

即：$[235]_8 = [10011101]_2$（高位 0 可去掉）

### 4. 二进制与十六进制之间的转换

（1）将二进制数转换为十六进制数方法：将二进制数从最低位开始向高位方向，连续每 4 位分成一组，每组对应转换为 1 位十六进制数。若最后一组不够 4 位，则在高位添 0 补足 4 位为一组。

**例 9-6** 将 $[10011101]_2$ 转换为十六进制数。

解：二进制数    1001，1101

↓    ↓

　　　十六进制数　　　　9　　　　D

即：$[100111101]_2 = [9D]_{16}$

（2）将十六进制数转换为二进制数方法：将十六进制数的每一位，用对应的四位二进制数来表示。

**例9-7**　将$[9D]_{16}$转换为二进制数。

解：十六进制数……　9　　　　D

　　　　　　　　　　↓　　　　↓

　　　二进制数……　1001　1101

即：$[9D]_{16} = [100111101]_2$

### （六）码制

数字系统中的各种文字、符号信息往往采用一定位数的二进制数码来表示，通常称这种二进制码为代码。建立这种代码与文字、符号或是特定对象之间一一对应关系的过程，就称为编码。在数字电路中常使用二一十进制编码。所谓二一十进制编码，是指用4位二进制数来表示十进制数中的0～9的十个数码，简称为BCD码。由于4位二进制数码可以表示16种不同的组合状态，用以表示1位十进制数（只有0～9十个数码）时，只需选择其中的10个状态的组合，其余6种的组合是无效的。因此，按选取方式的不同，可以得到不同的二一十进制编码。在二一十进制编码中，一般分为有权码和无权码两大类。例如8421BCD码是一种最基本的，应用十分普遍的BCD码。它是一种有权码，8421就是指这种编码中各位的权分别为8、4、2、1。属于有权码的还有2421BCD码、5421BCD码等，而余3码、格雷码则是无权码。对于有权码来说，由于各位均有固定的权，因此二进制数码所表示的十进制数值就容易识别。而无权码是相邻的两个码组之间仅有一位不同，因而常用于模拟量的转换中。

# 第三节　逻辑代数的基本知识

在数字电路中，利用输入信号来反映"条件"，用输出信号来反映"结果"，从而输入、输出之间就存在一定的因果关系，我们把它称为逻辑关系。它可以用逻辑表达式来描述，所以数字电路又称为逻辑电路。

逻辑代数就是用以描述逻辑关系、反映逻辑变量运算规律的数学，它是按一定逻辑规律进行运算的。虽然逻辑代数中的逻辑变量也和普通代数一样，都是用字母 A、B、C、…、X、Y、Z 来表示，但逻辑代数中的变量取值只有 0 和 1，因而要比普通代数简单得多，而且这里的 0 和 1 并不表示具体的数量大小，而是表示两种相互对立的逻辑状态。例如，可以用 1 来表示开关接通，用 0 表示开关的关断；用 1 表示灯亮，用 0 表示灯暗；用 1 表示高电平，用 0 表示低电平等等，这是与普通代数明显的区别之一。本节将在介绍逻辑代数基本概念、基本运算、基本公式和常用公式的基础上，讲述逻辑函数常用的表示方式以及逻辑函数的公式化简方法。

## 一、基本逻辑及运算

逻辑代数中，最基本的逻辑关系有三种，即：与逻辑、或逻辑、非逻辑。相应的有三种基本逻辑运算，即：与运算、或运算、非运算。用以实现上述逻辑关系的电路也有三种，即：与门电路、或门电路和非门电路。

## （一）基本逻辑

### 1. 与逻辑

如图9-3所示电路中，只有开关A与开关B都闭合，灯才亮，其中只要有一个断开灯就灭。如果以开关闭合作为条件，灯亮作为结果，图9-3所示电路表示了这样一种因果关系："只有当决定某一种结果（如灯亮）的所有条件（如开关A与B同时闭合）都具备时，这个结果才能发生。"这种因果关系就称为与逻辑关系，简称为与逻辑。在数字电路中用来表示与逻辑的国际标准符号如图9-3所示。若以A、B表示开关状态，并以1表示开关闭合，以0表示开关断开，以Y表示指示灯的状态，以1表示灯亮，以0表示不亮，则可以做出用0、1表示的与逻辑关系，如表9-2所示。

表9-2　用0、1表示的与逻辑关系

| A | B | Y |
|---|---|---|
| 0 | 0 | 0 |
| 0 | 1 | 0 |
| 1 | 0 | 0 |
| 1 | 1 | 1 |

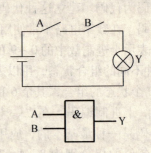

图9-3　与逻辑关系的电路与符号

### 2. 或逻辑

如图9-4所示电路中，开关A或开关B只要有一个闭合，灯就亮。同样，以开关闭合为条件，灯亮为结果，图9-4所示电路所表达的逻辑关系是："当决定某一种结果（如灯亮）的几个条件（如开关A或B闭合）中，只要有一个或一个以上的条件具备，这种结果（灯亮）就发生"，这种条件和结果的关系，就称为或逻辑关系，简称为或逻辑。在数字电路中用来表示或逻辑的国际标准符号如图9-4所示，如表9-3所示用0、1表示的或逻辑关系。

表9-3　用0、1表示的或逻辑关系

| A | B | Y |
|---|---|---|
| 0 | 0 | 0 |
| 0 | 1 | 1 |
| 1 | 0 | 1 |
| 1 | 1 | 1 |

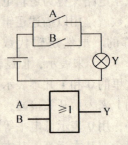

图9-4　或逻辑关系的电路与符号

### 3. 非逻辑

如图9-5所示电路图中，当开关A闭合时，灯不亮；当开关A断开时，灯就亮。如果我们仍以开关闭合为条件，灯亮为结果，则电路满足这样一种因果关系："对于决定某一种结果（灯亮）来说，总是和条件（开关 A 闭合）相反。"它表明只要条件具备了，结果便不发生；而条件不具备时，结果一定发生。这种因果关系，称为非逻辑关系，简称为非逻辑或逻辑非。在数字电路中用来表示非逻辑的国际标准符号如图9-5所示。可以列出用 0、1 表示的非逻辑关系，如表9-4所示。

**表9-4　用0、1表示的非逻辑关系**

| A | B | Y |
|---|---|---|
| 0 | 0 | 0 |
| 0 | 1 | 0 |

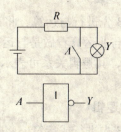

图9-5　非逻辑关系的电路与符号

## （二）逻辑表达式

在逻辑代数中，把与、或、非看做是逻辑变量 A、B 间的三种最基本的逻辑运算，并以"·"表示与运算，以"+"表示或运算，以变量上边的"-"表示非运算。因此，A 和 B 进行与逻辑运算可写成

$$Y = A \cdot B = AB \tag{9-5}$$

由于与运算和普通代数中的乘法相似，所以与运算又称为逻辑乘。

A 和 B 进行或逻辑运算时可写成

$$Y = A + B \tag{9-6}$$

由于或运算和普通代数中加法相似，所以或运算又称逻辑加。

A 和 B 进行非逻辑运算时可写成

$$Y = \overline{A} \tag{9-7}$$

其中变量 A 上面的横号，读作"非"或"反"，即 $\overline{A}$ 读作"A 非"或"A 反"。

## （三）逻辑运算规则

根据用 0、1 表示的三种基本逻辑关系、逻辑运算和表达式形式，可得到与、或、非的三种常量基本运算规则，如表9-5所示。

**表9-5　与、或、非三种常量基本运算规则**

| 与运算 | 或运算 | 非运算 |
|---|---|---|
| $0 \cdot 0 = 0$ | $0 + 0 = 0$ | $\overline{0} = 1$ |
| $0 \cdot 1 = 0$ | $0 + 1 = 1$ | |
| $1 \cdot 0 = 0$ | $1 + 0 = 1$ | $\overline{1} = 0$ |
| $1 \cdot 1 = 1$ | $1 + 1 = 1$ | |

由基本逻辑运算规则表明，逻辑加法和普通代数的加法运算并不完全相同。普通代数二进制加法 $1 + 1 = 10$，但逻辑加 $1 + 1 = 1$。其主要区别在于前者表示数量之和，而后者表示的却是当两个"条件"都满足时结果能实现的逻辑关系。

## 二、复合逻辑及运算

由与、或、非三种基本逻辑关系的组合，可以得到复合逻辑关系。

### （一）复合逻辑及表达式

#### 1. 与非逻辑

将 A、B 先进行与运算，将运算结果求反，最后得到的即 A、B 的与非运算结果。因此，可以把与非运算看做是与运算和非运算的组合。用 0、1 表示的与非逻辑关系如表 9-6（a）所示，其逻辑关系可表示为

$$Y = \overline{A \cdot B} = \overline{AB} \tag{9-8}$$

#### 2. 或非逻辑

将 A、B 先进行或运算，将运算结果求反，最后得到的即 A、B 的或非运算结果。因此，可以把或非运算看作是或运算和非运算的组合。用 0、1 表示的或非逻辑关系如表 9-6（b）所示，其逻辑关系可表示为

$$Y = \overline{A + B} \tag{9-9}$$

#### 3. 与或非逻辑

在与或非逻辑中，A、B 之间以及 C、D 之间都是与的关系，只要 A、B 或 C、D 在任何一组同时为 1，输出 Y 就是 0。只有当每一组输入都不全是 1 时，输出 Y 才是 1，其逻辑关系可表示为

$$Y = \overline{AB + CD} \tag{9-10}$$

#### 4. 异或逻辑

逻辑函数表达式 $Y = \overline{A}B + A\overline{B}$，是数字电路中经常用到的一种逻辑关系，称为异或逻辑。用 0、1 表示的异或逻辑关系也可以表示为

$$Y = A \oplus B = \overline{A}B + A\overline{B} \tag{9-11}$$

其中 ⊕ 号表示异或运算，用 0、1 表示的异或逻辑关系如表 9-6（c）所示。

#### 5. 同或逻辑

逻辑函数表达式 $Y = \overline{A}\,\overline{B} + AB$，是数字电路中经常用到的一种逻辑关系，称为同或逻辑，表示为

$$Y = A \odot B = AB + \overline{A}\,\overline{B} \tag{9-12}$$

其中 ⊙ 号表示同或运算。异或和同或互为反运算，即 $Y = A \oplus B = A \odot B$，$A \odot B = \overline{A \oplus B}$。用 0、1 表示的同或逻辑关系如表 9-6（d）所示。

**表 9-6　用 0、1 表示的复合逻辑关系**

| A | B | Y |
|---|---|---|
| 0 | 0 | 1 |
| 0 | 1 | 1 |
| 1 | 0 | 1 |
| 1 | 1 | 0 |

（a）与非逻辑

| A | B | Y |
|---|---|---|
| 0 | 0 | 1 |
| 0 | 1 | 0 |
| 1 | 0 | 0 |
| 1 | 1 | 0 |

（b）或非逻辑

| A | B | Y |
|---|---|---|
| 0 | 0 | 1 |
| 0 | 1 | 0 |
| 1 | 0 | 1 |
| 1 | 1 | 1 |

（c）异或逻辑

| A | B | Y |
|---|---|---|
| 0 | 0 | 0 |
| 0 | 1 | 1 |
| 1 | 0 | 1 |
| 1 | 1 | 0 |

（d）同或逻辑

### （二）复合逻辑运算规则

复合逻辑运算规则如表 9 – 7 所示。

**表 9 – 7　复合逻辑运算规则**

| 与非运算 | 或非运算 | 异或运算 | 同或运算 |
|---|---|---|---|
| $\overline{0 \cdot 0} = 1$ | $\overline{0 + 0} = 1$ | $0 \oplus 0 = 0$ | $0 \odot 0 = 1$ |
| $\overline{0 \cdot 1} = 1$ | $\overline{0 + 1} = 0$ | $0 \oplus 1 = 1$ | $0 \odot 1 = 0$ |
| $\overline{1 \cdot 0} = 1$ | $\overline{1 + 0} = 0$ | $1 \oplus 0 = 1$ | $1 \odot 0 = 0$ |
| $\overline{1 \cdot 1} = 0$ | $\overline{1 + 1} = 0$ | $1 \oplus 1 = 0$ | $1 \odot 1 = 1$ |

## 三、逻辑运算的基本定律及常用公式

### （一）逻辑运算的表示方式

若以逻辑变量作为输入，以运算结果作为输出，那么当输入变量的取值确定之后，输出的取值便随之而定。因此，输出与输入之间是一种函数关系，这种函数关系称为逻辑函数。常用的逻辑函数表示方法有逻辑真值表、逻辑函数式、逻辑图、卡诺图和波形图等。它们各有特点，而且可以相互转换。

#### 1. 逻辑表达式

逻辑表达式是用各变量之间的与、或、非等运算符号组合来表示逻辑函数的。它是一种代数式表示法，逻辑表达式可以通过如下两种方法列出：

（1）由已知的真值表，写出逻辑表达式。

（2）由实际逻辑问题直接写出逻辑表达式。这种方法的主要优点是形式简单，书写方便，又能利用逻辑代数公式进行化简。

#### 2. 真值表

真值表是将逻辑函数的输入变量取值组合与输出变量值之间的对应关系，以数字表格的形式来表示。真值表的主要优点是能够直观、明了地反映变量取值和函数值之间的对应关系，而且从实际的逻辑问题列写真值表也比较容易。主要缺点是变量多时，列写真值表比较繁琐，而且不能运用逻辑代数公式进行函数的化简。

**例 9 – 8**　列出逻辑函数 $Y = \overline{A}BC + A\,\overline{B}\,\overline{C} + ABC$ 的真值表。

解：（1）根据变量个数列出真值表，3 个变量共有 8 种不同的取值组合。

（2）把不同的取值组合分别代入函数表达式中进行计算。在列真值表时，给变量赋值，仅有 0、1 两种取值。$n$ 个变量共有 $2^n$ 种不同的取值，为了不漏掉任意一组合，将它们按照二进制递增顺序排列起来，同时在相应位置上写出函数的值。真值表结果如表 9 – 8 所示。

#### 3. 逻辑图

逻辑图就是用若干基本逻辑符号连接构成的图。由于图中的逻辑符号通常都是和电路器件相对应，因此逻辑图也叫逻辑电路图。以下通过举例说明逻辑函数和逻辑图之间如何相互转换。

**例 9 - 9** 试画出函数 $Y = \overline{A}B + A\overline{B}$ 的逻辑图。

解：反变量 $\overline{A}$、$\overline{B}$ 可通过非门求反后取得。$\overline{A}B$、$A\overline{B}$ 这两个乘积项（或称与项）可用与门实现，它们之间是或运算，可用或门实现。因此，可画得图 9 - 6 所示的逻辑图。

表 9 - 8 ［例 9 - 8］的真值表

| A | B | C | Y |
|---|---|---|---|
| 0 | 0 | 0 | 0 |
| 0 | 0 | 1 | 1 |
| 0 | 1 | 0 | 0 |
| 0 | 1 | 1 | 0 |
| 1 | 0 | 0 | 1 |
| 1 | 0 | 1 | 0 |
| 1 | 1 | 0 | 0 |
| 1 | 1 | 1 | 1 |

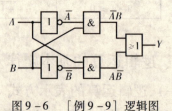

图 9 - 6 ［例 9 - 9］逻辑图

**4. 卡诺图**

卡诺图实际上是真值表的一种特定的图示形式。它是由若干个按一定规律排列起来的方块组成，也叫真值图。由于它在组成上的特点，使得卡诺图在简化逻辑函数时比较直观、容易掌握。而卡诺图又有真值表的特点，能反映所有变量取值下函数的对应值，因而应用很广。它的缺点在于变量增加后，用卡诺图表示逻辑函数将变得比较复杂，逻辑函数的简化也显得困难，本书不做详细讲解。

**5. 波形图**

若给出输入变量取值随时间变化的波形后，根据函数中变量之间的运算关系，就可以画出输出变量随时间变化的波形。这种反映输入和输出变量对应取值，随时间按照一定规律变化的图形，叫做波形图，也称为时序图。

**例 9 - 10** 已知变量 A、B 的输入波形如图 9 - 7 上两行所示，画出函数 $Y = AB$ 的输出波形图。结果如图 9 - 7 后一行所示。

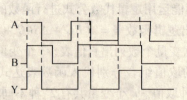

图 9 - 7 ［例 9 - 10］输入与输出波形图

## （二）逻辑代数的基本公式

在逻辑代数表达式化简中常用的基本公式如表 9 - 9 所示。

表9-9　逻辑代数的基本公式

| 公式 | 公式 | 公式 |
|---|---|---|
| $A \cdot 1 = A$ | $A \cdot B = B \cdot A$ | $A \cdot A = A$ |
| $A + 0 = A$ | $A + B = B + A$ | $A + A = A$ |
| $A \cdot 0 = 0$ | $(A \cdot B) \cdot C = A \cdot (B \cdot C)$ | $\overline{A \cdot B} = \overline{A} + \overline{B}$ |
| $A + 1 = 1$ | $(A + B) + C = A + (B + C)$ | $\overline{A + B} = \overline{A} \cdot \overline{B}$ |
| $A + \overline{A} = 1$ | $A \cdot (B + C) = A \cdot B + A \cdot C$ | $\overline{\overline{A}} = A$ |
| $A \cdot \overline{A} = 0$ | $A + B \cdot C = (A + B) \cdot (A + C)$ | |

## （三）几个常用的公式

利用基本公式和三项规则可以推导出一些常用公式，这些公式对于逻辑函数的简化是很有用的。

公式1

$$AB + A\overline{B} = A \qquad\qquad (9-13)$$

证明：

$$AB + A\overline{B} = A(B + \overline{B}) = A \cdot 1 = A$$

这说明在两个乘积项中，若分别包含有同一因子的原变量和反变量，而其他因子相同时，则两个乘积项相加可以合并为一项，并消去互为反变量的因子。

公式2

$$A + \overline{A}B = A + B \qquad\qquad (9-14)$$

证明：

$$A + \overline{A}B = (A + \overline{A})(A + B) = 1 \times (A + B) = A + B$$

这说明在一个与或表达式中，如果一个乘积项（A）的反（$\overline{A}$）是另一个乘积项（$\overline{A}B$）的因子，则这个因子（$\overline{A}$）是多余的。

公式3

$$A + AB = A \qquad\qquad (9-15)$$

证明：　　　　　　$A + AB = A(1 + B) = A$

这说明，在一个与或表达式中，如果某一个乘积项（A）是另一个乘积项（AB）的部分因子，则这另一个乘积项（AB）是多余的，可以将多余项（AB）去掉。

公式4

$$AB + \overline{A}C + BC = AB + \overline{A}C \qquad\qquad (9-16)$$

证明：

$$AB + \overline{A}C + BC = AB + \overline{A}C = AB + \overline{A}C + (A + \overline{A})BC = AB + \overline{A}C + ABC + \overline{A}BC$$

$$= AB(1 + C) + \overline{A}C(1 + B) = AB + \overline{A}C$$

这说明在与或表达式中，如果两个乘积项中，一个包含了原变量 A，另一个包含了反变量 $\overline{A}$，而这两项其余的因子（B 和 C）都是第三个乘积项（BC）的因子，则第三个乘积项是多余的，称为冗余项。

由此推论：

$$AB + \bar{A}C + BCD = AB + \bar{A}C$$

证明：

$$AB + \bar{A}C + BCD = AB + \bar{A}C + BC + BCD \,(\text{加上冗余项 } BC) = AB + \bar{A}C + BC = AB + \bar{A}C$$

公式 5

$$\overline{AB + A\bar{B}} = \bar{A}\bar{B} + AB \tag{9-17}$$

证明：

$$\overline{\bar{A}B + A\bar{B}} = \overline{\bar{A}B} \cdot \overline{A\bar{B}} = (A + \bar{B})(\bar{A} + B) = A\bar{A} + AB + \bar{A}\bar{B} + B\bar{B} = \bar{A}\bar{B} + AB$$

此式表明：

$$\bar{A}B + A\bar{B} = A \oplus B\,(\text{异或逻辑关系})$$

$$\bar{A}\bar{B} + AB = A \odot B\,(\text{同或逻辑关系})$$

表达式有如下关系：$\overline{A \oplus B} = A \odot B$，即异或非等于同或。

公式 6

$$\overline{AB + \bar{A}C} = A\bar{B} + \bar{A}\bar{C} \tag{9-18}$$

证明：

$$\overline{AB + \bar{A}C} = \overline{AB}\,\overline{\bar{A}C} = (\bar{A} + \bar{B})(A + \bar{C})$$
$$= A\bar{A} + \bar{A}\bar{C} + A\bar{B} + \bar{B}\bar{C} = A\bar{B} + \bar{A}\bar{C}$$

## （四）逻辑代数的基本定理

### 1. 代入定理

在任何一个逻辑等式中，如果将等式两边的某一变量都代之以一个逻辑函数，则等式仍然成立，这就是代入定理。

**例 9-11** 用代入定理证明摩根定理也适用于多变量的情况。

解：已知二变量的摩根定理为

$$\overline{A + B} = \bar{A} \cdot \bar{B} \text{ 及 } \overline{A \cdot B} = \bar{A} + \bar{B}$$

以（B + C）代入左边等式中的 B 位置，同时以（B·C）代入右边等式中 B 的位置，得到

$$\overline{A + (B + C)} = \bar{A} \cdot \overline{(B + C)} = \bar{A} \cdot \bar{B} \cdot \bar{C}$$
$$\overline{A \cdot (B \cdot C)} = \bar{A} + \overline{(B \cdot C)} = \bar{A} + \bar{B} + \bar{C}$$

在对复杂的逻辑式进行运算时，仍需遵守与普通代数一样的运算优先顺序。

### 2. 反演定理

要求一个逻辑函数 Y 的反函数 $\bar{Y}$ 时，只要将逻辑函数 Y 中所有"·"换成"+"，"十"换成"·"；"0"换成"1"，"1"换成"0"；原变量换成反变量，反变量换成原变量，所得到的逻辑函数式就是逻辑函数 Y 的反函数 $\bar{Y}$。

**例 9-12** 已知 $Y = A(B + C) + CD$，求 $\bar{Y}$。

解：根据反演定理可得

$$\bar{Y} = (\bar{A} + \bar{B}\bar{C})(\bar{C} + \bar{D}) = \bar{A}\bar{C} + \bar{B}\bar{C} + \bar{A}\bar{D} + \bar{B}\bar{C}\bar{D} = \bar{A}\bar{C} + \bar{B}\bar{D} + \bar{A}\bar{D}$$

若利用基本公式和常用公式进行运算，也能得到同样的结果，但是要麻烦得多。

### 3. 对偶定理

如果将一个逻辑函数 Y 中的"·"变换为"+";"+"换成"·";"o"换成"1", "1"换成"o",所得到的就是逻辑函数 Y 的对偶式,记作 $Y'$,这就是对偶规则。若两逻辑式相等,则它们的对偶式也相等。例如,若 $Y = A(B + C)$,则 $Y' = A + BC$;若 $Y = \overline{AB + CD}$,则 $Y' = \overline{(A + B)(C + D)}$。

## 四、逻辑表达式的化简

在进行逻辑运算时常会看到,同一个逻辑函数可以写成不同的逻辑式,而这些逻辑式的繁简程度又相差甚远。逻辑表达式越是简单,它所表示的逻辑关系越明显,同时也有利于用最少的电子器件实现这个逻辑函数。因此,经常需要通过化简的手段找出逻辑函数的最简形式。化简逻辑函数的目的就是要消去多余的乘积项和每个乘积项中多余的因子,以得到逻辑函数的最简形式。通常有公式化简法和卡诺图化简法,本节主要介绍使用公式法进行逻辑函数的化简。

公式化简法的原理就是反复使用逻辑代数的基本公式和常用公式消去函数式中多余的乘积项和多余的因子,以得到函数式的最简形式。

### (一) 最简的概念

#### 1. 化简逻辑函数的意义

通常直接根据实际逻辑问题而归纳出来的逻辑函数及其对应的逻辑电路往往并非最简,因此,有必要对逻辑函数进行化简。

例如,逻辑函数 $Y = \overline{A}\,\overline{B}\,\overline{C} + \overline{A}B\overline{C} + \overline{A}BC + A\overline{B}\,\overline{C} + A\overline{B}C$ 若经过化简,则可简化为 $Y = \overline{B} + \overline{A}C$。将这两个逻辑函数式分别画出相应的逻辑图,如图 9-8 和图 9-9 所示,可以看出,经过化简的逻辑函数式对应的逻辑图简单。若用器件来组成电路,那么简化后的电路所用器件较少,输入端引线也少,既经济又可使电路的可靠性得到提高。因此,逻辑函数化简是逻辑电路设计中十分必要的环节。

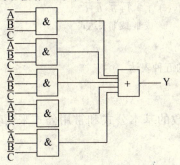

图 9-8 逻辑简化前逻辑图

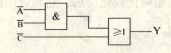

图 9-9 逻辑简化后的逻辑图

#### 2. 最简的与或表达式

对于给定的逻辑函数,其真值表是唯一的,但是描述同一个逻辑函数的逻辑函数式却有多种形式。

例如,逻辑函数式 $Y = A\overline{B} + BC$,它可以用五种逻辑函数式来表示,即

（1）$Y = A\bar{B} + BC$（原式） 与或表达式

（2）将原式通过两次求反，再利用摩根定律求得

$$Y = \overline{\overline{A\bar{B} + BC}} = \overline{\overline{A\bar{B}} \cdot \overline{BC}} \qquad \text{与非 - 与非表达式}$$

（3）将原式通过两次求反，再利用（公式9－18），可求得

$$Y = \overline{\overline{A\bar{B} + BC}} = \overline{\overline{AB} + \overline{BC}} \qquad \text{与或非表达式}$$

（4）将求得的与或非式，按摩根定律展开，可求得

$$Y = \overline{\overline{AB} + \overline{BC}} = \overline{\overline{AB}} \cdot \overline{\overline{BC}} = (A + B)(\bar{B} + C) \qquad \text{或与表达式}$$

（5）将求得的或与式通过两次求反，再按德·摩根定律展开，可求得

$$Y = \overline{\overline{(A + B)(\bar{B} + C)}} = \overline{\overline{A + B} + \overline{\bar{B} + C}} \qquad \text{或非 - 或非表达式}$$

如图9－10所示，是根据上述五种表达式画出的逻辑图。

由上述分析可见，一个逻辑函数可以用不同类型的表达式和逻辑图来描述，由于类型的不同，最简的标准也就各不相同，因而也就难以确定哪一种是最简的。但是上述不同类型表达式中，与或表达式是比较常见的，同时与或表达式可以比较容易地同其他表达式进行相互转换。因此我们主要介绍与或表达式的化简方法。但是对于与或表达式来说，同一个逻辑函数得到的表达式也不是唯一的。

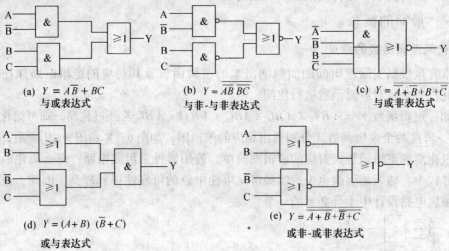

(a) $Y = A\bar{B} + BC$
与或表达式

(b) $Y = \overline{\overline{AB}\ \overline{BC}}$
与非-与非表达式

(c) $Y = \overline{A + \bar{B} + B + \bar{C}}$
与或非表达式

(d) $Y = (A + B)\ (\bar{B} + C)$
或与表达式

(e) $Y = \overline{\overline{A + \bar{B}} + \overline{\bar{B} + C}}$
或非-或非表达式

图9－10 $Y = \overline{AB} + BC$ 的五种表达

## （二）公式化简法

公式化简法也叫代数化简法，它是运用逻辑代数的基本公式和常用公式来简化逻辑函数。常用方法如下：

### 1. 并项法

用 $AB + A\bar{B} = A$ 将两个乘积项合并成一项，再消去一个互补的变量，剩下的是两项中的公因子。

**例9－13** 化简函数 $Y = A\bar{B}C + A\bar{B}\bar{C}$。

解：$Y = A\bar{B}C + A\bar{B}\bar{C} = A\bar{B}(C + \bar{C}) = A\bar{B}$

**2. 吸收法**

利用公式 $A + AB = A$ 吸收多余的乘积项。

**例 9-14**　化简函数 $Y = A\bar{B} + A\bar{B}CD(E + F)$。

解：$Y = A\bar{B} + A\bar{B}CD(E + F) = A\bar{B}[1 + CD(E + F)] = A\bar{B}$

**3. 消去法**

利用 $A + \bar{A}B = A + B$ 消去多余因子。

**例 9-15**　化简函数 $Y = AB + \bar{A}C + \bar{B}C$。

解：$Y = AB + \bar{A}C + \bar{B}C = AB + C(\bar{A} + \bar{B}) = AB + C\overline{AB} = AB + C$

**4. 配项法**

利用 $A = A(B + \bar{B})$ 将表达式中不能直接利用公式化简的某些乘积项变成两项，再用公式化简。

**例 9-16**　化简函数 $Y = A\bar{B} + B\bar{C} + BC + \bar{A}B$

解：（1）$Y = A\bar{B} + B\bar{C} + BC + \bar{A}B$

$\qquad = A\bar{B} + B\bar{C} + (A + \bar{A})BC + A\bar{B}(C + \bar{C})$

$\qquad = A\bar{B} + B\bar{C} + ABC + \bar{A}BC + A\bar{B}C + A\bar{B}\bar{C}$

$\qquad = A\bar{B}(1 + C) + B\bar{C}(1 + \bar{A}) + \bar{A}C(\bar{B}B)$

$\qquad = A\bar{B} + B\bar{C} + \bar{A}C$

（2）$Y = A\bar{B} + B\bar{C} + BC + \bar{A}B$

$\qquad = A\bar{B} + B\bar{C} + BC + \bar{A}B + \bar{A}C$（增加冗余项 $\bar{A}C$）

$\qquad = A\bar{B} + B\bar{C} + \bar{A}C$（消去冗余项 $BC$、$\bar{A}B$）

此例说明逻辑表达式化简后，最简表达式不是唯一的。实际解题时，往往遇到比较复杂的逻辑函数，因此必须综合运用基本公式和常用公式，才能得到最简的结果。除了利用逻辑代数的基本公式和常用公式进行逻辑函数的化简外，还可以根据逻辑系统对所用门电路类型的要求，或按给定的组件对逻辑表达式进行变换。

# 第四节　数字电路的开关元件

在数字电路中，半导体二极管、三极管多数工作在开关状态。它们在信号作用下，时而导通、时而截止，起着开关接通与断开的作用。对于一个理想开关，应具备的条件是：开关接通时，接触电阻为 0，相当于短路状态；开关断开时，绝缘电阻应无穷大，电流为 0，处于开路状态；开关状态的转换能在瞬间完成，即转换速度要快。本节主要介绍半导体管的开关作用及开关特性。

## 一、二极管的开关特性

### （一）二极管的开关特性

因为二极管的主要特点是具有单向导电性，在外加正向电压时导通，外加反向电压时截止，所以它相当一个受外加电压极性控制的开关。

硅二极管的伏安特性曲线如由图 9 – 11 （a） 所示。当加在二极管上的正向电压大于 $U_{TH}$（$U_{TH}$ 称为二极管的阈值电压，硅二极管 $U_{TH} \approx 0.5V$，锗二极管 $U_{TH} \approx 0.1V \sim 0.2V$）时，二极管导通，正向电流迅速增加。当正向电压大于 0.7V 时，电流曲线变得十分陡峭，而且 $I_D$ 在一定范围内变化，二极管的压降基本保持一定值（硅管为 0.7V）。二极管导通时的电阻叫正向电阻，用 $r_D$ 表示，其值很小，一般在几欧至几百欧之间。因此二极管导通时，如同一个具有 0.7V 压降而电阻 $r_D$ 很小的闭合开关。当二极管加反向电压时，二极管截止，反向漏电流 $I_{co}$ 很小而且基本不变，呈现很高的反向电阻 $R_D$，一般 $R_D$ 值大于几兆欧。因此二极管截止时，如同一个断开的开关。

由此可见，二极管在电路中具有开关作用，可以作为开关。但是，它不是一个理想的开关，它在大信号工作的情况下，可以用图 9 – 11 （b） 所示的折线化的特性曲线，其优点是可以用等效电路来描述它，从而可用线性电路的分析方法来分析二极管电路。

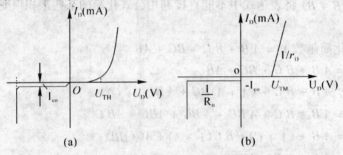

图 9 – 11　二极管伏安特性曲线

在数字电路的分析中，经常采用简化分析的方法，可以忽略二极管的正向电阻 $r_D$ 和反向漏电流 $I_{co}$，画出近似等效电路，如图 9 – 12 （a） 所示。当二极管的导通压降和正向电阻与电源电压和外电路电阻相比均可忽略时，可以将二极管看成理想开关，当二极管正向偏置时，开关接通；反向偏置时，开关断开，如图 9 – 12 （b） 所示。

（二）二极管的开关参数

1. 最大正向电流 $I_F$：指二极管正向电流的最大允许值，在使用时不能超过这一数值。

2. 最高反向工作电压 $U_R$：指二极管反向电压的最高允许值，使用时不能超过这一数值。

3. 反向恢复时间 $t_{rr}$：指二极管在规定负载、正向电流及最大反向瞬态电流下，所测出的反向恢复时间。在使用时，脉冲信号的周期时间应大于 $t_{rr}$ 的十倍。

4. 零偏压电容 $C_0$：指二极管在两端电压为零时的等效电容。

**例 9 – 17**　如图 9 – 13 （a） 电路所示，若输入电压 $u_i = 10\sin\omega t$，$u = 5V$，$R = 10\ k\Omega$，设 $D$ 为理想二极管，试求 $u_0$ 电压波形。

解：当理想二极管外加正向电压时，二极管导通；外加反向电压时，二极管截止。即：

$u_i > u$ 时，$D$ 导通，$u_0 = u_i$

$u_i < u$ 时，$D$ 截止，$u_0 = u$

根据输入电压波形画出 $u_0$ 的波形，如图 9 – 13（b）所示。利用二极管开关作用，将输入电压 $u_i < 5V$ 部分的波形削去，这种电路称为下限限幅。如果改变二极管的连接极性，可以做成上限限幅器。

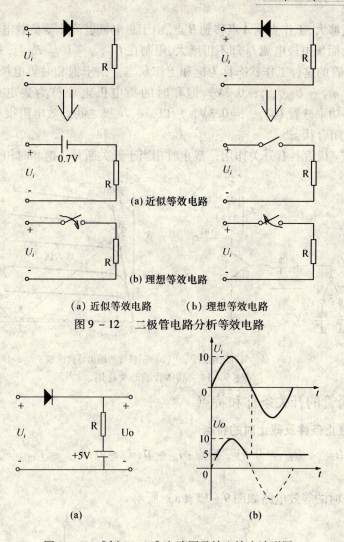

(a) 近似等效电路　　　(b) 理想等效电路

图 9 - 12　二极管电路分析等效电路

图 9 - 13　[例 9 - 17] 电路图及输入输出波形图

## 二、三极管的开关特性

三极管有三种工作状态:放大、截止、饱和。在数字电路中,三极管是最基本的开关元件,多数工作在饱和导通或截止这两种工作状态下,并在这两种工作状态之间进行快速转换。只有当三极管从截止到饱和导通或是从饱和导通到截止的转换过程中,才以极其短暂的时间处于放大工作状态,三极管的这种工作状态,通常称为开关工作状态。

### (一) 三极管的开关作用

共发射极接法的典型三极管开关电路如图 9 - 14(a) 所示。当开关 $S$ 处于"1"位置时,$u_I$ = $U_{IL}$ = -3V,使得 $U_{BE}$ < 0(一般只要 $U_{BE}$ < $U_{TH}$,即小于硅三极管的阈值电压),三极管就截止。此时,$i_B \approx 0$,$i_C \approx 0$,$u_{CE} \approx U_{CC}$,三极管处于截止工作状态,$c$、$e$ 极之间近似于开路,相当于开关断开状态。如图 9 - 14(b) 所示的三极管的输出特性曲线,三极管截止时的工作点是在截止区内,即 $i_B$ = 0 的特性曲线与横坐标轴之间的区域。

当开关 $S$ 投向"2"端时,则 $u_I$ = $U_{IL}$ = +3V,发射结正偏,$U_{BE}$ = 0.7 V,适当选择 $R_b$ 数值,

使基极电流 $i_B$ 足够大,工作点从 $A$ 点移到 $B$ 点。由于集电极电流 $ic$ 受负载电阻 $Rc$ 的限制使基极电流 $i_B$ 再增大而集电极电流 $i_C$ 却不再增大,限制在 $I_{C(sat)} \approx U_{CC}/R_C$ 上,$I_{C(sat)}$ 称为集电极饱和电流,三极管的这种工作状态称为饱和工作状态。由于饱和时集电极电流很大,而集电极电压很小,$u_{CE} \approx U_{CE(sat)} \approx 0.3V$,饱和时的集电极电压称为集电极饱和压降,用 $U_{CE(sat)}$ 表示,小功率硅管 $U_{CE(sat)} \approx 0.3V$,所以,c、e 极之间等效电阻很小,近似于短路,这时相当于开关闭合状态。

由此可见,三极管具有开关作用,截止时相当于开关断开,饱和时相当于开关闭合。

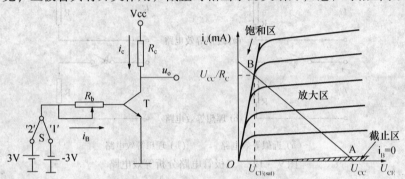

(a) 晶体管开关电路　　(b) 三极管的输出特性曲线

图 9 – 14　晶体管的开关作用

## (二) 三极管的开关条件和特点

### 1. 三极管截止条件及截止时的特点

截止条件:$U_{BE} < U_{TH} = 0.5V$,特点:$i_B \approx 0$,$i_c \approx 0$,$u_{CE} \approx U_{CC}$,三个电极之间相当于开路。

三极管截止时的等效电路如图 9 – 15 (a) 所示。

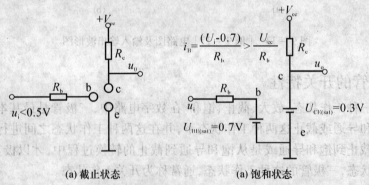

(a) 截止状态　　　　　　　　　(a) 饱和状态

图 9 – 15　三极管等效电路

### 2. 三极管饱和条件及饱和时的特点

(1) 三极管饱和条件:三极管由放大刚刚进入饱和时的状态,称为临界饱和状态。设这时的 $u_{CE} \approx U_{CE(sat)}$,$I_C \approx I_{C(sat)}$,$I_B \approx I_{B(sat)}$ 称为临界饱和基极电流。

$$I_{C(sat)} = \left( \frac{U_{CC} - U_{CE(sat)}}{R_C} \right) \approx \frac{U_{CC}}{R_C}$$

而临界状态下，集电极电流 $I_{C(sat)}$ 仍可以由放大条件来决定，即

$$I_C \approx \beta \cdot I_{B(sat)}$$

所以 $I_{B(sat)} = I_{C(sat)}/\beta = U_{CC}/\beta \cdot R_c$

当 $I_B > I_{B(sat)}$ 时，三极管则进入饱和工作状态。$I_B/I_{B(sat)}$ 越大，则饱和程度越深 [通常称 $S = \dfrac{I_B}{I_{B(sat)}}$ 为饱和深度]，饱和状态下三极管的等效电路如图 9-15（b）所示。因此，在数字电路的分析和估算中，将 $I_B \geqslant I_B(sat)$ 作为判别管子是否饱和导通的条件。

（2）三极管饱和状态的特点。$U_{BE(sat)} = 0.7V$，$U_{CE(sat)} \leqslant 0.3V$，$I_{C(sat)} \approx U_{CC}/R_C$，c、e 极之间相当于闭合的开关。

例 9-18　如图 9-16（a）所示电路，三极管 $\beta = 50$，$U_{CC} = 10V$，$R_b = 20k\Omega$，$R_c = 2k\Omega$，管子饱和时 $U_{BE} = 0.3V$，试问：（1）当 $u_I = 0.3V$ 时，三极管的工作状态如何？求 $u_0$ 值。（2）当 $u_I = 5V$ 时，三极管的工作状态如何？求 $u_0$ 值。

解：（1）当 $u_I = 0.3V$ 时，由于 $u_{BE} = 0.3V < 0.5V$，所以三极管截止，$u_0 = +10V$。

（2）当 $u_I = 5V$ 时，首先假设管子是饱和的，因此，可画出饱和时的等效电路，如图 9-16（b）所示。根据图 9-16（b）可得

$$i_B = \frac{u_I - U_{BE}}{R_b} = \frac{5 - 0.7}{20} \approx 0.22mA$$

$$I_{B(sat)} = \frac{U_{CC} - U_{CE}(sat)}{\beta R_c} = \frac{10 - 0.3}{50 \times 2} = 0.097mA \approx 0.10mA$$

由计算结果，得出 $I_B > I_{B(sat)}$，故三极管工作在饱和状态，假设成立即 $u_0 = U_{CE(sat)} \approx 0.3V$。

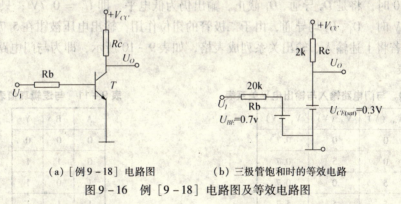

(a) [例 9-18] 电路图　　　　(b) 三极管饱和时的等效电路

图 9-16　例 [9-18] 电路图及等效电路图

### 3. 三极管的开关参数

三极管的许多参数都在模拟电路中作过介绍，这里把与开关特性有关的一些参数介绍如下：

（1）饱和压降 $U_{BE(sat)}$、$U_{CE(sat)}$。三极管工作在饱和导通时，发射结正向压降 $U_{BE(sat)}$ 硅管约为 $0.7V$；锗管约为 $0.3V$。三极管饱和导通时集电极—发射极之间的管压降 $U_{CE(sat)}$ 越小越好，一般小功率管 $U_{BE(sat)} \leqslant 0.3V$，锗管 $U_{CE(sat)} \approx 0.1V$。

（2）开启时间 $t_{on}$ 和关闭时间 $t_{off}$。当输入是快速跳变信号时，用开启时间 $t_{on}$ 表示输出电流波形的上升时间，$t_{off}$ 表示输出电流波形的下降时间。手册上给出的参数都是在规定正向导通电流和反向驱动电流条件下测得的，所以对于开关管的开关参数，一定要注意测试

条件，因为参数的值与测试条件有密切关系。

# 第五节　逻辑门

在数字电路中，门电路是最基本的逻辑单元，它可以具有多个输入端和一个输出端，满足一定条件时它允许信号通过，否则信号不能通过，就像满足一定条件时才开门一样，故称为门电路。因为门电路的输入信号与输出信号之间存在一定的逻辑关系，所以门电路又称为逻辑门电路。根据最基本的三种逻辑关系，与之相应的最基本的逻辑门即是与门、或门和非门。由不同的逻辑门电路可以组成不同类型的组合逻辑电路，再由组合逻辑电路组成各种逻辑部件，数字电路就是由这些不同层次的逻辑部件组成的、完成部分功能的整体电路。

## 一、基本逻辑门

与最基本的三种逻辑关系相对应的基本逻辑门电路是与门、或门和非门。

### （一）二极管与门电路

输入变量和输出变量之间满足与逻辑关系的电路叫做与门电路，简称为与门。如图 9-17 所示为二极管与门电路，其中 A、B 为输入信号，设低电平 $u_{IL} = 0$，高电平为 $u_{IH} = 5V$，Y 为输出信号。以下分析电路的工作原理：当 $U_A = 0$，$U_B = 0$ 时，二极管 $D_1$、$D_2$ 均导通，由于二极管的钳位作用，输出电压 $U_Y = 0.7V$；当 $U_A = 0$，$U_B = 5V$ 时，二极管 $D_1$ 优先导通，输出电压钳位在 $0.7V$ 上，即 $U_Y = 0.7V$，因 $U_B = 5V$，故 $D_2$ 反偏截止；当 $U_A = 5V$，$U_B = 0$ 时，将是 $D_2$ 导通，$D_1$ 截止。输出仍为低电平，即 $U_Y = 0.7V$；只有当 $U_B = 5V$，$U_A = 5V$ 时，$D_1$、$D_2$ 均导通，由于二极管的钳位作用，输出电压被钳在 $5.7V$ 上，即 $U_Y = 5.7V$。若将上述输入、输出关系列成表格，如表 9-10 所示，即为与门电路输入与输出电平关系表。

表 9-10　与门电路输入与输出电平关系表

| $V_A$ (V) | $V_B$ (V) | $V_Y$ (V) |
|---|---|---|
| 0 | 0 | 0.7 |
| 0 | 5 | 0.7 |
| 5 | 0 | 0.7 |
| 5 | 5 | 5.7 |

表 9-11　与逻辑真值表

| A | B | Y |
|---|---|---|
| 0 | 0 | 0 |
| 0 | 1 | 1 |
| 1 | 0 | 1 |
| 1 | 1 | 1 |

在数字电路中，为了研究电路的逻辑功能，往往只注意输入与输出之间的逻辑关系。如果用 1 表示高电平（这里设 4V 以上为高电平），用 0 表示低电平（这里设 1V 以下为低电平），则可以把与逻辑电平关系转换为真值表，如表 9-11 所示。其中输入变量用 A、B 表示，输出变量用 Y 表示。表 9-11 表明只有 A 与 B 都是 1 时，输出 Y 才是 1，只要 A、B 中有一个是 0，输出 Y 就是 0，它表达了图 9-17 所示电路的输出变量与输入变量之间的与的逻辑关系。与门的逻辑符号与逻辑表达式如图 9-18 所示，与门信号输入输出波形如图 9-19 所示，运算规律为：有 0 出 0，全 1 出 1。

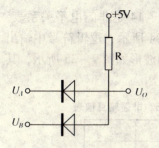
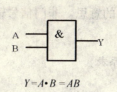

$$Y = A \cdot B = AB$$

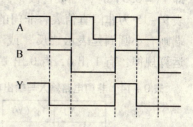

图 9 – 17 二极管与门电路　　图 9 – 18 与门符号与表达式　　图 9 – 19 与门输入输出信号波形图

### （二）二极管或门电路

输入变量和输出变量之间满足或逻辑关系的电路，叫做或门电路，简称为或门。图 9 – 20 所示，是二极管或门电路。

工作原理分析：先讨论输出、输入之间电压关系。当 $U_A = 0$，$U_B = 0$ 时，二极管 $D_1$、$D_2$ 均导通，由于二极管的钳位作用，输出电压比输入电压低 0.7，即 $U_Y = -0.7$ V；当 $U_A = 0$，$U_B = 5$ V 时，$D_2$ 导通，$D_1$ 截止；当 $U_A = 5$ V，$U_B = 0$ 时，$D_1$ 导通，$D_2$ 截止，输出电压钳位在 4.3V 上，即 $U_Y = 4.3$ V；只有当 $U_B = 5$ V，$U_A = 5$ V 时，$D_1$、$D_2$ 均导通，$U_Y = 4.3$ V。

根据以上关系，可列出或门电路的电平关系表，如表 9 – 12 所示。表 9 – 13 为根据表 9 – 12 转换的真值表。或门的逻辑符号及逻辑表达式如图 9 – 21 所示。或门信号输入输出波形如图 9 – 22 所示，运算规律：有 1 出 1，全 0 出 0。

**表 9 – 12　或门电路输入与输出电平关系表**

| $V_A$ (V) | $V_B$ (V) | $V_Y$ (V) |
|---|---|---|
| 0 | 0 | -0.7 |
| 0 | 5 | 4.3 |
| 5 | 0 | 4.3 |
| 5 | 5 | 4.3 |

**表 9 – 13　或逻辑真值表**

| A | B | Y |
|---|---|---|
| 0 | 0 | 0 |
| 0 | 1 | 1 |
| 1 | 0 | 1 |
| 1 | 1 | 1 |

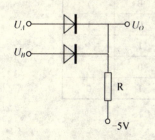
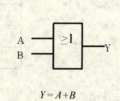

$$Y = A + B$$

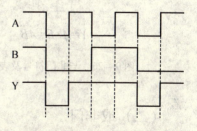

图 9 – 20 二极管或门电路　　图 9 – 21 或门符号与表达式　　图 9 – 22 或门输入输出信号波形

### （三）三极管非门电路

能实现非逻辑关系的单元电路，叫做非门（或叫反相器），如图 9 – 23 所示。当输入为高电平即 $V_A = 5$V 时，三极管饱和导通，输出 Y 为低电平，$V_O = 0.3$V；当输入为低电平

即 $V_A = 0.3V$ 时，三极管截止，输出 Y 为高电平，$V_0 = 5V$。表 9 - 14 是非门电平关系表，表 9 - 15 为非门真值表，非门的逻辑符号及逻辑表达式如图 9 - 24 所示，逻辑符号中输出端画有小圆圈是表示"反"或"非"的意思。非门信号输入输出波形如图 9 - 25 所示，其运算规律：有 1 出 0，有 0 出 1。

表 9 - 14　非门电路输入与输出电平关系表

| $V_A$ (V) | $V_Y$ (V) |
|---|---|
| 0.3 | 5 |
| 5 | 0.3 |

表 9 - 15　非逻辑真值表

| A | Y |
|---|---|
| 0 | 1 |
| 1 | 0 |

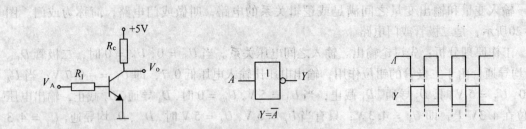

图 9 - 23　三极管非门电路　　图 9 - 24　非门符号及表达式　　图 9 - 25　非门输入输出信号

以上就是逻辑代数中三种基本的逻辑关系和三种基本的逻辑运算以及与之相对应的三种基本的分立元件逻辑门电路。从这些问题的讨论中，也验证了三种基本的逻辑运算规律的正确性。

## 二、复合逻辑门

由与、或、非三种基本逻辑函数构成的组合，可以得到复合逻辑函数。

### （一）与非门

与非门是由一个与门和一个非门直接相连构成，其逻辑符号及表达式如图 9 - 26 所示，其逻辑真值表如表 9 - 16 所示。运算规律：有 0 出 1，全 1 出 0。

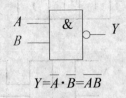

$$Y = \overline{A \cdot B} = \overline{AB}$$

图 9 - 26　与非门符号及表达式

表 9 - 16　与非逻辑真值表

| A | B | Y |
|---|---|---|
| 0 | 0 | 1 |
| 0 | 1 | 1 |
| 1 | 0 | 1 |
| 1 | 1 | 0 |

### （二）或非门

或非门是由一个或门和一个非门直接相连构成，其逻辑符号及表达式如图 9 - 27 所示，其逻辑真值表如表 9 - 17 所示。运算规律：有 1 出 0，全 0 出 1。

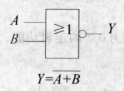

$$Y=\overline{A+B}$$

图9-27　或非门符号及表达式

表9-17　或非逻辑真值表

| A | B | Y |
|---|---|---|
| 0 | 0 | 1 |
| 0 | 1 | 0 |
| 1 | 0 | 0 |
| 1 | 1 | 0 |

## （三）与或非门

与或非门的逻辑符号及表达式如图9-28所示，其逻辑真值表如表9-18所示。

表9-18　与或非逻辑运算真值表

| A | B | C | D | Y | A | B | C | D | Y |
|---|---|---|---|---|---|---|---|---|---|
| 0 | 0 | 0 | 0 | 1 | 1 | 0 | 0 | 0 | 1 |
| 0 | 0 | 0 | 1 | 1 | 1 | 0 | 0 | 1 | 1 |
| 0 | 0 | 1 | 0 | 1 | 1 | 0 | 1 | 0 | 1 |
| 0 | 0 | 1 | 1 | 0 | 1 | 0 | 1 | 1 | 0 |
| 0 | 1 | 0 | 0 | 1 | 1 | 1 | 0 | 0 | 0 |
| 0 | 1 | 0 | 1 | 1 | 1 | 1 | 0 | 1 | 0 |
| 0 | 1 | 1 | 0 | 0 | 1 | 1 | 1 | 0 | 0 |
| 0 | 1 | 1 | 1 | 0 | 1 | 1 | 1 | 1 | 0 |

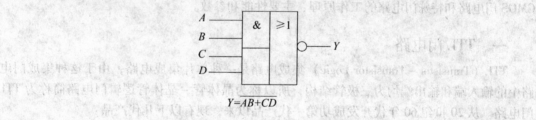

$$Y=\overline{AB+CD}$$

图9-28　与或非门符号及表达式

## （四）异或门

异或门是由非门、与门和或门通过一定连接构成的，是具有两个输入端的电路。异或门实现"输入相同，输出为0；输入不同，输出为1"的逻辑功能。其逻辑符号及表达式如图9-29，其逻辑真值表如表9-19。

表9-19　异或逻辑真值表

| A | B | Y |
|---|---|---|
| 0 | 0 | 0 |
| 0 | 1 | 1 |
| 1 | 0 | 1 |
| 1 | 1 | 0 |

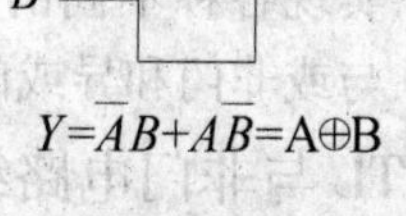

$$Y=\overline{A}B+A\overline{B}=A\oplus B$$

图9-29　异或门符号及表达式

### （五）同或门

同或门实现"输入相同，输出为1；输入不同，输出为0"的逻辑功能，其逻辑符号及表达式如图9－30示，其逻辑真值表如表9－20示。

表9－20 同或逻辑真值表

| A | B | Y |
|---|---|---|
| 0 | 0 | 1 |
| 0 | 1 | 0 |
| 1 | 0 | 0 |
| 1 | 1 | 1 |

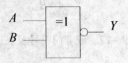

$Y = \overline{A}\ \overline{B} + AB = A \odot B$

图9－30 同或门符号及表达式

## 第六节 集成逻辑门电路

上节讲述的由分立元件构成的门电路存在着体积大、可靠性差等缺点，随着电子技术的飞速发展，在实际应用中的门电路都是由集成逻辑门电路构成的。与分立元件门电路相比，集成门电路除了具有高可靠性、微型化等优点外，更突出的优点是转换速度快，而且输入和输出的高、低电平取值相同，便于多级串接使用。集成门电路的种类多，根据制造工艺的不同，分成双极型和单极型两大类。双极型集成门电路又分为 TTL 集成门电路和 HTL 集成门电路。单极型集成门电路是 MOS 集成门电路。本节主要介绍 TTL 门电路、CMOS 门电路和特殊门电路的工作原理、主要性能和参数。

### 一、TTL 门电路

TTL（Transistor－Transistor Logic）集成电路是一种单片集成电路，由于这种集成门电路中的输入端和输出端均为三极管结构，所以称为晶体管－晶体管逻辑门电路简称为 TTL 门电路。从 20 世纪 60 年代开发成功第一代产品以来，现有以下几代产品：

第一代 TTL 包括 SN54/74 系列，（其中 54 系列工作温度为 －55℃ ～ +125℃，74 系列工作温度为 0℃ ～ +75℃），低功耗系列简称 LTTL，高速系列简称 HTTL。

第二代 TTL 包括肖特基箝位系列（STTL）和低功耗肖特基系列（LSTTL）。

第三代为采用等平面工艺制造的先进的 STTL（ASTTL）和先进的低功耗 STTL（ALST-TL）。

由于 LSTTL 和 ALSTTL 的电路延时功耗积较小，STTL 和 ASTTL 速度很快，因此获得了广泛的应用。

为了便于实现各种不同的逻辑函数，在集成门电路的定型产品中常用的有与门、或门、与非门、与或非门和异或门几种常见类型。

### （一）TTL 与非门电路结构

图9－31 示为典型 TTL 与非电路（国产 T1000 系列），主要包含由 $R_1$ 和 $T_1$ 组成的输入级、由 $T_2$、$R_2$ 和 $R_3$ 组成的中间倒相级和由 $T_3$、$T_4$ 和 $D_4$、$R_4$ 组成的输出级构成。当电路输入为低电平（一个或多个）时，输出为高电平；而输入全为高电平时，输出为低电平。

电路输出和输入之间为与非逻辑关系，即

$$Y = \overline{ABC}$$

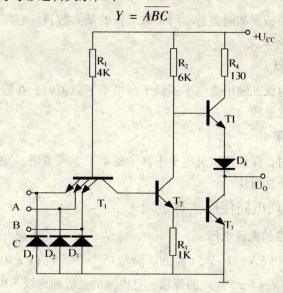

图 9 – 31　典型 TTL 与非门电路

## (二) TTL 与非门电路的主要参数

### 1. 阈值电压 $U_{TH}$

是输出进入低电平的分界线，即当输入电压高于阈值电压时与非门导通。阈值电压有一定的范围，但通常取 1.4V 为阈值电压。

### 2. 输出高电平 $U_{OH}$

是指与非门输入端有一个或一个以上为低电平时的输出高电平值。产品规范值 $U_{OH} \geqslant 2.4V$。

### 3. 输出低电平 $U_{OL}$

是指输入端全部为高电平时的输出低电平值。一般值取 $U_{OL} \leqslant 0.4\ V$。

### 4. 关门电平 $U_{OFF}$

电路在空载时，所允许的最大输入低电平值称为关门电平。它是与非门电路的重要静态参数，表明正常工作情况下，输入信号电平变化的极限值，它也反映了与非门的抗干扰能力。

### 5. 开门电平 $U_{ON}$

电路在带载时，所允许的最小输入高电平值称为开门电平。也是与非门电路的重要静态参数，表明正常工作情况下，输入信号电平变化的极限值，反映了与非门的抗干扰能力。

### 6. 平均传输延迟时间 $t_{pd}$

是指与非门从输入信号改变到输出信号改变所需的时间，它反映了与非门电路的开关速度。$t_{pd}$ 越小，说明与非门的开关速度越快，允许输入信号的频率越高。TTL 与非门的平均传输延迟时间为 3ns ~ 30ns。

### 7. 扇出系数 N

是指一个与非门能够驱动同类与非门正常工作的最大数目。它反映了与非门的带负载能力，一般取值为 $N \geqslant 2$。

### 8. 低电平噪声容限 $U_{NL}$

是指与非门截止时保证输出高电平不低于高电平下限值时，在输入低电平基础上所允许叠加的正向最大干扰电压。

### 9. 高电平噪声容限 $U_{NH}$

是指与非门导通时，保证输出低电平不高于低电平上限值时，在输入高电平信号上所允许叠加的最大负向干扰电压。

## （三）TTL 集成门电路使用注意事项

### 1. TTL 集成门电路的电源电压

电源电压为 $U_{CC} = +5$ V。对于 54 系列应满足 $U_{CC} = +5$ V（$1 \pm 10\%$）的要求，对于 74 系列应满足 $U_{CC} = +5$ V（$1 \pm 5\%$）的要求，且电源的正极和地线不可接错。

### 2. 电源的滤波

电源接入电路时需进行滤波，以防止外来干扰通过电源线进入电路。通常是在电路板的电源线上，并接 $10\mu$F ~ $100\mu$F 电容进行低频滤波和并接 $0.01$ ~ $0.047\mu$F 电容进行高频滤波。

### 3. 多余或暂时不用的输入端可按下述方法处理

（1）外界干扰较小时，与门、与非门的闲置输入端可剪断或悬空或者与有用输入端并接，如图 9–32（a）所示；或门、或非门的闲置输入端接地 GND 或者与有用输入端并接，如图 9–32（b）所示。

（2）外界干扰较大时，与门、与非门的闲置输入端直接接电源 $+U_{CC}$，或通过 $1$k$\Omega$ ~ $10$k$\Omega$ 的电阻接电源 $+U_{CC}$。

（3）如果前级的驱动能力较强时，可将闲置端与同一门的有用输入端并联使用。

（4）输出端不允许直接接电源 $+U_{CC}$，不允许直接接地 GND，不允许并联使用。

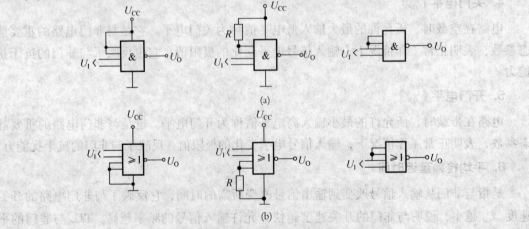

图 9–32　TTL 门电路多余输入端电路的接法

## 二、CMOS 集成门电路

CMOS 集成电路是在 TTL 电路问世之后，所开发出的又一种应用广泛的数字集成器件。由于制造工艺的改进，CMOS 电路的工作速度比 TTL 电路的功耗低、抗干扰能力强，且费用较低，几乎所有的超大规模存储器件和 PLD 器件都使用 CMOS 工艺制造。CMOS 集成电路又叫互补型场效应管集成电路，它的特点是采用了两种不同导电类型的 MOS 场效应管，一种是增强型 P 沟道 MOS 场效应管（PMOS 管），另一种是增强型 N 沟道 MOS 场效应管（NMOS 管），它们组成了互补结构。CMOS 数字集成电路品种繁多，包括了各种门电路、编译码器、触发器、计数器和存贮器等上百种器件。从发展趋势来看，CMOS 电路的性能有可能超过 TTL 而成为占主导地位的逻辑器件。

CMOS 集成门电路包括五个常见系列。一是 CD4000 系列：为基本系列，速度较慢；二是 74HC 系列：速度比 CD4000 系列提高近 10 倍；三是 74HCT 系列，与 LSTTL 门电路兼容；四是 LVC 系列，低电压系列；五是 BiCMOS 系列。

### （一）CMOS 电路与 TTL 电路区别

1. CMOS 电路的工作速度比 TTL 电路的低、负载的能力比 TTL 电路强。

2. CMOS 电路的电源电压允许范围较大，约在（3~18）V，抗干扰能力强。

3. CMOS 电路的功耗比 TTL 电路小得多，门电路的功耗只有几个 μW，中规模集成电路的功耗也不会超过 100μW。

4. CMOS 电路的集成度比 TTL 电路高且适合于特殊环境下工作。

5. CMOS 电路容易受静电感应而击穿，在使用和存放时应注意静电屏蔽，焊接时电烙铁应接地良好，尤其是多余不用的输入端不能悬空，应根据需要接地或接高电平。

### （二）CMOS 门电路使用注意事项

#### 1. 避免静电损坏

CMOS 集成门电路在储存、运输和调试过程中，为防止由静电电压造成的损坏，在使用时要注意几点：在储存和运输 CMOS 器件时不要使用易产生静电高压的化工材料和化纤织物包装，最好采用金属屏蔽层作包装材料；所有与 CMOS 电路直接接触的工具都必须可靠接地，操作人员的服装和手套等应选用无静电的原料制作，以免产生静电高压感应。

#### 2. 过流保护

在可能出现较大输入电流的场合采取保护措施：输入端接低内阻信号源时，应在输入端与信号源之间串进保护电阻，保证输入保护电路中的二极管导通时电流不超过 1mA；输入端接有大电容时，应在输入端与电容之间接入保护电阻；输入端接长线时应在门电路的输入端接入保护电阻。

#### 3. CMOS 门电路输入和输出端处理

CMOS 门电路的多余输入端不能悬空。对与门、与非门将多余输入端直接接电源 $+U_{DD}$ 或者并联使用；对于或门、或非门将多余输入端直接接地 $U_{SS}$ 或者并联使用，CMOS 门电路的多余输入端的处理方法如图 9-33 示。CMOS 门电路输出端不能直接接电源 $+U_{DD}$，不能直接接地 $U_{SS}$，也不能并联使用。

### 4. 其他保护措施

使用时应先接电源，后接输入信号。CMOS 门电路的电源电压可在某一范围内选择。4000 系列电源电压为 3 ~ 18V，HC 系列电源电压为 2 ~ 6V，HCT 系列电源电压为 4.5 ~ 5.5V。

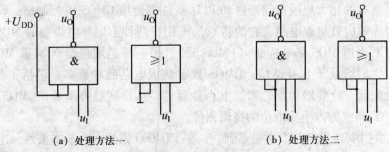

（a）处理方法一　　　　　　　　　（b）处理方法二

图 9 - 33　CMOS 门电路不用端处理方法

## 三、特殊门电路

### （一）集电极开路与非门（OC 门）

有时在实际应用电路中，需要将几个与非门的输出端并联进行线与，即各门的输出均为高电平时，并联输出端才为高电平，而任一个门输出为低电平时，并联输出端输出就为低电平。但是对于具有推拉输出结构的 TTL 与非门，其输出端不允许进行线与连接，因为在这种情况下，当一个门的输出为低电平，而其他门的输出为高电平时，电源将通过并联的各个高电平输出门向低电平输出门灌入一个很大的电流。这不仅会使输出低电平抬高而破坏其逻辑关系，而且还会因流过大电流而损坏低电平的输出门。

为了使门电路的输出端能并联使用，生产了集电极开路与非门，也称为 OC 门。如图 9 - 34（a）所示的双 4 输入集电极开路输出 T3022 与非门电路，它可以实现与非逻辑功能，即 $Y = \overline{ABCD}$。图 9 - 34（b）、（c）分别是 T3022 外引线排图和符号。在使用 OC 门时，要在电源 $U_{CC}$ 和输出端之间接一个上拉电阻 $R_L$。

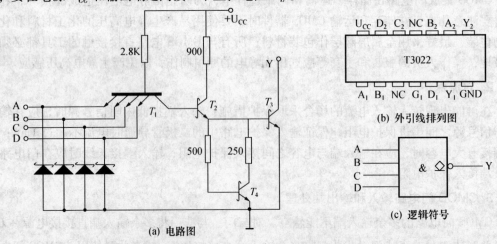

（a）电路图

（b）外引线排列图

（c）逻辑符号

图 9 - 34　集电极开路与非门（T3022）

### 1. 利用 OC 门实现线与关系

如图 9 – 35（a）所示为 OC 门单个使用时的接法，图 9 – 35（b）为多个 OC 门的输出端并联后通过公共负载电阻 $R_L$ 接到电源上，即只有所有的 OC 门的输出均为高电平时，输出端 $Y$ 才为高是平，故该电路通常被称为线与电路。图 9 – 35（b）所示电路的逻辑功能是

$$Y = Y1 \cdot Y2 \cdot Y3 = \overline{AB} \cdot \overline{CD} \cdot \overline{EF} = \overline{AB + CD + EF}$$

即它能完成与或非的逻辑功能。

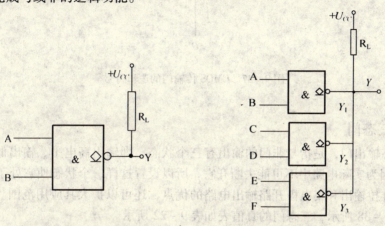

（a）单个使用接法　　（b）多个使用接法

图 9 – 35　OC 门使用连接法

### 2. 利用 OC 门实现驱动

OC 门电路还可以用在逻辑电平的转换及推动电感性负载的场合。如图 9 – 36 中所示的 OC 门直接驱动脉冲变压器初级，而一般 TTL 与非门是不能直接推动这种电感元件，需外接晶体管和其他电气元件。常用的 OC 门型号如表 9 – 21 所示。

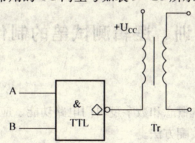

图 9 – 36　OC 门应用 – 推动感性负载

**表 9 – 21　常用 OC 门型号**

| 功能 | 常用组件型号 |
| --- | --- |
| 双 4 输入与非门 | T064A，T1022，T2022，T3022，T4022，54LS22，74LS22 |
| 三 3 输入与非门 | T1012，T4012，54LS12，74LS12 |
| 四 2 输入与非门 | T1001，T1003，T2003，T4003，54LS03，74LS03 |

## （二）传输门

传输门是一种传输信号的可控开关电路，传输门的电路符号如图 9 – 37 所示。当控制

端 $C = 1$，$\bar{C} = 0$ 时，可以实现信号的双向传递，即 $U_I = U_O$；而 $C = 0$，$\bar{C} = 1$ 时，传输门处于截止状态。

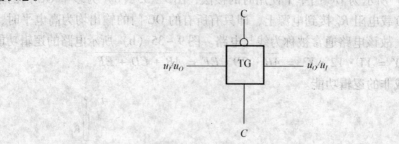

图 9 - 37　CMOS 传输门的逻辑符号

## （三）三态门

所谓三态输出门，是指与非门的输出有三个状态，即输出高电平、输出低电平和输出高阻状态（因为实际电路中不可能去断开它，所以设置这样一个状态使它处于断开状态）。三态门具有推拉输出和集电极开路输出电路的优点，还可以扩大其应用范围。三态门的逻辑符号如图 9 - 38 所示，三态门的真值表如表 9 - 22 所示。

表 9 - 22　三态门真值表

| 控制端 | 输 入 | 输 出 |
|---|---|---|
| 0 | 0 | 1 |
| 0 | 1 | 0 |
| 1 | X | 高阻 |

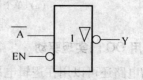

图 9 - 38　三态门逻辑符号

# 实训　逻辑测试笔的制作

## 一、实训目的

1. 掌握数字逻辑电路基本概念和数字逻辑门电路功能、应用方法。
2. 掌握实际电路搭接、装配方法。
3. 熟悉逻辑测试笔的工作原理。
4. 了解简单数字系统的装配、调试方法和简单故障排除方法。

## 二、实训器材

1. 电烙铁　　　　　　　　　　　　　　　　　　　　　　　　　1 只
2. 万用表　　　　　　　　　　　　　　　　　　　　　　　　　1 台
3. 脉冲信号发生器　　　　　　　　　　　　　　　　　　　　　1 台
4. 集成电路 CD4069　　　　　　　　　　　　　　　　　　　　1 个
5. 红色和绿色发光二极管（Φ3）　　　　　　　　　　　　　各 1 只
6. 导线　　　　　　　　　　　　　　　　　　　　　　　　　　若干

## 三、实训电路与工作原理

用来检测数字逻辑电路电平的逻辑测试笔电路如图 9-39 所示，此电路能够显示出被测试电路的高低电平。其性能指标为：

输入信号电平：TTL/CMOS；输入电压范围：$-0.5V \sim +6.0V$；输入频率范围：$0H_z \sim 200MH_z$；最小脉冲宽度：25NS；输入阻抗：100kΩ；采用 LED 指示灯或数码管显示。

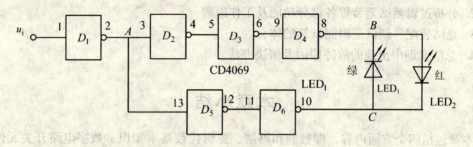

图 9-39 逻辑测试笔电路图

### 1. 元器件介绍

CD4069：六反相器，在一个集成电路中有六个非门，其封装引脚图如图 9-40 所示。

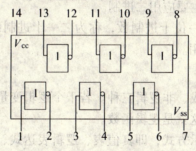

图 9-40 CD4069 引脚图

### 2. 工作原理

当逻辑测试笔电路 $u_i$ 接高电平信号时，输入信号 $u_i$ 经过集成电路 CD4069 的 $D_1$ 门反相，A 点为低电平；再经过 $D_2$、$D_3$、$D_4$ 三个门电路，B 点输出高电平，同时 C 点输出低电平，此时红色发光二极管被点亮，指示此时输入端 $u_i$ 输入是高电平；当逻辑测试笔电路 $u_i$ 接低电平信号时，输入信号 $u_i$ 经过集成电路 CD4069 的 $D_1$ 门后为高电平，再经过 $D_5$、$D_6$ 两个门电路后，C 点输出高电平，且 B 点输出低电平，此时绿色发光二极管被点亮，指示此时输入端 $u_i$ 输入是低电平。

## 四、实训步骤

1. 实验前检测电路元件质量并测试集成电路的逻辑功能，判断元器件好坏。
2. 按照逻辑测试笔电路进行电路安装与焊接。
3. 电路安装完毕后，按照以下方法进行电路功能调试。

分别将逻辑测试笔输入端接高电平或低电平，若在调试过程中出现显示发光二极管的显示与输入端逻辑电平不相符（即电路输入端接高电平而绿灯亮，电路输入端接低电平而红灯亮）时，依次检测集成电路 CD4069 的各个门电路的输出电平，寻找哪个门电路的输出端逻辑电平有误，即可找到故障点。

## 五、实训报告

1. 画出实训内容中的电路图，接线图。
2. 分析逻辑测试笔装置各部分功能及工作原理。
3. 总结装配、调试逻辑测试笔的体会。
4. 总结实训中出现的故障原因及解决办法。

# 本章小结

本章包括四个方面内容，即数制和码制、逻辑代数基本知识、数字电路开关元件、逻辑门和集成逻辑门电路。

### 1. 数制和码制

主要介绍了十进制、二进制、八进制和十六进制数的表示方法以及不同进制数的相互转换。其中在数字电路中，主要应用二进制。

用四位二进制码来表示一位十进制数，称为二—十进制编码，简称为 BCD 码。其中 8421BCD 码在数字电路中常用。

### 2. 逻辑代数基本知识

基本的逻辑关系有与、或、非逻辑三种。若干个逻辑变量由与、或、非三种基本逻辑运算组成复杂的运算形式，这就是逻辑函数。

逻辑函数通常有四种表示方式，即真值表、逻辑表达式、卡诺图和逻辑图。它们之间可以相互转换。

### 3. 数字电路开关元件

半导体二极管是利用 PN 结的单向导电特性来实现开关作用的。对于理想开关二极管，当管子正偏时相当于开关闭合；当管子反偏时相当于开关断开。

数字电路中的半导体三极管工作在饱和和截止两种状态。当 $U_{BE} < 0.5V$ 时，三极管截止，其 C、E 极之间相当于开关断开；当 $u_B \geq I_{BS} = U_{CC}/(\beta \times R_C)$ 时，三极管饱和，其 C、E 极之间相当于开关闭合。

### 4. 逻辑门电路

门电路是构成各种复杂数字电路的基本逻辑单元。基本逻辑门电路有与门、或门、非门，由它们可以组成逻辑功能更加复杂的电路。常用的逻辑门如表 9 – 23 所示。

表9-23 常用的逻辑门

| 名称 | 逻辑符号 | 逻辑表达式 | 逻辑功能 |
|---|---|---|---|
| 与门 | A B   &   Y | $Y = AB$ | 有0出0,全1出1 |
| 或门 | A B   &gt;1   Y | $Y = A + B$ | 有1出1,全0出0 |
| 非门 | A   1   Y | $Y = \overline{A}$ | 有1出0,有0出1 |
| 与非门 | A B   &   Y | $Y = \overline{AB}$ | 有0出1,全1出0 |
| 或非门 | A B   ≥1   Y | $Y = \overline{A + B}$ | 有1出0,全0出1 |
| 与或非门 | A B C D   &  ≥1   Y | $Y = \overline{AB + CD}$ | |
| 异或门 | A B   =1   Y | $Y = A \oplus B = \overline{A}B + A\overline{B}$ | 相同出0,不同处1 |
| 同或门 | A B   =1   Y | $Y = A \odot B = AB + \overline{A}\,\overline{B}$ | 不同出0,相同出1 |

# 习 题

9-1 数字电路中半导体三极管多数用作（ ），即工作在（ ）区和（ ）区，（ ）状态只是一种过渡状态。

9-2 数字电路逻辑功能的常用表示方法有（ ）、（ ）和（ ）。

9-3 最基本的逻辑关系有（ ）、（ ）和（ ），对应最基本的门电路有（ ）、（ ）和（ ）。

9-4 正负逻辑体制：正逻辑体制：1表示（ ），0表示（ ）；负逻辑体制：0表示（ ），1表示（ ）。

9-5 当两个OC门的输出都是高电平时，总输出为（ ）电平；只要有一个OC门的输出是（ ）电平，总输出Y为低电平。这体现了（ ）逻辑关系，因此称为线与。

9-6 三态门与普通门电路不同，普通门电路的输出只有两种状态：（ ）或（ ）；三态门输出有3种状态：（ ）、（ ）、（ ）。

9-7 或门、或非门等TTL电路的多余输入端不能（ ），只能（ ）。

9-8 将下列二进制数转换成十进制数：

    (1) 1011         (2) 1010010         (3) 1111101

9-9 将下列十进制数转换成二进制数：

    (1) 25         (2) 100         (3) 1025

9-10 将下列八进制数转换成二进制数：

    (1) 40         (2) 345         (3) 567

9-11 将下列十六进制数转换成二进制数：

    (1) 5E         (2) A6C         (3) 74F

9-12 完成下列数的转换：

    (1) $(10011001)_2 = ($   $)_8 = ($   $)_{16}$

    (2) $(154)_{10} = ($   $)_8 = ($   $)_{16} = ($   $)_2$

    (3) $(1110111)_2 = ($   $)_{10} = ($   $)_{16}$

9-13 试画出下列逻辑函数的逻辑图：

    (1) $Y = AB + BC + \overline{CD}$

    (2) $Y = (A \oplus B)\overline{AB + \overline{A}\,\overline{B}} + AB$

9-14 用公式法证明下列等式：

    (1) $AB + BCD + \overline{A}C + \overline{B}C = AB + C$

    (2) $A\overline{B} + \overline{A}D + BD + DCE = A\overline{B} + D$

    (3) $ABC + A\overline{B}\,\overline{C} + \overline{A}B\overline{C} + \overline{A}\,\overline{B}C = A \oplus B \oplus C$

    (4) $A\overline{B} + \overline{A}B + BC = A\overline{B} + \overline{A}B + AC$

9-15 用公式法化简以下逻辑函数为最简的与或表达式

    (1) $Y = (\overline{A} + \overline{B} + \overline{C})(B + \overline{B}C + C)(\overline{D} + DE + E)$

    (2) $Y = A\overline{B}(C + D) + D + \overline{D}(A + B)(\overline{B} + \overline{C})$

    (3) $Y = (AD + \overline{A}\,\overline{D})C + ABC + (A\overline{D} + \overline{A}D)B + BCD$

9-16 数字电路中的三极管工作在何种工作状态？它与放大电路中的三极管有何不同？

9-17 CMOS 电路与 TTL 电路相比有哪些优点？为什么说，从发展的观点来看，CMOS 器件有取代 TTL 电路的趋势？

9-18 试画出题 9-18（a）图所示电路输出端的电压波形，其中输入 A、B 的波形如题 9-18（b）所示。

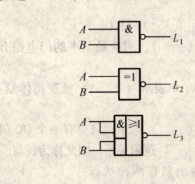

(a)

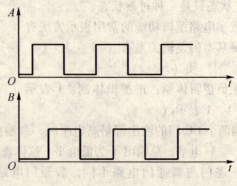

(b)

题 9-18 图

# 阅读与应用

## 一、集成电路命名规则

TTL 集成电路是一种单片集成电路，属于半导体集成电路中应用较广泛的一种，半导体集成门电路有 400 多个品种，大致可以分为以下几类：门电路、译码器/驱动器、触发器、计数器、移位寄存器、单稳、双稳电路和多谐振荡器、加法器、乘法器、奇偶校验器、码制转换器、线驱动器/线接收器、多路开关。我国半导体集成电路型号命名规则由五部分组成，如表 9 - 24 所示。

表 9 - 24 半导体集成电路型号命名方法

| 第0部分 | | 第一部分 | | 第二部分 | 第三部分 | | 第四部分 | |
|---|---|---|---|---|---|---|---|---|
| 用字母表示器件符合国家标准 | | 用字母表示器件的类型 | | 用阿拉伯数字表示器件系列和品种号 | 用字母表示器件的工作温度范围 | | 用字母表示器件的封装 | |
| 符号 | 意义 | 符号 | 意义 | | 符号 | 意义 | 符号 | 意义 |
| C | 中国制造 | T | TTL | | C | 0 ~ 70℃ | W | 陶瓷扁平 |
| | | H | HTL | | E | -40 ~ 85℃ | B | 塑料扁平 |
| | | E | ECL | | R | -55 ~ 85℃ | F | 全密封扁平 |
| | | C | CMOS | | M | -55 ~ 125℃ | D | 陶瓷直插 |
| | | F | 线性放大器 | | … | | P | 塑料直插 |
| | | D | 电视电路 | | | | J | 黑陶瓷直插 |
| | | W | 稳压器 | | | | K | 金属菱形 |
| | | J | 接口电路 | | | | | 金属圆形 |
| | | B | 非线性电路 | | | | … | |
| | | M | 存储器 | | | | | |
| | | μ | 微型机电路 | | | | | |
| | | … | …… | | | | | |

半导体集成电路型号命名方法说明如下：

1. 有关国家标准 GB3430 - 82 "半导体集成电路系列和品种" 中规定的品种型号是按本标准规定方法命名的。

2. 型号第二部分的四位数字表示系列和品种，左起第一位数字表示系列，后三位数字表示品种。例如：

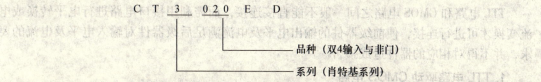

其中，系列代号包括：①中速系列（同美国得克萨斯公司的标准系列）；②高速系列（同美国得克萨斯公司的 H 系列）；③肖特基系列（同美国得克萨斯公司的 S 系列）；④低功耗肖特基系列（同美国得克萨斯公司的 LS 系列）。

3. 型号第三部分代号含义为：

M—器件工作温度范围 – 55 ~ 125℃，同美国得克萨斯公司的 54 系列；C—器件工作温度范围 0 ~ 70℃，同美国得克萨斯公司的 74 系列。

4. 型号第四部分代号含义为：

对于 M 工作温度范围的有：F—全密封扁平封装；D—陶瓷直插封装；对于 C 工作温度范围的有：W—陶瓷扁平封装；B—塑料扁平封装；J—黑陶瓷直插封装；P—塑料直插封装。

5. 国标 TTL 集成电路与国外标准 TTL 集成电路能完全互换，两者型号之间有对应规律。例如，国标符号：

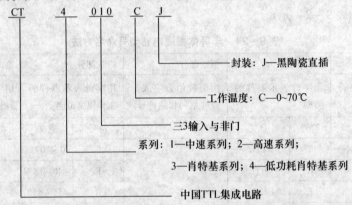

$$\text{CT} \quad 4 \quad 010 \quad C \quad J$$

- 封装：J—黑陶瓷直插
- 工作温度：C—0~70℃
- 三3输入与非门
- 系列：1—中速系列；2—高速系列；3—肖特基系列；4—低功耗肖特基系列
- 中国TTL集成电路

6. 由于我国优选国外通用品种为国家标准，这些集成电路的质量符合国际电工委员会的规定，所以在产品型号的第二部分也可直接用国际通用系列品种的代号。例如 CT4010CJ 可写成如下形式：

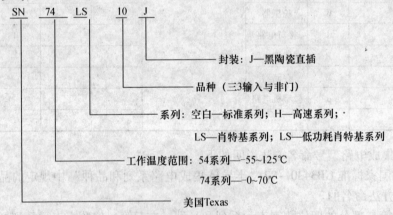

$$\text{SN} \quad 74 \quad \text{LS} \quad 10 \quad J$$

- 封装：J—黑陶瓷直插
- 品种（三3输入与非门）
- 系列：空白—标准系列；H—高速系列；LS—肖特基系列；LS—低功耗肖特基系列
- 工作温度范围：54系列—–55~125℃；74系列—0~70℃
- 美国Texas

## 二、TTL 电路与 CMOS 电路间的连接

TTL 电路和 CMOS 电路之间一般不能直接连接，而需利用接口电路进行电平转换或电流变换才可进行连接，使前级器件的输出电平及电流满足后级器件对输入电平及电流的要求，并不得对相应的器件造成损害。

### 1. TTL 电路驱动 CMOS 电路

TTL 电路输出的低电平电流较大，能够满足驱动 CMOS 电路的要求，而输出高电平的下限值小于 CMOS 电路输入高电平的下限值，它们之间不能直接驱动。因此，应设法提高 TTL 电路输出高电平的下限值，使其大于 CMOS 电路输入高电平的下限值。如图 9 – 41 所示。

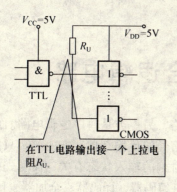
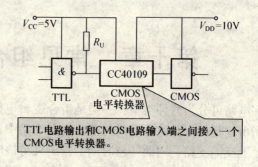

图 9-41 TTL 电路驱动 CMOS 电路

### 2. TTL 电路驱动 74HC/74HCT 高速 CMOS 电路

高速 CMOS 电路 CC74HCT 系列在制造时已考虑到和 TTL 电路的兼容问题，它的输入高电平 $U_{IH(max)}$ = 2V，而 TTL 电路输出的高电平 $U_{OH(min)}$ = 2.7V，因此，TTL 电路的输出端可直接与高速 CMOS 电路 CC74HCT 系列的输入端相连，不需要另外再加其他器件。

### 3. CMOS4000 系列电路驱动 74 系列 TTL 电路

CMOS4000 系列电路输出的高、低电平都满足驱动 TTL 电路要求，但由于 TTL 电路输入低电平电流较大，而 CMOS4000 系列电路输出低电平电流却很小，灌电流负载能力很差，不能向 TTL 提供较大的低电平电流。因此，需要扩大 CMOS 门电路输出低电平时吸收负载电流的能力。通常有以下两种解决方法：①将同一封装内的

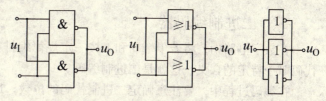

图 9-42 将 CMOS 门电路并联以提高带负载能力

门电路并联使用，如图 9-42 所示。虽然同一封装内两个门电路的参数比较一致，但不可能完全相同，所以两个门并联后的最大负载电流略低于每个门最大负载电流的两倍。②在 CMOS 电路的输出端端加一级 CMOS 驱动器，如图 9-43（a）所示。③用分立器件的电流放大器实现电流扩展，如图 9-43（b）所示，只要放大器的电路参数选得合理就会满足要求。

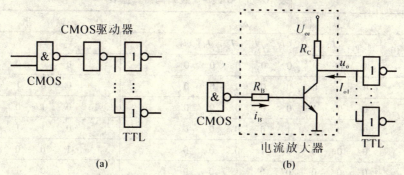

图 9-43 通过 CMOS 驱动器驱动 TTL 电路

### 4. CMOS4000 系列电路驱动 74HC/74HCT 系列 TTL 电路

CMOS4000 系列可与 74HC/74HCT 系列 TTL 电路直接相连。

# 第十章 常见组合逻辑电路

数字电路可分为两种类型：一类是组合逻辑电路，另一类是时序逻辑电路。组合逻辑电路是指由逻辑门电路组合而成的电路，在电路中信号的传输是单一方向的，只能由输入到输出，无反馈支路。因而任意时刻的输出只与该时刻的输入状态有关，而与先前的输出状态无关，电路无记忆功能。常见的组合逻辑电路有编码器、译码器、全加器、比较器等。

## 第一节 编码器

在数字系统中，把某些特定意义的信息编成相应二进制代码表述的过程称为编码，能够实现编码操作的数字电路称为编码器。例如十进制数 13 在数字电路中可用编码 1101 表示，也可用 BCD 码 00010011 表示；再如计算机键盘，上面的每一个键对应着一个编码，当按下某键时，计算机内部的编码电路就将该键的电平信号转化成对应的编码信号。

### 一、二进制编码器

在数字电路中，将若干个 0 和 1 按一定规律编排在一起，组成不同的代码，并将这些代码赋予特定的含义，这就是二进制编码。

在编码过程中，要注意确定二进制代码的位数。1 位二进制数，只有 0 和 1 两种状态，可表示两种特定含义。2 位二进制数，有 00、01、10、11 四个状态，可表示四种特定含义。3 位二进制数，有 8 个状态，可表示 8 种特定含义。一般情况，$n$ 位二进制数有 $2^n$ 个状态，可表示 $2^n$ 种特定含义。编码器一般都制成集成电路，如 74LS148 为 3 位二进制编码器，其输入共有 8 个信号，输出为 3 位二进制代码，常称为 8 线—3 线编码器，其功能真值表见表 10 - 1，输入为高电平有效。

表 10 - 1 8 线 - 3 线编码器真值表

| 输 | | | 入 | | | | | 输 | 出 | |
|---|---|---|---|---|---|---|---|---|---|---|
| $I_0$ | $I_1$ | $I_2$ | $I_3$ | $I_4$ | $I_5$ | $I_6$ | $I_7$ | $Y_2$ | $Y_1$ | $Y_0$ |
| 1 | 0 | 0 | 0 | 0 | 0 | 0 | 0 | 0 | 0 | 0 |
| 0 | 1 | 0 | 0 | 0 | 0 | 0 | 0 | 0 | 0 | 1 |
| 0 | 0 | 1 | 0 | 0 | 0 | 0 | 0 | 0 | 1 | 0 |
| 0 | 0 | 0 | 1 | 0 | 0 | 0 | 0 | 0 | 1 | 1 |
| 0 | 0 | 0 | 0 | 1 | 0 | 0 | 0 | 1 | 0 | 0 |
| 0 | 0 | 0 | 0 | 0 | 1 | 0 | 0 | 1 | 0 | 1 |
| 0 | 0 | 0 | 0 | 0 | 0 | 1 | 0 | 1 | 1 | 0 |
| 0 | 0 | 0 | 0 | 0 | 0 | 0 | 1 | 1 | 1 | 1 |

由真值表写出各输出的逻辑表达式为：

$$Y_2 = \overline{\overline{I_4}\,\overline{I_5}\,\overline{I_6}\,\overline{I_7}}$$

$$Y_1 = \overline{\overline{I_2}\,\overline{I_3}\,\overline{I_6}\,\overline{I_7}}$$

$$Y_0 = \overline{\overline{I_1}\,\overline{I_3}\,\overline{I_5}\,\overline{I_7}}$$

用门电路实现逻辑电路如图 10 - 1 所示。

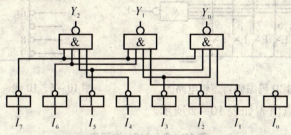

图 10 - 1　8 线 - 3 线编码器逻辑电路图

8 个待编码的输入信号 $I_0$，$I_1$，…，$I_7$ 任何时刻只能有一个为高电平，由编码器真值表可以看出，编码器输出的三位二进制编码 $Y_2 Y_1 Y_0$，可以反映不同输入信号的状态。例如输出编码为 001（十进制数 1），说明输入状态为第 1 号输入 $I_1$ 为高电平，其余均为低电平；又如输出编码为 110（十进制 6）时，说明第 6 个输入信号 $I_6$ 为高电平，其余均为低电平。如图 10 - 2 所示为 74LS148 引脚排列图，图 10 - 3 为 74LS148 逻辑符号。

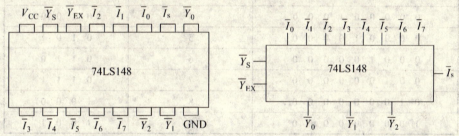

图 10 - 2　74LS148 引脚排列图　　　　　图 10 - 3　74LS148 逻辑符号

## 二、二 - 十进制编码器

二—十进制代码简称 BCD 码，是以二进制代码表示十进制数，它是兼顾考虑到人们对十进制计数的习惯和数字逻辑部件易于处理二进制数的特点。如图 10 - 4 所示为 BCD8421 码编码器电路，其中 $I_0$，…，$I_9$ 为输入端，表示 0，1，…，9 十个十进制数，$Y_3$，$Y_2$，$Y_1$，$Y_0$ 为输出端，代表输入信号的 BCD 编码，由于其输入端有 10 个，输出端有 4 个，又称为 10 线—4 线编码器。图 10 - 5 所示为 10 线 - 4 线编码器逻辑符号。

电路的逻辑表达式为

$$Y_0 = I_1 + I_3 + I_5 + I_7 + I_9$$

$$Y_1 = I_2 + I_3 + I_6 + I_7$$

$$Y_2 = I_4 + I_5 + I_6 + I_7$$

$$Y_3 = I_8 + I_9$$

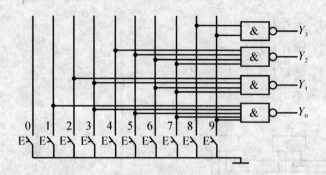

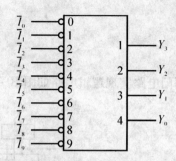

图 10 - 4　8421BCD 码编码器逻辑电路图　　　　图 10 - 5　10 线 - 4 线编码器逻辑符号

根据表达式列出真值表如表 10 - 2 所示。

表 10 - 2　8421 编码表

| 输入信号 | | | | | | | | | | 对应十进制数 | 输　　出 | | | |
|---|---|---|---|---|---|---|---|---|---|---|---|---|---|---|
| $I_9$ | $I_8$ | $I_7$ | $I_6$ | $I_5$ | $I_4$ | $I_3$ | $I_2$ | $I_1$ | $I_0$ | | $Y_3$ | $Y_2$ | $Y_1$ | $Y_0$ |
| 0 | 0 | 0 | 0 | 0 | 0 | 0 | 0 | 0 | 0 | 0 | 0 | 0 | 0 | 0 |
| 0 | 0 | 0 | 0 | 0 | 0 | 0 | 0 | 0 | 1 | 1 | 0 | 0 | 0 | 1 |
| 0 | 0 | 0 | 0 | 0 | 0 | 0 | 0 | 1 | 0 | 2 | 0 | 0 | 1 | 0 |
| 0 | 0 | 0 | 0 | 0 | 0 | 0 | 1 | 0 | 0 | 3 | 0 | 0 | 1 | 1 |
| 0 | 0 | 0 | 0 | 0 | 0 | 1 | 0 | 0 | 0 | 4 | 0 | 1 | 0 | 0 |
| 0 | 0 | 0 | 0 | 0 | 1 | 0 | 0 | 0 | 0 | 5 | 0 | 1 | 0 | 1 |
| 0 | 0 | 0 | 1 | 0 | 0 | 0 | 0 | 0 | 0 | 6 | 0 | 1 | 1 | 0 |
| 0 | 0 | 1 | 0 | 0 | 0 | 0 | 0 | 0 | 0 | 7 | 0 | 1 | 1 | 1 |
| 0 | 1 | 0 | 0 | 0 | 0 | 0 | 0 | 0 | 0 | 8 | 1 | 0 | 0 | 0 |
| 1 | 0 | 0 | 0 | 0 | 0 | 0 | 0 | 0 | 0 | 9 | 1 | 0 | 0 | 1 |

由真值表可以看出，此电路的输出 $Y_3$、$Y_2$、$Y_1$、$Y_0$ 只有 0000 ~ 1001 十种组合，正好反映 0 ~ 9 十个十进制数，从而实现从十进制到二进制的转换。此电路输出端不会出现 1010 ~ 1111 六种非 BCD 码的组合状态。

集成编码器有多种型号，使用时需查使用手册，尤其要注意编码器的外引线排列顺序、输入信号的有效电平、输出代码是原码还是反码。图 10 - 6、图 10 - 7 所示为 10 线——4 线编码器 74LS147 的外引线排列及其逻辑符号。

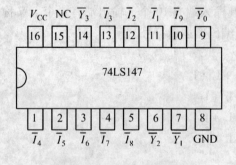

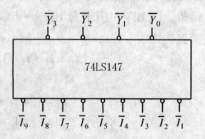

图 10 - 6　74LS147 外引线排列图　　　　图 10 - 7　74LS147 逻辑符号

由图中可以看出，输入信号为低电平有效，输出信号为反码输出。例如，$\overline{I_3} = 0$ 时，$\overline{Y_3}$ $\overline{Y_2}\ \overline{Y_1}\ \overline{Y_0} = 1100$，1100 是 3 的 BCD 码 0011 的反码。

# 第二节　译码器

在数字系统中，为了便于读取数据，显示器件通常以人们所熟悉的十进制数直观地显示结果。因此，在编码器与显示器件之间还必须有一个能把二进制代码译成对应的十进制数的电路，这种翻译过程就是译码，能实现译码功能的逻辑电路称为译码器。显然，译码是编码的逆过程。译码器是一种多输入和多输出电路，而对应输入信号的任意状态，仅有一个输出状态有效，其他输出状态均无效。

下面以二进制译码器和二—十进制译码器为例说明译码器的分析方法。

## 一、二进制译码器

二进制译码器是将输入的二进制代码转换成特定的输出信号。二进制译码器的逻辑特点是，若输入为 n 个，则输出信号有 $2^n$ 个，所以也称这种译码器为 n 线—$2^n$ 线译码器，对应每一组输入组合，只有一个输出端有输出信号，其余输出端没有输出信号。例如，常用的 3 位二进制译码器 74LS138，输入代码为 3 位，输出信号为 8 个，故又称为 3 线－8 线译码器。图 10－8、图 10－9所示为 74LS138 的外引线排列及逻辑符号，图 10－10 为其内部原理图。

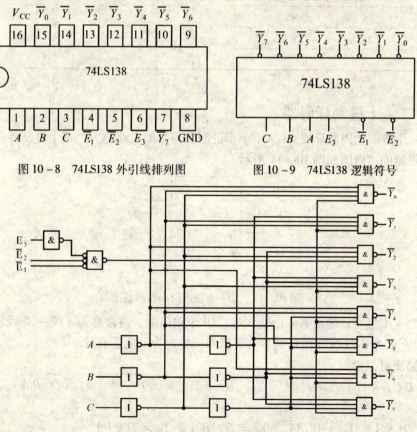

图 10－8　74LS138 外引线排列图　　图 10－9　74LS138 逻辑符号

图 10－10　74LS138 译码器原理图

74LS138 有三个输入端 C、B、A，8 个输出端 $\overline{Y_0} \sim \overline{Y_7}$。C、B、A 三个输入端的八种不同的组合对应 $\overline{Y_0} \sim \overline{Y_7}$ 的每一路输出，例如 C、B、A 为 000 时，$\overline{Y_0} = 0$，$\overline{Y_1} \sim \overline{Y_7} = 1$。C、B、A 为 001 时，$\overline{Y_1} = 0$，依次类推。74LS138 还有三个允许端 $E_3$、$\overline{E_1}$、$\overline{E_2}$，只有 $E_3$ 端为高电平、$\overline{E_2}$ 和 $\overline{E_1}$ 为低电平时，该译码器才进行译码。

在微机系统中经常使用 3 线—8 线译码器作地址译码。74LS138 译码器的功能表如表 10 - 3 所示。

表 10 - 3　74LS138 译码器真值表

| 允许端 | | | 输入端 | | | 输出端 |
|---|---|---|---|---|---|---|
| $E_3$ | $\overline{E_1}$ | $\overline{E_2}$ | C | B | A | $\overline{Y_0} \sim \overline{Y_7}$ |
| 1 | 0 | 0 | 0 | 0 | 0 | $\overline{Y_0} = 0$，其余为 1 |
| | | | 0 | 0 | 1 | $\overline{Y_1} = 0$，其余为 1 |
| | | | 0 | 1 | 0 | $\overline{Y_2} = 0$，其余为 1 |
| | | | 0 | 1 | 1 | $\overline{Y_3} = 0$，其余为 1 |
| | | | 1 | 0 | 0 | $\overline{Y_4} = 0$，其余为 1 |
| | | | 1 | 0 | 1 | $\overline{Y_5} = 0$，其余为 1 |
| | | | 1 | 1 | 0 | $\overline{Y_6} = 0$，其余为 1 |
| | | | 1 | 1 | 1 | $\overline{Y_7} = 0$，其余为 1 |
| 0 | × | × | × | × | × | $\overline{Y_0} \sim \overline{Y_7}$，全 1 |
| × | 1 | × | | | | |
| × | × | 1 | | | | |

## 二、二 - 十进制译码器

将二 - 十进制代码翻译成 0～9 十个十进制数信号的电路称为二 - 十进制译码器。二 - 十进制译码器的示意图如图 10 - 11 所示。

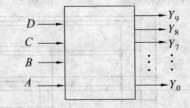

图 10 - 11　二 - 十进制译码器示意图

一个二 - 十进制译码器有 4 个输入端，10 个输出端，通常称为 4 线—10 线译码器。如图 10 - 12 所示为 8421BCD 码译码器的逻辑图，输出为低电平有效。

由电路图可以得到

$$Y_0 = \overline{\overline{D}\,\overline{C}\,\overline{B}\,\overline{A}} \quad Y_1 = \overline{\overline{D}\,\overline{C}\,\overline{B}A} \quad Y_2 = \overline{\overline{D}\,\overline{C}B\,\overline{A}} \quad Y_3 = \overline{\overline{D}\,\overline{C}BA} \quad Y_4 = \overline{\overline{D}C\,\overline{B}\,\overline{A}} \quad Y_5 = \overline{\overline{D}C\,\overline{B}A}$$

$$Y_6 = \overline{\overline{D}CB\,\overline{A}} \quad Y_7 = \overline{\overline{D}CBA} \quad Y_8 = \overline{D\,\overline{C}\,\overline{B}\,\overline{A}} \quad Y_9 = \overline{D\,\overline{C}\,\overline{B}A}$$

这就是译码输出逻辑表达式。当 DCBA 分别为 0000～1001 十个 8421BCD 码时，就可以得到表10-4所示的译码器真值表。

表10-4 8421BCD译码器真值表

| D | C | B | A | $Y_0$ | $Y_1$ | $Y_2$ | $Y_3$ | $Y_4$ | $Y_5$ | $Y_6$ | $Y_7$ | $Y_8$ | $Y_9$ |
|---|---|---|---|---|---|---|---|---|---|---|---|---|---|
| 0 | 0 | 0 | 0 | 0 | 1 | 1 | 1 | 1 | 1 | 1 | 1 | 1 | 1 |
| 0 | 0 | 0 | 1 | 1 | 0 | 1 | 1 | 1 | 1 | 1 | 1 | 1 | 1 |
| 0 | 0 | 1 | 0 | 1 | 1 | 0 | 1 | 1 | 1 | 1 | 1 | 1 | 1 |
| 0 | 0 | 1 | 1 | 1 | 1 | 1 | 0 | 1 | 1 | 1 | 1 | 1 | 1 |
| 0 | 1 | 0 | 0 | 1 | 1 | 1 | 1 | 0 | 1 | 1 | 1 | 1 | 1 |
| 0 | 1 | 0 | 1 | 1 | 1 | 1 | 1 | 1 | 0 | 1 | 1 | 1 | 1 |
| 0 | 1 | 1 | 0 | 1 | 1 | 1 | 1 | 1 | 1 | 0 | 1 | 1 | 1 |
| 0 | 1 | 1 | 1 | 1 | 1 | 1 | 1 | 1 | 1 | 1 | 0 | 1 | 1 |
| 1 | 0 | 0 | 0 | 1 | 1 | 1 | 1 | 1 | 1 | 1 | 1 | 0 | 1 |
| 1 | 0 | 0 | 1 | 1 | 1 | 1 | 1 | 1 | 1 | 1 | 1 | 1 | 0 |

例如，DCBA = 0000 时，$Y_0 = 0$，而 $Y_1 = Y_2 = \cdots = Y_9 = 1$，它表示8421BCD码0000译成的十进制码为0。由译码器的输出逻辑表达式可以看出，译码器除了能把8421BCD码译成相应的十进制数码之外，它还能拒绝伪码。所谓伪码，是指1010～1111六个码，当输入该六个码中任一个时，$Y_0 \sim Y_9$ 均为1，即得不到译码输出，这就是拒绝伪码。

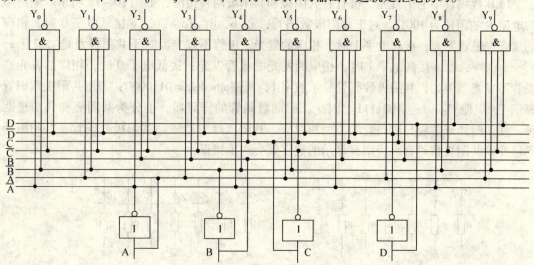

图10-12 8421BCD码译码器逻辑图

# 第三节 数码显示译码器

在数字电路中，常常把所测量的数据和运算结果用十进制数显示出来，这首先要对二进制进行译码，然后由译码器驱动相应的显示器件显示出来。可以说显示译码器是由译码器、驱动器组成。

## 一、七段数码显示器

显示器件有半导体发光二极管（LED）、液晶显示管（LCD）和荧光数码显示管等。它们都是由 7 段可发光的字段组合而成，组字的原理相同，但发光字段的材料和发光的原理不同。下面以发光二极管（LED）数码显示器为例，说明七段数码显示器的组字原理。

LED 数码管将十进制数码分成七个字段，每段为一个发光二极管，引脚排列如图 10 – 13（a）所示，所示字形结构如图 10 – 13（b）所示。选择不同字段发光，可显示出不同字形。当 a，b，c，d，e，f，g 七个字段全亮时，显示出 8；b，c 段亮时，显示出 1，a，b，g，e，d 段亮，显示出 2，依此方式类推，可得到其余数字 3 ~ 9，显示的数字如图 10 – 14 所示。

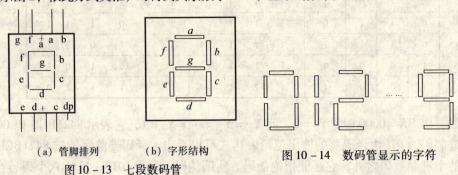

| （a）管脚排列 | （b）字形结构 | 图 10 – 14　数码管显示的字符 |

图 10 – 13　七段数码管

LED 数码管中七个发光二极管有共阴极和共阳极两种接法，如图 10 – 15 所示。电路中的电阻 $R$ 的阻值为 100Ω。对于共阳极数码管，a，b，c，d，e，f，g 接低电平 0 时，相应的发光二极管发光；接高电平 1 时，相应的发光二极管不发光。对于共阴极发光二极管 a，b，c，d，e，f，g 接高电平 1 时，相应的发光二极管发光；接低电平 0 时，相应的发光二极管不发光。例如，共阴极数码管显示数字 1，应使 abcdefg = 0110000；若用共阳极数码管显示 1，应使 abcdefg = 1001111。因此，驱动数码管的译码器，也分为共阴极和共阳极两种。使用时译码器应与数码管的类型相对应，共阳极译码器驱动共阳极数码管，共阴极译码器驱动共阴极数码管。否则，显示的数字就会产生错误。

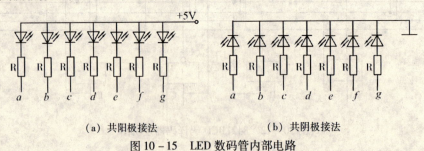

| （a）共阳极接法 | （b）共阴极接法 |

图 10 – 15　LED 数码管内部电路

## 二、七段显示译码器

七段显示译码器的作用是将 4 位二进制代码（8421BCD 码）代表的十进制数字，翻译成显示器输入所需要的 7 位二进制代码（abcdefg），以驱动显示器显示相应的数字。因此常把这种译码器称为"代码变换器"。

七段显示译码器常采用集成电路。常见的有 T337 型（共阴极），T338 型（共阳极）等。如

图 10 – 16 所示为 T337 型显示译码器的外引线排列图。表 10 – 5 所示为它的逻辑功能表，表中 0 指低电平，1 指高电平，×指任意电平。$I_B$ 为消隐输入端，高电平有效，即 $I_B = 1$ 时，显示译码器可以正常工作；$I_B = 0$ 时，显示译码器熄灭，不工作。$V_{CC}$ 通常取 +5V。

表 10 – 5　七段显示译码器 T337

| 输入 | | | | | 输出 | | | | | | | 数字 |
|---|---|---|---|---|---|---|---|---|---|---|---|---|
| $I_B$ | $A_3$ | $A_2$ | $A_1$ | $A_0$ | a | b | c | d | e | f | g | |
| 0 | × | × | × | × | 0 | 0 | 0 | 0 | 0 | 0 | 0 | 0 |
| 1 | 0 | 0 | 0 | 0 | 1 | 1 | 1 | 1 | 1 | 1 | 0 | 0 |
| 1 | 0 | 0 | 0 | 1 | 0 | 1 | 1 | 0 | 0 | 0 | 0 | 1 |
| 1 | 0 | 0 | 1 | 0 | 1 | 1 | 0 | 1 | 1 | 0 | 1 | 2 |
| 1 | 0 | 0 | 1 | 1 | 1 | 1 | 1 | 1 | 0 | 0 | 1 | 3 |
| 1 | 0 | 1 | 0 | 0 | 0 | 1 | 1 | 0 | 0 | 1 | 1 | 4 |
| 1 | 0 | 1 | 0 | 1 | 1 | 0 | 1 | 1 | 0 | 1 | 1 | 5 |
| 1 | 0 | 1 | 1 | 0 | 1 | 0 | 1 | 1 | 1 | 1 | 1 | 6 |
| 1 | 0 | 1 | 1 | 1 | 1 | 1 | 1 | 0 | 0 | 0 | 0 | 7 |
| 1 | 1 | 0 | 0 | 0 | 1 | 1 | 1 | 1 | 1 | 1 | 1 | 8 |
| 1 | 1 | 0 | 0 | 1 | 1 | 1 | 1 | 1 | 0 | 1 | 1 | 9 |

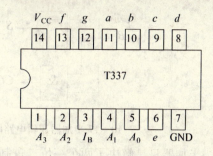

图 10 – 16　T337 共阴极七段显示译码器外引脚排列图

# 第四节　加法器

加法器是数字系统中的一个常见逻辑部件，也是计算机运算的基本单元。加法是最基本的数值运算，实现加法运算的电路称为加法器，它主要由若干个全加器组成。

## 一、半加器

半加器是用来完成两个 1 位二进制数半加运算的逻辑电路，即运算时不考虑低位送来的进位，只考虑两个本位数的相加。

设半加器的被加数为 A，加数为 B，和为 S，向高位的进位为 CO，则半加器的真值表如表 10 – 6 所示。

表 10 – 6　半加器真值表

| 输　　入 | | 输　　出 | |
|---|---|---|---|
| A | B | CO | S |
| 0 | 0 | 0 | 0 |
| 0 | 1 | 0 | 1 |
| 1 | 0 | 0 | 1 |
| 1 | 1 | 1 | 0 |

由真值表可得出半加器的逻辑函数表达式为

$$CO = AB$$

$$S = \overline{A}B + A\overline{B} = A \oplus B$$

由逻辑函数表达式可画出半加器的逻辑电路图如图 10－17 所示，半加器的逻辑符号如图 10－18 所示。

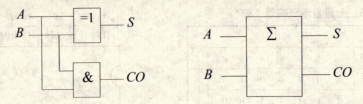

10－17 半加器逻辑电路图　　　　图 10－18　半加器逻辑符号

半加器只是解决了两个一位二进制数相加的问题，没有考虑来自低位的进位。而实际问题中所遇到的多位二进制数相加运算，往往又必须同时考虑低位送来的进位，显然半加器不能实现多位二进制的加法运算。

## 二、全加器

全加器是用来完成两个 1 位二进制数全加运算的逻辑电路。即运算时除了两个本位数相加外，还要考虑低位送来的进位。

设全加器的被加数为 A，加数为 B，低位送来的进位为 CI，本位和为 S，向高位的进位为 CO。则全加器的真值表如表 10－7 所示。

表 10－7　全加器真值表

| 输入 | | | 输出 | |
|---|---|---|---|---|
| A | B | CI | CO | S |
| 0 | 0 | 0 | 0 | 0 |
| 0 | 0 | 1 | 0 | 1 |
| 0 | 1 | 0 | 0 | 1 |
| 0 | 1 | 1 | 1 | 0 |
| 1 | 0 | 0 | 0 | 1 |
| 1 | 0 | 1 | 1 | 0 |
| 1 | 1 | 0 | 1 | 0 |
| 1 | 1 | 1 | 1 | 1 |

由真值表得到的逻辑表达式

$$S = \overline{A}\,\overline{B}CI + \overline{A}B\,\overline{CI} + A\overline{B}\,\overline{CI} + ABCI$$

$$CO = AB + BCI + ACI$$

全加器的逻辑函数表达式比较复杂，因此逻辑电路图也相应地复杂，这里不作描述，仅给出全加器的逻辑符号如图 10－19 所示。

## 三、四位加法器

熟悉全加器的逻辑功能以后，就可以讨论多位二进制数相加的问题了。如图 10－20 所示是一个 4 位二进制加法器的逻辑电路图，被加数为 $A_3A_2A_1A_0$，加数为 $B_3B_2B_1B_0$，和为 $S_3S_2S_1S_0$，向高位的进位为 $CO_3$，其中每一位数相加都需要用一个全加器，所以共需要四个全加器。每一位的本位进位都送给相邻高位的进位输入端。所以任意一位的加法运算，必须等到低一位的加法运算完成并送来进位之后才能进行。

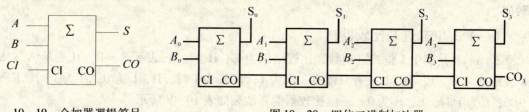

10 - 19　全加器逻辑符号　　　　　图 10 - 20　四位二进制加法器

# 第五节　比　较　器

在数字控制设备中，经常需要对两个数字量进行比较，例如，一个温控恒温机构，要求恒温于某个温度 B，若实际温度 A 低于 B，需要继续升温；当 A = B 时，维持原有温度；若实际温度 A 高于 B 时，则停止加热，即切断电源。这里需要先将温度转换成数字信号，然后进行比较，由比较结果再去控制执行机构，确定是接通还是切断电源。这种用来比较两个数字的逻辑电路称为数字比较器。只比较两个数字是否相等的数字比较器称为同比较器；不但比较两个数是否相等，而且还能比较两个数字大小的比较器称为大小比较器。

## 一、同比较器

首先分析 1 位二进制数的情况。

设输入两个二进制变量 A 和 B，用 Y 表示输出结果。两个数相等时，输出为 1，两个数不等时输出为 0。其真值表见表 10 - 8 1 位同比较器的真值表所示。

表 10 - 8　1 位同比较器的真值表

| 输　　入 | | 输　　出 |
|---|---|---|
| A | B | Y |
| 0 | 0 | 1 |
| 0 | 1 | 0 |
| 1 | 0 | 0 |
| 1 | 1 | 1 |

由真值表可以看出逻辑关系为

$$Y = AB + \overline{A}\,\overline{B} = A \odot B$$

可见这是同或的关系。逻辑符号前已学过，这里不再重复。

## 二、大小比较器

不但比较两个数码是否相等，还比较两个数码大小的电路称为数码比较器，简称大小比较器。参与比较的两个数码可以是二进制数，也可以是 BCD 码表示的十进制数或其他类数码。

### （一）1 位二进制比较器

设 A、B 是两个 1 位二进制数，比较结果为 E、H、L。E 表示 A = B，H 表示 A > B，L 表示 A < B，E、H、L 三者只能有一个为 1，即 E 为 1 时，H、L 为 0；H 为 1 时，E、L 为 0；L 为 1 时，E、H 为 0。一位比较器的真值表如表 10 - 9 所示。

表 10 -9　　一位比较器真值表

| 输入 | | 输出 | | |
|---|---|---|---|---|
| A | B | E | H | L |
| 0 | 0 | 1 | 0 | 0 |
| 0 | 1 | 0 | 0 | 1 |
| 1 | 0 | 0 | 1 | 0 |
| 1 | 1 | 1 | 0 | 0 |

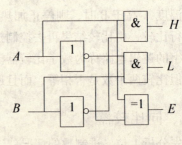

图 10 - 21　1 位二进制比较器

由真值表可以看出逻辑关系为

$$E = \overline{A}\,\overline{B} + AB = \overline{\overline{\overline{A}\,\overline{B}} \cdot \overline{AB}} = \overline{(A + B)(\overline{A} + \overline{B})} = \overline{A\,\overline{B} + \overline{A}\,B} = \overline{A \oplus B}$$

$$H = A\,\overline{B}$$

$$L = \overline{A}B$$

如图 10 - 21 所示为 1 位二进制比较器逻辑电路。

### （二）4 位二进制比较器

多位比较器的规则是从高位到低位逐位比较。例如有两个 4 位二进制数 $A = A_4A_3A_2A_1$ 和 $B = B_4B_3B_2B_1$，先比较最高位，如果 $A_4 > B_4$，那么不论其余的几位数码情况如何，必然是 A > B。反之，若 $A_4 < B_4$，则有 A < B；若 $A_4 = B_4$，则必须继续比较 $A_3$ 和 $B_3$ 来决定 A 和 B 的大小。依此类推，直到得出比较结果。

以中规模集成四位比较器 ST046 为例，ST046 可以对 4 位二进制数 $A_4A_3A_2A_1$ 和 $B_4B_3B_2B_1$ 进行比较，比较结果为 H（A > B）、L（A < B）、E（A = B）。为了能用于更多位的比较，ST046 还增加了 H′、L′、E′ 三个控制输入端，称为比较器扩展端。

当 ST046 用于四位数码比较时，要将 H′、L′ 接地，E′ 接 +5V，即 H′ = L′ = 0、E′ = 1。

ST046 的真值表如表 10－10 所示。

表 10－10　ST046 真值表

| 比较输入 | | | | 串联输入 | | | 输出 | | |
|---|---|---|---|---|---|---|---|---|---|
| $A_4 B_4$ | $A_3 B_3$ | $A_2 B_2$ | $A_1 B_1$ | H′ | L′ | E′ | H | L | E |
| $A_4 > B_4$ | × | × | × | × | × | × | 1 | 0 | 0 |
| $A_4 < B_4$ | × | × | × | × | × | × | 0 | 1 | 0 |
| | $A_3 > B_3$ | × | × | × | × | × | 1 | 0 | 0 |
| | $A_3 < B_3$ | × | × | × | × | × | 0 | 1 | 0 |
| | | $A_2 > B_2$ | × | × | × | × | 1 | 0 | 0 |
| | | $A_2 < B_2$ | × | × | × | × | 0 | 1 | 0 |
| | | | $A_1 > B_1$ | × | × | × | 1 | 0 | 0 |
| $A_4 = B_4$ | | | $A_1 < B_1$ | × | × | × | 0 | 1 | 0 |
| | | | $A_1 = B_1$ | 1 | 0 | 0 | 1 | 0 | 0 |
| | $A_3 = B_3$ | $A_2 = B_2$ | | 0 | 1 | 0 | 0 | 1 | 0 |
| | | | | 0 | 0 | 1 | 0 | 0 | 1 |
| | | | | × | × | 1 | 0 | 0 | 1 |
| | | | | 1 | 1 | 0 | 0 | 0 | 0 |
| | | | | 0 | 0 | 0 | 1 | 0 | |

由真值表可得出逻辑表达式为

$$H = A_4 \overline{B_4} + A_3 \overline{B_3} C_4 + A_2 \overline{B_2} C_4 C_3 + A_1 \overline{B_1} C_4 C_3 C_2 + C_4 C_3 C_2 C_1 H'$$
$$L = \overline{A_4} B_1 + \overline{A_3} B_3 C_4 + \overline{A_2} B_2 C_4 C_3 + \overline{A_1} B_1 C_4 C_3 + C_4 C_3 C_2 C_1 L'$$
$$E = C_4 C_3 C_2 C_1 E'$$

其中

$$C_4 = \overline{A_4 \oplus B_4} \qquad C_3 = \overline{A_3 \oplus B_3}$$
$$C_2 = \overline{A_2 \oplus B_2} \qquad C_1 = \overline{A_1 \oplus B_1}$$

当 ST046 用于扩展时，H′、L′、E′三个输入端分别接另一 4 位比较器的输出端 H、L、E。

用两块 ST046 串联而成的 8 位二进制比较器如图 10－22 所示。一个集成块的输入为待比较数码的高 4 位，另一集成块的输入为待比较数码的低四位。

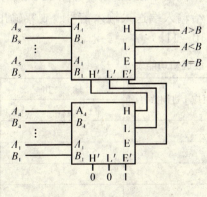

图 10－22　串联方式位扩展

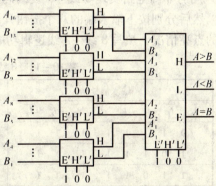

图 10－23　并联方式位扩展

比较器的位扩展也可用并联方式实现，如图 10-23 所示用 5 块 4 位比较器实现 16 位二进制数比较。如果用串联方式，只用 4 块 4 位比较器即可，但并联方式比串联方式速度快。

# 实训　编码、译码、显示电路的连接和测量

## 一、实验目的

1. 掌握编码器、译码器、显示器的电路连接方法及工作原理。

2. 掌握 74LS147 集成编码器、74LS138 集成译码器、74LS47BCD 七段译码驱动器、LC5011 数码显示器的使用、引脚定义及测量方法。

## 二、实验器材

1. 电子技术综合试验台　　　1 台
2. 万用表　　　　　　　　　1 个
3. 74LS147 集成编码器　　　 1 个
4. 74LS138 集成译码器　　　 1 个
5. 74LS47 译码驱动器　　　　1 个
6. LC5011 数码显示器　　　　1 个
7. Φ3 发光二极管（红色）　　8 个
8. 与非门 74LS20　　　　　　2 个
9. 按钮开关　　　　　　　　10 个
10. 六非门 74LS04　　　　　 1 个
11. 导线　　　　　　　　　 若干

## 三、实验步骤

### 1. 编码器

（1）元器件介绍

四输入双与非门—74LS20 引脚排列如图 10-24 所示。

（2）用与非门电路实现 8 线—3 线编码。使用两块 74LS20 完成如图 10-25 所示电路的连接，然后分别按下输入端的八个按钮开关，给输入端送入输入信号，观察输出端发光二极管的点亮情况，填写 8 线-3 线逻辑功能表 10-11。

表 10-11　8 线-3 线逻辑功能表

| 输入信号 | | | | | | | | 对应十进制数 | 输出 | | |
|---|---|---|---|---|---|---|---|---|---|---|---|
| $\overline{I_0}$ | $\overline{I_1}$ | $\overline{I_2}$ | $\overline{I_3}$ | $\overline{I_4}$ | $\overline{I_5}$ | $\overline{I_6}$ | $\overline{I_7}$ | | $Y_2$ | $Y_1$ | $Y_0$ |
| 0 | 1 | 1 | 1 | 1 | 1 | 1 | 1 | | | | |
| 1 | 0 | 1 | 1 | 1 | 1 | 1 | 1 | | | | |
| 1 | 1 | 0 | 1 | 1 | 1 | 1 | 1 | | | | |
| 1 | 1 | 1 | 0 | 1 | 1 | 1 | 1 | | | | |

| 输入信号 | | | | | | | | 对应十进制数 | 输　　出 | | |
|---|---|---|---|---|---|---|---|---|---|---|---|
| $\overline{I_0}$ | $\overline{I_1}$ | $\overline{I_2}$ | $\overline{I_3}$ | $\overline{I_4}$ | $\overline{I_5}$ | $\overline{I_6}$ | $\overline{I_7}$ | | $Y_2$ | $Y_1$ | $Y_0$ |
| 1 | 1 | 1 | 1 | 0 | 1 | 1 | 1 | | | | |
| 1 | 1 | 1 | 1 | 1 | 0 | 1 | 1 | | | | |
| 1 | 1 | 1 | 1 | 1 | 1 | 0 | 1 | | | | |
| 1 | 1 | 1 | 1 | 1 | 1 | 1 | 0 | | | | |

（3）74LS147 10 线 –4 线 BCD 优先编码器测试。74LS147 的 $I_0 \sim I_9$ 为数据输入端（低电平有效），$Y_3 \sim Y_0$ 为编码输出端。

将 74LS147 的输入端分别与十个按钮开关相接，按钮开关的另一端与地相接，74LS147 的输出端分别接三个发光二极管的阴极，三个发光二极管的阳极统一接到 +5V 电源上。然后分别按下输入端的八个按钮开关，给输入端输入信号，观察输出端发光二极管的点亮情况，是否与输入信号编码相一致（注意是反码输出）。然后根据所观测到的情况，请自行画出连接电路图，并编写 74LS147 的功能表。

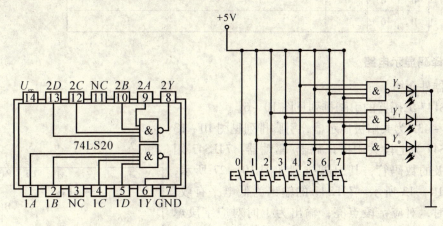

图 10 – 24　四输入双与非门　　　　　　图 10 – 25　8 线 – 3 线编码

### 2. 译码器

（1）按照图 10 – 26 连接 74LS138 功能测试电路。

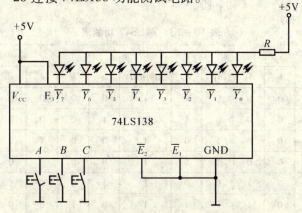

图 10 – 26　74LS138 功能测试原理图

（2）用开关控制 A、B、C 的输入信号，观察发光二极管的工作状态。

（3）根据测试的发光二极管的发光状态，填写 74LS138 的功能表 10 – 12。

表 10 – 12  74LS138 功能表

| 输 入 | | | 输 出 | | | | | | | |
|---|---|---|---|---|---|---|---|---|---|---|
| C | B | A | $\overline{Y_0}$ | $\overline{Y_1}$ | $\overline{Y_2}$ | $\overline{Y_3}$ | $\overline{Y_4}$ | $\overline{Y_5}$ | $\overline{Y_6}$ | $\overline{Y_7}$ |
| 0 | 0 | 0 | | | | | | | | |
| 0 | 0 | 1 | | | | | | | | |
| 0 | 1 | 0 | | | | | | | | |
| 0 | 1 | 1 | | | | | | | | |
| 1 | 0 | 0 | | | | | | | | |
| 1 | 0 | 1 | | | | | | | | |
| 1 | 1 | 0 | | | | | | | | |
| 1 | 1 | 1 | | | | | | | | |
| 0 | 0 | 0 | | | | | | | | |
| 0 | 0 | 1 | | | | | | | | |

### 3. 编码译码显示电路

（1）元器件介绍

1）74LS147 编码器的引脚排列见图 10 – 6。

2）TFK – 433 为共阳极显示器，引脚排列见图 10 – 13。

3）74LS47 为七段共阳极译码器/驱动器，74LS47 用来驱动共阳极的数码管，其引脚排列如图 10 – 27 所示，功能表如表 10 – 13 所示。74LS47 的输出为低电平有效，即输出为 0 时，对应字段点亮；输出为 1 时对应字段熄灭。该译码器能够驱动七段显示器显示 0～9 及 A～F 共 16 个数字的字形。输入端 $A_3$、$A_2$、$A_1$ 和 $A_0$ 接收 4 位二进制码，输出端 13、12、11、10、9、15 和 14 分别驱动七段显示器的 a、b、c、d、e、f 和 g 段。

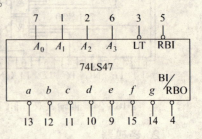

图 10 – 27  74LS47 引脚排列

表 10 – 13  74LS47 功能表

| 数 字 | 输 入 | | | | | | | 输 出 | | | | | | |
|---|---|---|---|---|---|---|---|---|---|---|---|---|---|---|
| | $\overline{LT}$ | $\overline{RBI}$ | $A_3$ | $A_2$ | $A_1$ | $A_0$ | $\overline{BI}/\overline{RBO}$ | a | b | c | d | e | f | g |
| 0 | 1 | 1 | 0 | 0 | 0 | 0 | 1 | 0 | 0 | 0 | 0 | 0 | 0 | 1 |
| 1 | 1 | × | 0 | 0 | 0 | 1 | 1 | 1 | 0 | 0 | 1 | 1 | 1 | 1 |
| 2 | 1 | × | 0 | 0 | 1 | 0 | 1 | 0 | 0 | 1 | 0 | 0 | 1 | 0 |
| 3 | 1 | × | 0 | 0 | 1 | 1 | 1 | 0 | 0 | 0 | 0 | 1 | 1 | 0 |
| 4 | 1 | × | 0 | 1 | 0 | 0 | 1 | 1 | 0 | 0 | 1 | 1 | 0 | 0 |
| 5 | 1 | × | 0 | 1 | 0 | 1 | 1 | 0 | 1 | 0 | 0 | 1 | 0 | 0 |

续表

| 数字 | 输入 | | | | | | | 输出 | | | | | | |
|---|---|---|---|---|---|---|---|---|---|---|---|---|---|---|
| | $\overline{LT}$ | $\overline{RBI}$ | $A_3$ | $A_2$ | $A_1$ | $A_0$ | $\overline{BI}/\overline{RBO}$ | $a$ | $b$ | $c$ | $d$ | $e$ | $f$ | $g$ |
| 6 | 1 | × | 0 | 1 | 1 | 0 | 1 | 1 | 1 | 0 | 0 | 0 | 0 | 0 |
| 7 | 1 | × | 0 | 1 | 1 | 1 | 1 | 0 | 0 | 0 | 0 | 1 | 0 | 0 |
| 8 | 1 | × | 1 | 0 | 0 | 0 | 1 | 0 | 0 | 0 | 0 | 0 | 0 | 0 |
| 9 | 1 | × | 1 | 0 | 0 | 1 | 1 | 0 | 0 | 0 | 1 | 1 | 0 | 0 |
| 全灭 | × | × | × | × | × | × | 0 | 1 | 1 | 1 | 1 | 1 | 1 | 1 |
| 全灭 | 1 | 0 | 0 | 0 | 0 | 0 | 0 | 1 | 1 | 1 | 1 | 1 | 1 | 1 |
| 全亮 | 0 | × | × | × | × | × | 1 | 0 | 0 | 0 | 0 | 0 | 0 | 0 |

$\overline{LT}$ 为灯测试信号输入端，可测试出所有的输出信号；$\overline{RBI}$ 为消隐输入端，用来控制发光显示器的亮度或禁止译码器输出；$\overline{BI}/\overline{RBO}$ 为消隐输入或串行消隐输出端，具有自动熄灭所显示的多位数字前后不必要零位的功能，在进行灯测试时，$\overline{BI}/\overline{RBO}$ 信号要为高电平。

3）六非门 74LS04，其引脚排列如图 10-28 所示。

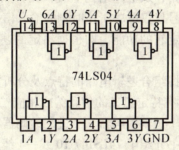

图 10-28　74LS04 六非门

（2）将 74LS147、74LS04、74LS47 和数码管按照图 10-29 所示的电路进行连接，组成编码、译码、显示电路。

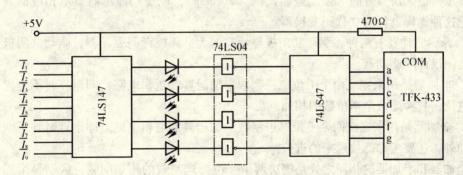

图 10-29　编码、译码、显示电路原理图

（3）利用开关控制 74LS147 输入端的状态，观察 4 个发光二极管的发光状态，再观察 7 段数码显示管所显示的数字是否与输入信号一致，从而验证 74LS147、74LS47 的逻辑功能。

## 四、实训报告

1. 绘制各个环节的电路图，简要说明各个环节的作用。

2. 根据所测试的各个环节的现象说明其逻辑功能。

3. 分析实训中出现的问题及说明解决问题的方法。

## 五、思考题

1. 如何测试一个数码管的好坏？

2. 将编码器、译码器和七段显示器连接起来，接通电源后数码管显示 0，试通过设计去掉 0 显示，使在没有数据输入时，数码管无显示，请画出电路图。

3. 74LS47 的管脚LT、BI/RBO、RBI功能是什么？

# 本章小结

本章所研究的组合逻辑电路，从电路结构上看，其特点是由若干逻辑门组成，而在逻辑上的特点是任何时刻输出信号仅仅取决于该时刻的输入信号，而与电路原来状态无关。

分析组合电路的目的是确定它的功能，即根据给定的逻辑电路，找出输入信号和输出信号之间的逻辑关系。

通过本章学习，主要是掌握组合逻辑电路的特点及分析方法。

1. 编码器是实现将某种具有特定意义的信息编成相应二进制代码的一种装置。常见的编码器有二进制编码器和二—十进制编码器，二进制编码器本书介绍了 74LS148 8 线—3 线编码器，二 – 十进制编码器本书介绍了 74LS147 10 线—4 线编码器。

2. 译码是编码的逆过程，是实现将某种含义的二进制代码编译成相应信息的一种装置。常见的译码器有 3 线—8 线译码器和 4 线—10 线 8421BCD 码译码器。

3. 七段显示译码器的作用是将 4 位二进制代码（8421BCD 码）代表的十进制数字，翻译成显示器输入所需要的 7 位二进制代码（abcdefg），以驱动显示器显示相应的数字。因此常把这种译码器称为"代码变换器"。

4. 译码驱动器有两种，驱动共阳极显示器的为共阳极译码驱动器，驱动共阴极显示器的为共阴极译码驱动器。

5. 半加器是用来完成两个 1 位二进制数半加运算的逻辑电路，即运算时不考虑低位送来的进位，只考虑两个本位数的相加。

6. 全加器是用来完成两个 1 位二进制数全加运算的逻辑电路。即运算时除了两个本位数相加外，还要考虑低位送来的进位。

全加器和半加器的相同之处是解决两个一位二进制数的相加问题；区别是半加器没有考虑来自低位的进位，而全加器则考虑来自低位的进位。

7. 用来比较两个数字的逻辑电路称为数字比较器。只比较两个数字是否相等的数字比较器称为同比较器；不但比较两个数是否相等，而且还能比较两个数字大小的比较器称为大小比较器。

# 习 题

10-1 组合逻辑电路有什么特点？如何分析组合逻辑电路？

10-2 什么是编码？什么是编码器？

10-3 什么是译码？什么是译码器？

10-4 简述编码器和译码器的功能。

10-5 编码器和译码器在电路组成上有什么不同？

10-6 显示译码器的功能是什么？

10-7 LED 七段数码显示器有几种连接方法？分别是什么？画出其电路连接图。

10-8 在使用数码管时应注意什么问题？为什么数码显示译码器也称为代码变换器？

10-9 半加器和全加器的功能是什么？分别用在什么场合？

10-10 简述比较器的功能。说明多位数的比较是怎么实现的。

10-11 试分析题 10-11 图所示的编码器逻辑图，写出逻辑表达式与真值表。

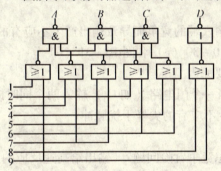

题 10-11 图

10-12 试写出题 10-12 图所示 3 位二进制编码器的逻辑表达式与真值表。

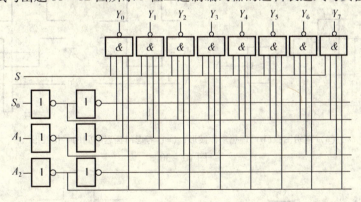

题 10-12 图

# 阅读与应用

## 组合逻辑电路中的竞争冒险

### （一）竞争冒险现象及其产生的原因

**1. 竞争、冒险**

（1）理想情况　输入与输出为稳定状态或没有考虑信号通过导线和逻辑门的传输延迟时间。

（2）实际情况　信号通过导线和门电路时，都存在时间延迟 $t_{pd}$，信号发生变化时也有一定的上升时间 $t_r$ 或下降时间 $t_f$。

（3）竞争　同一个门的一组输入信号，由于它们在此前通过不同数目的门，经过不同长度导线的传输，到达门输入端的时间会出现有先有后的现象，如图 10 - 30（a）和图 10 - 31（a）。

（4）冒险　逻辑门因输入端的竞争而导致输出产生不应有的尖峰干扰脉冲（又称过渡干扰脉冲）的现象，如图 10 - 30（c）和图 10 - 31（b）。

**2. 产生竞争冒险的主要原因**

在组合逻辑电路中，当一个门电路（如 $G_2$）输入两个同时向相反方向变化的互补信号时，则在输出端可能会产生不应有的尖峰干扰脉冲。

讨论：

（1）什么情况时要考虑竞争冒险问题？（输出给高速反应的负载电路时）

（2）译码显示时是否要考虑竞争冒险问题？（不需要，因为很窄的错误输出不会被人眼感知）

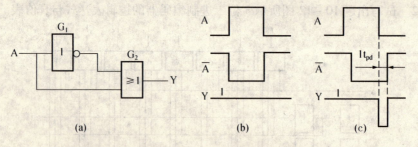

（a）逻辑图；（b）理想工作波形；（c）考虑门延迟时间的工作波形

图 10 - 30

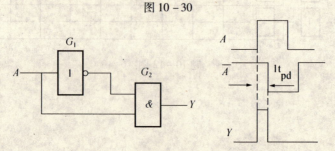

（a）逻辑图；　（b）考虑门延迟时间的工作波形

图 10 - 31

## （二）冒险现象的识别

在组合逻辑电路中，是否存在冒险现象，可通过逻辑函数来判别。如果根据组合逻辑电路写出的输出逻辑函数在一定条件下可简化成下列两种形式时，则该组合逻辑电路可能存在冒险现象，即

$Y = A \cdot \overline{A}$，可能出现 1 型冒险；

$Y = A + \overline{A}$，可能出现 0 型冒险。

**例 10 - 1** 试判断逻辑函数 $Y = A\overline{B} + \overline{A}C + B\overline{C}$ 是否可能出现冒险现象。

解：写出逻辑函数式

$$Y = A\overline{B} + \overline{A}C + B\overline{C}$$

当取 $A = 1$、$C = 0$ 时，$Y = B + \overline{B}$，出现冒险现象。

当取 $B = 0$、$C = 1$ 时，$Y = A + \overline{A}$，出现冒险现象。

当取 $A = 0$、$B = 1$ 时，$Y = C + \overline{C}$，出现冒险现象。

由上分析可知，逻辑函数表达式 $Y = A\overline{B} + \overline{A}C + B\overline{C}$ 存在冒险现象。

**例 10 - 2** 试判断图 10 - 32 所示组合逻辑电路是否可能出现冒险现象。

解：根据图 10 - 32 写出输出逻辑函数式为

$Y = (A + B)(\overline{B} + C)$

当取 $A = 0$、$C = 0$ 时，$Y = B \cdot \overline{B}$，因此，图 10 - 32 所示电路存在冒险现象。

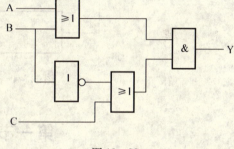

图 10 - 32

说明：由于冒险出现的可能性很多，而且组合电路的冒险现象只是可能产生，而不是一定产生，更何况非临界冒险是允许存在的。因此，实用的判别冒险的方法是测试，可以认为只有实验的结果才是最终的结论。

## （三）消除冒险现象的方法

### 1. 加封锁脉冲

在输入信号产生竞争冒险的时间内，引入一个脉冲将可能产生尖峰干扰脉冲的门封锁住。封锁脉冲应在输入信号转换前到来，转换结束后消失。

### 2. 加选通脉冲

对输出可能产生尖峰干扰脉冲的门电路增加一个接选通信号的输入端，只有在输入信号转换完成并稳定后，才引入选通脉冲将它打开，此时才允许有输出。在转换过程中，由于没有加选通脉冲，输出不会出现尖峰干扰脉冲。

### 3. 接入滤波电容

由于尖峰干扰脉冲的宽度一般都很窄，在可能产生尖峰干扰脉冲的门电路输出端与地之间接入一个容量为几十皮法的电容就可吸收掉尖峰干扰脉冲。

# 第十一章　时序逻辑电路

第十章所讨论的组合逻辑电路，其特点是在任一时刻电路的输出状态只由当时的输入信号所决定，与电路的原状态无关。而在实际应用中，需要获得复杂逻辑功能时，电路的输出不但与输入有关，还与电路的原状态有关，这种电路称之为时序逻辑电路。时序逻辑电路通常由组合逻辑电路和具有记忆功能的存储电路构成，如图 11 - 1 所示，而基本的存储单元就是触发器。

图 11 - 1　时序逻辑电路结构框图

## 第一节　RS 触发器

触发器能够记忆、存储一位二进制数字信号，是构成时序逻辑电路的基本单元。触发器的特点是：①具有两个稳定的输出状态，即输出 1 态和输出 0 态，在无输入信号时其输出状态保持稳定不变；②当满足一定逻辑关系的信号输入时，触发器输出状态能够迅速翻转，由一种稳定状态转换到另外一种稳定状态；③输入信号消失后，所置成的 0 或 1 态能保存下来，即具有记忆功能。

触发器的种类很多，根据触发器的逻辑功能不同，可分为 RS 触发器、D 触发器、JK 触发器、T 和 $T'$ 触发器等；根据触发器电路结构的不同，可分为基本 RS 触发器、同步 RS 触发器和边沿触发器等；根据触发器工作方式的不同，可分为电平触发方式触发器、上升沿、下降沿触发方式触发器等。

### 一、基本 RS 触发器

基本 RS 触发器又称为 RS 锁存器，是最简单的触发器，也是构成各种触发器的基础。常见的基本 RS 触发器有两种结构，一种是由与非门构成，另一种是由或非门构成。

（一）与非门构成的基本 RS 触发器

与非门构成的基本 RS 触发器是由两个与门 $G_1$ 和 $G_2$ 的输入、输出端交叉耦合构成，逻辑图及逻辑符号如图 11 - 2 所示。

图中 $\bar{S}$ 为置 1 输入端，$\bar{R}$ 为置 0 输入端，都是低电平有效；$Q$、$\bar{Q}$ 为输出端，通常情况下

$Q$ 与 $\overline{Q}$ 的状态是相反的，一般以 $Q$ 的状态作为触发器的状态。当 $Q=1$，$\overline{Q}=0$ 时，称触发器处于 1 态；当 $Q=0$，$\overline{Q}=1$ 时，称触发器处于 0 态。

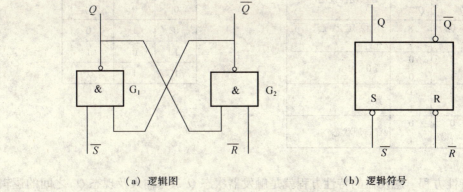

（a）逻辑图　　　　　　　　　　（b）逻辑符号

图 11-2　基本 RS 触发器

### 1. 工作原理

（1）当 $\overline{R}=0$，$\overline{S}=1$ 时因 $G_2$ 门有一个输入端为 0，所以 $G_2$ 的输出端 $\overline{Q}=1$，并反馈给 $G_1$ 输入端，使 $G_1$ 门的两个输入信号均为 1，$G_1$ 门的输出端 $Q=0$，此时触发器处于 0 态。

（2）当 $\overline{R}=1$，$\overline{S}=0$ 时因 $G_1$ 门有一个输入端为 0，所以 $G_1$ 的输出端 $Q=1$，并反馈给 $G_2$ 输入端，使 $G_2$ 门的两个输入信号均为 1，$G_2$ 门的输出端 $\overline{Q}=0$，此时触发器处于 1 态。

（3）当 $\overline{R}=1$，$\overline{S}=1$ 时 $G_1$ 门和 $G_2$ 门的输出状态由它们的原来状态决定。如果触发器原输出状态 $Q=0$，则 $G_2$ 输出 $\overline{Q}=1$，并使 $G_1$ 的两个输入端均为 1，所以输出 $Q=0$，即触发器保持原来的 0 态不变；同样，当触发器原状态为 $Q=1$ 时，则 $G_2$ 输出 $\overline{Q}=0$，并使 $G_1$ 的一个输入为 0，其输出 $Q=0$，即触发器也保持原来的 1 态不变。这就是触发器的记忆功能。

（4）当 $\overline{R}=0$，$\overline{S}=0$ 时 $G_1$ 门和 $G_2$ 门均有一个输入为 0，使其输出均为 1，即 $Q=\overline{Q}=1$，这种状态不是触发器的定义状态，而且当 $\overline{R}$、$\overline{S}$ 的信号同时去除后（即 $\overline{R}$、$\overline{S}$ 同时由 0→1），$G_1$ 和 $G_2$ 的四个输入全为 1，其输出都有变为 0 的趋势，触发器的状态就由 $G_1$ 和 $G_2$ 两个门的传输延迟时间上的差异决定，因而具有随机性，输出状态不确定。因此，此种情况在使用中是禁止出现的，这就是基本 RS 触发器的约束条件。但是应当说明，如果 $\overline{R}$、$\overline{S}$ 的信号不是同时去除，则触发器的状态还是可以确定的。

### 2. 逻辑功能

触发器的功能可以采用特性表、特性方程、波形图和状态图来描述，并规定用 $Q^n$ 表示输入信号到来之前 $Q$ 的状态，称为现态；用 $Q^{n+1}$ 表示输入信号到来之后 $Q$ 的状态，称为次态。

（1）基本 RS 触发器特性表　特性表是指触发器次态与输入信号和电路原有状态之间关系的真值表。基本 RS 触发器的特性表如表 11-1 所示，简化的特性表如表 11-2 所示。

表 11 -1　基本 RS 触发器特性表

| 输　入 | | | 输出 | 功能说明 |
|---|---|---|---|---|
| $\bar{R}$ | $\bar{S}$ | $Q^n$ | $Q^{n+1}$ | |
| 0 | 0 | 0 | × | 不稳定状态，不允许 |
| 0 | 0 | 1 | × | |
| 0 | 1 | 0 | 0 | 置0 |
| 0 | 1 | 1 | 0 | |
| 1 | 0 | 0 | 1 | 置1 |
| 1 | 0 | 1 | 1 | |
| 1 | 1 | 0 | 0 | 保持原状态 |
| 1 | 1 | 1 | 1 | |

表 11 -2　基本 RS 触发器特性简表

| $\bar{R}$ | $\bar{S}$ | $Q^{n+1}$ |
|---|---|---|
| 0 | 0 | 不定 |
| 0 | 1 | 0 |
| 1 | 0 | 1 |
| 1 | 1 | $Q^n$ |

（2）特性方程　触发器的特性方程就是触发器次态 $Q^{n+1}$ 与输入及现态 $Q^n$ 之间的逻辑关系式。由基本 RS 触发器的逻辑图或者特性表，我们可以写出基本 RS 触发器的特性方程为：

$$\begin{cases} Q^{n+1} = S + \bar{R}Q^n \\ \bar{R} + \bar{S} = 1\,(约束条件) \end{cases} \tag{11-1}$$

式中 $\bar{R} + \bar{S} = 1$，是因为 $\bar{R} = \bar{S} = 0$ 时的输入状态是不允许的，所以输入信号必须满足 $\bar{R} + \bar{S} = 1$，称它为约束条件。

（3）状态图　表示触发器的状态转换关系及转换条件的图形称为触发器的状态图。基本 RS 触发器的状态图如图 11 -3 所示。图中的两个圆圈表示触发器的两个稳定状态，箭头表示触发器状态转换情况，箭头旁标注的是触发器状态转换的输入条件。

当触发器处在 0 状态，即 $Q^n = 0$ 时，若输入信号 $\bar{R}\bar{S} = 01$ 或 11，触发器仍为 0 状态；若 $\bar{R}\bar{S} = 10$，触发器就会翻转成为 1 状态。

当触发器处在 1 状态，即 $Q^n = 1$ 时，若输入信号 $\bar{R}\bar{S} = 10$ 或 11，触发器仍为 1 状态；若 $\bar{R}\bar{S} = 01$，触发器就会翻转成为 0 状态。

（4）波形图　表示触发器输入信号取值和输出状态之间对应关系的图形称为触发器的波形图，基本 RS 触发器的波形图如图 11 -4 所示。

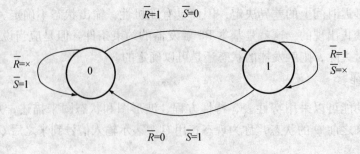

图 11 -3　基本 RS 触发器的状态图

## （二）或非门构成的基本 RS 触发器

基本 RS 触发器也可由两个或非门构成，其逻辑图和逻辑符号如图 11 -5 所示。

表 11 −3　基本 RS 触发器特性表

| R | S | $Q^{n+1}$ |
|---|---|-----------|
| 0 | 0 | $Q^n$ |
| 0 | 1 | 1 |
| 1 | 0 | 0 |
| 1 | 1 | 不定 |

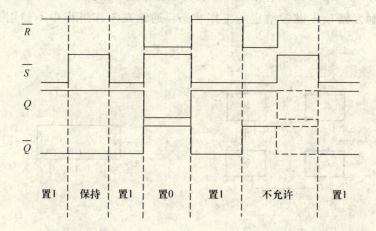

| 置1 | 保持 | 置1 | 置0 | 置1 | 不允许 | 置1 |

图 11 −4　基本 RS 触发器波形图

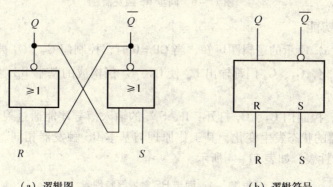

（a）逻辑图　　　　　　　　　（b）逻辑符号

图 11 −5　或非门构成的基本 RS 触发器

　　根据或非门的逻辑功能，可以分析出：当 $R=0$，$S=1$ 时，触发器置1；当 $R=1$，$S=0$ 时，触发器置0；当 $R=S=0$ 时，触发器保持原状态不变；当 $R=S=1$ 时，触发器处于不确定状态，这种情况不允许出现。由此可见，由或非门构成的基本 RS 触发器和由与非门构成的基本 RS 触发器逻辑功能相同，都具有置0、置1 和保持三种功能，但是由或非门构成的基本 RS 触发器的输入信号是高电平有效，其特性表如表 11 −3 所示，特性方程如公式 11 −2 所示。

$$\begin{cases} Q^{n+1} = S + \overline{R}Q^n \\ RS = 0 \text{（约束条件）} \end{cases} \qquad (11-2)$$

## 二、同步 RS 触发器

　　在实际数字系统中，往往希望多个触发器按照一定的节拍协调一致地工作，因此通常

电工电子技术与应用

给触发器加入一个时钟控制端 CP，只有在 CP 端上出现时钟脉冲时，触发器的状态才能变化。具有时钟脉冲控制的触发器，其状态的改变与时钟脉冲同步，所以称为同步触发器。

## （一）电路结构

同步 RS 触发器的逻辑图和逻辑符号如图 11–6 所示。它是在 $G_1$ 和 $G_2$ 门构成的基本 RS 触发器的基础上，增加了由 $G_3$ 和 $G_4$ 门构成的时钟控制电路。CP 为时钟脉冲输入端，$R$、$S$ 是信号输入端。$\overline{S_D}$、$\overline{R_D}$ 是直接置 1 端和直接置 0 端，不受 CP 脉冲控制，一般用来在工作开始前给触发器预先设置给定的工作状态，通常在工作过程中不使用，使 $\overline{S_D} = \overline{R_D} = 1$。

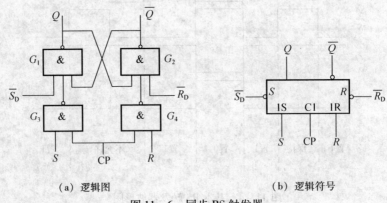

（a）逻辑图　　　　　　　　　（b）逻辑符号

图 11–6　同步 RS 触发器

## （二）逻辑功能

由图 11–6（a）所示的逻辑图可知，当 CP = 0 时，控制门 $G_3$、$G_4$ 被封锁，不论输入信号 R、S 如何变化，$G_3$、$G_4$ 门都输出 1，使 $G_1$、$G_2$ 门构成的基本 RS 触发器保持原状态不变，即 $Q^{n+1} = Q^n$。

当 CP = 1 时，控制门 $G_3$、$G_4$ 打开，R、S 端的输入信号才能通过控制门送入基本 RS 触发器，使触发器的状态发生变化，其工作原理与基本 RS 触发器相同。因此可以列出同步 RS 触发器的特性表，如表 11–4 所示。

表 11–4　同步 RS 触发器特性表

| CP | $R$ | $S$ | $Q^n$ | $Q^{n+1}$ | 功能说明 |
|---|---|---|---|---|---|
| 0 | × | × | × | $Q^n$ | 保持 |
| 1 | 0 | 0 | 0 | 0 | 保持 |
| 1 | 0 | 0 | 1 | 1 | |
| 1 | 0 | 1 | 0 | 1 | 置 1 |
| 1 | 0 | 1 | 1 | 1 | |
| 1 | 1 | 0 | 0 | 0 | 置 0 |
| 1 | 1 | 0 | 1 | 0 | |
| 1 | 1 | 1 | 0 | 不定 | 不允许 |
| 1 | 1 | 1 | 1 | 不定 | |

— 284 —

由表 11 - 4 可以得出同步 RS 触发器的特性方程，如式 11 - 3 所示。

$$\begin{cases} Q^{n+1} = S + \overline{R}Q^n \\ RS = 0（约束条件） \qquad CP = 1 \text{ 期间有效} \end{cases} \qquad (11-3)$$

同步 RS 触发器的状态图如图 11 - 7 所示，波形图如图 11 - 8 所示。

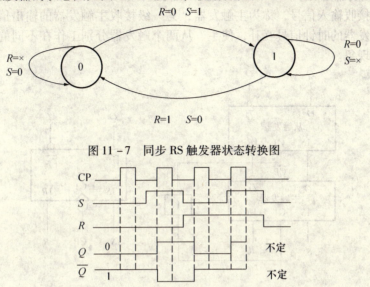

图 11 - 7 同步 RS 触发器状态转换图

图 11 - 8 同步 RS 触发器波形图

由同步 RS 触发器的特性表和波形图可以看出，同步 RS 触发器为高电平触发有效，输出状态的转换分别由 CP 和 R、S 控制，其中 R、S 端输入信号决定了触发器的转换状态，而时钟脉冲 CP 则决定了触发器状态转换的时刻，即何时发生转换。

**例题 11 - 1** 如图 11 - 6 所示的同步 RS 触发器，已知时钟脉冲 CP 和输出信号 R、S 的波形如图 11 - 9 所示，试画出输出 Q 端的波形。设触发器初始状态 Q = 0。

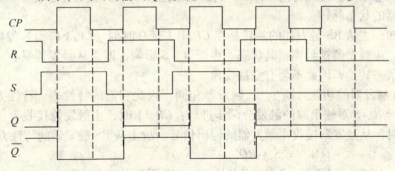

图 11 - 9 例题 11 - 1 波形

## （三）同步触发器的空翻

在一个 CP 时钟脉冲周期的整个高电平期间或整个低电平期间都能接收输入信号并改变触发器状态的触发方式称为电平触发，同步 RS 触发器就属于电平触发方式。如果在 CP 脉冲的整个高电平期间内，R、S 输入信号发生了多次变化，则触发器的输出状态也相应会发生多次变化。这种在一个时钟脉冲周期中，触发器发生多次翻转的现象叫做空翻。空翻是一种有害的现象，它使得电路不能按时钟节拍工作，会造成系统的误动作。一般通过完善触发器的电路结构来克服空翻现象。

### 三、主从 RS 触发器

主从 RS 触发器由两个同步 RS 触发器串联构成，逻辑图和逻辑符号如图 11 - 10 所示。其中一级直接接收输入信号，称为主触发器，另一级接收主触发器的输出信号，称为从触发器。两级触发器的时钟信号互补，使主、从两个触发器分别工作在不同的时间，能够有效地克服空翻现象。

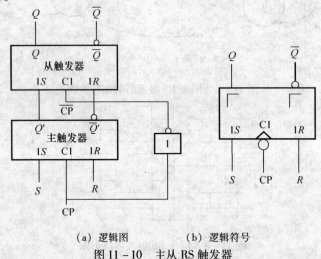

(a) 逻辑图          (b) 逻辑符号

图 11 - 10    主从 RS 触发器

主从 RS 触发器的状态转换分为两个节拍：

当 $CP = 1$ 时，$\overline{CP} = 0$，主触发器工作，接收 $R$ 和 $S$ 端的输入信号，并根据 $R$、$S$ 信号进行状态转换，将状态锁存在 $Q'$ 端；而从触发器被封锁，保持原状态不变。

当 $CP$ 由 1 跃变到 0 时，即 $CP = 0$，时，主触发器被封锁，不受输入信号 $R$、$S$ 的控制，保持原状态不变；但此时由于 $\overline{CP} = 1$，从触发器工作，并接收主触发器输出端的信号，跟随主触发器的状态翻转。

由此可知，主从 RS 触发器的翻转是在 $CP$ 由 1 变 0 时刻（CP 下降沿）发生的，$CP$ 一旦变为 0 后，主触发器被封锁，其状态不再受 $R$、$S$ 影响，即主从触发器只在 $CP$ 由 1 变 0 的时刻触发状态转换，因此不会有空翻现象。

主从 RS 触发器的功能与同步 RS 触发器相同，因此它们的特性表、特性方程也相同，只是输入信号 $R$、$S$ 对输出端的触发分两步进行：$CP = 1$ 时，主触发器接收 $R$、$S$ 送来的信号；$CP = 0$ 时，从触发器接收主触发器的输出信号。故主从 RS 触发器的特性方程仍为：

$$\begin{cases} Q^{n+1} = S + \overline{R}Q^n \\ RS = 0（约束条件）\quad CP \text{ 下降沿到来有效} \end{cases} \tag{11-4}$$

## 第二节    集成触发器

### 一、集成 JK 触发器

#### (一) 主从 JK 触发器

JK 触发器是一种逻辑功能最全、应用较广泛的触发器。图 11 - 11 中所示为主从 JK 触发器的逻辑图和逻辑符号，它的结构与主从 RS 触发器相似，也是由两个同步 RS 触发器串联组成的主触发器和从触发器构成，但是输入端信号则增加了从输出 $Q$、$\overline{Q}$ 端反馈回来的信号，$Q$ 反馈给 $R$ 端，$\overline{Q}$ 反馈给 $S$ 端，$J$、$K$ 为外加输入信号。由于 $Q$、$\overline{Q}$ 信号是互补的，因此主触发器的输入端就可以避免出现两个输入信号全为 1 的情况，从而解决了约束问题。

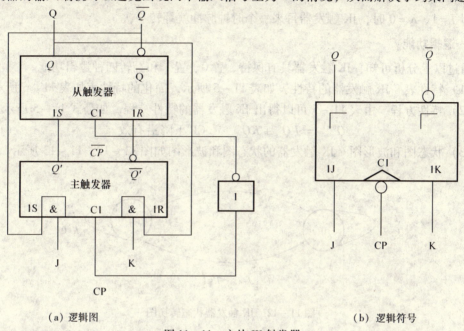

（a）逻辑图 （b）逻辑符号

图 11 – 11 主从 JK 触发器

### 1. 工作原理

当 $CP = 1$，$\overline{CP} = 0$ 时，从触发器被封锁，保持原状态不变，而主触发器打开，其输出状态由 $J$、$K$ 信号和从触发器的状态决定。

当 $CP = 0$，$\overline{CP} = 1$ 时，主触发器被封锁，保持原状态不变，而从触发器打开，输出状态与主触发器的输出状态相同。

当 $CP$ 从 1 变成 0 时，从触发器接收主触发器的输出端状态，并进行相应的状态翻转，即主从 $JK$ 触发器是在 $CP$ 下降沿到来时才使触发器状态转换的。

（1）$J = 0$，$K = 0$ 时 主触发器将保持原状态不变，因此从触发器也保持原状态不变。

（2）$J = 0$，$K = 1$ 时 若触发器的初始状态为 1 态，当 $CP = 1$ 时，由于主触发器的 $R = 1$、$S = 0$，主触发器输出为 0 态；当 $CP$ 由 1 跳变到 0 时，即 $CP$ 的下降沿到来时，从触发器也翻转成 0 态；若触发器的初始状态为 0 态，当 $CP = 1$ 时，由于主触发器的 $R = 0$、$S = 0$，主触发器保持员状态不变；当 $CP$ 的下降沿到来时，从触发器也保持原来的 0 态不变。

即 $J = 0$，$K = 1$ 时，不论 $JK$ 触发器原状态是什么，都被置成 0 态。

（3）$J = 1$，$K = 0$ 时 若触发器的初始状态为 0 态，当 $CP = 1$ 时，由于主触发器的 $R = 0$、$S = 1$，主触发器翻转成 1 态；当 $CP$ 的下降沿到来时，从触发器的 $R = 0$、$S = 1$，从触发器也被置成 1 态；若触发器的初始状态为 1 态，当 $CP = 1$ 时，由于主触发器的 $R = 0$、$S = 0$，主触发器保持原状态不变；当 $CP$ 的下降沿到来时，从触发器也保持原来的 1 态不变。

即 $J = 1$，$K = 0$ 时，不论 $JK$ 触发器原状态是什么，都被置成 1 态。

（4）$J = 1$，$K = 1$ 时 若触发器的初始状态为 0 态，当 $CP = 1$ 时，由于主触发器的 $R$

$=0$、$S=1$，主触发器翻转成 1 态；当 $CP$ 的下降沿到来时，从触发器的 $R=0$、$S=1$，从触发器也翻转成 1 态；若触发器的初始状态为 1 态，当 $CP=1$ 时，由于主触发器的 $R=1$、$S=0$，主触发器翻转成 0 态；当 $CP$ 的下降沿到来时，从触发器的 $R=1$、$S=0$，从触发器则翻转成 0 态。

即 $J=1$，$K=0$ 时，JK 触发器每来一个时钟脉冲就翻转一次。

### 2. 逻辑功能

通过以上分析可知，JK 触发器具有保持、置 0、置 1 和翻转四种逻辑功能。

(1) 特性表　JK 触发器的特性表如表 11-5 所示，简化的特性表如表 11-6 所示。

(2) 特性方程　由表 11-5 可以得出 JK 触发器的特性方程，如公式 11-5 所示。

$$Q^{n+1} = J\overline{Q^n} + \overline{K}Q^n \qquad \text{CP 下降沿有效} \qquad (11-5)$$

(3) 状态图和波形图　JK 触发器的状态图和波形图如图 11-12、11-13 所示。

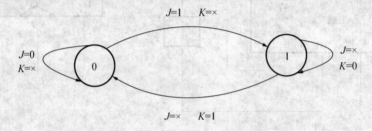

图 11-12　JK 触发器状态转换图

**表 11-5　JK 触发器特性表**

| CP | J | K | $Q^n$ | $Q^{n+1}$ | 功能说明 |
|----|---|---|-------|-----------|----------|
| 0 | × | × | × | $Q^n$ | 保持 |
| 1 | × | × | × | $Q^n$ | |
| ↓ | 0 | 0 | 0 | 0 | 保持 |
| ↓ | 0 | 0 | 1 | 1 | |
| ↓ | 0 | 1 | 0 | 0 | 置 0 |
| ↓ | 0 | 1 | 1 | 0 | |
| ↓ | 1 | 0 | 0 | 1 | 置 1 |
| ↓ | 1 | 0 | 1 | 1 | |
| ↓ | 1 | 1 | 0 | 1 | 翻转 |
| ↓ | 1 | 1 | 1 | 0 | |

**表 11-6　JK 触发器特性简表**

| J | K | $Q^{n+1}$ | |
|---|---|-----------|---|
| 0 | 0 | $Q^n$ | |
| 0 | 1 | 0 | CP↓有效 |
| 1 | 0 | 1 | |
| 1 | 1 | $\overline{Q^n}$ | |

### 3. 主从 JK 触发器的一次变化问题

主从 JK 触发器功能完善，且输入信号 $J$、$K$ 之间没有约束。但主从 $JK$ 触发器还存在着一次变化问题，即主从 JK 触发器中的主触发器，在 $CP=1$ 期间其状态能且只能变化一次，如果在 $CP$ 高电平期间输入端出现干扰信号，就有可能使触发器产生与逻辑功能表不符合的错误状态，如图 11-14 所示，所以主从 JK 触发器的抗干扰能力不强。

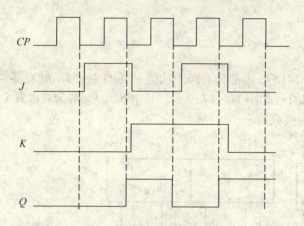

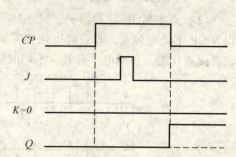

图 11－13　JK 触发器波形图　　　　　　11－14　主从 JK 触发器的一次变化问题

这种变化可以是 $J$、$K$ 变化引起，也可以是干扰脉冲引起，因此其抗干扰能力尚需进一步提高。

### （二）边沿 JK 触发器

边沿 JK 触发器的电路结构可使触发器在 CP 脉冲有效触发沿到来前一瞬间接收信号，在有效触发沿到来后产生状态转换。即触发器的次态仅仅取决于 $CP$ 信号的下降沿（或上升沿）到达时刻输入信号的状态，而在 $CP=1$ 或 $CP=0$ 期间，输入端的任何变化都不影响输出。因此，边沿触发器既没有空翻现象，也没有一次变化问题，从而大大提高了触发器工作的可靠性和抗干扰能力。边沿触发器的逻辑符号如图 11－15 所示，图中的"Λ"代表是边沿触发，"○"代表下降沿。

图 11－15 中（a）是下降沿触发的边沿 JK 触发器，（b）是上升沿触发的边沿 JK 触发器。不论是上升沿触发还是下降沿触发的 JK 触发器，都具有置 0、置 1、保持和翻转四种逻辑功能，特性方程、状态转换图与主从 JK 触发器相同，只不过是触发器的状态转换的时刻不同而已，因此它们的特性表、特性方程和状态转换图可以参考主从 JK 触发器的特性表、特性方程和状态转换图，波形图见图 11－16，其中 $Q$ 是下降沿触发的边沿 JK 触发器的输出波形，$Q'$ 是上升沿触发的边沿 JK 触发器的输出波形。

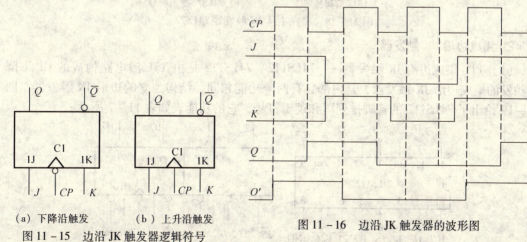

（a）下降沿触发　　（b）上升沿触发
图 11－15　边沿 JK 触发器逻辑符号

图 11－16　边沿 JK 触发器的波形图

### （三）集成 JK 触发器

**1. 集成主从 JK 触发器**

（1）双主从 JK 触发器——74LS76　74LS76 内部具有两个功能一样的主从 JK 触发器，均为 CP 下降沿触发，其管脚排列和逻辑符号如图 11-17 所示，其中 $\overline{S_D}$、$\overline{R_D}$ 端为直接置 1 和直接置 0 端，且低电平有效，不用时应接高电平。

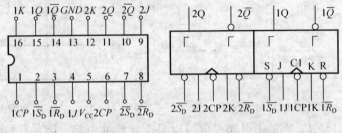

（a）74LS76 管脚排列　　　（b）74LS76 逻辑符号

图 11-17　集成主从 JK 触发器 74LS76

（2）多输入端主从 JK 触发器——74LS72　74LS72 为多输入端的单 JK 触发器，CP 下降沿触发，管脚排列和逻辑符号如图 11-18 所示。74LS72 有 3 个 $J$ 端和 3 个 $K$ 端，3 个 $J$ 端之间是与逻辑关系，3 个 $K$ 端之间也是与逻辑关系，使用中如有多余的输入端不用，则应将其接高电平。$\overline{S_D}$、$\overline{R_D}$ 端为直接置 1 和直接置 0 端，且低电平有效，不用时应接高电平，NC 为空脚。

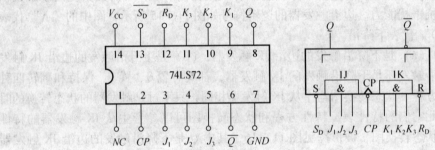

（a）74LS72 管脚排列　　　（b）74LS72 逻辑符号

图 11-18　集成主从 JK 触发器 74LS72

**2. 集成边沿 JK 触发器**

（1）TTL 集成边沿 JK 触发器——74LS112　74LS112 是由 TTL 门电路构成的 CP 下降沿触发的集成边沿 JK 触发器，其内部具有两个功能相同、结构独立的边沿 JK 触发器，图 11-19 给出了 74LS112 的管脚排列图和逻辑符号，它的功能表如表 11-7 所示。

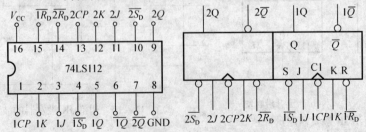

（a）74LS112 管脚排列　　　（b）74LS112 逻辑符号

图 11-19　集成边沿 JK 触发器 74LS112

**表 11-7　74LS112 功能表**

| 输入 | | | | | 输出 | 功能说明 |
|---|---|---|---|---|---|---|
| $\overline{R_D}$ | $\overline{S_D}$ | CP | J | K | $Q^{n+1}$ | |
| 0 | 1 | × | × | × | 0 | 异步置0 |
| 1 | 0 | × | × | × | 1 | 异步置1 |
| 1 | 1 | 0 | × | × | $Q^n$ | 保持 |
| 1 | 1 | 1 | × | × | $Q^n$ | 保持 |
| 1 | 1 | ↑ | × | × | $Q^n$ | 保持 |
| 1 | 1 | ↓ | 0 | 0 | $Q^n$ | 保持 |
| 1 | 1 | ↓ | 0 | 1 | 0 | 置0 |
| 1 | 1 | ↓ | 1 | 0 | 1 | 置1 |
| 1 | 1 | ↓ | 1 | 1 | $\overline{Q^n}$ | 翻转 |
| 0 | 0 | × | × | × | 不定 | 不允许 |

从表 11-7 中可以看出 74LS112 具有以下主要功能：

异步置0：当 $\overline{R_D}=0$, $\overline{S_D}=1$ 时，触发器置0，与时钟脉冲 CP 及 J、K 的输入信号无关；

异步置1：当 $\overline{R_D}=1$, $\overline{S_D}=0$ 时，触发器置1，与时钟脉冲 CP 及 J、K 的输入信号也无关；

保持：若 $\overline{R_D}=1$, $\overline{S_D}=1$，在 $CP=0$、$CP=1$ 期间和 CP 上升沿时刻，不论 J、K 信号是什么，触发器均不工作，输出将保持原来状态不变；在 CP 下降沿时刻，若 $J=K=0$，触发器也将保持原态不变；

置0：若 $\overline{R_D}=1$, $\overline{S_D}=0$, $J=0$, $K=1$ 时，在 CP 下降沿作用下，触发器将输出为0态；

置1：若 $\overline{R_D}=1$, $\overline{S_D}=0$, $J=1$, $K=0$ 时，在 CP 下降沿作用下，触发器将输出为1态；

翻转：若 $\overline{R_D}=1$, $\overline{S_D}=0$, $J=1$, $K=1$ 时，则每输入一个 CP 的下降沿，触发器的状态就变化一次，即 $\overline{Q^{n+1}}=\overline{Q^n}$，此时只要看触发器的输出状态变化了几次，就可以计算出输入了几个 CP 脉冲，因此也把这种功能称为计数功能。

**例 11-2**　一片 74LS112 的连接电路如图 11-20 所示，其内部的两个 JK 触发器的 J、K 输入端均为1，设 $Q_1$、$Q_2$ 的初态均为0。试画出在给定的 CP 脉冲作用下 $Q_1$、$Q_2$ 的波形，并分析电路的功能。

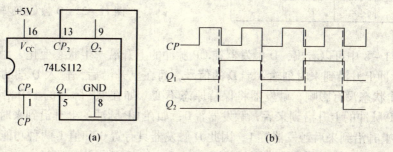

图 11-20

解：因为 $J = K = 1$，所以触发器1和2都处于翻转状态，并且由电路连接可知，触发器1的输出做为触发器2的CP脉冲，因此触发器1在CP的下降沿翻转，触发器2在 $Q_1$ 的下降沿翻转，由此可画出 $Q_1$ 和 $Q_2$ 的波形，如图11-20（b）所示。从波形图中可以看出，$Q_1$ 的脉冲个数是CP脉冲的二分之一，即 $Q_1$ 是CP脉冲的二分频。同理，$Q_2$ 是 $Q_1$ 的二分频，也就是CP的四分频。因此电路就有二分频和四分频功能。

（2）CMOS集成边沿JK触发器——CC4027  CC4027是由CMOS电路构成的集成边沿JK触发器，其内部也具有两个独立的JK触发器，其引脚排列如图11-21所示。与74LS112不同之处在于，CC4027是CP上升沿触发，且其异步输入端 $R_D$ 和 $S_D$ 为高电平有效，其逻辑功能表读者可以自行分析。

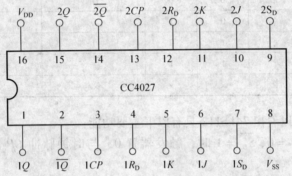

图11-21  集成CMOS边沿JK触发器CC4072

## 二、集成D触发器

D触发器也是一种常用的触发器，目前使用的大多是维持阻塞式边沿D触发器，其逻辑符号如图11-22所示，特性表如表11-8所示。

表11-8  D触发器特性表

| 输入 | | 输出 | 功能 |
|---|---|---|---|
| CP | D | $Q^{n+1}$ | |
| ↑ | 0 | 0 | 置0 |
| ↑ | 1 | 1 | 置1 |
| 0 | × | $Q^n$ | |
| 1 | × | $Q^n$ | 保持 |
| ↓ | × | $Q^n$ | |

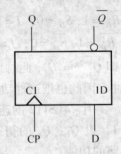

图11-22  D触发器逻辑符号

从表11-8中可以看出，D触发器在CP脉冲的上升沿产生状态变化，触发器的次态取决于CP脉冲上升沿到来时刻输入端D的信号，而在上升沿后，输入D端的信号变化对触发器的输出状态没有影响，触发器将保持原态不变。如在CP脉冲的上升沿到来时，D = 0，则在CP脉冲的上升沿到来后，触发器置0；如在CP脉冲的上升沿到来时D = 1，则在CP脉冲的上升沿到来后触发器置1，因此D触发器具有置0和值1两种功能，其特性方程如式11-6所示，状态图和波形图如图11-23和11-24所示。

$$Q^{n+1} = D \qquad \text{CP上升沿有效} \tag{11-6}$$

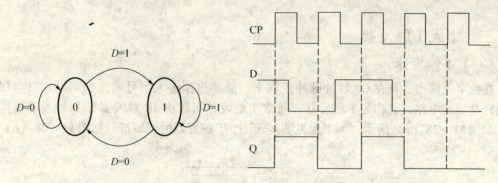

图 11-23　D 触发器状态转换图　　　图 11-24　D 触发器波形图

74LS74 是由 TTL 电路构成的双 D 触发器，一个片子里封装着两个相同的 D 触发器，$CP$ 上升沿触发，每个触发器只有一个 D 端，它们都带有直接置 0 端 $R_D$ 和直接置 1 端 $\overline{S_D}$，均为低电平有效。74LS74 的引脚排列和逻辑符号和分别如图 11-25（a）和（b）所示。

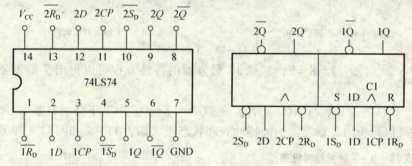

（a）74LS74 管脚排列　　　　　（b）74LS74 逻辑符号

图 11-25　集成双 D 触发器 74LS74

CC4013 是由 CMOS 电路构成的集成 D 触发器，其内部也具有两个独立的 D 触发器，为 CP 上升沿触发，与 74LS74 不同之处在于，CC4013 的异步输入端 $R_D$ 和 $S_D$ 为高电平有效。

**例 11-3**　电路如图 11-26 所示，若 CP 的频率为 4MHz，设触发器初态为 0，试画出 $Q_1$、$Q_2$ 的波形并求其频率。

**解：**因为 $D = \overline{Q}$，根据 D 触发器的特性方程可得，$Q = D = \overline{Q}$，并且由连接电路可知，触发器 1 的输出 Q 做为触发器 2 的 CP 脉冲，因此触发器 1 在 $CP$ 的上升沿翻转，触发器 2 在 $Q_1$ 的上升沿翻转，由此可画出 $Q_1$ 和 $Q_2$ 的波形，如图 11-27 所示。从波形图中可以看出，$Q_1$ 的脉冲个数是 CP 脉冲的二分之一，即 $Q_1$ 是 $CP$ 脉冲的二分频。同理，$Q_2$ 是 $Q_1$ 的二分频，也就是 CP 的四分频，因此 $f_{Q1} = f_{CP}/2 = 2\ \text{MHz}$，$f_{Q2} = f_{CP}/4 = 1\ \text{MHz}$。

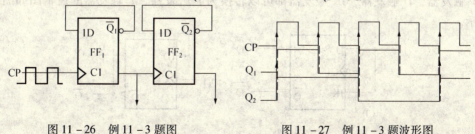

图 11-26　例 11-3 题图　　　　　图 11-27　例 11-3 题波形图

### 三、集成 T 触发器

#### (一) T 触发器

在数字电路中，凡在 CP 时钟脉冲控制下，能够根据输入信号取值的不同，具有保持和翻转功能的电路，就称为 T 触发器。通常 T 触发器可以由 JK 触发器和 D 触发器转换实现，如图 11 - 28 (a) 所示，为 T 触发器逻辑图，T 触发器的逻辑符号如图 11 - 28 (b) 所示。

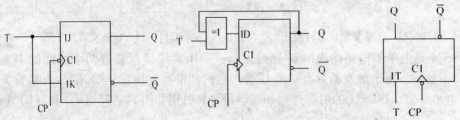

(a) T 触发器逻辑图　　　　　　　　(b) T 触发器逻辑符号

图 11 - 28　T 触发器

由图 11 - 28 可知：J = K = T，根据 JK 触发器的特性方程可以得出 T 触发器的特性方程，即：

$$Q^{n+1} = J\overline{Q^n} + \overline{K}Q^n = T\overline{Q^n} + \overline{T}Q^n = T \oplus Q^n, \quad \text{CP 下降沿有效} \qquad (11-7)$$

并由此可以分析出 T 触发器的的特性表和状态图，如表 11 - 9 和图 11 - 29 所示。

表 11 - 9　T 触发器特性表

| 输入 | | 输出 | 功能 |
|---|---|---|---|
| CP | T | $Q^{n+1}$ | |
| ↓ | 0 | $Q^n$ | 保持 |
| ↓ | 1 | $\overline{Q^n}$ | 翻转 |
| 0 | × | $Q^n$ | 保持 |
| 1 | × | $Q^n$ | |
| ↑ | × | $Q^n$ | |

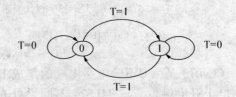

图 11 - 29　T 触发器状态转换图

#### (二) $T'$ 触发器

如果将 T 触发器的输入端 T 固定接 1，则触发器就只具有翻转（计数）一种功能，称之为 $T'$ 触发器，D 触发器、JK 触发器都可以转换为 $T'$ 触发器，$T'$ 触发器的逻辑图如图 11 - 30 所示。

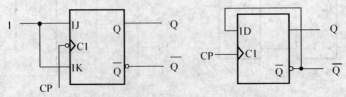

(a) JK 触发器转换为 $T'$ 触发器　　　(b) D 触发器转换为 $T'$ 触发器

图 11 - 30　$T'$ 触发器逻辑图

由图 11-30（a）可知，$Q^{n+1} = J\overline{Q^n} + \overline{K}Q^n = 1 \cdot \overline{Q^n} + 0 \cdot Q^n = \overline{Q^n}$，或者由图 11-30（b）可得，$Q^{n+1} = D = \overline{Q^n}$，因此 $T'$ 触发器的特性方程为 $Q^{n+1} = \overline{Q^n}$，$CP$ 脉冲的触发沿由具体构成 $T'$ 触发器的 JK 触发器或者 D 触发器决定。由 $T'$ 触发器得特性方程可知，每来一个 CP 脉冲的触发沿，$T'$ 触发器的输出状态就翻转一次，因此 $T'$ 触发器只具有计数一种功能。

**例 11-4**　电路如图 11-31 所示，根据所给出的 $S_D$、$R_D$ 和 $CP$ 脉冲波形，画出 $Q$ 端波形。

**解：** 由电路可知 $J = \overline{Q^n}$，$K = Q$，根据 JK 触发器的特性方程能够得到：

$Q^{n+1} = J\overline{Q^n} + \overline{K}Q^n = \overline{Q^n} \bullet \overline{Q^n} + \overline{Q^n} \bullet Q^n = \overline{Q^n} + 0 = \overline{Q^n}$，在 $S_D$、$R_D$ 没有信号时（$S_D$、$R_D$ 均为 1 时），电路将在 $CP$ 的上升沿到来时进行状态翻转；当 $S_D$ 或 $R_D$ 端有信号时，触发器将直接置 1 或者直接置 0。由此可以画出 $Q$ 端波形，如图 11-31 所示。

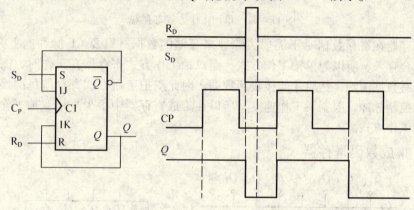

图 11-31　例 11-4 题图

# 第三节　寄存器

在数字电路中，用来存放二进制数据或代码的电路称为寄存器。寄存器是数字系统常用的逻辑部件，由触发器和门电路组成。由于一个触发器只能存放一位二进制数，因此需要存放 N 位二进制代码时，要 N 个触发器，常用的有 4 位、8 位、16 位寄存器等。

按照功能的不同，寄存器分为数码寄存器和移位寄存器两大类，移位寄存器中的数据可以根据需要向左移或向右移。按照寄存器存放数据的方式不同，可以分为并行寄存器和串行寄存器，并行寄存器中的数据是同时输入或者同时输出，而串行寄存器的数据可以是逐位输入或者逐位输出。

## 一、数码寄存器

### （一）工作原理

数码寄存器也称为锁存器，按照接收数码的方式不同，有单拍工作方式和双拍工作方式两种。如图 11-32 所示是由 D 触发器构成的四位单拍工作方式的数码寄存器，数据存放方式为并行输入、并行输出，$D_3$、$D_2$、$D_1$、$D_0$ 是数据输入端，$Q_3$、$Q_2$、$Q_1$、$Q_0$ 是数据输出端。

需要寄存的数据加在 $D_3$、$D_2$、$D_1$、$D_0$ 端，根据 D 触发器的工作特性，当 $CP$ 脉冲的上升沿到来时，$D_3$、$D_2$、$D_1$、$D_0$ 端的数据直接输出给 $Q_3$、$Q_2$、$Q_1$、$Q_0$，即 $Q_3Q_2Q_1Q_0 = D_3D_2D_1D_0$，从而将数据送入寄存器，并在 CP 脉冲上升沿以外的时间，寄存器的内容保持不变，当需要读取数据时，可直接从 $Q_3$、$Q_2$、$Q_1$、$Q_0$ 端并行输出。

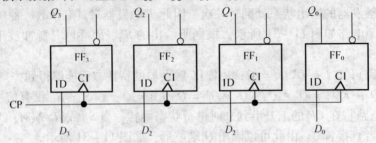

图 11-32　单拍工作方式寄存器

这种寄存器在寄存数据时不需要去除原来存储的数据，只要 CP 脉冲的上升沿到来，新的数据就会存入，所以为单拍工作方式。而双拍工作方式寄存器在工作时，需要先将寄存器中的原有数据清除，然后才能接收新数据，因此双拍工作方式寄存器每次接受数据都必须给两个控制脉冲，限制了工作速度，所以在集成寄存器中很少采用双拍工作方式，大都采用单拍工作方式。

## （二）集成数码寄存器

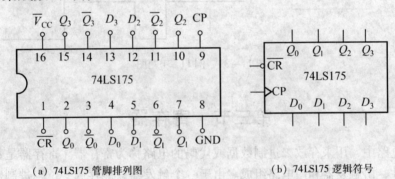

(a) 74LS175 管脚排列图　　　　　　(b) 74LS175 逻辑符号

图 11-33　集成数码寄存器 74LS175

### 1. 集成 4 位数码寄存器 74LS175

74LS175 一个 4 位数码寄存器，内部是由 4 个上升沿触发的 D 触发器构成，其管脚排列和逻辑符号如图 11-33 所示。74LS175 具有 4 个数据输入端、一个公共清零端 $\overline{CR}$ 和一个时钟端 $CP$，输出具有互补结构。在 $CP$ 脉冲的作用下，四位数据可以并行输入、并行输出。74LS175 的功能见表 11-10。

表 11-10　74LS175 功能表

| 输　入 | | | | | | 输　出 | | | |
|---|---|---|---|---|---|---|---|---|---|
| $\overline{CR}$ | CP | $D_0$ | $D_1$ | $D_2$ | $D_3$ | $Q_0$ | $Q_1$ | $Q_2$ | $Q_3$ |
| 0 | × | × | × | × | × | 0 | 0 | 0 | 0 |
| 1 | ↑ | d1 | d2 | d3 | d4 | d1 | d2 | d3 | d4 |
| 1 | 0 | × | × | × | × | 保持 | | | |
| 1 | 0 | × | × | × | × | | | | |

由表 11 – 10 可知，74LS175 具有如下功能：

$\overline{CR} = 0$ 时，异步清零，此时不论 $CP$ 和数据输入端的信号时什么，输出一律为零，即 $Q_0Q_1Q_2Q_3 = 0000$。

$\overline{CR} = 1$，且 $CP$ 上升沿到来时进行并行置数，将数据输入端数据输入到寄存器中，使 $Q_0Q_1Q_2Q_3 = d_0d_1d_2d_3$。

$\overline{CR} = 1$，且 $CP = 0$ 和 $CP = 1$ 时，寄存器处于保持状态。

### 2. 集成 8 位寄存器 74LS273

74LS273 是集成 8 位寄存器，$\overline{MR}$ 是异步清零端，在时钟 CP 上升沿到来时，$Q_0 \sim Q_7$ 端接收 $D_0 \sim D_7$ 端输入的数据。该芯片常用在单片机系统中用作 8 位地址锁存器。74LS273 的管脚排列和功能表见图 11 – 34 和表 11 – 11 所示。

表 11 – 11  74LS273 功能表

| 输入 | | | 输出 | 功能说明 |
|:---:|:---:|:---:|:---:|:---:|
| $\overline{MR}$ | CP | D | Q | |
| 0 | × | × | 0 | 清零 |
| 1 | ↑ | 0 | 0 | 存储数据 |
| 1 | ↑ | 1 | 1 | |
| 1 | 0 | × | $Q^n$ | 保持 |
| 1 | 1 | × | $Q^n$ | |

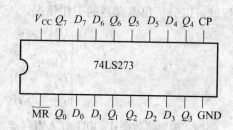

图 11 – 34  74LS273 管脚排列图

## 二、移位寄存器

移位寄存器不仅能寄存数码，而且具有移位功能。所谓移位，就是每来一个 CP 脉冲，寄存器中所寄存的数据就向左或向右顺序移动一位。根据移位方向的不同，有左移寄存器、右移寄存器和双向寄存器；根据移位数据的输入、输出方式，又可将它分为串行输入—串行输出、串行输入 – 并行输出、并行输入 – 串行输出和并行输入 – 并行输出等四种电路形式。

### （一）单向移位寄存器

图 11 – 35 所示的是由 4 个 D 触发器构成的左移寄存器，需要寄存的数据从最右侧触发器的 D 端串行输入，输出可以从 4 个触发器的输出端一起并行取出，也可以从最左端触发器的输出端逐位串行输出。

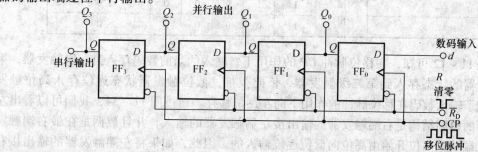

图 11 – 35  左移寄存器

### 1. 工作原理

根据图 11-35 可知，四个触发器的时钟端接在一起，共同接受 CP 脉冲的控制，即它们的时钟方程为：$CP_0 = CP_1 = CP_2 = CP_3 = CP$，这种所有触发器都受同一个时钟脉冲控制，在同一时刻进行状态转换的时序逻辑电路称为同步时序逻辑电路。

同时可以写出每个触发器的信号输入端的表达式，即每个触发器的驱动方程：

$$\begin{cases} D_0 = d \\ D_1 = Q_0^n \\ D_2 = Q_1^n \\ D_3 = Q_2^n \end{cases}$$

将驱动方程带入 D 触发器的特性方程可以得到各个触发器的状态方程，然后根据状态方程就可以分析出寄存器的工作情况。

$$\begin{cases} Q_0^{n+1} = d \qquad CP\uparrow \text{ 有效} \\ Q_1^{n+1} = Q_0^n \\ Q_2^{n+1} = Q_1^n \\ Q_3^{n+1} = Q_2^n \end{cases}$$

例如，现要将数据 $d = 1011$ 存入寄存器，首先使 $\overline{R_D} = 0$，对寄存器进行清零，使 $Q_3Q_2Q_1Q_0 = 0000$，清零后在正常工作时要使 $\overline{R_D} = 1$。在输入数据时，应先输入最高位的数码 $d = 1$，然后由高位到低位，依次输入 0、1、1，经过 4 个 CP 脉冲后，$Q_3Q_2Q_1Q_0 = 1011$，此时可以从 $Q_3$、$Q_2$、$Q_1$、$Q_0$ 端同时并行取出数据 1011。如果要从 $Q_3$ 端串行输出数据，则还要再经过 4 个 CP 脉冲后，才能从 $Q_3$ 端逐位串行输出 1011，其工作过程可以用表 11-12 表示。

表 11-12　左移寄存器逻辑状态表

| 移位脉冲 CP | 输出状态 | | $Q_3$ | $Q_2$ | $Q_1$ | $Q_0$ | 输入数据 D |
|---|---|---|---|---|---|---|---|
| 0 | 清零 | | 0 | 0 | 0 | 0 | |
| 1 | | | 0 | 0 | 0 | 1 | 1 |
| 2 | | | 0 | 0 | 1 | 0 | 0 |
| 3 | 并行输出 | | 0 | 1 | 0 | 1 | 1 |
| 4 | | | 1 | 0 | 1 | 1 | 1 |
| 5 | 串 | 1 | 0 | 1 | 1 | 0 | 0 |
| 6 | 行 | 0 | 1 | 1 | 0 | 0 | 0 |
| 7 | 输 | 1 | 1 | 0 | 0 | 0 | 0 |
| 8 | 出 | 1 | 0 | 0 | 0 | 0 | 0 |

由表 11-12 可知，在移位脉冲 CP 的作用下，输入的当前数码存入第一级触发器，第一级触发器的状态存入到第二级触发器，依此类推，低位触发器状态逐位存入高位触发器，实现了输入数码在移位脉冲的作用下向左逐位移存。通过图 11-34，我们可以看出左移寄存器的电路结构是右端触发器的输出接左端触发器的输入，并且数据是在最右端触发器的输入端从最高位开始由高位向低位逐位输入的。因此，如果将左端触发器的输出接右端触发器的输入，并将数据在最左端触发器的输入端从最低位开始由低位向高位逐位输

入，就可以构成右移寄存器，如图 11 – 36 所示，其工作过程读者可以自行分析。

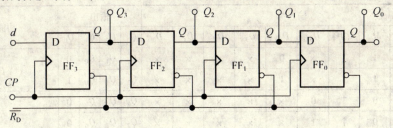

图 11 – 36　右移寄存器

通过以上分析可以总结出移位寄存器的特点如下：

（1）单向移位寄存器中的数码，在移位脉冲 CP 控制下，可以依次左移或右移；

（2）$n$ 位单向移位寄存器可以寄存 $n$ 位二进制代码，$n$ 个 CP 脉冲即可完成串行输入工作，此后可从 $Q_0 \sim Q_{n-1}$ 端获得并行的 $n$ 位二进制数码，如果再用 $n$ 个 CP 脉冲，则还可实现串行输出操作。

（二）双向移位寄存器

双向移位寄存器既能够实现左移，又可以实现右移。如图 11 – 37 所示为 4 位的双向移位寄存器，其中 $D_{SR}$ 是右移数据输入端，$D_{SL}$ 是左移数据输入端，$M$ 是左/右移位方式控制端，当 $M = 1$ 时，实现左移，当 $M = 0$ 时，实现右移，具体工作过程大家可以自己分析。

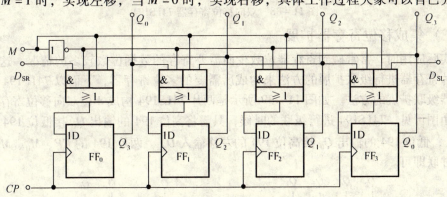

图 11 – 37　双向移位寄存器

典型的集成双向移位寄存器是 74LS194，其管脚排列和逻辑符号如图 11 – 38 所示，$\overline{CR}$ 为清零端，$D_3 \sim D_0$ 为并行数据输入端，$D_{SR}$ 是右移数据输入端，$D_{SL}$ 是左移数据输入端，$M_0$ 和 $M_1$ 为工作方式控制端，$Q_3 \sim Q_0$ 为并行数据输出端，CP 为移位脉冲输入端，74LS194 的功能见表 11 – 13。

表 11 – 13　74LS194 功能表

| 输入 | | | | | | | | | | 输出 | | | | 功能说明 |
|---|---|---|---|---|---|---|---|---|---|---|---|---|---|---|
| $\overline{CR}$ | $M_1$ | $M_0$ | $CP$ | $D_{SL}$ | $D_{SR}$ | $D_3$ | $D_2$ | $D_1$ | $D_0$ | $Q_3$ | $Q_2$ | $Q_1$ | $Q_0$ | |
| 0 | × | × | × | × | × | × | × | × | × | 0 | 0 | 0 | 0 | 清零 |
| 1 | × | × | 0 | × | × | × | × | × | × | $Q_3$ | $Q_2$ | $Q_1$ | $Q_0$ | 保持 |
| 1 | 1 | 1 | ↑ | × | × | $d_3$ | $d_2$ | $d_1$ | $d_0$ | $d_3$ | $d_2$ | $d_1$ | $d_0$ | 并行置数 |

| 输入 | | | | | | | | | | 输出 | | | | 功能说明 |
|---|---|---|---|---|---|---|---|---|---|---|---|---|---|---|
| $\overline{CR}$ | $M_1$ | $M_0$ | $CP$ | $D_{SL}$ | $D_{SR}$ | $D_3$ | $D_2$ | $D_1$ | $D_0$ | $Q_3$ | $Q_2$ | $Q_1$ | $Q_0$ | |
| 1 | 0 | 1 | ↑ | × | 0 | × | × | × | × | $Q_2$ | $Q_1$ | $Q_0$ | 0 | 右移 |
| 1 | 0 | 1 | ↑ | × | 1 | × | × | × | × | $Q_2$ | $Q_1$ | $Q_0$ | 1 | |
| 1 | 1 | 0 | ↑ | 0 | × | × | × | × | × | $Q_2$ | $Q_1$ | $Q_0$ | 0 | 左移 |
| 1 | 1 | 0 | ↑ | 1 | × | × | × | × | × | $Q_2$ | $Q_1$ | $Q_0$ | 0 | |
| 1 | 0 | 0 | × | × | × | × | × | × | × | $Q_3$ | $Q_2$ | $Q_1$ | $Q_0$ | 保持 |

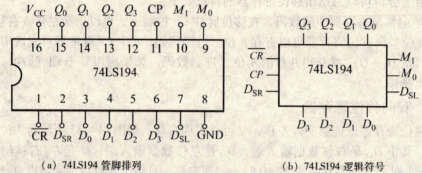

（a）74LS194 管脚排列　　　　　　　　（b）74LS194 逻辑符号

图 11 - 38　双向移位寄存器 74LS194

## （三）集成移位寄存器扩展

在实际应用时，常常碰到寄存器位数少而需要寄存的数据位数较多的情况，这时可以采用多片寄存器进行级联扩展的方法来构成所需要的多位寄存器，下面以 74LS194 为例说明寄存器级联扩展的方法。如图 11 - 39 所示是两片 74LS194 构成 8 位双向移位寄存器的连接图。由图可见，74LS194 进行级联的时候，只需将高位 194 的输出 $Q_0$ 接低位 194 的右移输入 $D_{SR}$，低位 194 的输出 $Q_3$ 接高位 194 的左移输入 $D_{SL}$，两片 194 的 $CP$、$M_0$、$M_1$ 和 $\overline{CR}$ 端分别并联即可。

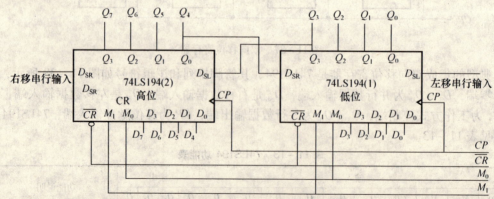

图 11 - 39　两片 74LS1I94 级联接成 8 位双向移位寄存器连接图

## 第四节 计数器

计数器是用来累计时钟脉冲个数的时序逻辑部件，在数字电路中应用极为广泛，不仅用于对时钟脉冲进行计数，还可用于对时钟脉冲分频、定时及产生数字系统的节拍脉冲等。计数器的种类很多，一般有以下几种方式：

### 1. 按触发方式分

按照触发方式不同计数器分为同步计数器和异步计数器。

在同步计数器中，计数脉冲 $CP$ 同时加到所有触发器的时钟端，当计数脉冲输入时，触发器的状态同时发生变化。

在异步计数器中，计数脉冲并不引到所有触发器的时钟脉冲输入端，各个触发器不是同时被触发的。

### 2. 按计数的增减规律分

按计数的增减规律计数器分为加法计数器、减法计数器和可逆计数器。

加法计数器是在 $CP$ 脉冲作用下进行累加计数，即每来一个 $CP$ 脉冲，计数器加1。

减法计数器是在 $CP$ 脉冲作用下进行累减计数，即每来一个 $CP$ 脉冲，计数器减1。

可逆计数器在控制信号的作用下，即可按加法计数规律计数，也可按减法计数规律计数。

### 3. 按计数容量分

计数器所能累计时钟脉冲的个数即为计数器的容量，也称为计数器的模（用 $M$ 表示）。$N$ 个触发器组成的计数器所能累计的最大数目是 $2^N$，当 $M = 2^N$ 时称为二进制计数器，当 $M < 2^N$ 时称为 $M$ 进制计数器。

## 一、二进制计数器

### （一）异步二进制计数器

#### 1. 异步二进制加法计数器

图 11-40 所示是由 3 个下降沿触发的 JK 触发器组成的异步二进制加法计数器，图中低位触发器的输出 $Q$ 作为高位触发器的 $CP$ 脉冲输入，各触发器的 $J$、$K$ 信号输入端接高电平 1 或者悬空（相当于接高电平 1），即 $J = K = 1$，使各 JK 触发器均处于计数状态，每当接收到一个触发脉冲时，触发器的状态就翻转一次。

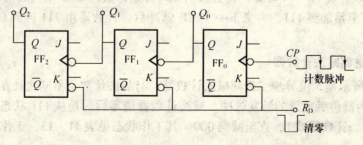

图 11-40 由 JK 触发器组成的异步二进制加法计数器

在开始计数前，令 $\overline{R_D} = 0$，使 $Q_2 Q_1 Q_0 = 000$，对计数器进行清零，然后输入计数脉冲 $CP$，进行计数。由于 $CP$ 脉冲加到 $FF_0$ 的 $CP$ 端，$FF_0$ 将在 $CP$ 的下降沿翻转，而 $Q_0$ 又作为 $FF_1$ 的触发脉冲，只有 $Q_0$ 出现下降沿时 $FF_1$ 的输出状态才会翻转，同理，$Q_1$ 作为 $FF_2$ 的触发脉冲，只有 $Q_1$ 出现下降沿时 $FF_2$ 的输出状态才会转换。因此根据以上的分析可以画出计数器的工作波形，如图 11-41 所示，$n$ 位二进制加法计数器，能计的最大十进制数为 $2^n - 1$，计数器的工作状态如表 11-14 所示。

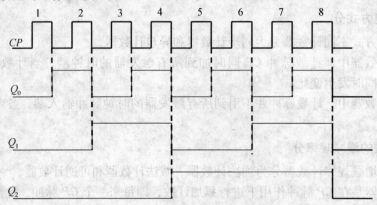

图 11-41　异步二进制加法计数器工作波形

表 11-14　三位二进制加法计数器状态表

| CP 序号 | $Q_2$ | $Q_1$ | $Q_0$ | 计数值 |
|---|---|---|---|---|
| 0 | 0 | 0 | 0 | 0 |
| 1 | 0 | 0 | 1 | 1 |
| 2 | 0 | 1 | 0 | 2 |
| 3 | 0 | 1 | 1 | 3 |
| 4 | 1 | 0 | 0 | 4 |
| 5 | 1 | 0 | 1 | 5 |
| 6 | 1 | 1 | 0 | 6 |
| 7 | 1 | 1 | 1 | 7 |
| 8 | | | | 8 |

从图 11-38 和表 11-14 可知，计数器从 000 开始计数，每来一个 CP 脉冲，计数器进行一次加 1，直至累加到 111，再来下一个 CP 脉冲后，计数器由 111 回到 000，重新开始计数。

**2. 异步二进制减法计数器**

图 11-42 所示是 3 位异步二进制减法计数器，与加法计数器不同之处在于将低位触发器的输出 $\overline{Q}$ 作为高位触发器的触发脉冲。减法计数器清零后，是从 111 状态开始计数，每来一个 CP 脉冲，计数器减 1，直至减到 000，其工作状态见表 11-15，工作过程读者可以自行分析。

表 11 –15   三位二进制减法计数器状态表

| CP 序号 | $Q_2$ | $Q_1$ | $Q_0$ | 计数值 |
|---|---|---|---|---|
| 0 | 0 | 0 | 0 | 0 |
| 1 | 1 | 1 | 1 | 7 |
| 2 | 1 | 1 | 0 | 6 |
| 3 | 1 | 0 | 1 | 5 |
| 4 | 1 | 0 | 0 | 4 |
| 5 | 0 | 1 | 1 | 3 |
| 6 | 0 | 1 | 0 | 2 |
| 7 | 0 | 0 | 1 | 1 |
| 8 | 0 | 0 | 0 | 0 |

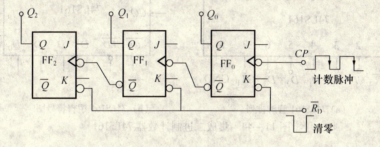

图 11 – 42   由 JK 触发器组成的异步二进制减法计数器

　　异步计数器的最低位触发器由计数脉冲触发翻转，其他各位触发器需由相邻低位触发器的输出脉冲来触发，各位触发器状态转换的不在同一时刻，只有在前级触发器翻转后，后级触发器才能翻转。因此，虽然异步计数器的电路结构简单，但是工作速度较慢。

（二）同步二进制计数器

　　图 11 – 43 所示的是用 JK 触发器组成的同步二进制加法计数器。根据 JK 触发器的特性，各个触发器只要满足 $J = K = 1$ 的条件，在 CP 脉冲的下降沿即可翻转。从图 11 – 43 中可知，对于触发器 $FF_0$，要求每来一个 CP 计数脉冲，$Q_0$ 就翻转一次；而对于触发器 $FF_1$，只有在 $Q_0 = 1$ 的情况下，来一个 CP 计数脉冲，$Q_1$ 才翻转；同理，触发器 $FF_2$ 要在 $Q_1$ 和 $Q_0$ 同时为 1 时在 CP 脉冲下降沿的作用下才会翻转。同步二进制计数器的工作波形图与异步计数器完全相同，大家可参考图 11 – 41。

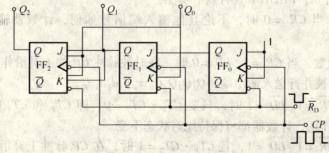

图 11 – 43   由 JK 触发器组成的同步二进制计数器

通过图 11 - 43 的分析可知，若用 JK 触发器组成同步二进制加法计数器，则每一个触发器的翻转条件是：$J_n = K_n = Q_{n-1} \cdot Q_{n-2} \cdots Q_2 \cdot Q_1 \cdot Q_0$，与异步二进制计数器组成方法相同，如果要组成同步二进制减法计数器，则只要将高位触发器的 J、K 端分别于低位触发器的 $\overline{Q}$ 端相接即可。

## （三）集成二进制计数器

图 11 - 44 所示是集成 4 位可预置的同步二进制计数器 74LS161 的管脚排列和逻辑符号，其中 $\overline{CR}$ 是清零端，$\overline{LD}$ 是预置数控制端，$D_3 D_2 D_1 D_0$ 是预置数据输入端，$CT_P$ 和 $CT_T$ 是计数控制端，$Q_3 Q_2 Q_1 Q_0$ 是计数输出端，$CO$ 是进位输出端。74LS161 的功能表如表 11 - 16 所示。

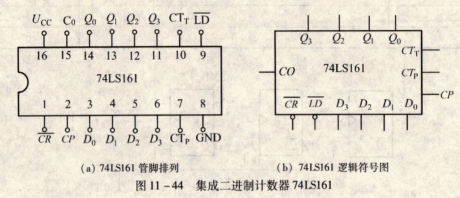

（a）74LS161 管脚排列　　　　　（b）74LS161 逻辑符号图

图 11 - 44　集成二进制计数器 74LS161

表 11 - 16　74LS161 功能表

| 输入 | | | | | | | | 输出 | | | | 功能说明 |
|---|---|---|---|---|---|---|---|---|---|---|---|---|
| $\overline{CR}$ | $\overline{LD}$ | $CT_T$ | $CT_P$ | $CP$ | $D_3$ | $D_2$ | $D_1$ | $D_0$ | $Q_3$ | $Q_2$ | $Q_1$ | $Q_0$ | |
| 0 | × | × | × | × | × | × | × | × | 0 | 0 | 0 | 0 | 异步清零 |
| 1 | 0 | × | × | ↑ | $d_3$ | $d_2$ | $d_1$ | $d_0$ | $d_3$ | $d_2$ | $d_1$ | $d_0$ | 同步置数 |
| 1 | 1 | 0 | × | × | × | × | × | × | $Q_3^n$ | $Q_2^n$ | $Q_1^n$ | $Q_0^n$ | 保持 |
| 1 | 1 | × | 0 | × | × | × | × | × | $Q_3^n$ | $Q_2^n$ | $Q_1^n$ | $Q_0^n$ | |
| 1 | 1 | 1 | 1 | ↑ | × | × | × | × | 计数从 0000 ~ 1111，当 $Q_3 Q_2 Q_1 Q_0 = 1111$ 时，进位输出 $CO = 1$ | | | | 计数 |

由表 11 - 16 可知，74LS161 具有以下功能：

1. 异步清零。当 $\overline{CR} = 0$ 时，不论其他输入端信号如何，计数器输出被直接清零，$Q_3 Q_2 Q_1 Q_0 = 0000$。

2. 同步并行置数。当 $\overline{CR} = 1$、$\overline{LD} = 0$ 时，在时钟脉冲 $CP$ 的上升沿作用时，$D_3 D_2 D_1 D_0$ 端的数据 $d_3 d_2 d_1 d_0$ 被并行送入输出端，$Q_3 Q_2 Q_1 Q_0 = d_3 d_2 d_1 d_0$。

3. 保持。当 $\overline{CR} = 1$、$\overline{LD} = 1$ 时，只要 $CT_P \cdot CT_T = 0$，即 $CT_P$ 和 $CT_T$ 中任意一个为 0，不管有无 $CP$ 脉冲作用，计数器都将保持原有状态不变。

4. 计数。当 $\overline{CR} = 1$、$\overline{LD} = 1$，且 $CT_P \cdot CT_T = 1$ 时，在 $CP$ 脉冲上升沿作用下，计数器进行二进制加法计数，当计数到 $Q_3 Q_2 Q_1 Q_0 = 1111$ 时，$CO = 1$，进位输出端输出进位脉冲信号，通常进位输出端 $CO$ 在计数器扩展时进行级联用。

## 二、十进制计数器

二进制计数器结构虽然简单，但是人们不习惯二进制的读数方式，所以在有些场合仍采用十进制计数器。十进制计数器是在二进制计数器的基础上得出的，它用四位二进制数表示对应的十进制数，所以又称为二–十进制计数器。四位二进制数可以表示十六种状态，为了表示十进制数的十个状态，则需要去掉六种状态，不同的编码方式去掉的六种状态不同，最常用的是 8421 编码的十进制计数器。

### （一）同步十进制计数器

图 11 – 45 所示为由 $JK$ 触发器组成的同步十进制计数器。

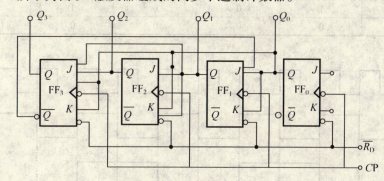

图 11 – 45  同步十进制加法计数器

由图 11 – 41 可以写出每个 $JK$ 触发器输入信号的驱动方程为：

$$\begin{cases} J_0 = K_0 = 1 \\ J_1 = \overline{Q_3^n} Q_0^n K_1 = Q_0^n \\ J_2 = k_2 = Q_1^n Q_0^n \\ J_3 = Q_2^n Q_1^n Q_0^n K_3 = Q_0^n \end{cases}$$

将驱动方程带入 $JK$ 触发器的特性方程中，得到计数器的状态方程为：

$$\begin{cases} Q_0^{n+1} = J_0 \overline{Q_0^n} + \overline{K_0} Q_0^n = \overline{Q_0^n} \\ Q_1^{n+1} = J_1 \overline{Q_1^n} + \overline{K_1} Q_1^n = \overline{Q_3^n}\, \overline{Q_1^n} Q_0^n + \overline{Q_0^n} Q_1^n \\ Q_2^{n+1} = J_2 \overline{Q_2^n} + \overline{K_2} Q_2^n = \overline{Q_2^n} Q_1^n Q_0^n + Q_2^n \overline{Q_1^n Q_0^n} \\ Q_3^{n+1} = J_3 \overline{Q_3^n} + \overline{K_3} Q_3^n = \overline{Q_3^n} Q_2^n Q_1^n Q_0^n + Q_3^n \overline{Q_0^n} \end{cases}$$

在进行计数前先对计数器进行清零，在 $\overline{R_D}$ 端输入一个负脉冲，即 $\overline{R_D} = 0$，使 $Q_3 Q_2 Q_1 Q_0 = 0000$，然后输入计数脉冲 $CP$ 开始计数。将初态 0000 带入状态方程中，得到第一个计数脉冲后的计数器输出为 0001，当第二个计数脉冲到来时，再将 0001 作为现态带入状态方程中进行计算，依次类推，可列出如表 11 – 17 所示的十进制加法计数器的状态表，其工作波形如图 11 – 46 所示。

**表 11 -17　十进制加法计数器状态表**

| CP 序号 | $Q_3$ | $Q_2$ | $Q_1$ | $Q_0$ | 计数值 |
|---|---|---|---|---|---|
| 0 | 0 | 0 | 0 | 0 | 0 |
| 1 | 0 | 0 | 0 | 1 | 1 |
| 2 | 0 | 0 | 1 | 0 | 2 |
| 3 | 0 | 0 | 1 | 1 | 3 |
| 4 | 0 | 1 | 0 | 0 | 4 |
| 5 | 0 | 1 | 0 | 1 | 5 |
| 6 | 0 | 1 | 1 | 0 | 6 |
| 7 | 0 | 1 | 1 | 1 | 7 |
| 8 | 1 | 0 | 0 | 0 | 8 |
| 9 | 1 | 0 | 0 | 1 | 9 |
| 10 | 0 | 0 | 0 | 0 | 进位后归零 |

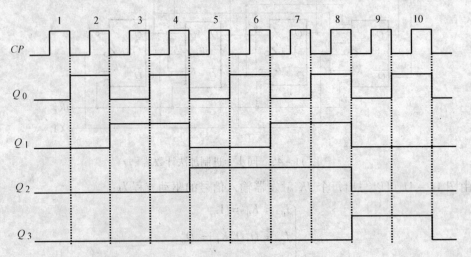

图 11 -46　十进制计数器工作波形

## （二）集成十进制计数器

### 1. 集成同步十进制加法计数器 74LS160 和 74LS162

74LS160 和 74LS162 是同步十进制加法计数器，它们的引脚排列和使用方法与 74LS161 相同，只是计数长度不同而已。74LS160 和 74LS162 引脚排列和逻辑符号可以参考图 11 -44。74LS160 与 74LS162 的区别在于，74LS160 与 74LS161 相同，都是异步清零；而 74LS162 则采用了同步清零方式，即当 $\overline{CR} = 0$ 时，必须在 CP 脉冲上升沿时计数器的输出才会被清零。

### 2. 集成异步二—五—十进制计数器 74LS290

74LS290 内部是由一个二进制计数器和一个五进制计数器组成，可以分别实现二进制、五进制和十进制计数，其管脚排列和逻辑符号如图 11 -47 所示，其中 $S_{9(1)}$、$S_{9(2)}$ 称为置 9 端，$R_{0(1)}$、$R_{0(2)}$ 称为置 0 端，$CP_0$、$CP_1$ 端为计数时钟输入端，$Q_3Q_2Q_1Q_0$ 为输出端，NC 表示空脚。74LS290 的功能如表 11 -18 所示。

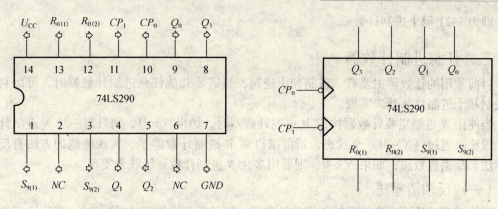

（a）74LS290 管脚排列　　　　　　　　（b）74LS290 逻辑符号

图 11 -47　集成二—五—十进制计数器 74LS290

表 11 -18　74LS290 功能表

| 复位输入 | | 置位输入 | | 时钟 | | 输出 | | | |
|---|---|---|---|---|---|---|---|---|---|
| $R_{0(1)}$ | $R_{0(2)}$ | $S_{9(1)}$ | $S_{9(2)}$ | $CP_0$ | $CP_1$ | $Q_3$ | $Q_2$ | $Q_1$ | $Q_0$ |
| 1 | 1 | 0 | × | × | × | 0 | 0 | 0 | 0 |
| 1 | 1 | × | 0 | × | × | 0 | 0 | 0 | 0 |
| × | × | 1 | 1 | × | × | 1 | 0 | 0 | 1 |
| 0 | × | 0 | × | ↓ | 0 | 二进制计数 | | | |
| × | 0 | × | 0 | | | | | | |
| 0 | × | 0 | × | 0 | ↓ | 五进制计数 | | | |
| × | 0 | × | 0 | | | | | | |
| 0 | × | 0 | × | ↓ | $Q_0$ | 8421 码十进制计数 | | | |
| × | 0 | × | 0 | | | | | | |
| 0 | × | 0 | × | $Q_3$ | ↓ | 5421 码十进制计数 | | | |
| × | 0 | × | 0 | | | | | | |

从表 11 - 18 中可知道 74LS290 具有如下功能：

（1）异步置 9　当 $S_{9(1)} = S_{9(2)} = 1$ 时，不论其他输入端状态如何，74LS290 的输出被直接置成 9，即 $Q_3Q_2Q_1Q_0 = 1001$。

（2）异步清零　当 $R_{0(1)} = R_{0(2)} = 1$，且置 9 端 $S_{9(1)}$、$S_{9(2)}$ 不全为 1 时，74LS290 的输出被直接置成 0，即 $Q_3Q_2Q_1Q_0 = 0000$。

（3）计数　只有当 $S_{9(1)}$ 和 $S_{9(2)}$ 不全为 1，并且 $R_{0(1)}$ 和 $R_{0(2)}$ 也不全为 1 时，74LS290 处于计数状态，计数方式有以下三种：

二进制计数：计数脉冲由 $CP_0$ 端输入，输出由 $Q_0$ 端引出，即为二进制计数器。

五进制计数：计数脉冲由 $CP_1$ 端输入，输出由 $Q_3Q_2Q_1$ 引出，即为五进制计数器。

8421 码十进制计数：计数脉冲由 $CP_0$ 输入，将 $Q_0$ 与 $CP_1$ 相连，输出由 $Q_3Q_2Q_1Q_0$ 引出，即为 8421 码十进制计数器。

5421 码十进制计数：计数脉冲由 $CP_1$ 输入，将 $Q_3$ 与 $CP_0$ 相连，输出由 $Q_3Q_2Q_1Q_0$ 引

出，即为 5421 码十进制计数器。

## 三、任意进制计数器

目前常用的计数器主要有二进制和十进制，当需要其他任意进制计数器时，可以利用二进制和十进制计数器来实现。

当使用 $N$ 进制集成计数器构成 $M$ 进制计数器时，如果 $N > M$，则只需一片 $N$ 进制计数器，设法跳越过 $(N-M)$ 个状态，就可以得到 $M$ 进制计数器了，实现跳越的方法有反馈清零法和反馈置数法；如果 $N < M$，则要用多片 $N$ 进制计数器级联来实现。

### （一）反馈清零法

反馈清零法适用于有清零输入端的计数器。当计数器计数到 $M$ 状态时，利用清零端和门电路进行反馈置 0，将计数器清零，跳越过 $N-M$ 个状态，从而获得 $M$ 进制计数器。

使用反馈清零法时一定要清楚计数器是异步清零还是同步清零。若为异步清零，则要在计数器输出 $M$ 状态时将计数器清零；若为同步清零，则应该在计数器输出 $M-1$ 状态时将计数器清零。

**例 11-5**  使用反馈清零法将集成同步 4 位二进制计数器 74LS161 构成一个十二进制计数器。

**解：** 74LS161 是采用异步清零方式的同步计数器，若要构成十二进制计数器，应选用输出 $Q_3Q_2Q_1Q_0 = 1100$（12）时进行反馈清零，即使 $\overline{CR} = \overline{Q_3^n Q_2^n}$，电路连接如图 11-48（a）所示。

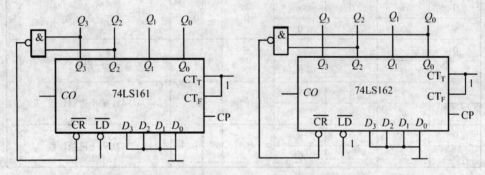

（a）异步清零方式构成十二进制计数器　　（b）同步清零方式构成六进制计数器

图 11-48　反馈清零法构成任意进制计数器

**例 11-6**  使用反馈清零法将集成同步十进制计数器 74LS162 构成一个六进制计数器。

**解：** 集成同步十进制计数器 74LS162 采用同步清零方式，即当 $CR = 0$ 时，计数器要在 CP 上升沿到来时才会清零。因此若要构成六进制计数器，应选用输出 $Q_3Q_2Q_1Q_0 = 0101$（十进制数为 5）时进行反馈清零，即使 $\overline{CR} = \overline{Q_2^n Q_0^n}$，电路连接如图 11-48（b）所示。

**例 11-7**  使用反馈清零法将集成异步计数器 74LS290 分别构成一个六进制计数器和七进制计数器。

**解：** 首先将 $CP_1$ 和 $Q_0$ 相接，构成十进制计数器，然后利用异步清零端 $R_{0(1)}$ 和 $R_{0(2)}$ 进行反馈清零。构成六进制计数器时，在 $Q_3Q_2Q_1Q_0 = 0110$ 时，使 $R_{0(1)}$ 和 $R_{0(2)}$ 同时为 0；构成七进制计数器时，在 $Q_3Q_2Q_1Q_0 = 0111$ 时，使 $R_{0(1)}$ 和 $R_{0(2)}$ 同时为 0，电路连接分别如图 11-49（a）和（b）所示。

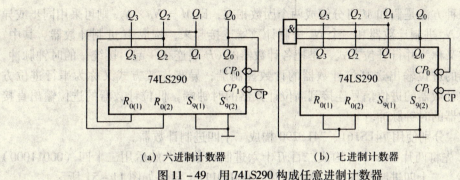

（a）六进制计数器　　　　　　（b）七进制计数器

图 11-49　用 74LS290 构成任意进制计数器

### （二）反馈置数法

反馈置数法适用于具有预置数功能的集成计数器。反馈置数法与反馈清零法不同，它是在计数器的并行数据输入端 $D_3 \sim D_0$ 输入计数的起始数据（一般采用反馈置数法构成任意进制计数器时，都是从 0 开始计数），在计数到要求时，通过控制电路产生置数控制信号加到计数器的置数端，使计数器回到初始的计数状态，从而实现所要求的计数进制。反馈置数法的电路连接方式与计数器的预置端功能有关，计数器若为同步预置，则应在 $M-1$ 状态时进行预置数；若为异步预置，则应该在 $M$ 状态时进行预置数。

**例 11-8**　使用反馈置数法将集成同步 4 位二进制计数器 74LS161 构成一个十进制计数器。

**解：** 74LS161 采用同步置数方式，若要构成十进制计数器，设计数的初始状态为 $Q_3Q_2Q_1Q_0 = 0000$，则令 $D_3D_2D_1D_0 = 0000$，同时应在 $Q_3Q_2Q_1Q_0 = 1001$ 时进行反馈置数，即 $\overline{LD} = \overline{Q_3^n Q_0^n}$，电路连接如图 11-50（a）所示。

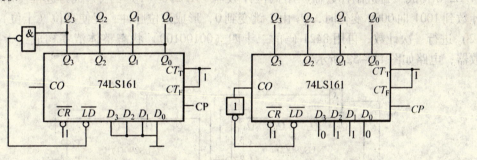

（a）使用前十个有效状态　　　　　　（b）使用后十个有效状态

图 11-50　使用反馈置数法将 74LS161 构成十进制计数器

反馈置数法还可以利用计数到最大计数状态时产生的进位信号反馈到预置数控制端实现反馈置数。例如 74LS161 的最大计数状态为 1111，使用 74LS161 构成十进制计数器时，可以使用 0110~1111 的后十个状态进行计数，则数据输入端信号应为 $Q_3Q_2Q_1Q_0 = 0110$，当计数到 1111 时，进位输出信号端 $CO = 1$，将 $CO$ 信号取反后接到 $\overline{LD}$ 端即可，电路连接如图 11-50（b）所示。

### （三）级联法

当使用 N 进制集成计数器构成 M 进制计数器时，如果 $N < M$，则必须将多片 N 进制计数器组合起来，才能构成 M 进制计数器。多片计数器级联的方式有两种，第一种方法是用多片 N 进制计数器串联起来使 $N_1 \times N_2 \cdots N_n > M$，然后使用整体清 0 或置数法，形成 M 进制计数器；第二种方法是假如 $M$ 可分解成两个因数相乘，即 $M = N_1 \times N_2$，则可采用同步或异步方式将一个 $N_1$ 进制计数器和一个 $N_2$ 进制计数器连接起来，构成 $M$ 进制计数器。其中，同步连接方式又称为并行进位方式，是把各计数器的 $CP$ 端连在一起，接统一的时钟脉冲，而低位计数器的进位输出送高位计数器的计数控制端；异步连接方式又称为串行进位方式，是指低位计数器的进位信号连接到高位计数器的时钟端，低位计数器的进位输出直接作为高位计数器的时钟脉冲。

**例 11 -9** 分别使用 74LS161、74LS290 构成二十四进制计数器。

**解：**（1）先将两片 74LS161 构成二百五十六进制计数器，然后用二十四（00011000）状态整体清零，二十四进制的状态从 00000000—00010111，电路如图 11 - 51 所示。

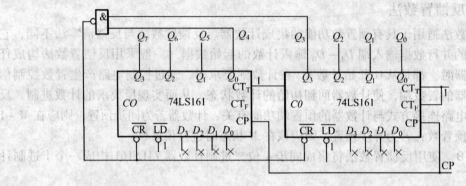

图 11 - 51　74LS161 构成二十四进制计数器

（2）先将 74LS290 的 $Q_0$ 与 $CP_1$ 相连，组成 8421 码十进制计数器，然后将两片 74LS290 构成一百进制计数器；用低位计数器 74LS290（1）的 $Q_3$ 做为进位使用，当个位计数到 1001 向 0000 变化时，$Q_3$ 由 1 跳变到 0，形成进位脉冲，促使高位（十位）74LS290（2）进行一次计数；再用 8421 码的二十四（00100100）状态整体清零构成二十四进制计数器，电路如图 11 - 52 所示。

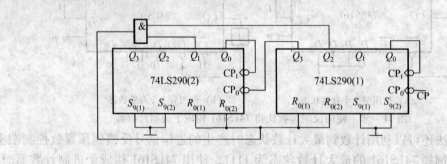

图 11 - 52　74LS290 构成二十四进制计数器

**例 11 -10** 分别使用 74LS161、74LS290 构成六十进制计数器。

**解：**（1）六十进制可以分解为 60 = 6 × 10，即使用两片 74LS161，低位组成十进制计数器（个位），高位组成六进制计数器（十位），采用反馈置数法，电路如图 11 - 53 所示。

当个位计数器计数到 $Q_3 Q_2 Q_1 Q_0 = 1001$ 时，$Q_3$、$Q_0$ 经与门和非门后输出 0，送至个位 74LS161 的 $\overline{LD}$ 端，当下一个 $CP$ 脉冲到来时，个位计数器置零，同时十位计数器在 $CP$ 和与门输出的 1 的作用下进行加 1 计数。当十位计数器计数到 $Q_7 Q_6 Q_5 Q_4 = 0101$、个位计数器

计数到 $Q_3Q_2Q_1Q_0 = 1001$ 时（即 59 状态），两个计数器的 $CT_P$ 和 $CT_T$ 均为 1、$\overline{LD}$ 均为 0，在下一个 CP 脉冲到来时，个位和十位计数器同时归零，完成一个计数周期。

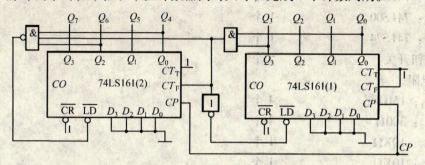

图 11−53　74LS161 构成六十进制计数器

（2）使用 74LS290 构成六十进制计数器的方法与构成二十四进制计数器的方法相同，电路如图 11−54 所示。

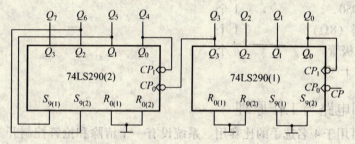

图 11−54　74LS290 构成六十进制计数器

# 实训　竞赛抢答器的制作

## 一、实训目的

1. 熟悉中规模集成电路 D 锁存器、与非门及发光二极管的使用方法。
2. 掌握实际电路搭接、装配方法。
3. 熟悉智力竞赛抢赛器的工作原理。
4. 了解简单数字系统的实验、调试方法和简单故障排除方法。

## 二、实训器材

1. 直流稳压电源　　　　　1 台
2. 万用表　　　　　　　　1 只
3. 脉冲信号发生器　　　　1 台
4. 示波器　　　　　　　　1 台
5. 电烙铁　　　　　　　　1 只
6. 万能电路板　　　　　　1 块
7. 集成电路

$U_1$: 74LS175　　　　　　　　1 个

$U_2$: 74LS20　　　　　　　　 1 个

$U_3$: 74LS00　　　　　　　　 1 个

$U_4$: 74LS74　　　　　　　　 1 个

8. 按钮开关　　　　　　　　　　5 个

9. 电阻

$R_1$: 1MΩ　　　　　　　　　 4 个

$R_2$: 300Ω　　　　　　　　　 4 个

$R_3$: 10KΩ　　　　　　　　　1 个

$R_4$: 10KΩ　　　　　　　　　1 个

10. 二极管

VD: 1N4001P　　　　　　　1 个

11. 三极管

VT: 8050　　　　　　　　　1 个

12. 扬声器（8Ω）　　　　　　　1 个

13. 发光二极管　　　　　　　　4 个

14. 导线若干

## 三、实训电路与工作原理

该抢答器可用于 4 名选手的比赛用。系统设有一个清除和抢答控制开关，该开关由主持人控制，每个选手有一个抢答开关，当选手按动对应开关，抢答器锁存相应的信号，对应的 LED 发光二极管点亮作为显示，同时扬声器发出声响提示。抢答器具有锁存功能，选手抢答实行优先锁存，一旦有选手先按下开关，其他选手的抢答信号就不能够进入抢答器，直到主持人将系统原输出清除为止。

### 1. 抢答器电路

如图 11 - 55 所示。

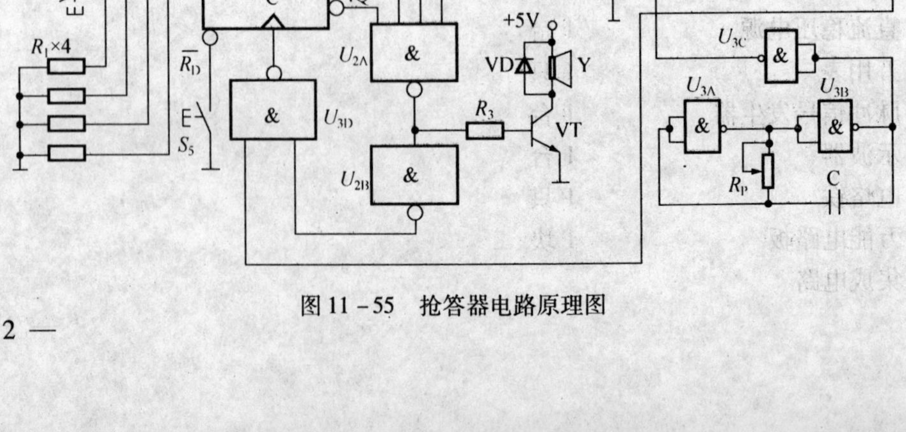

图 11 - 55　抢答器电路原理图

## 2. 元器件介绍

### （1）上升沿触发的集成四 D 触发器（数据锁存器）—74LS175

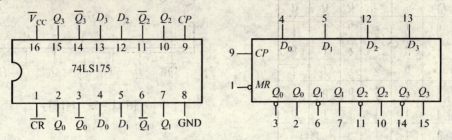

图 11 – 56　74LS175

**表 11 – 19　74LS175 功能表**

| | 输入 | | | | | 输出 | | | |
|---|---|---|---|---|---|---|---|---|---|
| $\overline{CR}$ | CP | $D_3$ | $D_2$ | $D_1$ | $D_0$ | $Q_3$ | $Q_2$ | $Q_1$ | $Q_0$ |
| 0 | × | × | × | × | × | 0 | 0 | 0 | 0 |
| 1 | ↑ | $d_3$ | $d_2$ | $d_1$ | $d_0$ | $d_3$ | $d_2$ | $d_1$ | $d_0$ |
| 1 | 1 | × | × | × | × | 保持 | | | |
| 1 | 1 | × | × | × | × | 保持 | | | |

### （2）四输入双与非门—74LS20

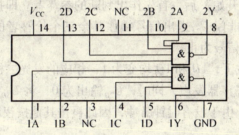

图 11 – 57　74LS20

### （3）四 2 输入与非门—74LS00

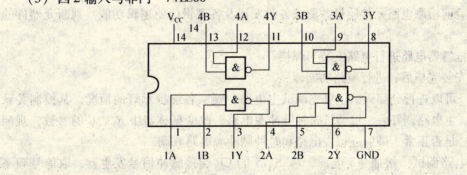

图 11 – 58　74LS00

### （4）上升沿触发的集成双 D 触发器—74LS74

表 11 –20　74LS74 功能表

| 输入 | | | | 输出 | |
|---|---|---|---|---|---|
| $\overline{CR}$ | $\overline{S_D}$ | CP | D | Q | $\overline{Q}$ |
| 0 | 1 | × | × | 0 | 1 |
| 1 | 0 | × | × | 1 | 0 |
| 0 | 0 | × | × | 1 | 1 |
| 1 | 1 | ↑ | 0 | 0 | 1 |
| 1 | 1 | ↑ | 1 | 1 | 0 |
| 1 | 1 | ↓ | × | 保持 | |

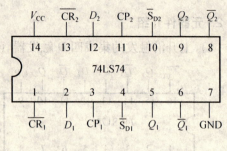

图 11 – 59　74LS74

### 3. 工作原理

图中集成电路 $U_1$ 为四 D 触发器 74$LS$175，组成了抢答器的信号输入主电路，$U_2$ 组成抢答器的信号锁存电路，$U_3$ 和 $U_4$ 组成了抢答电路的时钟脉冲源，$U_3$ 产生的脉冲信号经 $U_4$ 组成的分频电路进行四分频，为 $U_1$ 提供 CP 脉冲。

抢答开始前由主持人按下复位开关 $S_5$ 进行信号清除，使 74$LS$175 的输出 $1Q \sim 4Q$ 全部为 0，所有发光二极管 LED 均熄灭，$\overline{1Q} \sim \overline{4Q}$ 输出全为 1，$U_{2A}$ 输出为 0，扬声器不响。同时，$U_{2B}$ 输出为 1，将 $U_{3D}$ 门打开，时钟脉冲 CP 进入 74$LS$175 的时钟端。此时，由于 $S_1 \sim S_4$ 均未按下，$1D \sim 4D$ 均为 0，触发器的状态保持不变。

当主持人宣布"抢答开始"后，首先作出判断的参赛者立即按下开关，对应的发光二极管点亮，同时，通过与非门 $U_{2A}$ 送出信号锁住其余三个抢答者的电路，不再接受其他信号，直到主持人再次清除信号为止。

例如，若 $S_1$ 首先被按下，$1D$ 和 $1Q$ 均变为 1，相应的发光二极管亮，$\overline{1Q}$ 变为 0，$U_{2A}$ 的输出为 1，经过 VT 驱动扬声器发声，同时，$U_{2B}$ 输出为 0，将 $U_{3D}$ 封闭，时钟脉冲 CP 便不能经过 $U_{3D}$ 进入 74$LS$175，由于没有时钟脉冲，因此再按其他按钮就不起作用了，触发器的状态不会改变。

## 四、实训步骤

1. 在实验前检测电路元件质量并测试各触发器及各逻辑门的逻辑功能，判断元器件的好坏。

2. 按照抢答器电路进行电路安装与焊接。

3. 电路安装完毕后，进行电路功能调试。

调试时，可以进行分部调试。可先调试主电路，观察各组指示灯的情况，其控制关系应符合要求。主电路调好后，可调试时钟脉冲源电路，改变振荡器中 $R_P$、$C$ 的参数，观测电路输出信号是否正常。最后进行主电路和时钟脉冲源电路联调。

（1）主电路调试　接通 +5 电源，74$LS$175 的 CP 端接脉冲信号发生器，取信号频率约 1kHz。

抢答开始前，按下 $S_5$，发光二极管应全部熄灭。然后依次按下 $S_1 \sim S_4$，观察对应发光二极管的亮、灭情况是否正常。

（2）时钟脉冲源电路调试　断开抢答器电路中 $CP$ 脉冲源电路，单独对 $U_3$ 和 $U_4$ 组成的抢答电路的时钟脉冲源电路进行调试。用示波器观测 $U_{3C}$ 输出波形，调整 $R_P$ 电位器，使其输出脉冲频率约 $4kHz$，然后观测 $U_{4B}$ 输出脉冲的频率是否为 $1kH_Z$。

（3）整体调试　将主电路上的信号发生器断开，接入 $U_3$ 和 $U_4$ 组成的抢答电路时钟脉冲源电路，重复主电路调试过程。

## 五、实训报告

1. 画出实训内容中的电路图，接线图。

2. 分析智力竞赛抢答装置各部分功能及工作原理。

3. 总结装配、调试抢答器的体会。

4. 分析实训中出现的故障及解决办法。

## 六、思考

如果要使用七段数码管来显示抢答的序号，应对电路如何进行改动？请设计出完整电路。

# 本章小结

1. 触发器是构成时序逻辑电路的基本单元。触发器有两个稳定状态，在一定条件下，触发器可维持在两种稳定状态（0 或 1 状态）之一而保持不变；在一定的外加信号作用下，触发器可从一个稳定状态转变到另一个稳定状态。因此，触发器能够记忆二进制信息 0 和 1，常被用作二进制存储单元。

2. 触发器的逻辑功能是指触发器输出的次态与输出的现态及输入信号之间的逻辑关系。触发器的逻辑功能可以用特性表、特性方程、状态图和波形图等方式来描述。

3. 根据逻辑功能的不同，触发器可分为：

（1）$RS$ 触发器　　$Q^{n+1} = S + \overline{R}Q^n$　　$RS = 0$（约束条件），具有置 0、置 1 和保持功能。

（2）JK 触发器　　$Q^{n+1} = J\overline{Q}^n + \overline{K}Q^n$，具有置 0、置 1、保持和翻转功能。

（3）T 触发器　　$Q^{n+1} = T\overline{Q}^n + \overline{T}Q^n$，具有保持和翻转功能。

（4）D 触发器　　$Q^{n+1} = D$，具有置 0、置 1 功能。

4. 不同结构的触发器具有不同的触发条件和动作特点，触发器逻辑符号中的"Λ"代表是边沿触发，"○"代表下降沿，因此触发器逻辑符号中 CP 端有小圆圈的为下降沿触发；没有小圆圈的为上升沿触发。

5. 时序逻辑电路的特点是任何时刻的输出不仅和输入有关，而且还决定于电路原来的状态。为了记忆电路的状态，时序逻辑电路中必须包含有存储电路，存储电路通常是由触发器构成。

6. 寄存器是用来存放二进制数据或代码的电路，是一种常用的时序逻辑电路。寄存器分为数码寄存器和移位寄存器两大类。数码寄存器的数据只能并行输入、并行输出；移位寄存器中的数据可以在移位脉冲作用下依次逐位右移或左移，数据可以串行输入—串行输出、串行输入–并行输出、并行输入–串行输出和并行输入–并行输出。

7. 计数器由触发器和门电路构成，但在实际工作中，主要是利用集成计数器来构成。

在用集成计数器构成 N 进制计数器时，需要利用清零端和置数控制端或级联，让电路跳过某些状态来获得 N 进制计数器。

# 习 题

**11-1** 说明时序逻辑电路与组合逻辑电路在电路结构和逻辑功能上的不同之处。

**11-2** 用与非门组成的基本 RS 触发器和输入信号 $\bar{S}$、$\bar{R}$ 的波形如题 11-2 图所示，设触发器的初始状态为 0，画出输出 $Q$ 和 $\bar{Q}$ 的波形。

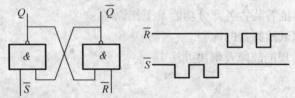

题 11-2 图

**11-3** 设主从 $JK$ 触发器的初始状态为 0，已知输入 $J$、$K$ 的波形图如题 11-3 图所示，请画出输出 $Q$ 的波形图。

**11-4** 上升沿触发的 $D$ 触发器的输入信号 $D$ 的波形如题 11-4 图所示，设初始状态为 0，请画出输出 $Q$ 的波形。

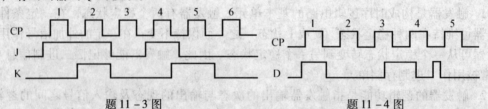

题 11-3 图　　　　　　　　　　　题 11-4 图

**11-5** 已知时钟脉冲 $CP$ 波形为 4 个矩形脉冲，试分别画出题 11-5 图所示各触发器在时钟脉冲 $CP$ 作用下输出端 $Q$ 的波形，设触发器的初始状态均为 0。

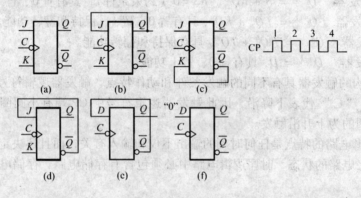

题 11-5 图

**11-6** 如题 11-6 图所示的电路和波形，试画出 $D$ 和 $Q$ 端的波形，设初始状态为 0。

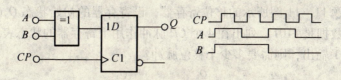

题 11 - 6 图

11 - 7　画出如题 11 - 7 图所示电路在 $CP$、$\overline{R_D}$ 和 $D$ 信号作用下 $Q_1$、$Q_2$ 的波形。

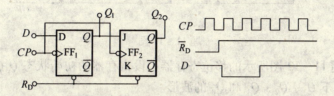

题 11 - 7 图

11 - 8　分析如题 11 - 8 图所示电路的逻辑功能。

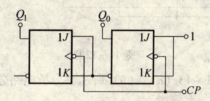

题 11 - 8 图

11 - 9　电路如题 11 - 9 图所示，试画出在 4 个时钟脉冲 $CP$ 的作用下 $Q_0$、$Q_1$ 端的波形。如果 $CP$ 的频率为 $6000Hz$，则 $Q_0$、$Q_1$ 的频率各为多少？设初态 $Q_0 = Q_1 = 0$。

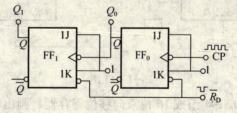

题 11 - 9 图

11 - 10　由 $D$ 触发器构成的计数器电路如题 11 - 10 图所示，画出与 $CP$ 脉冲对应的各输出端波形，并说明其功能，设各触发器初态为 0。

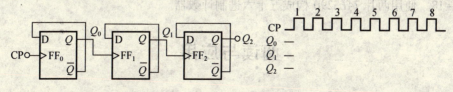

题 11 - 10 图

11-11 如题 11-11 图所示的移位寄存器，设寄存器的初始状态 $Q_2Q_1Q_0 = 000$，在串行输入端输入的数据是 1101，列出在 4 个 $CP$ 脉冲作用下寄存器的状态表。若要将 1101 数据全部从输出端 $Y$ 输出，则需要多少个移位脉冲？

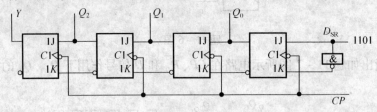

题 11-11 图

11-12 如题 11-12 图所示的移位寄存器，设寄存器的初始状态 $Q_3Q_2Q_1Q_0 = 111$，画出在 $CP$ 脉冲作用下 $Q_3$、$Q_2$、$Q_1$ 和 $Q_0$ 的波形。

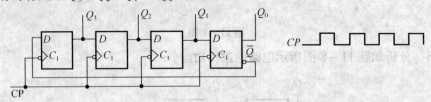

题 11-12 图

11-13 电路如题图 11-13（$a$）、（$b$）所示，分析电路分别构成几进制计数器。

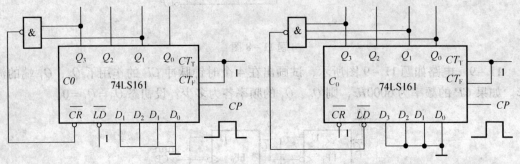

题 11-13 图

11-14 试用 4 片 74$LS$194 组成 16 位双向移位寄存器，画出电路图。

11-15 试用 74$LS$161 设计一个计数状态为 1001～1111 的计数器。

11-16 分别采用反馈清零法和个反馈置数法将 74$LS$161 接成 8421 码十进制计数器。

11-17 使用两片 74$LS$161 构成六十四进制计数器。

11-18 使用两片 74$LS$290 构成五十六进制计数器。

# 阅读与应用

## 一、电路调试方法

电路调试的目的在于验证电路是否达到设计要求，通过调试发现存在的缺陷并予以纠正。调试时要根据待调电路工作原理拟定调试方法，确定测试点，然后根据设计电路分步调试，一般调试步骤为电源调试——各单元电路调试——综合调试。

## （一）调试前准备工作

### 1. 接线检查

电路组装完毕后，一般先不要急于通电，首先应认真检查电路的连线是否正确，包括错线（连线一端正确，另一端错误）、少线（安装时完全漏掉的线）和多线（连线的两端在电路图上都是不存在的）。查线的方法通常有两种：

（1）按照电路图检查安装的线路这种方法是根据电路图连线，按一定顺序逐一检查安装好的线路，由此可比较容易地查出错线和少线。

（2）按照实际线路来对照原理电路进行查线　这是一种以元件为中心进行查线的方法。把每个元件（包括器件）引脚的连线一次查清，检查每个去处在电路图上是否存在，这种方法不但可以查出错线和少线，还容易查出多线。为了防止出错，对于已查过的线通常应在电路图上做出标记，最好用指针式万用表"$\Omega \times 1$"挡，或数字式万用表"$\Omega$ 挡"的蜂鸣器来测量，而且直接测量元器件引脚，这样可以同时发现接触不良的地方。

### 2. 元、器件安装情况检查

检查元、器件引脚之间有无短路，连接处有无接触不良，二极管、三极管、集成器件和电解电容极性等有极性元件是否连接有误。

### 3. 电源及信号源检查

检查电源供电极性、电源端对地是否存在短路，信号源连线是否正确。

## （二）电路调试

若电路经过上述检查，并确认无误后，就可转入调试。

### 1. 通电观察

通电后不要急于测量电气指标，而要观察电路有无异常现象，例如有无冒烟现象，有无异常气味，手摸集成电路外封装是否发烫等。如果出现异常现象，应立即关断电源，待排除故障后再通电。

### 2. 静态调试

静态调试一般是指在不加输入信号或只加固定电平信号的条件下所进行的直流测试。可用万用表测出电路中各点的电位，通过和理论估算值比较，结合电路原理的分析，判断电路直流工作状态是否正常，及时发现电路中已损坏或处于临界工作状态的元器件。通过更换器件或调整电路参数，使电路直流工作状态符合设计要求。

### 3. 动态调试

动态调试是在静态调试的基础上进行的。在静态调试通过的情况下，在电路的输入端加入合适的信号，采用波形测试或者交流电压测试的方法，按信号的流向，顺序检测各测试点的输出信号是否正常。若发现不正常现象，应分析其原因，并排除故障，再进行调试，直到满足要求。

## 二、电路故障检修方法

在实验和实训过程中，当电路出现故障时，我们必须进行查找和排除。在查找故障时，我们可以按信号的流程对电路进行逐级测量，或由前往后，或由后向前；也可以根据电路的特点从关键部位入手进行；或根据通电连接后系统的工作状态直接从电路的某一部分着手进行。同时在检修时，要从测量中掌握的各种数据、现象、观测到的信号波形等入手，通过分析、试验（调整）再开始新的测量，如此循环往复进行，就可以发现与排除故障，恢复电路功能。电路故障检修的方法很多，常用的有以下几种。

### （一）直观检查法

直观检查法是指用眼看、手摸、耳听、鼻闻等手段检查和判断故障部位。直观检查又分冷检和热检两种。冷检是设备不通电检查，打开机壳，观看保险丝及其他元件有无明显损坏现象，接插件有无脱落、脱焊等。热检是通电检查，打开设备的电源开关（此时手最好不要离开电源按钮，以便及时关断电源），仔细观察机内是否有打火、冒烟、闻一闻是否有焦味，听一听有无不正常的声音，摸一摸变压器等元件有无发热烫手，这种方法特别适宜检查设备主供电部分故障。

### （二）电压测量法

用万用表电压挡检查供电电压和各有关元件的电压，特别是关键点的电压，通过与技术资料上给定的数据进行比较，从而进行故障判断。直流电压的测量有静态和动态之分，其中静态直流的测量可以判断直流供电回路是否正常，各晶体管导通与否；而动态直流电压的测量，一般可以判断交流信号回路是否工作正常，如测振荡电路中输出点的直流电压，可判断电路是否起振。

### （三）电阻测量法

通过测量元件的电阻值或关键点的对地电阻，可进行元器件是否损坏、电路中是否存在短路、断路等故障判别。

### （四）电流测量法

用万用表的电流挡测量有关电路的供电电流、负载电流或晶体管的工作电流，迅速判断电路短路短路故障部位。

### （五）短路法

指交流信号短路。当设备出现交流声干扰时，可用 $0.1\mu F$ 的电容逐级将信号的输入端对地短路，当短路到某一级时，交流声消失，则可断定故障就在前一级。用短路法还可以判断振荡电路是否起振，此时利用万用表测振荡电路的关键点电压，然后短路振荡线圈或振荡电容，观察电压变化，如果有变化表明振荡电路正常，否则表示停振。

### （六）断路法

割断某一电路或焊开某一元件或连线来压缩故障范围。如检修设备电流过大故障，可断开一些供电负载来观察电流或电压的变化；在排除网络外部干扰时，也可断开某些支路来判断外部干扰源的方向。

### （七）替换法

用一个好的器件或放大器，代换认为有故障的器件或放大器，此方法简单易行，是电路维修中常用的方法，有时为了证实一些疑难故障，可反复采用替换法判断故障产生的真正原因。

### （八）信号注入法

用信号发生器输出信号注入有故障的电路或设备中，然后检测相应输出端信号，从而寻找故障的发生部位。

### （九）对比检查法

通过正常的相同电路或设备的电流、电压、在路电阻、波形等参数与有故障的电路和设备进行逐一对比找到不同之处，然后推断故障的部位，此方法对一些没有电原理图的设备最适用。

### （十）局部加温法

对一些可疑元件或电路进行加温，使故障及早出现或使电路恢复正常工作。如有的设备开机正常，随着工作时间的延长，某些元件开始发热，发热到一定程度就不能正常工作，关机冷却后，再开机又正常，碰到这种情况时，可以在检修时拿电烙铁靠近发热元件，对其加温，若故障出现或故障出现的速度快于加温前，或者故障程度加剧，即可断定被加温元件有问题。

### （十一）敲击、摇晃法

用小起子柄等轻敲击设备的电路板或摇晃连线，观察是否出现故障。此法尤其适合检查虚假焊和电缆接触不良的故障。

### （十二）干扰法

手拿起子和镊子的金属部分碰触有关电路的输入点，观察相关输出端信号在示波器屏幕上有无杂波反应，若电路有发声元件，则可以听发声元件是否有"咯咯"声，用以判断故障部位，此法常用来检查影音设备无图像、无伴音故障。

### （十三）综合法

综合以上方法，检查一些较为复杂的故障。

## 三、集成电路检测方法

集成电路常用的检测方法有在线测量法、非在线测量法和代换法。

### （一）非在线测量

非在线测量要在集成电路未焊入电路时，通过测量其各引脚之间的直流电阻值与已知正常同型号集成电路各引脚之间的直流电阻值进行对比，以确定其是否正常。

### （二）在线测量

在线测量法是利用电压测量法、电阻测量法及电流测量法等，通过在电路上测量集成电路的各引脚电压值、电阻值和电流值与技术手册上的标准值是否相同，来判断该集成电路是否损坏。

### （三）代换法

代换法是用已知完好的同型号、同规格集成电路来代换被测集成电路，可以判断出该集成电路是否损坏。

# 参考文献

1. 陈景谦．电工技术．北京：机械工业出版社．2008
2. 席时达．电工技术．北京：高等教育出版社．2006
3. 陈粟宋．电工与电子技术基础．北京：化学工业出版社．2009
4. 李西平．电工电子技术．北京：中央广播电视大学出版社．2007
5. 王瑾，陈素芳．电工技术实训．西安：西安电子科技大学出版社．2007
6. 金国砥．电工实训．北京：电子工业出版社．2007
7. 周元兴．电工与电子技术基础．北京：机械工业出版社．2002
8. 孙骆生．电工学基本教程．北京：高等教育出版社．2003
9. 邱关源．电路．北京：人民教育出版社．1983
10. 李赏，王跃东．电工学．西安：西北工业大学出版社．2008
11. 汪红．电子技术．北京：电子工业出版社．2004
12. 童诗白，华成英．模拟电子技术基础．北京：高等教育出版社．2001
13. 杨志忠．数字电子技术．北京：高等教育出版社．2001
14. CEAC信息化培训认证管理办公室组编．电子技术初步（数字电路）．北京：高等教育出版社．2006
15. 王兆义．电工电子技术基础．北京：高等教育出版社．2005
16. 于晓平．数字电子技术．北京：清华大学出版社．2006
17. 阎石．数字电子技术基础．北京：高等教育出版社．1998
18. 康华光．电子技术基础数字部分．北京：高等教育出版社．2000
19. 付植桐．电子技术．北京：高等教育出版社．2004
20. 李采劭．模拟电子技术基础．北京：高等教育出版社．1993
21. 郑慰萱．数字电子技术基础．北京：高等教育出版社．1993
22. 胡宴如．模拟电子技术．北京：高等教育出版社．2006
23. 徐丽香．模拟电子技术．北京：电子工业出版社．2007
24. 刘国林．电工电子技术教程与实训．北京：清华大学出版社．2006
25. 张大彪．电子技术技能训练．北京：电子工业出版社．2003
26. 何金茂．电子技术基础实验．北京：高等教育出版社．1991
27. 谭维瑜．电机与电气控制．北京：机械工业出版社．1996